U0897682

高职交通运输与土建类专业规划教材

工程测量

GONG CHENG CE LIANG

主　编　　王洪章
副主编　　张晓雅　张宪丽
主　审　　崔吉福　梁建昌

人民交通出版社
China Communications Press

内 容 提 要

本书以高职教育教学改革和人才培养目标为出发点，针对本课程在交通土建类专业中的教学特点和专业需要，精心编写而成。除绪记外，本教材共分十三章，前九章为测量基本技能部分，其中包括工程测量的基本概念、基础理论及各种测量仪器构造、使用方法、校正方法和注意事项，以及测绘新科技 GPS 的基本理论及应用、测量误差的基本知识、地形图的测绘及应用、测设的基本工作等内容；后五章主要讲述建筑工程、交通线路、桥梁及隧道工程的施工测量知识。

本书可作为高职高专测绘、铁道工程、道路与桥梁、城市轨道工程 、建筑工程等相应土建类专业教材使用，也可作为土建工程技术人员的参考用书。

图书在版编目(CIP)数据

工程测量/王洪章主编.—北京：人民交通出版社，2008.2

高职交通运输与土建类专业规划教材

ISBN 978-7-114-06762-4

I.工… II.王… III.工程测量—高等学校：技术学校—教材 IV.TB22

中国版本图书馆 CIP 数据核字(2008)第 011886 号

书　　名：工程测量
著 作 者：王洪章
责任编辑：杜　琛
出版发行：人民交通出版社
地　　址：(100011) 北京市朝阳区安定门外外馆斜街 3 号
网　　址：http://www.ccpress.com.cn
销售电话：(010)59757973
总 经 销：人民交通出版社发行部
经　　销：各地新华书店
印　　刷：北京鑫正大印刷有限公司
开　　本：787×1092　1/16
印　　张：18.5
字　　数：457 千
版　　次：2008 年 2 月　第 1 版
印　　次：2013 年 7 月　第 9 次印刷
书　　号：ISBN 978-7-114-06762-4
定　　价：30.00 元
(有印刷、装订质量问题的图书由本社负责调换)

前言 Preface

“工程测量”是高等职业教育土建类专业的一门重要专业技能课程，它主要研究工程测量的基本概念、基础理论，测量误差的基本知识，地形图的测绘与应用，各种测量仪器构造、使用、检校方法以及将交通线路工程、桥梁工程、隧道工程及建筑工程的施工测量方法融为一体的综合性学科。

“工程测量”课程具有专业性强、实践性强、技术性强的特点，同时结合高等职业教育培养高素质技能型人才的目标，本书注重理论联系实际，强调解决实际问题，既保证知识的系统性和完整性，又体现内容的先进性、实用性、可操作性，便于实践教学、案例教学。书中还综合了全站仪及 GPS 等先进测量仪器的基本原理、构造和测量方法，具有适用性和前瞻性，便于学生自学和指导工程实践。

书中多处引用铁道部、交通部、建设部等部门测量规范，文中不一一标明，均用《测规》表达。

本书由哈尔滨铁道职业技术学院王洪章主编；西安铁路职业技术学院张晓雅、哈尔滨铁道职业技术学院张宪丽任副主编；全书由石家庄铁道学院梁建昌副教授和哈尔滨铁道职业技术学院崔吉福担任主审。全书共分十四章，第一、二章由哈尔滨铁道职业技术学院王淑媛编写；第三、四章由哈尔滨铁道职业技术学院杨敏编写；第五章由哈尔滨铁道职业技术学院李海洋编写；第七、八、九、十章由西安铁路职业技术学院张晓雅编写；第十一、十二、十三章由哈尔滨铁道职业技术学院张宪丽编写；第六、十四章由哈尔滨铁道职业技术学院王洪章编写。本书编写工程中，陕西铁路工程职业技术学院及济南铁路职业技术学院的同仁提出了许多宝贵意见，在此表示衷心的感谢。

由于编写时间仓促，水平有限，书中难免有不足之处，恳切希望读者批评指正。

编　者

2008 年 1 月于哈尔滨

目录 Content

第一章
绪　论

本章提要

本章介绍了测量学的基本概念、任务及作用，地面点位的表示方法及用水平面代替水准面的范围，测量工作的原则和要求，这些重要概念是学习本书后续各章必备的基本知识。

第一节　测量学的任务及作用

一、测量学的概念及分类

测量学是测绘科学的重要组成部分，是研究地球形状和大小以及确定地球表面（含空中、地表、地下和海洋）物体的空间位置，并对这些空间位置信息进行处理、储存、管理的科学。

测绘科学是一门既古老又在不断发展中的学科。按照研究范围和对象及采用技术的不同，可以分为以下多个学科。

大地测量学：研究和测定地球形状、大小和地球重力场，以及建立大地区域控制网的理论、技术和方法的学科。在大地测量学中，必须考虑地球的曲率。由于空间技术的发展，大地测量学正在从常规大地测量学向空间大地测量学和卫星大地测量学方向发展。

普通测量学：不顾及地球曲率的影响，研究在地球表面局部区域内测绘工作的理论、技术和方法的学科。

摄影测量学：研究利用摄影或遥感技术获取被测物体的信息，以确定其形状、大小和空间位置的学科；根据获得像片的方式不同，摄影测量学又可分为航空摄影测量学、航天摄影测量学、地面摄影测量学和水下摄影测量学等。

海洋测量学：研究以海洋和陆地水域为对象所进行的测量和海图编制工作的学科。

工程测量学：研究工程建设在设计、施工和管理各阶段进行测量工作的理论、技术和方法的学科。

地图制图学：利用测量、采集和计算所得的成果资料，研究各种地图的制图理论、原理、工艺技术和应用的学科。研究内容包括地图编制、地图投影学、地图整饰、印刷等。这门学科正在向制图自动化、电子地图制作及地理信息系统方向发展。

本教材主要介绍普通测量学及部分工程测量学的基本知识。

测量工作中有两项不同性质的工作:测定和测设。前者是指使用测量仪器,通过测量和计算得到一系列测量数据,或将地球表面的地物和地貌缩绘成地形图,供经济建设、国防建设、规划设计及科学研究使用;后者是指把图纸上规划设计好的建筑物或设计数据标定在地面上,是将图纸上的建筑物或构筑物付诸实施的过程。

二、测量学的任务及工程测量学的作用

在国民经济建设的勘测、设计、施工、竣工及养护维修各阶段都需要测绘工作,在国防建设中也不例外,地形图便是战略部署的重要资料之一。随着科学技术的发展,测绘科学在国民经济建设和国防建设中的作用将日益扩大。近年来,在地震预测、海底资料勘测、近海油井钻探、地下电缆埋设、灾情监视与调查、宇宙空间技术以及其他科学研究方面都越来越多地用到测绘技术。科学技术的研究、地壳的形变、地震预报以及地极周期性运动的研究等,都要应用测绘资料。此外,在海底资源勘测、海上油井钻探等方面,也都需要提供测量资料。

在工农业建设、各类土木工程建设中,从勘测设计阶段到施工、竣工阶段,都需要进行大量的测绘工作。例如,铁路、公路在建造之前,为了确定一条最经济合理的路线,事先必须进行该地带的测量工作,由测量的成果绘制带状地形图,在地形图上进行线路设计,然后将设计路线的位置标定在地面上以便进行施工;在路线跨越河流时必须建造桥梁;在山地需要开挖隧道时,开挖之前,必须在地形图上确定隧道的位置,并由测量数据来计算隧道的长度和方向;在隧道施工期间,通常从隧道两端开挖,这就需要根据测量的成果指示开挖方向等,使之符合设计要求。

可见,测量工作贯穿于土木工程建设的整个过程。因此,学习和掌握测量学的基本知识和技能是土木工程及相关专业学生进行专业学习的必要前提。

第二节 地面点位的表示方法

一、地球的形状和大小

1. 水准面和水平面

测量工作是在地球的自然表面进行的,而地球自然表面是不平坦和不规则的,有高达8844.43529m 的珠穆朗玛峰,也有深至 10911m 的北太平洋西部马里亚纳群岛以东马利亚纳海沟,虽然它们高低起伏悬殊,但与地球的半径 6371km 相比较,还是可以忽略不计的。另外,地球表面海洋面积约占 71%,陆地面积仅占 29%。因此,人们设想以一个静止不动的海水面延伸穿越陆地,形成一个闭合的曲面包围整个地球,这个闭合曲面称为水准面。其特点是水准面上任意一点的铅垂线都垂直于该点的曲面。与水准面相切的平面,称为水平面。

2. 大地水准面

事实上,海水受潮汐及风浪的影响,时高时低,所以水准面有无数个,其中与平均海水面相吻合的水准面称为大地水准面,也可称为绝对水准面,它是测量工作的基准面。由大地水准面所包围的形体,称为大地体,它代表了地球的自然形状和大小。

3. 铅垂线

由于地球的自转，地球上任一点都同时受到离心力和地球引力的作用，这两个力的合力称为重力，重力的方向线称为铅垂线，它是测量工作的基准线。

4. 地球椭球体

一个和整个大地体最为密合的总的地球椭球称为总地球椭球。总的地球椭球对于研究形状是必要的。但由于地球内部质量分布不均匀，引起铅垂线的方向产生不规则的变化，致使大地水准面成为一个有微小起伏的复杂曲面，如图 1-1a)，b)所示，人们无法在这样的曲面上直接进行测量数据的处理。为了解决这个问题，人们选用了一个最接近本国本地区的地球椭球，且能用数学式表示的几何形体来代替地球的形状，我们把这样的椭球叫参考椭球，如图 1-1c)所示。决定地球椭圆体形状和大小的参数为椭圆的长半径 a，短半径 b 及扁率 α，其关系式为

$$\alpha = \frac{a-b}{a} \tag{1-1}$$

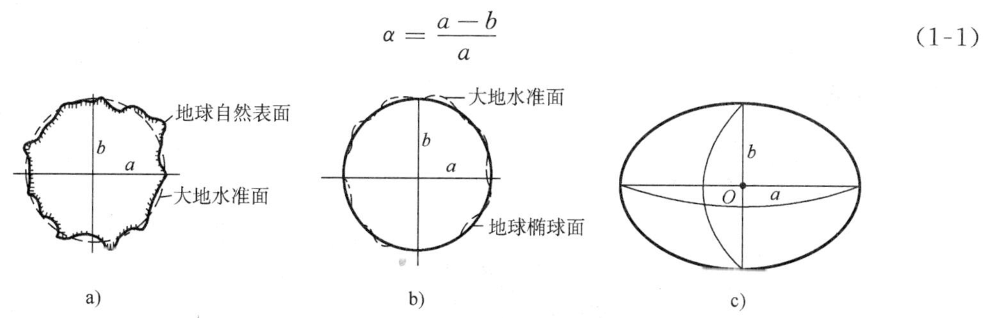

图 1-1　大地水准面与地球椭球体

a)大地水准面；b)地球椭球体

由于地球椭球体的扁率 α 很小，在小范围内进行测量工作时，可以用水平面代替大地水准面。

二、确定地面点位的方法

测量工作的实质是确定地面点的空间位置，通常是指投影到平面上的三维平面坐标和该点的高程。

1. 地面点的坐标

地面点的坐标根据实际情况，在工程建设中经常采用的有以下三种坐标系统。

(1)地理坐标　用经度 λ 和纬度 ϕ 表示地面点在大地水准面上的投影位置。由于地理坐标是球面坐标，不便于直接进行各种计算，在工程上为了使用方便，常采用平面直角坐标系来表示地面点位。下面介绍两种常用的平面直角坐标系。

(2)高斯平面直角坐标　地球椭球面是一个不可展的曲面，必须通过投影的方法将地球椭球面的点位换算到平面上。地图投影方法有多种，我国采用的是高斯投影法。利用高斯投影法建立的平面直角坐标系，称为高斯平面直角坐标系。在广大区域内确定点的平面位置，一般采用高斯平面直角坐标系。

高斯投影法是将地球划分成若干带，然后将每带投影到平面上。如图 1-2 所示，投影带是从首子午线起，每隔经度 6°划分一带，称为 6°带，将整个地球划分成 60 个带。带号从首子午线

起自西向东编，0°～6°为第1号带，6°～12°为第2号带，……。位于各带中央的子午线，称为中央子午线，第1号带中央子午线的经度为3°，任意号带中央子午线的经度 L_0，可按式(1-2)计算。

$$L_0 = 6N - 3 \tag{1-2}$$

式中：N——6°带的带号。

为了叙述方便，设想把投影面卷成椭圆柱面套在地球上，如图1-3a)所示，使椭圆柱的轴心通过圆球的中心，并与某6°带的中央子午线相切。在球面图形与柱面图形保持等角的条件下，将该6°带上的图形投影到椭圆柱面上。然后，将椭圆柱面沿过南、北极的母线剪开，并展开成平面，这个平面称为高斯投影平面。如图1-3b)所示，投影后在高斯投影平面上中央子午线和赤道的投影是两条互相垂直的直线，其他的经线和纬线是曲线。

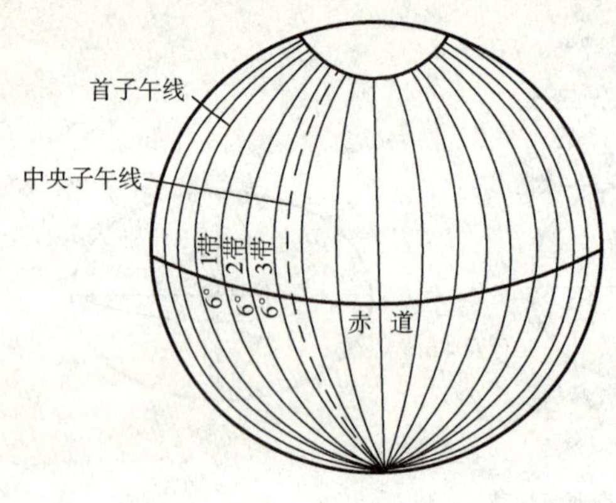

图1-2 高斯平面直角坐标的分带

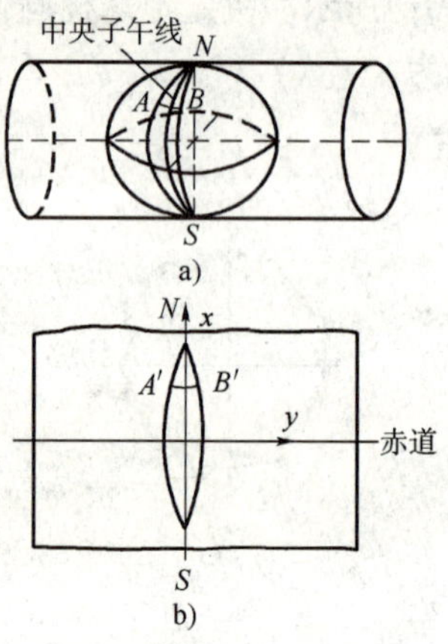

图1-3 高斯投影方法

我们规定中央子午线的投影为高斯平面直角坐标系的纵轴 x；赤道的投影为高斯平面直角坐标系的横轴 y，两坐标轴的交点为坐标原点 O。并令 x 轴向北为正，y 轴向东为正，由此建立了高斯平面直角坐标系，如图1-4所示。

在图1-4a)中，地面点 A、B 的平面位置可用高斯平面直角坐标 x、y 来表示。由于我国位于北半球，x 坐标均为正值，y 坐标则有正有负，如图1-4a)所示

$$y_A = +136780\text{m}, y_B = -272440\text{m}$$

为了避免 Y 坐标出现负值，将每带的坐标原点向西移500km，如图1-4b)所示，纵轴西移后。

$$y_A = (500000 + 136780)\text{m} = 636780\text{m}$$

$$y_B = (5000000 - 272440)\text{m} = 227560\text{m}$$

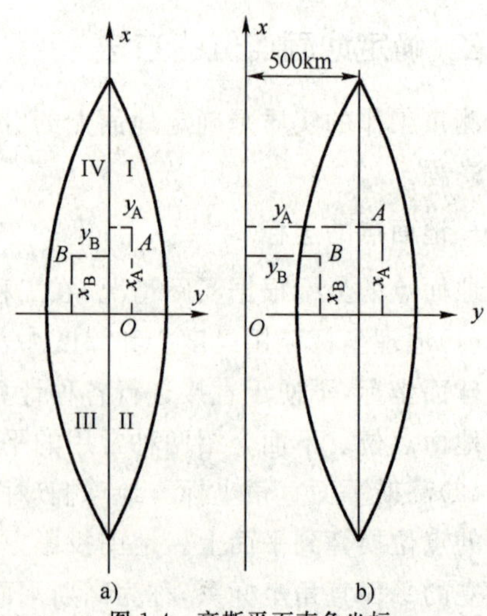

图1-4 高斯平面直角坐标

a)坐标原点西移前的高斯平面直角坐标；b)坐标原点西移后的高斯平面直角坐标

为了正确区分某点所处投影带的位置，规定

在横坐标值前冠以投影带带号。如 A、B 两点均位于第 20 号带，则

$$y_A = 20636780\text{m}$$

$$y_B = 20227560\text{m}$$

在高斯投影中，除中央子午线外，球面上其余的曲线投影后都会产生变形。离中央子午线近的部分变形小，离中央子午线越远则变形越大，两侧对称。当要求投影变形更小时，可采用3°带投影。

如图 1-5 所示，3°带是从东经 1°30′开始，自西向东，每隔经度 3°划分一带，将整个地球划分成 120 个带。每一带按前面所叙方法，建立各自的高斯平面直角坐标系。各带中央子午线的经度 L'_0，可按式(1-3)计算。

$$L'_0 = 3n \tag{1-3}$$

式中：n——3°带的带号。

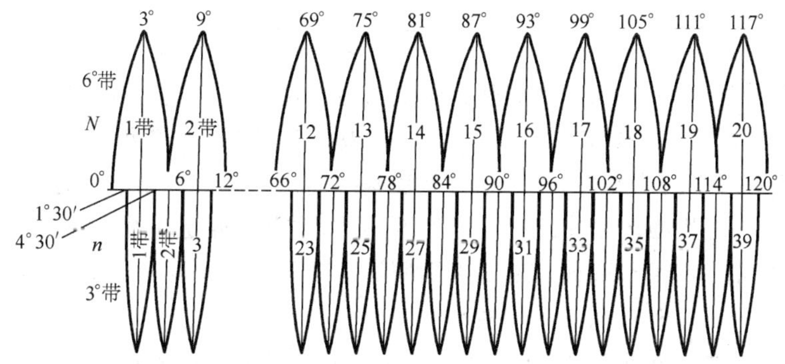

图 1-5 高斯平面直角坐标系 6°带投影和 3°带投影的关系

(3)独立平面直角坐标　当测区范围较小时，可以用测区中心点 A 的水平面来代替大地水准面，如图 1-6 所示。在这个平面上建立的测区平面直角坐标系，称为独立平面直角坐标系。在局部区域内确定点的平面位置，可以采用独立平面直角坐标。

在独立平面直角坐标系中，规定南北方向为纵坐标轴，记作 x 轴，x 轴向北为正，向南为负；以东西方向为横坐标轴，记作 y 轴，y 轴向东为正，向西为负；坐标原点 O 一般选在测区的西南角，使测区内各点的 x、y 坐标均为正值；坐标象限按顺时针方向编号，如图 1-7 所示，其目的是便于将数学中的公式直接应用到测量计算中，而不需作任何变更。

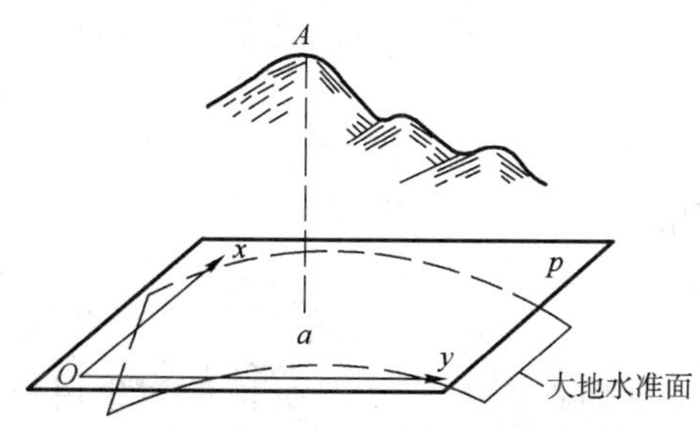

图 1-6 地面点位的确定

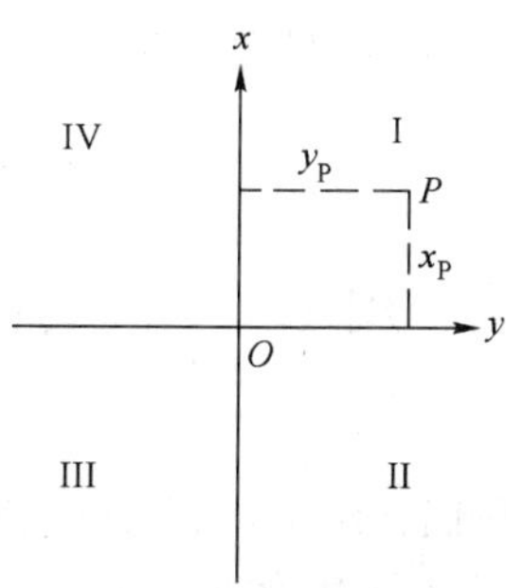

图 1-7 坐标象限

2. 地面点的高程

(1)绝对高程　地面点到大地水准面的铅垂距离，称为该点的绝对高程，又称海拔，在工程测量中习惯称为高程，用 H 表示。如图 1-8 所示，地面点 A、B 的高程分别为 H_A、H_B。

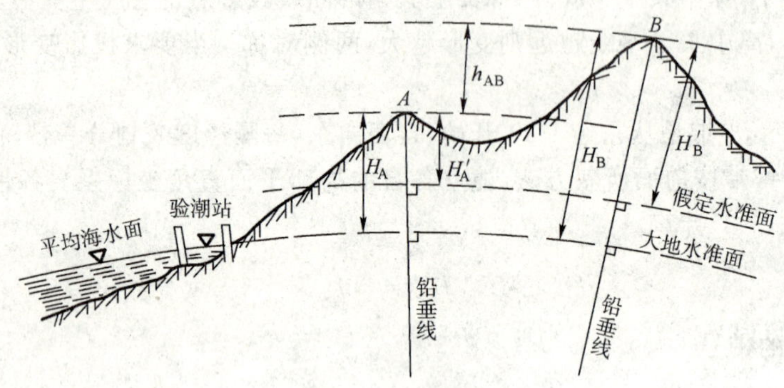

图 1-8　高程和高差

我国在青岛设立验潮站，长期观测和记录黄海海水面的高低变化，取其平均值作为绝对高程的基准面。目前，我国采用的“1985 年国家高程基准”，是以 1952 年至 1979 年青岛验潮站观测资料确定的黄海平均海水面，作为绝对高程基准面。由此推算出高程为 72.260m。

(2)相对高程　个别地区采用绝对高程有困难时，也可以假定一个水准面作为高程起算基准面，这个水准面称为假定水准面。地面点到假定水准面的铅垂距离，称为该点的相对高程或假定高程。如图 1-8 中，A、B 两点的相对高程为 H'_A、H'_B。

(3)高差　地面两点间的高程之差，称为高差，用 h 表示。高差有方向和正负。如图 1-8 中，A、B 两点的高差为

$$h_{AB} = H_B - H_A \tag{1-4}$$

当 h_{AB} 为正时，B 点高于 A 点；当 h_{AB} 为负时，B 点低于 A 点。

B、A 两点的高差为

$$h_{BA} = H_A - H_B \tag{1-5}$$

由此可见，A、B 两点的高差与 B、A 两点的高差绝对值相等，符号相反

即

$$h_{AB} = -h_{BA} \tag{1-6}$$

综上所述，我们只要知道地面点的三个参数 x、y、H，那么地面点的空间位置就可以确定了。

第三节　用水平面代替水准面的范围

在前面我们介绍了，当测区范围较小时，可以把水准面看作水平面。为此，要讨论用水平面代替水准面对距离、角度和高差的影响。以便给出用水平面代替水准面的限度。为叙述方便，假定水准面为球面。

一、对距离的影响

如图1-9所示，地面上 A、B 点在大地水准面上的投影点是 a、b，用过 a 点的水平面代替大地水准面，则 B 点在水平面上的投影为 b'。

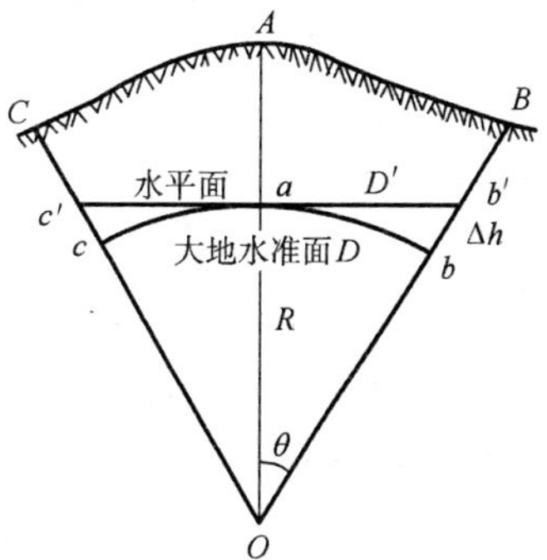

图1-9 水平面代替水准面

设 ab 的弧长为 D，ab' 的长度为 D'，球面半径 R，D 所对圆心角为 θ，则以水平长度 D' 代替弧长 D 所产生的误差 ΔD 为

$$\Delta D = D' - D = R\tan\theta - R\theta = R(\tan\theta - \theta) \quad (1\text{-}7)$$

将 $\tan\theta$ 用级数展开为

$$\tan\theta = \theta + \frac{1}{3}\theta^3 + \frac{5}{12}\theta^5 + \cdots$$

因为 θ 角很小，所以只取前两项代入式(1-7)得

$$\Delta D = R\left(\theta + \frac{1}{3}\theta^3 - \theta\right) = \frac{1}{3}R\theta^3 \quad (1\text{-}8)$$

又因 $\theta = \frac{D}{R}$，则

$$\Delta D = \frac{D^3}{3R^2} \quad (1\text{-}9)$$

$$\Delta D/D = \frac{D^2}{3R^2} \quad (1\text{-}10)$$

取地球半径 $R=6371\text{km}$，并以不同的距离 D 值代入式(1-9)和式(1-10)，则可求出距离误差 ΔD 和相对误差 $\Delta D/D$，如表1-1所示。

水平面代替水准面的距离误差和相对误差　　表1-1

距离 D(km)	距离误差 ΔD(mm)	相对误差 $\Delta D/D$	距离 D(km)	距离误差 ΔD(mm)	相对误差 $\Delta D/D$
10	8	1 : 1220000	50	1026	1 : 49000
25	128	1 : 200000	100	8212	1 : 12000

由表1-1可知，当距离 D 为10km时，用水平面代替水准面所产生的距离相对误差为1：1220000，这样小的误差，就是对精密的距离测量也是允许的。因此，在半径为10km的范围内进行距离测量时，可以用水平面代替水准面，而不必考虑地球曲率对距离的影响。

二、对水平角的影响

从球面三角学可知，同一空间多边形在球面上投影的各内角和，比在平面上投影的各内角和大一个球面角超值 ε。

$$\varepsilon = \rho\frac{S}{R^2} \quad (1\text{-}11)$$

式中：ε——球面角超值，″；

S——球面多边形的面积，km^2；

R——地球半径，km；

ρ——1 弧度的秒值，ρ=206265″。

以不同的面积 S 代入式(1-11)，可求出球面角超值，如表 1-2 所示。

水平面代替水准面的水平角误差　　表 1-2

球面多边形面积 $S(km^2)$	球面角超值 ε(″)	球面多边形面积 $S(km^2)$	球面角超值 ε(″)
10	0.05	100	0.51
50	0.25	300	1.52

由表 1-2 可知，面积 S 为 $100km^2$ 时，用水平面代替水准面所产生的角度误差仅为 0.51″，所以在一般的测量工作中，可以忽略不计。

三、对高程的影响

如图 1-9 所示，地面点 B 的绝对高程为 H_B，用水平面代替水准面后，B 点的高程为 H'_B，H_B 与 H'_B 的差值即为水平面代替水准面产生的高程误差，用 Δh 表示，则

$$\Delta h = D'^2/(2R+\Delta h)$$

上式中，可以用 D 代替 D′，Δh 相对于 2R 很小，可略去不计，则

$$\Delta h = \frac{D^2}{2R} \tag{1-12}$$

以不同的距离 D 值代入式(1-12)，可求出相应的高程误差 Δh，如表 1-3 所示。

水平面代替水准面的高程误差　　表 1-3

距离 D(km)	0.1	0.2	0.3	0.4	0.5	1	2	5	10
Δh(mm)	0.8	3	7	13	20	78	314	1962	7848

由表 1-3 可知，用水平面代替水准面，对高程的影响是很大的，在 0.2km 的距离上，就有 3mm 的高程误差，这是不能允许的。因此，在进行高程测量时，即使距离很短，也应顾及地球曲率对高程的影响。

第四节　测量工作概述

一、测量的基本工作

地球表面的外形是复杂多样的，在测量工作中将其分为地物和地貌两大类：地面上的物体如河流、道路、房屋等称为地物；地面高低起伏的形态称为地貌。地物和地貌统称为地形。地形图由为数众多的地形特征点所组成。在测区中具有准确可靠平面坐标参数和高程参数的基准点构成一个骨架，起着控制的作用，可以将它们称为控制点，测量控制点的工作称为控制测

量。然后以控制点为基础，测量它周围的地形，这一工作称为碎部测量。

地面点的平面直角坐标和高程一般不是直接测定，而是间接测定的。通常是测出待定点与已知点（已知平面直角坐标和高程的点）之间的几何关系，然后推算出待定点的平面直角坐标和高程。测定地面点平面直角坐标的主要测量工作是测量水平角和水平距离。测定地面点高程的主要工作是测量高差。

综上所述，测量的基本工作是：高差测量、角度测量、水平距离测量。通常，将水平角（方向）、距离和高程为确定地面点位的三要素。

二、测量工作的基本原则

1."从整体到局部"、"先控制后碎部"的原则

无论是测绘地形图还是建筑物的施工放样，其最基本的问题都是测定或测设地面点的位置。在测量过程中，为了避免误差的积累，保证测量区域内所测点位具有必要的精度，首先要在测区内，选择若干对整体具有控制作用的点作为控制点，用较精密的仪器和精确的测量方法测定这些控制点的平面位置和高程，然后根据控制点进行碎部测量和测设工作。这种"从整体到局部"、"先控制后碎部"的方法是测量工作的一个原则，它可以减少误差的积累，并且可同时在几个控制点上进行测量，加快测量工作进度。

2."前一步工作未作检核不进行下一步工作"的原则

当测定控制点的相对位置有错误时，以其为基础所测定的碎部点或测设的放样点也必然有错。为避免错误的结果对后续测量工作的影响，测量工作必须重视检核，因此，"前一步工作未作检核不进行下一步工作"，是测量工作的又一个原则。

三、测量工作的基本要求

1."质量第一"的观念

为了确保施工质量符合设计要求，需要进行相应的测量工作，测量工作的精度会影响施工质量。因此，施工测量人员应有"质量第一"的观念。

2. 严肃认真的工作态度

测量工作是一项科学工作，它具有客观性。在测量工作中，为避免产生差错，应进行相应的检查和检核，杜绝弄虚作假、伪造成果、违反测量规则的错误行为。因此，施工测量人员应有严肃认真的工作态度。

3. 保持测量成果的真实、客观和原始性

测量的观测成果是施工的依据，需长期保存。因此，应保持测量成果的真实、客观和原始性。

4. 要爱护测量仪器与工具

每一项测量工作，都要使用相应的测量仪器，测量仪器的状态直接影响测量观测成果的精度。因此，施工测量人员应爱护测量仪器与工具。

思考题与习题

1.测量学研究的对象和任务是什么？

2.已知 $H_A=36.735m$，$H_B=48.386m$，求 h_{AB}。

3.何谓铅垂线？何谓大地水准面？它们在测量中的作用是什么？

4.如何确定点的位置？测量的基本工作和基本原则是什么？

5.已知某点 A 的高斯平面直角坐标为：$X_A=20506815.213m$，$Y_A=39498351.6$，试说明 A 点所处 6°。投影带和 3°投影带的带号、各带的中央子午线经度。

6.测量学中的平面直角坐标系与数学中的平面直角坐标系有何不同？

7.何谓水平面？用水平面代替水准面对水平距离、水平角和高程分别有何影响？

8.何谓绝对高程？何谓相对高程？何谓高差？

第二章
水 准 测 量

本章提要

本章主要介绍水准测量的原理、方法、成果计算、误差分析以及微倾式水准仪、自动安平水准仪的构造、操作、使用、检验方法以及水准测量的注意事项。

为了确定地面点的空间位置，需要测定地面点的高程。测量地面点高程的工作，称为高程测量。水准测量是精确测定地面点高程的一种主要方法。本章主要介绍水准测量的有关知识。

第一节　水准测量原理

一、水准测量原理

水准测量是一种利用水平视线测量两个地面点高差的方法。实现这种方法的仪器称为水准仪。

如图 2-1 所示，地面上有 A、B 两点，设已知 A 点的高程为 H_A，现要测定 B 点的高程 H_B。在 A、B 两点上各铅直竖立一根有刻划的尺子——水准尺，并在 A、B 两点之间安置一台能提供水平视线的仪器——水准仪，利用水准仪提供的水平视线在 A、B 两点水准尺上所截取的读数为 a、b，则 A、B 两点间高差 h_{AB} 为

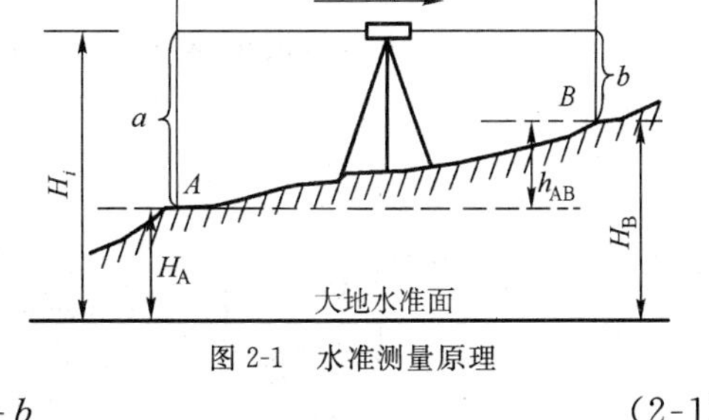

图 2-1　水准测量原理

$$h_{AB} = a - b \tag{2-1}$$

设水准测量是由 A 向 B 进行的，则 A 点为后视点，A 点尺上的读数 a 称为后视读数；B 点为前视点，B 点尺上的读数 b 称为前视读数。因此，高差等于后视读数减去前视读数。如果 a 大于 b，则高差 h_{AB} 为正，表示 B 点高于 A 点；如果 a 小于 b，则高差 h_{AB} 为负，表示 B 点低于 A 点。

从以上可见：水准测量的基本原理是利用水准仪建立一条水平视线，借助水准尺来测定两

点间的高差，从而由已知点的高程推算出未知点的高程。

二、计算未知点高程

1. 高差法

测得 A、B 两点间高差 h_{AB} 后，如果已知 A 的高程 H_A，则 B 点的高程 H_B 为

$$H_B = H_A + h_{AB} \tag{2-2}$$

这种直接利用高差计算未知点 B 高程的方法，称为高差法。当两点相距较远或高差太大时，可进行分段连续测量，如图 2-2。

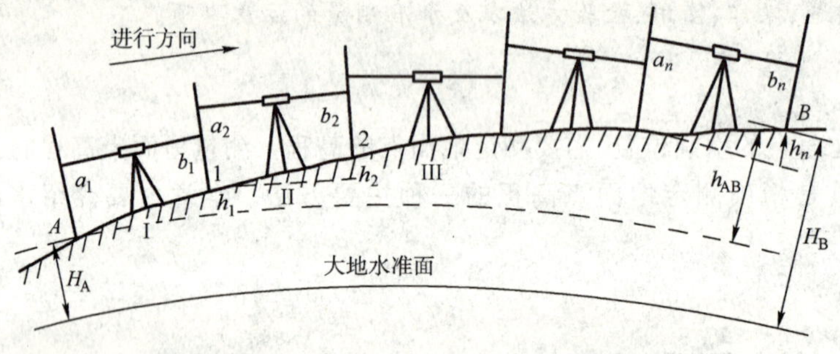

图 2-2 连续水准测量原理

2. 视线高法（仪高法）

如图 2-1 所示，B 点高程也可以通过水准仪的视线高程 H_i 来计算，即

$$H_i = H_A + a$$

$$H_B = H_i - b \tag{2-3}$$

这种利用仪器视线高程 H_i 计算未知点 B 点高程的方法，称为视线高法（仪高法）。如图 2-3，在施工测量中，有时安置一次仪器，需测定多个地面点的高程，采用视线高法就比较方便。

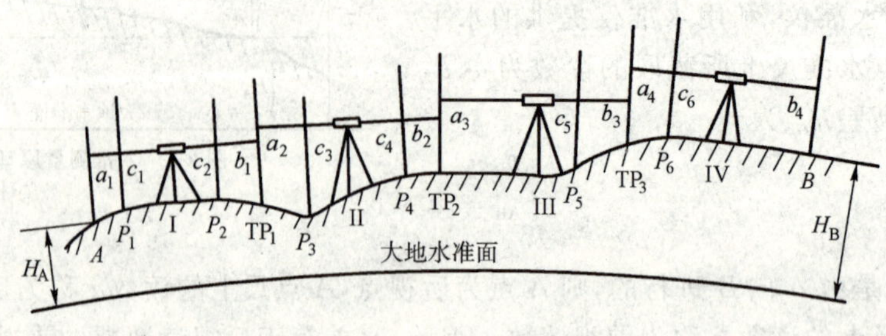

图 2-3 仪高法线路水准测量

第二节 水准测量的仪器和工具

水准测量所使用的仪器为水准仪，工具有水准尺和尺垫。国产水准仪按其精度分，有 DS_{05}，DS_1，DS_3 及 DS_{10} 等几种型号。D、S 分别为“大地测量”和“水准仪”的汉语拼音第一个字母，05、1、3 和 10 表示水准仪精度等级。在工程测量中常使用 DS_3 型水准仪，因此，本节重点介绍 DS_3 水准仪。

一、微倾式水准仪

DS_3 微倾式水准仪主要由望远镜、水准器及基座三部分组成，其外观和具体组成如图 2-4 所示。

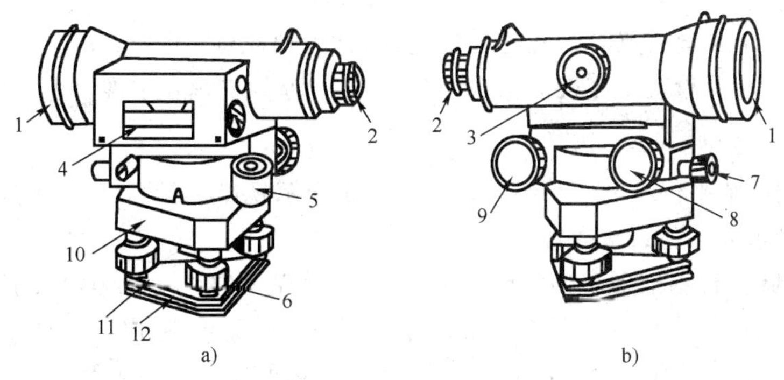

图 2-4 DS_3 微倾式水准仪

1-物镜；2-目镜；3-物镜对光螺旋；4-管水准器；5-圆水准器；6-脚螺旋；7-制动螺旋；8-微动螺旋；9-微倾螺旋；10-轴座；11-三角压板；12-底板

1. 望远镜

望远镜是用来精确瞄准远处目标并对水准尺进行读数的。DS_3 水准仪望远镜的构造如图 2-5 所示，它主要由物镜、目镜、对光透镜和十字丝分划板组成。

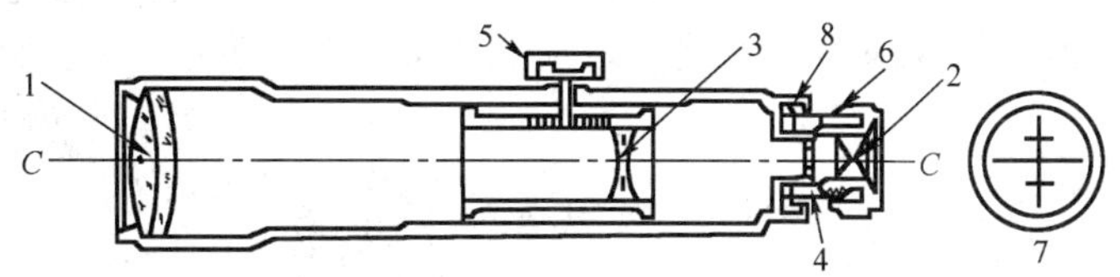

图 2-5 望远镜的构造

1-物镜；2-目镜；3-对光透镜；4-十字丝分划板；5-物镜对光螺旋；6-目镜对光螺旋；7-十字丝放大镜；8-分划板座止头螺钉

(1)十字丝分划板 十字分划板上刻有两条互相垂直的长线(图 2-5 中的 7)，称为十字丝。竖直的一条称为竖丝，中间横的一条称为中丝(也称横丝)，是为了瞄准目标和读数用的。在中丝的上、下还有对称的两根短横丝，用来测量距离，称视距丝(亦分别称为上丝和下丝)。

(2)物镜和目镜　物镜和目镜多采用复合透镜组，望远镜成像原理如图 2-6 所示。目标 AB 经过物镜成像后形成一个倒立而缩小的实像 ab，移动对光透镜，不同距离的目标均能清晰地成像在十字丝平面上，再通过目镜的作用，便可看清同时放大了的十字丝和目标影像 $a'b'$。

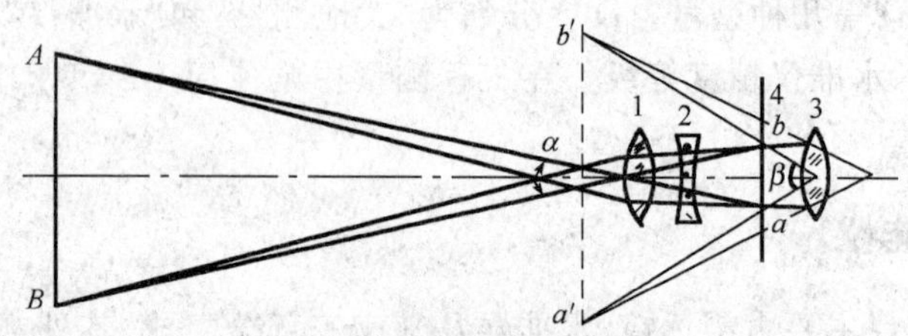

图 2-6　望远镜成像原理

1-物镜；2-对光透镜；3-目镜 4-十字丝平面

(3)视准轴　十字丝交点与物镜光心的连线，称为视准轴(图 2-5 中的 CC)。视准轴的延长线即为视线，水准测量就是在视准轴水平时，用十字丝的中丝在水准尺上截取读数的。

2. 水准器

水准器是用来整平仪器的一种装置。可用它来指示视准轴是否水平，仪器的竖轴是否竖直。水准器有管水准器和圆水准器两种。

(1)管水准器　管水准器(亦称水准管)用于精确整平仪器。如图 2-7 所示。它是用玻璃管制成的，其纵剖面方向的内壁研磨成一定半径的圆弧形，管内装入酒精和乙醚的混合液，加热融封，冷却后留有一个气泡，由于气泡较轻，它恒处于管内最高位置。

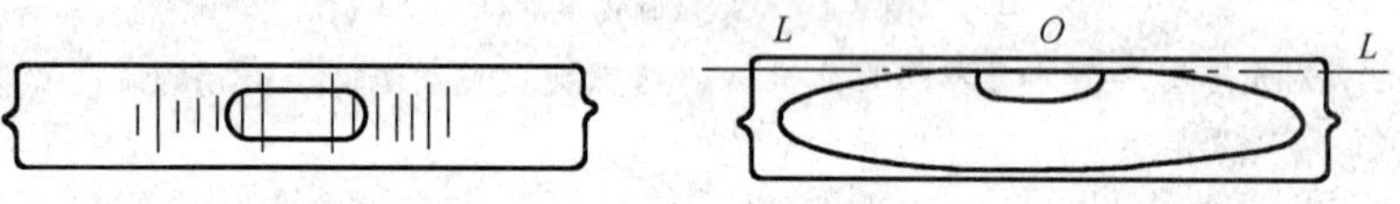

图 2-7　管水准器

水准管上一般刻有间隔为 2mm 的分划线，分划线的中点 O 称为水准管零点，通过零点与圆弧相切的纵向切线 LL 称为水准管轴。当水准管气泡中心与水准管零点重合时，称气泡居中，这时水准管轴处于水平位置。如果水准管轴平行于视准轴，则水准管气泡居中时，视准轴也处于水平位置，水准仪视线即为水平视线。水准管上 2mm 圆弧所对的圆心角 τ，称为水准管的分划值，即

$$\tau=\frac{2}{R}\rho \tag{2-4}$$

式中：ρ——1 弧度秒值，$\rho=206265''$；

R——圆弧半径，mm；

τ——水准管分划值，″。

显然，圆弧半径愈大，水准管分划值愈小，水准管灵敏度愈高，用其整平仪器的精度也愈高。DS_3 型水准仪的水准管分划值为 20″，记作 20″/2mm。

目前生产的微倾式水准仪，都在水准管上方装有一组符合棱镜装置，如图 2-8a)所示。通过符合棱镜的反射作用，使气泡两端的半个影像成像在望远镜目镜左侧的水准管气泡观察窗中。如果气泡两端的半个影像吻合时，就表示气泡居中，如图 2-8d)所示。如果气泡两端的半

个影像错开，则表示气泡不居中，如图 2-8b)、c)所示。这种装有符合棱镜组的水准管，称为符合水准器。

(2)圆水准器　圆水准器装在水准仪基座上，用于粗略整平。如图 2-9 所示，圆水准器是一个玻璃圆盒，顶面为球面，球面的正中刻有圆圈，其圆心称为圆水准器的零点。过零点的球面法线 $L'L'$，称为圆水准器轴。当圆水准气泡居中时，该轴处于铅垂位置。当气泡中心偏离零点 2mm 时竖轴所倾斜的角值，称为圆水准器的分划值，一般为 $8'\sim10'$，精度较低。

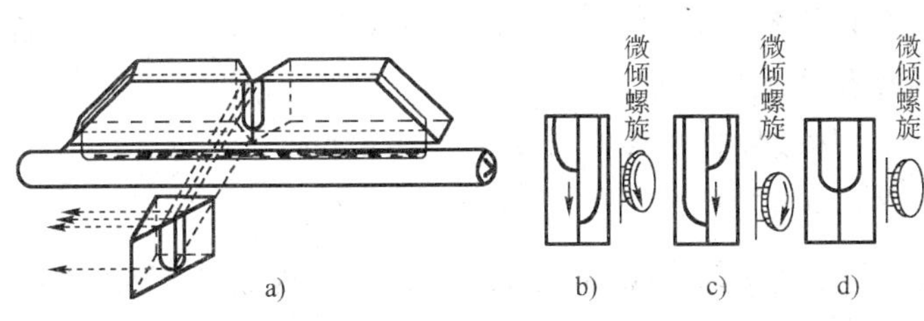

图 2-8　符合水准器

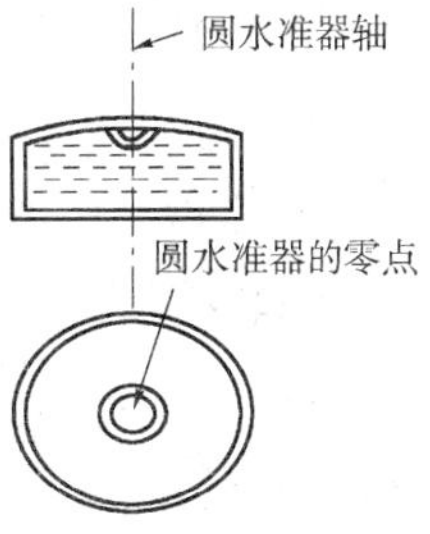

圆水准器轴

圆水准器的零点

图 2-9　圆水准器

3. 基座

基座的作用是支承仪器的上部，并通过连接螺旋与三脚架连接。它主要由轴座、脚螺旋、底板和三脚压板组成，见图 2-4。转动脚螺旋，可使圆水准器气泡居中。

二、水准尺和尺垫

1. 水准尺

水准尺是进行水准测量时与水准仪配合使用的标尺， 用干燥的优质木材、铝合金或硬塑料等材料制成，要求尺长稳定、分划准确及不容易变形。为了判定立尺是否竖直，尺上还装有水准器。常用的水准尺有塔尺和双面尺两种。

(1)双面水准尺如图 2-10a)所示，尺长为 3m，两根尺为一对。尺的双面均有刻划，一面为黑白相间，称为黑面尺(也称主尺)；另一面为红白相间，称为红面尺(也称辅尺)。两面的刻划均 1cm，在分米处注有数字。两根尺的黑面尺底为 0，而红面尺尺底一根从 4.687m 开始，另一根从 4.787m 开始在视线高度不变的情况下，同一根水准尺的红面和黑面读数之差等于常数 4.687m 或4.787m，这个常数称为尺常数，用 K 来表示。此可以检核读数是否正确。

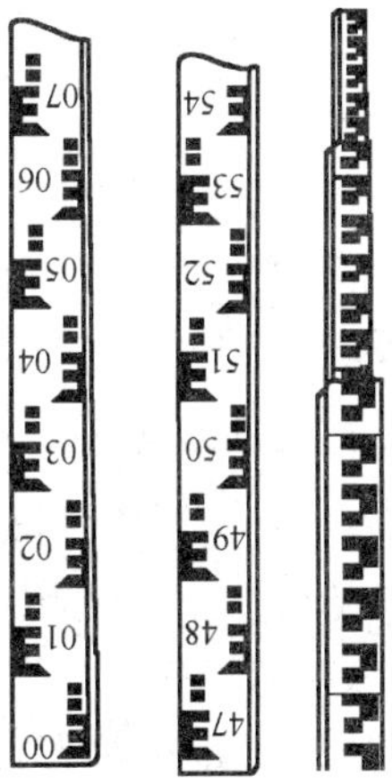

a)　b)

图　2-10

(2)塔尺如图 2-10b)所示，是一种逐节缩小的组合尺，其长度为 2～5m，由两节或三节连接在一起，尺的底部为零点，尺面上黑白格相间，每格宽度为 1cm，有的为 0.5cm，在米和分米处有数字注记。

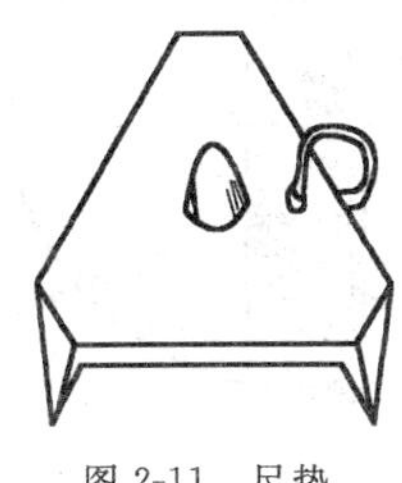

图 2-11　尺垫

2. 尺垫

尺垫用于转点处，由生铁铸成，如图 2-11 所示，一般为三角形板座，其下方有三个脚，可以踏入土中。

尺垫上方有一突起的半球体，水准尺立半球顶面。

三、微倾式水准仪的基本操作

微倾式水准仪的基本操作程序为：安置仪器、粗略整平、瞄准水准尺、精确整平和读数。

1. 安置仪器

(1)在测站上松开三脚架架腿的固定螺旋，按需要的高度调整架腿长度，再拧紧固定螺旋，张开三脚架将架腿踩实，并使三脚架架头大致水平。

(2)从仪器箱中取出水准仪，用连接螺旋将水准仪固定在三脚架架头上。

2. 粗略整平

粗略整平简称粗平。通过调节脚螺旋使圆水准器气泡居中，从而使仪器的竖轴大致铅垂，视准轴大致处于水平。具体操作步骤如下。

(1)如图 2-12 所示，用两手按箭头所指的方向相对转动脚螺旋 1 和 2，使气泡沿着 1、2 连线方向由 a 移至 b。

图 2-12　圆水准器整平

(2)用左手按箭头所指方向转动脚螺旋 3，使气泡由 b 移至中心。整平时，气泡移动的方向与左手大拇指旋转脚螺旋时的移动方向一致，与右手大拇指旋转脚螺旋时的移动方向相反。

3. 瞄准水准尺

(1)目镜调焦　松开制动螺旋，将望远镜转向明亮的背景，转动目镜对光螺旋，使十字丝成像清晰。

(2)初步瞄准　通过望远镜筒上方的照门和准星瞄准水准尺，旋紧制动螺旋。

(3)物镜调焦　转动物镜对光螺旋，使水准尺的成像清晰。

(4)精确瞄准　转动微动螺旋，使十字丝的竖丝瞄准水准尺边缘或中央，如图 2-13 所示。

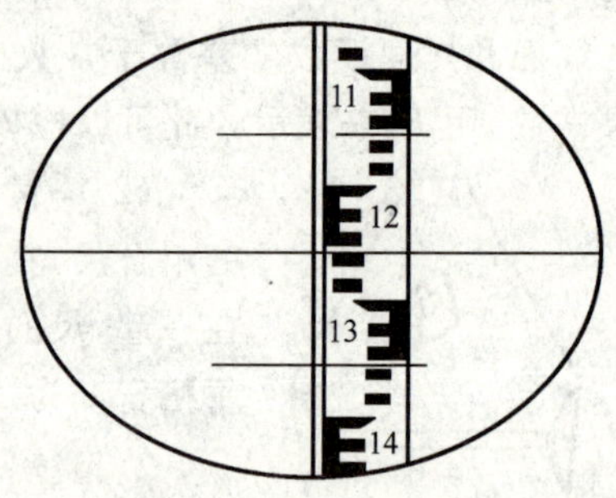

图 2-13　精确瞄准与读数

(5)消除视差　眼睛在目镜端上下移动，有时可看见十字丝的中丝与水准尺影像之间相对移动，这种现象叫视差。产生视差的原因是水准尺的尺像与十字丝平面不重合，如图 2-14a)所示视差的存在将影响读数的正确性，应予消除。消除视差的方法是仔细地转动物镜对光螺旋，直至尺像与十字丝平面重合，如图 2-14b)所示。

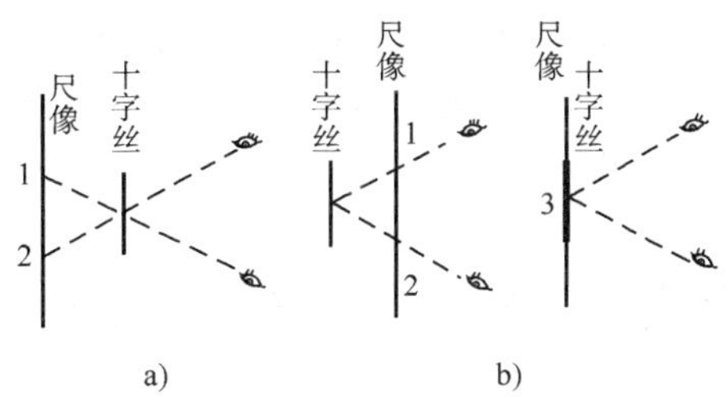

图 2-14 视差现象

a)存在视差；b)没有视差

4. 精确整平

精确整平简称精平。眼睛观察水准气泡观察窗内的气泡影像，用手缓慢地转动微倾螺旋，使气泡两端的影像严密吻合，此时视线即为水平视线。微倾螺旋的转动方向与左侧半气泡影像的移动方向一致，如图 2-8d)所示。

5. 读数

符合水准器气泡居中后，应立即用十字丝中丝在水准尺上读数。读数时应从小数向大数读，如果从望远镜小看到的水准尺影像是倒像，在尺上应从上到下读取。直接读取米、分米和厘米，并估读出毫米，共四位数。读数后再检查符合水准器气泡是否居中，若不居中，应再次精平，重新读数。

四、自动安平水准仪

自动安平水准仪与微倾式水准仪的区别在于：自动安平水准仪没有水准管和微倾螺旋，而是在望远镜的光学系统中装置了补偿器。

1. 视线自动安平的原理

如图 2-15 所示，当圆水准器气泡居中后，视准轴仍存在一个微小倾角。在望远镜的光路上放置一补偿器，使通过物镜光心的水平光线经过补偿器后偏转一个 β 角，仍能通过十字丝交点，这样十字丝交点上读出的水准尺读数，即为视线水平时应改读出的水准尺读数。

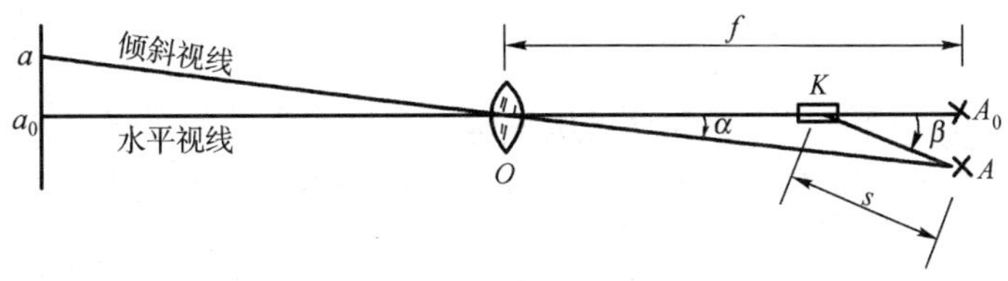

图 2-15 视线自动安平的原理

由于无需精平，这样不仅可以缩短水准测量的观测时间，而且对于施工现场地面的微小震动、松软土地的仪器下沉以及大风吹刮等原因引起的视线微小倾斜，能迅速自动安平仪器，从而提高了水准测量的观测精度。

2. 自动安平水准仪的使用

使用自动安平水准仪时，首先将圆水准器气泡居中，然后瞄准水准尺，等待 2～4s 后，即可进行读数；有的自动安平水准仪配有补偿器检查按钮，每次读数前按一下该按钮，确认补偿器能正常作用再读数。

第三节　水准测量的方法

一、水准点

用水准测量的方法测定的高程控制点，称为水准点，记为 BM。水准点有永久性水准点和临时性水准点两种。

(1)永久性水准点　国家等级永久性水准点分为四个等级，即一、二、三、四等水准点。一般用钢筋混凝土或石料制成标石，在标石顶部嵌有不锈钢的半球形标志，其埋设形式如图 2-16 所示。有些永久性水准点的金属标志也可镶嵌在稳定的墙角上，称为墙上水准点，如图 2-16 所示。建筑工地上的永久性水准点，一般用混凝土制成，顶部嵌入半球形金属作为标志。

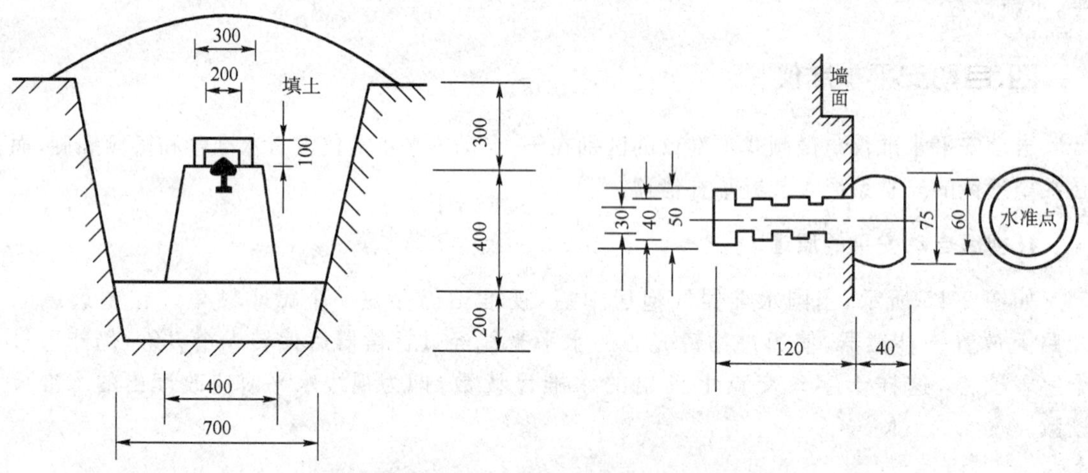

图 2-16　二、三等水准点标石埋设图(尺寸单位：mm)

(2)临时性水准点　临时性的水准点可用地面上突出的坚硬岩石或用大木桩打入地下，桩顶钉以半球状铁钉，作为水准点的标志，水准点埋设后，应绘出水准点点位略图，称为点之记，以便于日后寻找和使用。

二、水准路线及成果检核

在水准点间进行水准测量所经过的路线，称为水准路线。相邻两水准点间的路线称为测段。在水准测量中，为了保证水准测量成果能达到一定的精度要求，必须对水准测量进行成果检核。检核方法是将水准路线布设成某种形式，利用水准路线布设形式的条件，检核所测成果的正确性。在一般的工程测量中，水准路线的布设形式有附合水准路线、闭合水准路线、支线

水准路线(如图 2-17d)和水准网(如图 2-17e),但在施工测量中主要有以下三种形式。

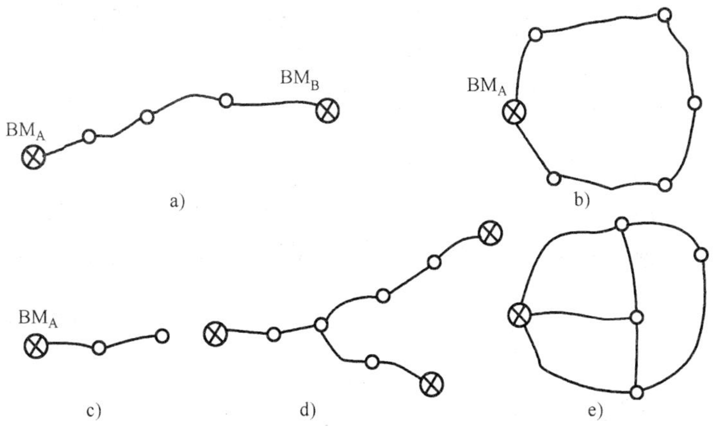

图 2-17　水准路线的布设形式

1. 附合水准路线

(1)附合水准路线的布设方法如图 2-17a)所示,从已知高程的水准点 BM_A 出发,沿待定高程的水准点进行水准测量,最后附合到另一已知高程的水准点 BM_B 所构成的水准路线,称为附合水准路线。

(2)成果检核　从理论上讲,附合水准路线各测段高差代数和应等于两个已知高程的水准点之间的高差,即

$$\sum h = H_B - H_A$$

由于实测中存在误差,使得实测的各测段高差代数和与其理论值并不相等,两者的差值称为高差闭合差,用 f_h 表示,即

$$f_h = \sum h - (H_{终} - H_{起}) \tag{2-5}$$

式中:$H_{终}$——终点高程;

$H_{起}$——起点高程。

2. 闭合水准路线

(1)闭合水准路线的布设方法　如图 2-17b)所示,从已知高程的水准点 BM_A 出发,沿各待定高程的水准点进行水准测量,最后又回到原出发点 BM_A 的环形路线,称为闭合水准路线。

(2)成果检核　从理论上讲,闭合水准路线各测段高差代数和应等于零,即

$$\sum h = 0$$

如果不等于零,则高差闭合差为

$$f_h = \sum h \tag{2-6}$$

3. 支线水准路线

(1)支线水准路线的布设方法　如图 2-17c)所示,从已知高程的水准点 BM_A 出发,沿待定高程的水准点进行水准测量,这种既不闭合又不附合的水准路线,称为支线水准路线。支线

水准路线要进行往返测量。

(2)成果检核　从理论上讲，支线水准路线往测高差与返测高差的代数和应等于零，即

$$\sum h_{往}+\sum h_{返}=0$$

如果不等于零，则高差闭合差为

$$f_{h}=\sum h_{往}+\sum h_{返} \tag{2-7}$$

在不同等级的各种路线形式的水准测量中，都规定了高差闭合差的限值即高差闭合差的容许值，一般用 $f_{h容}$ 表示。其高差闭合差均不应超过容许值，否则即认为观测结果不符合要求。

图根水准测量

$$平地：f_{h容}=\pm 40\sqrt{L}\text{mm}\qquad 山区：f_{h容}=\pm 12\sqrt{n}\text{mm} \tag{2-8}$$

式中：L——水准路线的总长(以 km 为单位)；

n——总测站数。

为了保证水准测量成果的正确可靠，除了成果检核以外，还有其他的检核方法，即计算检核和测站检核。在每一段测段结束后必须进行计算检核。

三、水准测量的施测方法

当已知高程的水准点距欲测定高程点较远或高差很大时，就需要在两点间加设若干个立尺点，分段设站，连续进行观测。加设的这些立尺点并不需要测定其高程，它们只起传递高程的作用，故称之为转点，用 TP 表示。

如图 2-18 所示，已知水准点 BM_A 的高程为 H_A，现欲测定 B 点的高程 H_B，由于 A、B 两点相距较远，需分段设站进行测量，具体施测步骤如下。

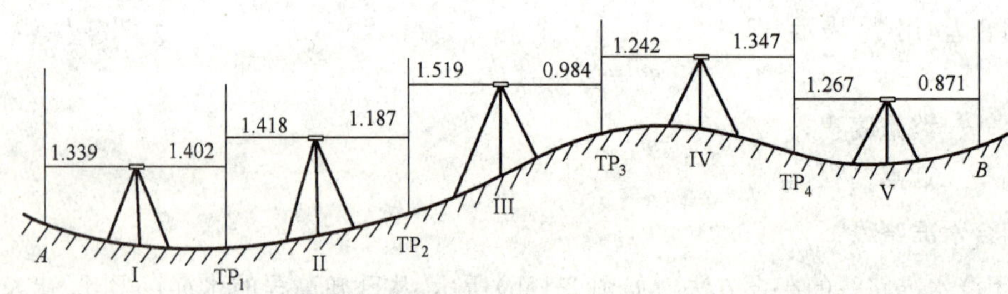

图 2-18　水准测量的施测

1. 观测与记录

(1)在 BM_A 点立直水准尺作为后视尺，在路线前进方向适当位置处设转点 TP_1，安放尺垫，在尺垫上立直水准尺作为前视尺。

(2)在 BM_A 点和 TP_1 两点大致中间位置Ⅰ处安置水准仪，使圆水准器气泡居中。

(3)瞄准后视尺，转动微倾螺旋，使水准管气泡严格居中，按中丝读取后视读数 $a_1=1.339$m，记入“水准测量手簿”表 2-1 第 3 栏内。

(4)瞄准前视尺，转动微倾螺旋，使水准管气泡严格居中，读取前视读数 $b_1=1.402$m，记入表 2-1 第 4 栏内。计算该站高差 $h_1=a_1-b_1=-0.063$m，记入表 2-1 第 5 栏内。

(5)将 BM_A 点水准尺移至转点 TP_2 上，转点 TP_1 上的水准尺不动，水准仪移至 TP_1 和 TP_2 两点大致中间位置 II 处，按上述相同的操作方法进行第二站的观测。如此依次操作，直至终点 B 为止。其观测记录见表 2-1 。

水 准 测 量 手 簿　　表 2-1

日期＿＿＿＿　仪器＿＿＿＿　观测＿＿＿＿

天气＿＿＿＿　地点＿＿＿＿　记录＿＿＿＿

测　站	站　点	水准尺读数(m)		高　差（m）		高程(m)	备　注
		后视读数	前视读数	+	−		
1	2	3	4	5		6	7
1	BM_A	1.339			0.063	51.903	已知 A 点高程 51.903m
	TP_1		1.402				
2	TP_1	1.418		0.231			
	TP_2		1.187				
3	TP_2	1.519		0.535			
	TP_3		0.984				
4	TP_3	1.242			0.105		
	TP_4		1.347				
5	TP_4	1.267		0.396			
	BM_B		0.871			52.897	
计算校核	$\sum$	6.785	5.791	0.994			
	$\sum a-\sum b=+0.994$ $\sum h=+0.994$　$H_B-H_A=0.994$						

2. 计算与计算检核

(1)计算每一测站都可测得前、后视两点的高差，即

$$h_1=a_1-b_1$$

$$h_2=a_2-b_2$$

$$\vdots$$

$$h_5=a_5-b_5$$

将上述各式相加，得

$$H_{AB}=\sum h=\sum a-\sum b$$

则 B 点高程为

$$H_B=H_A+h_{AB}=H_A+\sum h$$

(2)计算检核　为了保证记录表中数据的正确，应对记录表中计算的高差和高程进行检核，即后视读数总和减前视读数总和、高差总和、B 点高程与 A 点高程之差，这三个数字应相

等。否则，计算有错。例如表 2-1 中

$$\sum a-\sum b=6.785\text{m}-5.791\text{m}=+0.994\text{m}$$

$$\sum h=+0.994\text{m}$$

$$H_{AB}=H_{B}-H_{A}=52.897\text{m}-51.903\text{m}=+0.994\text{m}$$

3. 水准测量的测站检核

如上所述，B 点的高程是根据 A 点的已知高程和转点之间的高差计算出来的。如果其中间测错任何一个高差，B 点的高程就不正确。因此，对每一站的高差，为了保证其正确性，必须进行检核，这种检核称为测站检核。测站检核通常采用变动仪器高法或双面尺法。

(1)变动仪器高法　此法是在同一个测站上用两次不同的仪器高度，测得两次高差进行检核。即测得第一次高差后，改变仪器高度（大于 10cm)，再测一次高差。两次所测高差之差不超过容许值(例如等外水准测量容许值为±6mm)，则认为符合要求。取其平均值作为该测站最后结果，否则须重测。

(2)双面尺法　此法是仪器的高度不变，而分别对双面水准尺的黑面和红面进行观测。这样可以利用前、后视的黑面和红面读数，分别算出两个高差。在理沦上这两个高差应相差 100mm（同为一对双面尺的尺常数分别为 4.687m 和 4.787m），如果不符值不超过规定的限差(例如四等水准测量容许值为±5mm)，取其平均值作为该测站最后结果，否则须重测。

第四节　水准测量的成果计算

水准测量外业工作结束后，首先要检查外业观测手簿，计算相邻各点间高差。经检查无误后，才能按水准路线布设形式进行成果计算。

一、附合水准路线的计算

图 2-19 是一附合水准路线等外水准测量示意图，A、B 为已知高程的水准点，1、2、3 为待定高程的水准点，h_1、h_2、h_3 和 h_4 为各测段观测高差，n_1、n_2、n_3 和 n_4 为各测段测站数，L_1、L_2、L_3 和 L_4 为各测段水准路线长度。现已知 $H_A=65.376\text{m}$，$H_B=68.623\text{m}$，各测段站数、长度及高差均注于图 2-18 中：计算步骤如下(参见表 2-2)。

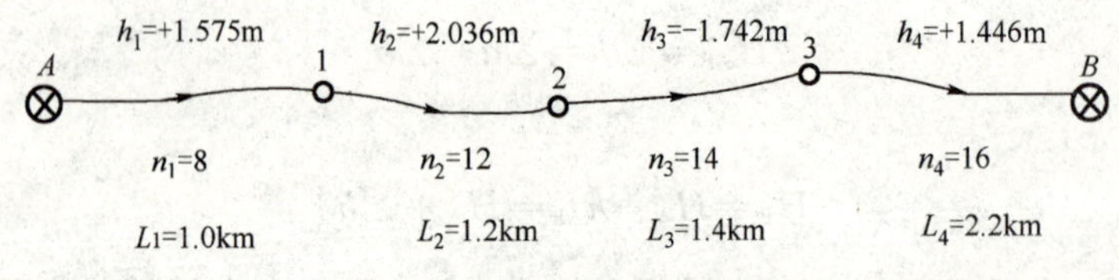

图 2-19　附合水准路线示意图

附合水准路线成果计算表 表 2-2

点 号	距离(m)	测 站 数	实测高差(m)	改正数(mm)	改正数高差(m)	高程(m)	备 注
1	2	3	4	5	6	7	8
BM_A						65.376	已知 A 点高程 65.376 已知 B 点高程 68.623
	1.0	8	+1.575	−12	+1.563		
1						66.939	
	1.2	12	+2.036	−14	+2.022		
2						68.961	
	1.4	14	−1.742	−16	−1.758		
3						67.203	
	2.2	16	+1.446	−26	+1.420		
BM_B						68.623	
$\sum$	5.8	50	+3.315	−68	+3.247		
辅助计算	$f_h=\sum h-(H_B-H_A)=3.315\text{m}-(68.623\text{m}-65.376\text{m})=+0.068\text{m}=68\text{mm}$ $f_{h容}=\pm 40\sqrt{L}\text{mm}=\pm 40\sqrt{5.8}\text{mm}=\pm 96\text{mm}$,$\lvert f_h\rvert<\lvert f_{h容}\rvert$						

1. 填写观测数据和已知数据

依次将图 2-18 中点号、测段水准路线长度、测站数、观测高差从已知水准点 A、B 的高程填入附合水准路线成果计算表中有关各栏内,如表 2-2 所示。

2. 计算高差闭合差

用式(2-5)计算附合水准路线高差闭合差。

$$f_h=\sum h-(H_{终}-H_{起})=3.315\text{m}-(68.623\text{m}-65.376\text{m})=+0.068\text{m}=68\text{mm}$$

根据附合水准路线的测站数及路线长度求出每公里测站数,以便确定采用平地或山地高差闭合差容许值的计算公式。在本例中

$$\sum n/\sum L=50/5.8=8.6(站/\text{km})<16(站/\text{km})$$

故高差闭合差容许值采用平地公式计算。由式 2-8 知,图根水准测量平地高差闭合差容许值的计算公式为

$$f_{h容}=\pm 40\sqrt{L}\text{mm}=\pm 96\text{mm}$$

由于 $f_h<f_{h容}$,说明观测成果精度符合要求,可对高差闭合差进行调整。如果 $f_h>f_{h容}$,说明观测成果不符合要求,必须重新测量。

3. 调整高差闭合差

高差闭合差调整的原则和方法,是按与测站数或测段长度成正比例的原则,将高差闭合差反号分配到各相应测段的高差上,得改正后高差,即

$$v_i=-(f_h/\sum n)\times n_i \quad 或 \quad v_i=-(f_h/\sum L)\times L_i \tag{2-9}$$

式中: v_i——第 i 测段的高差改正数,mm;

$\sum n$、$\sum L$——水准路线总测站数与总长度;

n_i、L_i——第 i 测段的测站数与测段长度:

本例中,各测段改正数为

$$\upsilon_1=-(f_h/\sum L)\times L_i=-(68mm/5.8km)\times 1.0km=-12mm$$
$$\upsilon_2=-(f_h/\sum L)\times L_i=-(68mm/5.8km)\times 1.2km=-14mm$$
$$\upsilon_3=-(f_h/\sum L)\times L_i=-(68mm/5.8km)\times 1.4km=-16mm$$
$$\upsilon_4=-(f_h/\sum L)\times L_i=-(68mm/5.8km)\times 2.2km=-26mm$$

计算检核 $\sum\upsilon_i=-f_h$

将各测段高差改正数填入表 2-2 中第 5 栏内。

4. 计算各测段改正后高差

各测段改正后高差等于各测段观测高差加上相应的改正数，各测段改正数的总和应与差闭合差的大小相等，符号相反，如果绝对值不等则说明计算有误。每测段高差加相应的改正数便得到改正后的高差值。

本例中，各测段改正后高差为

$$h_1=+1.575m+(-0.012m)=1.563m$$
$$h_2=+2.036m+(-0.014m)=2.022m$$
$$h_3=-1.742m+(-0.016m)=-1.758m$$
$$h_4=+1.446m+(-0.026m)=+1.420m$$

计算检核 $\sum\upsilon_i=68mm \quad -f_h=-(-68mm)=68mm$

将各测段改正后高差填入表 2-2 中第 6 栏内。

5. 计算待定点高程

根据已知水准点 A 的高程和各测段改正后高差，即可依次推算出各待定点的高程，最后推算出的 B 点高程应与已知 B 的点高程相等，以此作为计算检核。将推算出各待定点的高程填入表 2-2 中第 7 栏内。

二、闭合水准路线成果计算

闭合水准路线成果计算的步骤与附合水准路线相同。

三、支线水准路线的计算

图 2-20 是一支线水准路线等外水准测量示意图，A 为已知高程的水准点，其高程 H_A 为 45.276m，1 点为待定高程的水准点，$\sum h_{往}=+2.532m$，$\sum h_{返}=-2.520m$，往、返测的测站数共 16 站，则 1 点的高程计算如下。

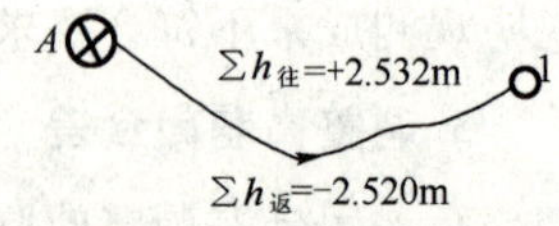

图 2-20 支线水准路线

1. 计算高差闭合

$$f_h=\sum h_{往}+\sum h_{返}=+2.532m+(-2.520m)=+0.012m=+12mm$$

2. 计算高差容许闭合差

测站数 $n=16\div 2=8$ 站 $\quad f_{h容}=\pm 12\sqrt{n}=\pm 12\sqrt{8}=\pm 34mm$

因 $|f_h|<|f_{h容}|$，故精确度符合要求。

3. 计算改正后高差 取往测和返测的高差绝对值的平均值作为 *A* 和 1 两点间的高差，其符号和往测高差符号相同，即

$$h=\frac{|h_{往}|+|h_{返}|}{2}=+2.526\text{m}$$

4. 计算待定点高程

$$H_1=45.276\text{m}+2.526\text{m}=47.802\text{m}$$

第五节　水准仪的检验与校正

一、水准仪应满足的几何条件

根据水准测量的原理，水准仪必须能提供-条水平的视线，才能正确地测出两点间的高差。为此，水准仪在结构上应满足如图 2-21 所示的条件。

(1)圆水准器轴应平行于仪器的竖轴($L'L'//VV$)。

(2)十字丝的横丝应垂直于仪器的竖轴(横丝$\perp VV$)。

(3)水准管轴应平行于视准轴($LL//CC$)。

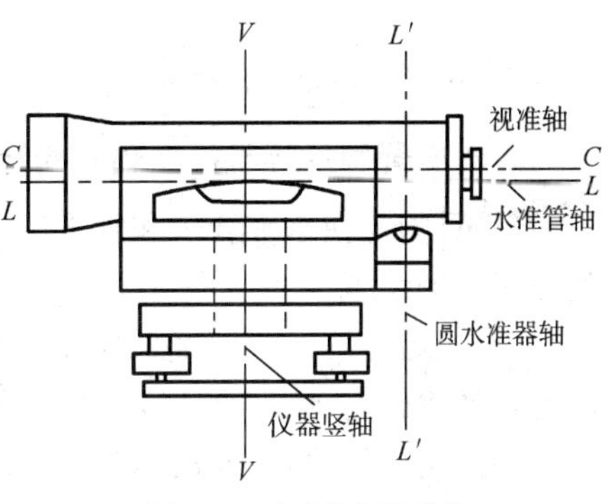

图 2-21　水准仪主要轴线

水准仪应满足上述各项条件，这些条件水准仪出厂时经检验都是满足的，但由于仪器在长期使用和运输过程中受到振动等因素的影响，使各轴线之间的关系发生变化，若不及时检验校正，将会影响测量成果的精度。所以，在水准测量之前，应对水准仪进行认真的检验与校正。

二、微倾式水准仪的检验与校正

1. 圆水准器轴平行于仪器竖轴的检验与校正

(1)目的　使圆水准器轴平行于仪器竖轴，圆水准器气泡居中时，竖轴便位于铅垂位置。

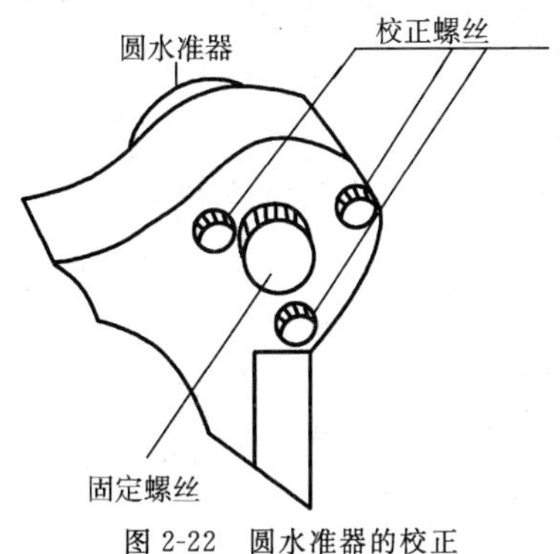

图 2-22　圆水准器的校正

(2)检验方法　旋转脚螺旋使圆水准器气泡居中，然后将仪器绕竖轴旋转 180°，如果气泡居中，则表示该几何条件满足；如果气泡偏出分划圈外，则需要校正。

(3)校正方法　当圆水准器气泡居中时，圆水准器轴处于铅垂位置。校正前应先稍松中间的固定螺丝，用脚螺旋使气泡向中央方向移动偏离量的一半，然后拨圆水准器的三个校正螺丝使气泡居中。如图 2-22 所示，由于一次拨动不易使圆水准器校正得很完善，所以需重复上述的检验和校正，使仪器上部旋转到任何位置气泡都能居中为止。最后应注意旋紧固定螺丝。

2. 十字丝中丝垂直于仪器的竖轴的检验与校正

(1)目的　使十字丝的横丝垂直于竖轴，这样，当仪器粗略整平后，横丝基本水平，用横丝上任意位置所得读数均相同。

(2)检验方法　安置水准仪，使圆水准器的气泡居中后，先用十字丝交点瞄准某一明显的点状目标 P，如图 2-23 所示，然后旋紧制动螺旋，转动微动螺旋，如果目标点 P 不离开中丝，如图 2-23 左图所示，则表示中丝垂直于仪器的竖轴，不需要校正；否则，条件不满足，需校正。

(3)校正方法　松开十字丝分划板座的固定螺钉，转动十字丝分划板座，使中丝一端对准目标点，再将固定螺钉拧紧。此项校正也需反复进行(如图 2-24)。

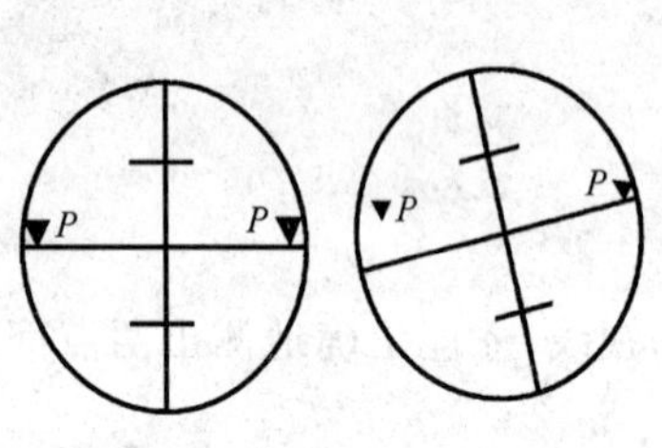

图 2-23　十字丝的检验

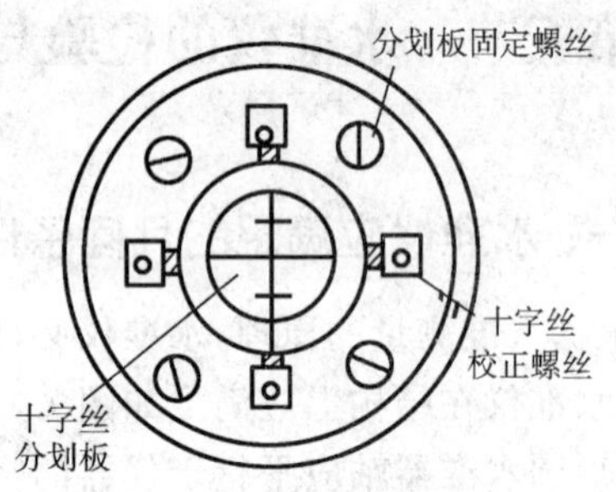

图 2-24　十字丝的校正

3. 水准管轴平行于视准轴的检验与校正

(1)目的　使水准管轴和视准轴在垂直面上的投影相平行，当水准管气泡符合时，视准轴就处于水平位置。

(2)检验方法　如图 2-25 所示，在较平坦的地面上选择相距约 80m 的 A、B 两点，打下木桩或放置尺垫。用皮尺丈量，定出 AB 的中间点 I。

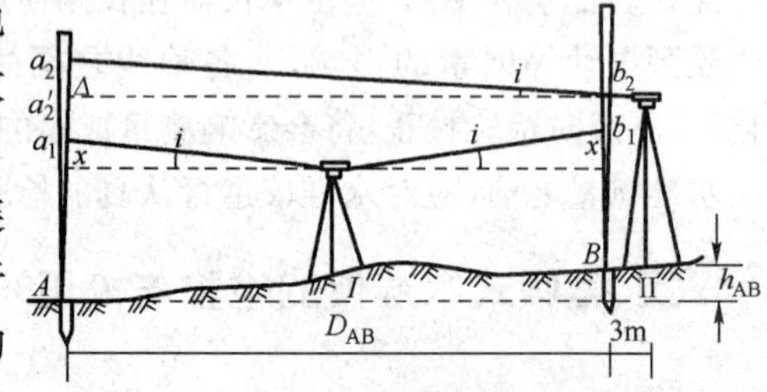

图 2-25　水准管轴平行于视准轴的检验

①在 I 点处安置水准仪，用变动仪器高法，连续两次测出 A、B 两点的高差，若两次测定的由于前后视距相等，视准轴与水准管轴不平行所产生的前、后视读数误差 x 相等，故高差 h_{AB} 不受视准轴误差的影响。

②在离 B 点大约 3m 左右的 II 点处安置水准仪，精平后读得 B 点尺上的读数为 b_2，因水准仪离 B 点很近，两轴不平行引起的读数误差 x 可忽略不计。根据 b_2 和高差 h_{AB} 算出 A 点尺上视线水平时的读数应为 $a'_2=b_2+h_{AB}$。

然后，瞄准 A 点水准尺，读出中丝的读数 a_2，如果 a'_2 与 a_2 相等，表示两轴平行。否则存在角度 i，其值为

$$i=[(a'_2-a_2)/D_{AB}]\times\rho'' \tag{2-10}$$

式中：D_{AB}——A、B 两点间的水平距离，m；

i——视准轴与水准管轴的夹角，″；

ρ''——1 弧度的秒值，$\rho=206265''$。

对于 DS_3 型水准仪来说，i 值不得大于 20″，如果超限，则需要校正。

(3)校正方法　转动微倾螺旋，使十字丝的中丝对准 A 点尺上应读读数 a'_2，此时视准轴处于水平位置，而水准管气泡不居中。用校正针先拨松水准管一端左、右校正螺钉，如图 2-26 所示，再拨动上、下两个校正螺钉，使偏离的气泡重新居中，最后要将校正螺钉旋紧。此项校正工作需反复进行，直至达到要求为止。

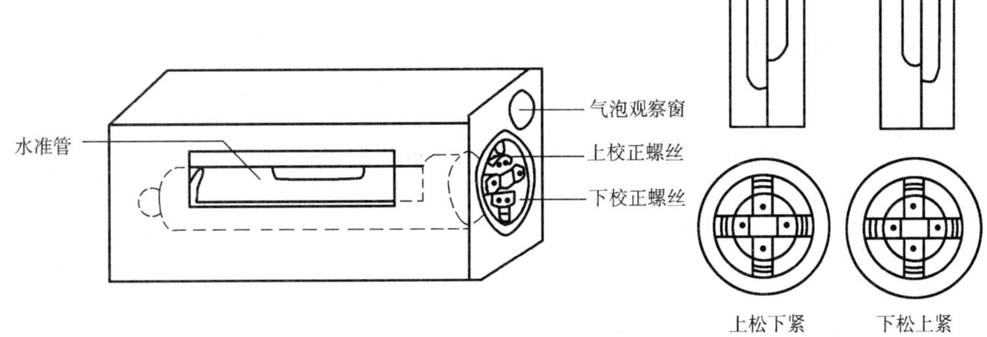

图 2-26　水准管的校正

三、自动安平水准仪的检验和校正

自动安平水准仪应满足的条件是：

1. 圆水准器轴平行仪器的竖轴

2. 十字丝横丝垂直竖轴

以上两项的检验校正方法与微倾式水准仪的检校方法完全相同。

3. 水准仪在补偿范围内，应能起到补偿作用

在离水准仪约 50m 处竖立水准尺，仪器安置成图 2-27 所示的位置，即使其中两个脚螺旋的连线垂直于仪器到水准尺连线的方向。用圆水准器整平仪器，读取水准尺上读数。旋转视线方向上的第三个脚螺旋，让气泡中心偏离圆水准器零点少许，使竖轴向前稍倾斜，读取水准尺上读数。然后再次旋转这个脚螺旋，使气泡中心向相反方向偏离零点并读数。重新整平仪器，用位于垂直于视线方向的两个脚螺旋，先后使仪器向左右两侧倾斜，分别在气泡中心稍偏离零点后读数。如果仪器竖轴向前后左右倾斜时所得读数与仪器整平时所得读数之差不超过 2mm；则可认为补偿器工作正常，否则应检查原因或送工厂修理。检验时圆水准器气泡偏离的大小，应根据补偿器的工作范围及圆水准器的分划值来决定。例如补偿工作范围为 ±5′，圆水准器的分划值为 8′/2mm，则气泡偏离零点不应超过 5/8×2=1.2mm。补偿器工作范围和圆水准器的分划值在仪器说明书中均可查得。

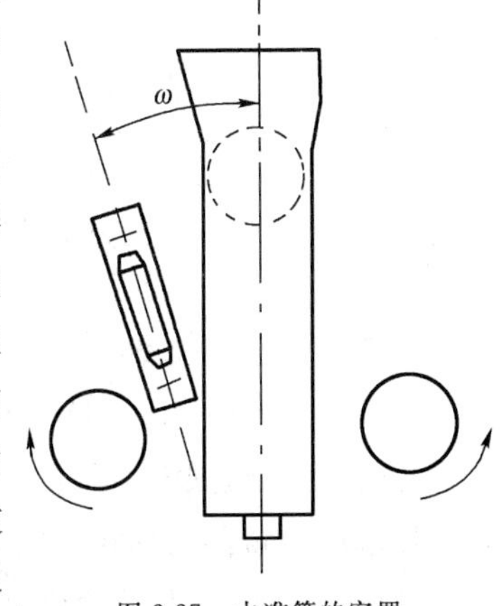

图 2-27　水准管的安置

4. 视准轴经过补偿后应与水平线一致

若视准轴经补偿后不能与水平线一致，则也构成 i 角，产生读数误差。这种误差的检验方法与微倾式水准仪 i 角的检验方法相同，但校正时应校正十字丝。拨十字丝的校正螺丝（如图2-23 所示），使图 2-24 中 A 点的读数从 a_2 改变到 a'_2，使之得出水平视线的读数。对于 DS_3 水准仪也应使 i 角不大于 $20''$。

第六节　水准测量误差及注意事项

水准测量误差包括仪器误差、观测误差和外界条件的影响误差三方面。在水准测量作业中，应根据产生误差的原因，采取相应措施，尽量减弱或消除误差的影响。

一、仪器误差

1. 水准管轴与视准轴不平行误差

水准管轴与视准轴不平行，虽然经过校正，仍然可存在少量的残余误差。这种误差的影响与距离成正比，只要观测时注意使前、后视距离相等，便可消除此项误差对测量结果的影响。

2. 水准尺误差

由于水准尺刻划不准确、尺长变化、弯曲等原因，会影响水准测量的精度。因此，水准尺要经过检核才能使用。

二、观测误差

1. 水准管气泡的居中误差

水准测量时，视线的水平是根据水准管气泡居中来实现的。由于气泡居中存在误差，致使视线偏离水平位置，从而带来读数误差。为减小此误差的影响，每次读数时，都要使水准管气泡严格居中。

2. 估读水准尺的误差

水准尺估读毫米数的误差大小与望远镜的放大倍率以及视线长度有关:在测量工作中，应遵循不同等级的水准测量对望远镜放大倍率和最大视线长度的规定，以保证估读精度。

3. 视差的影响误差

当存在视差时，由于十字丝平面与水准尺影像不重合，若眼睛的位置不同，便读出不同的读数，而产生读数误差。因此，观测时要仔细调焦，严格消除视差。

4. 水准尺倾斜的影响误差

水准尺倾斜，将使尺上读数增大，从而带来误差。如水准尺倾斜 $3°30'$，在水准尺上 1m 处读数时，将产生 2mm 的误差。为了减少这种误差的影响，水准尺必须扶直。

三、外界条件的影响误差

1. 水准仪下沉误差

由于水准仪下沉，使视线降低，而引起高差误差。如采用“后、前、前、后”的观测顺序可减弱其影响(如图 2-28a)。

2. 尺垫下沉误差

如果在转点发生尺垫下沉，将使下一站的后视读数增加，也将引起高差的误差。采用往返观测的方法，取成果的中数，可减弱其影响(如图 2-28b)。

为了防止水准仪和尺垫下沉，测站和转点应选在土质实处，并踩实三脚架和尺垫，使其稳定。

3. 地球曲率及大气折光的影响

(1)地球曲率的影响　理论上，水准测量应根据水准面来求出两点的高差(图 2-29)，但视准轴是一直线，因此使读数中含有由地球曲率引起的误差。

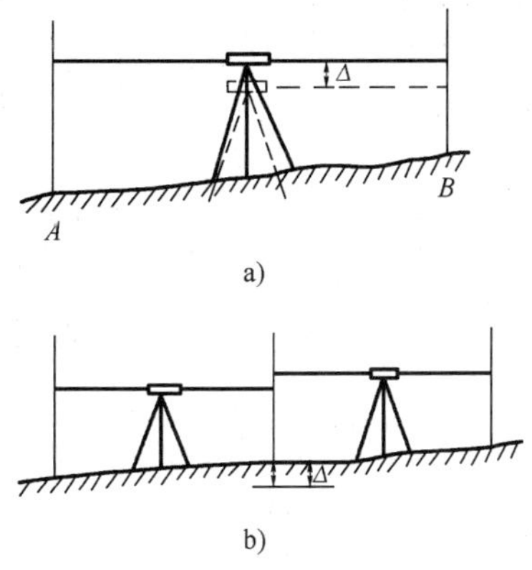

图 2-28　水准仪及水准尺下沉的误差

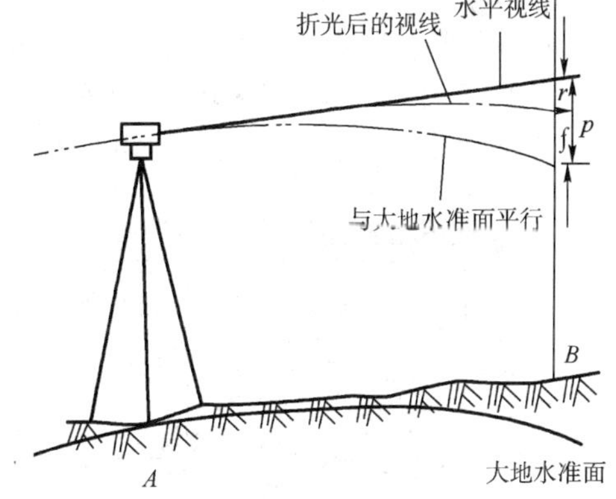

图 2-29　地球曲率及大气折光的影响

(2)大气折光的影响　事实上，水平视线经过密度不同的空气层折射，一般情况下形成一向下弯曲的曲线，它与理论水平线所得读数之差，就是大气折光引起的误差。实验得出，在一般大气情况下，大气折光误差是地球曲率误差的$\frac{1}{7}$，地球曲率和大气折光的影响是同时存在的，两者对读数总的影响值当前、后视距相等时，这种误差可在计算高差时自行消除。但是离近地面的大气折光变化十分复杂，在同一测站的前视和后视距离上就可能不同，所以即使保持前后视距相等，大气折光误差也不能完全消除。限制视线的长度可大大减小这种误差，此外使视线离地面尽可能高些，也可减弱大气折光变化的影响。精密水准测量时还应选择良好的观测时间，一般认为在日出后或日落前 2h 为好。

4. 温度的影响误差

温度的变化不仅会引起大气折光的变化，而且当烈日照射水准管时，由于水准管本身和管内液体温度的升高，气泡向着温度高的方向移动，从而影响了水准管轴的水平，产生了气泡居中误差。所以，测量中应随时注意为仪器打伞遮阳。

第七节 精密水准仪、自动安平水准仪

一、精密水准仪简介

精密水准仪主要用于国家一、二等水准测量和高精度的工程测量，其种类也很多，如国产的 DS_1 型微倾式水准仪，进口的瑞士威特厂的 N_3 微倾式水准仪等(如图 2-30)。

1. 精密水准仪

精密水准仪与一般水准仪比较，其特点是能够精密地整平视线和精确地读取读数；为此，在结构上应满足以下条件。

(1)水准器具有较高的灵敏度。如 DS_1 水准仪的管水准器 τ 值为 10″/2mm。

(2)望远镜具有良好的光学性能。如 DS_1 水准仪望远镜的放大倍数为 38 倍，望远镜的有效孔径 47mm，视场亮度较高。十字丝的中丝刻成楔形，能较精确地瞄准水准尺的分划。

(3)具有光学测微器装置，如图 2-31 所示，可直接读取水准尺一个分格 (1cm 或 0.5cm)的 1/100 单位(0.1mm 或 0.05mm)，提高读数精度。

(4)视准轴与水准管轴之间的联系相对稳定。

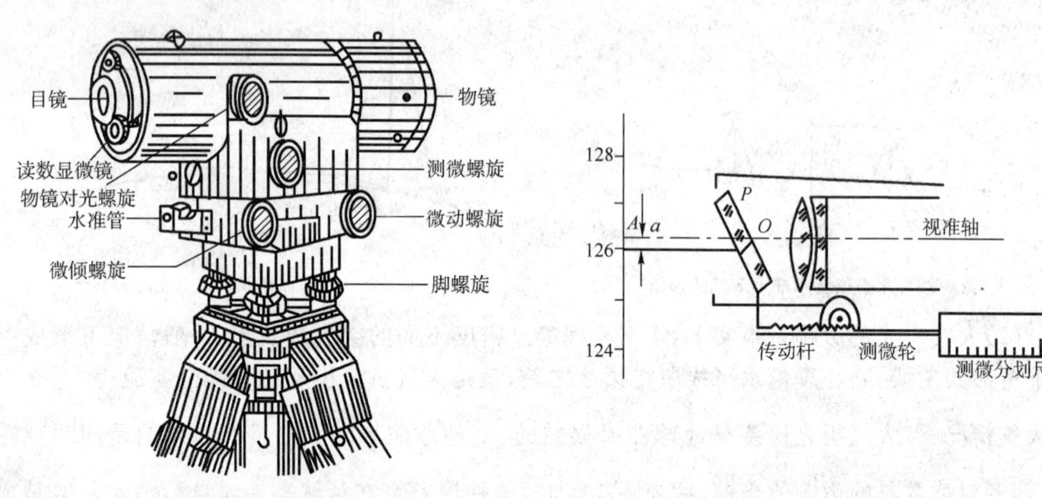

图 2-30 精密水准仪

图 2-31 光学测微器的构造与读数

精密光学水准仪的测微装置主要由平行玻璃板、测微尺、传动杆、测微螺旋和测微读数系统组成，平行玻璃板装在物镜前面，它通过有齿条的传动杆与测微尺及测微螺旋连接。测微尺上刻 100 个分划。在另设的固定棱镜上刻有指标线，可通过目镜旁的微测读数显微镜进行读数，当转动测微螺旋时，传动杆推动平行玻璃板前后倾斜，此时视线通过平行玻璃板产生平行移动，移动的数值可由测微尺读数反映出来。当视线上下移动为 5mm (或 0.1mm)时，测微尺恰好移动 100 格，即测微尺最小格值为 0.05mm(或 0.1mm)。

2. 精密水准尺

精密水准仪必须配有精密水准尺。这种尺一般是在木质尺身的槽内，装有一根铟瓦合金带，带上标有刻划，数字注在木尺上，如图 2-32 所示，精密水准尺的分划有 1cm 和 0.5cm 两种，它须与精密水准仪配套使用。

精密水准尺上的分划注记形式一般有以下两种：

(1)尺身上刻有左右两排分划，右边为基本分划，左边为辅助分划。基本分划的注记从零开始，辅助分划的注记从某一常数 K 开始，K 称为基辅差。

(2)尺身上两排均为基本划分，其最小分划 10mm，但彼此错开 5mm；尺身一侧注记米数，另一种侧注记分米数：尺身标有大、小三角形，小三角形表示分米$\frac{1}{2}$处，大三角形表示分米的起始线。这种水准尺上的注记数字比实际长度增大了一倍。即 5cm 注记为 1dm。因此使用这种水准尺进行测量时，要将观测高差除以 2 才是实际高差。

3. 精密水准仪的操作方法

精密水准仪的操作方法与一般水准仪基本相同，只是读数方法有些差异。在水准仪精平后，十字丝中丝往往不恰好对准水准尺上某一整分划线，这时就要转动测微轮使视线上、下平行移动，十字丝的楔形丝正好夹住一个整分划线，如图 2-33，被夹住的分划线改数为 1.97m。此时视线上下平移的距离则由测微器读数窗中读出，其读数为 1.50mm：所以水准尺的全读数为 1.97m＋0.00150＝1.97150m。实际读数为全部读数的一半，即 1.97150 m/2＝0.98575m。

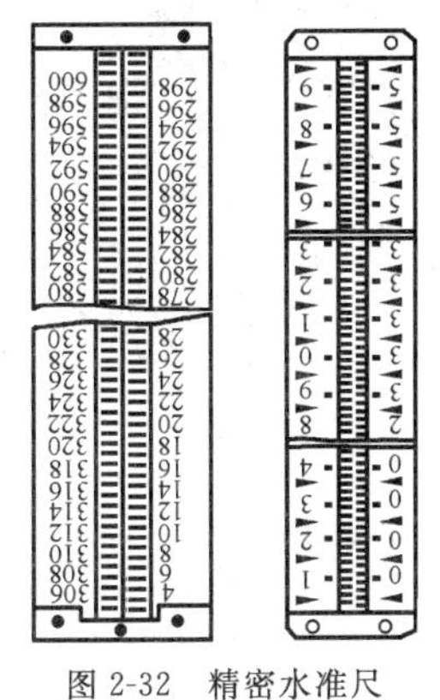

图 2-32　精密水准尺

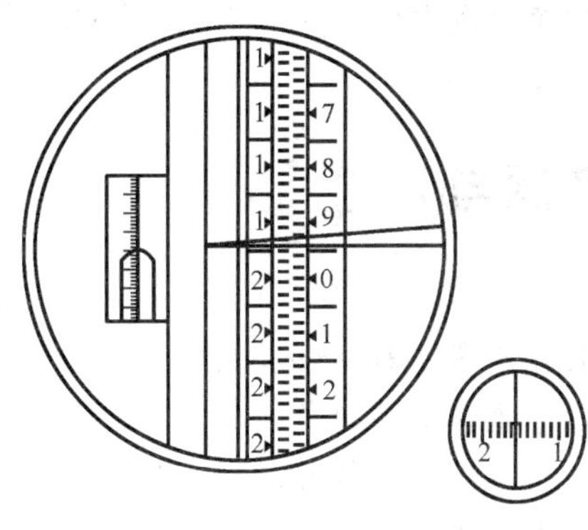

图 2-33　精密水准尺的读数

二、电子水准仪简介

随着科学技术的不断进步及电子技术的迅猛发展，水准仪正从光学时代跨入到电子时代，电子水准仪的主要优点是：

(1)操作简捷。自动观测和记录，并立即用数字显示测量结果。

(2)整个观测过程在几秒钟内即可完成。从而大大减少观测错误和误差。

(3)仪器还附有数据处理器及与之配套的软件，从而可将观测结果输入计算机后进行处理，实现测量工作自动化和流水线作业，大大提高功效。

可以预言，电子水准仪将成为水准仪研制和发展的方向，随着价格的降低必将日益普及开来。成为光学水准仪的换代产品。

1. 电子水准仪的观测精度

电子水准仪的观测精度高，如瑞士徕卡公司开发的 NA2000 型电子水准仪的分辨力为0.1mm，每千米往返测得高差中数的偶然中误差为 2.0mm；NA3003 型电子水准仪的分辨力为 0.01nm，每千米往返测得高差中数的偶然中误差为 0.4mm。

2. 电子水准仪测量原理简述

与电子水准仪配套使用的水准尺为条形编码尺，通常由玻璃纤维或铟钢制成。如图 2-34 所示。在电子水准仪中装置有行阵传感器，它可识别水准标尺上的条形编码。电子水准仪摄入条形编码后，经处理器转变为相应的数字。在通过信号转换和数据化，在显示屏上直接显示中丝读数和视距。

条形码标尺

图 2-34

3. 电子水准仪的使用

NA2000 电子水准仪用 15 个键的键扭和安装在侧面的测量键来操作。有两行 LCD 显示器显示给使用者，并显示测量结果和系统的状态。

观测时，电子水准仪在人工完成安置与粗平、瞄准目标(条形编码水准尺)后，按下测量键后约 3～4s 即显示出测量结果，其测量结果可储存在电子水准仪内或通过电缆连接存入机内记录器中。另外，观测中如水准标尺条形编码被局部遮挡小于 30%，仍可进行观测。

思考题与习题

1. 水准仪是根据什么原理来测定两点之间的高差的？
2. 水准仪的望远镜主要由哪几部分组成？各部分有什么功能？
3. 简述用望远镜瞄准水准尺的步骤？
4. 何谓视差？发生视差的原因是什么？如何消除视差？
5. 何谓水准管分划值？其与水准管的灵敏度有何关系？
6. 圆水准器和水准管各有何作用？
7. 水准仪有哪些轴线？它们之间应满足哪些条件？哪个是主要条件？
8. 结合水准测量的主要误差来源，说明在观测过程中要注意哪些事项？
9. 后视点的高程为 55.318m，读得其水准尺的读数为 2.212m，在前视点 B 尺上读数为 2.522m，问高差 h_{AB}是多少？B 点比 A 点高，还是比 A 点低？B 点高程是多少？试绘图说明。
10. 为了测得图根控制点的 A、B 的高程，由四等水准点 BM_1(高程为 29.826m)以附合水准路线测量至另一个四等水准点 BM_5(高程为 30.586m)，观测数据及部分成果如图 2-35 所示：试列表(按表 2-1)进行记录，并计算下列问题：

(1)将第一段观测数据填入记录手簿，求出该段高差 h_1；

(2)根据观测成果算出 A、B 点的高程。

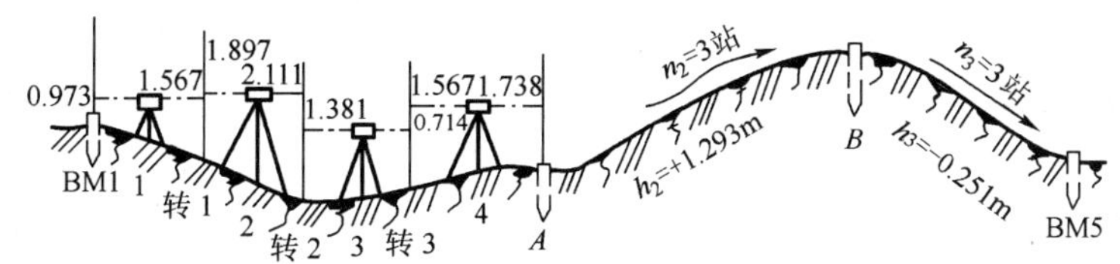

图 2-35 附合水准路线测量示意图

11. 图 2-36 所示为一闭合水准路线等外水准测量示意图，水准点 BM_2 的高程为45.515m，1、2、3、4 点为待定高程点，各测段高差及测站数均标注在图中，试计算各待定点的高程。

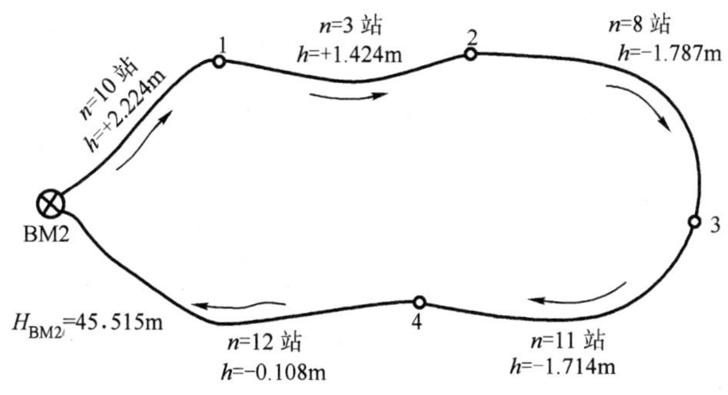

图 2-36 闭合水准路线示意图

第三章 角度测量

本章提要

角度测量包括水平角测量和竖直角测量，它是三项基本测量工作的内容之一。本章主要讲述角度测量的基本原理、光学经纬仪的构造及使用、测角方法、经纬仪的检验校正、经纬仪的测角误差分析及测角注意事项。

第一节 角度测量原理

一、角度的概念

角度测量包括水平角测量和竖直角测量。

1. 水平角

水平角是指地面上某点到两目标的方向线垂直投影到水平面上所成的夹角。如图 3-1 所示，A 点到 B、C 两目标点的方向线 AB 和 AC 在某水平面 H 上的垂直投影 $A'B'$ 和 $A'C'$ 的夹角 $\angle B'A'C'$ 即称为水平角 β，其角值范围为 0°～360°。由此可见，地面上任意两直线间的水平夹角，就是通过两直线所作铅垂面间的两面角。

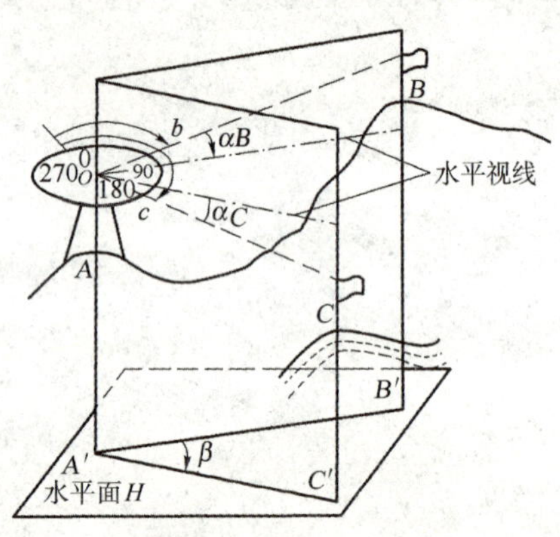

图 3-1 角度测量原理

2. 竖直角

竖直角是指同一铅垂面内，某方向线的视线与水平线的夹角（又称垂直角或高度角）。其角值范围为 0°～90°。如图 3-1，OB、OC 方向线的竖直角分别为 α_B、α_C。竖直角由水平线起算，视线在水平线之上为正，称仰角（$\alpha_B > 0$）；反之为负，称俯角（$\alpha_C < 0$）。

二、角度测量原理

1. 水平角测量原理

根据水平角的概念，设在过角顶 A 点的铅垂线上任一点 O 安置一水平的、且按顺时针方向 0°～360°增加的分划刻度圆盘，使刻度盘圆心正好位于过 A 点的铅垂线上。如图 3-1 所示，设 A 点到 B、C 目标方向线在水平刻度盘上的投影读数分别为 b 和 c，则水平角

$$\beta = c - b$$

即右目标读数减左目标读数。

2. 竖直角测量原理

同理，根据竖直角的概念，在 OB（或 OC）铅垂面内安置一个竖直度盘，也使点 O 与刻度盘中心重合。则 OB（或 OC）和铅垂面内过 O 点的水平线在竖直度盘上的读数之差即为 OB（或 OC）的竖直角。

用于测量水平角、竖直角的仪器是经纬仪。

第二节　光学经纬仪的构造与使用

一、经纬仪的分类

（1）经纬仪依据读数方式可分为光学经纬仪的读数盘和光电经纬仪的读数盘两种类型，一种精密光学测角仪器，采用光学玻璃度盘应用光学测微系数，称为光学经纬仪；另一种则是采用当代新型光电技术测量角度的仪器称为电子经纬仪。

（2）经纬仪按其精度不同分为 DJ_1、DJ_2、DJ_6 等几种型号，“D”和“J”分别为“大地测量”和“经纬仪”两词汉语拼音的首字母，“2”、“6”表示该仪器所能达到的精度指标（如 DJ_6，表示水平方向测量一测回的方向观测中误差不超过 $\pm6''$）。

二、光学经纬仪的基本构造

工程建设上应用比较普遍的有 DJ_6［图 3-2a）］、DJ_2［图 3-2b）］两种光学经纬仪，它们的基本组成部分主要是照准部、度盘和基座（图 2-4）等。

1. 对中整平装置

用以将度盘中心安置在过所测角顶的铅垂线上，并使水平度盘水平，仪器各轴线处于正确位置。主要包括：基座、垂球或光学对中器、脚螺旋、水准器。

（1）基座：支承仪器的底座。与水准仪的基座相似，上有中心连接螺旋孔（1 个）及脚螺旋（3 个）。另外，还有一个轴座固定螺旋，与水平度盘相连的外轴套插入基座的套轴内时，可由该螺旋紧固。换置觇标时旋开该螺旋可将水平度盘及照准部从基座中取出，平时此螺旋必须拧紧，测量过程中一般不动该螺旋。中心连接螺旋用于将仪器和三角架相连。三个脚螺旋则用于整平仪器，使仪器竖轴处于铅垂位置。

（2）垂球或光学对中器：用于使仪器竖轴轴线铅垂地通过所测角度顶点。垂球悬挂于中心连结螺旋上，当垂球尖对准角顶时说明两者重合。有的仪器装有光学对中器，它是一个小型外调焦望远镜。当照准部水平时，对中器的视线经棱镜折射后的一段变成铅垂方向且与竖轴中心重合。当地面标志中心与光学对中器分划板十字中心重合时，说明竖轴中心（水平度盘中心）已位于所测角顶的铅垂线上。光学对中器有的装在照准部上，有的装在基座上。

（3）水准器：用来整平仪器，当气泡居中时说明仪器处于整平状态。一般有两个水准器，一个为圆水准器，位于基座上，用于粗平；一个为管水准器，位于照准部，用于精平。

（4）三个脚螺旋：用于整平仪器，使仪器竖轴处于铅垂位置。

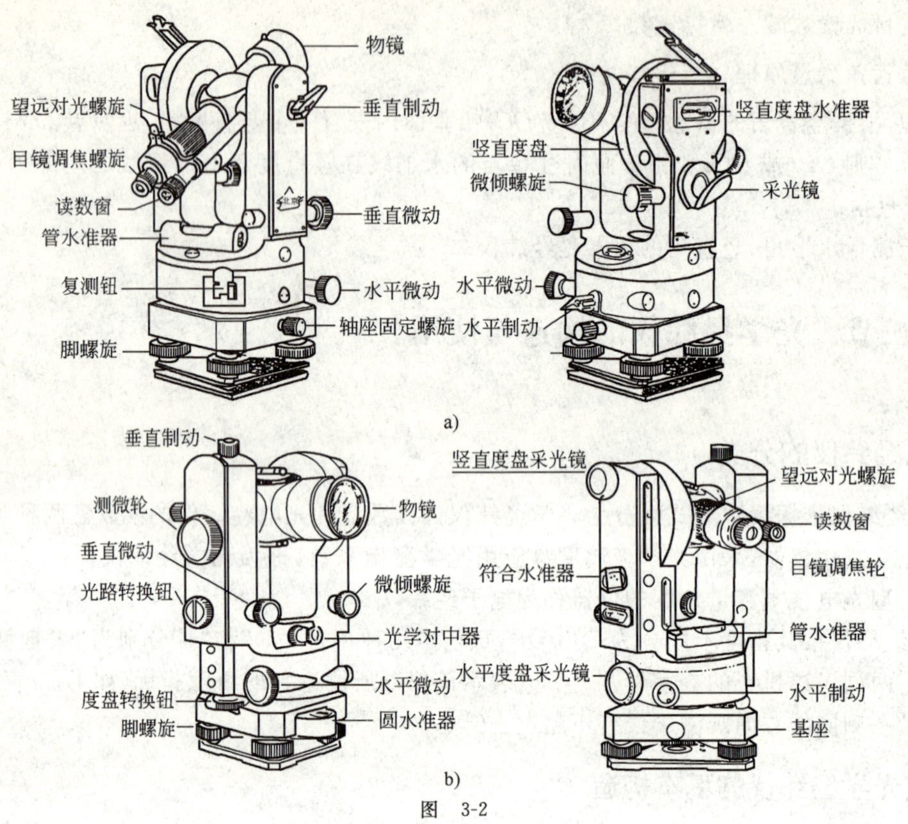

图 3-2

2. 照准装置

照准装置包括望远镜、支架、转动控制装置。

(1)望远镜用以照准目标，与水准仪类似。区别在于：经纬仪的调焦筒代替了水准仪的调焦螺旋；十字丝分划板有单、双丝适应瞄准不同形式的地面目标。

(2)为了照准不同高度的目标点，望远镜既可以随照准部在水平面内转动，也可以在竖直面内自由旋转。除仪器视准轴(或称视线)、竖轴、水准管轴外，望远镜在竖直面内的旋转轴称为横轴，这四条轴线构成经纬仪的四条主要轴线。

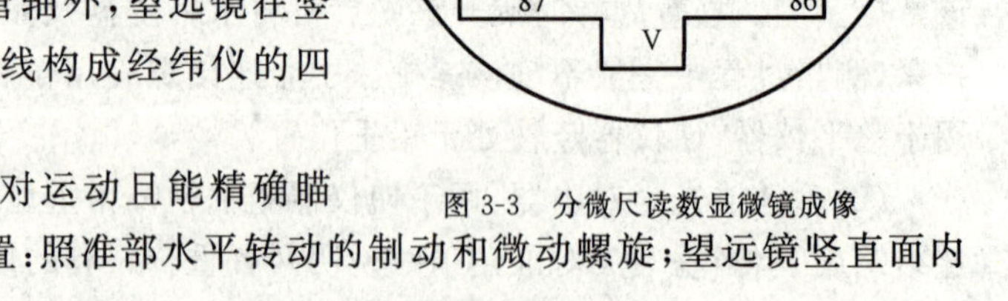

图 3-3 分微尺读数显微镜成像

(3)为了控制仪器各部分间的相对运动且能精确瞄准目标，仪器上一般设有两套控制装置：照准部水平转动的制动和微动螺旋；望远镜竖直面内转动的制动和微动螺旋。

3. 读数装置

(1)分微尺测微器及读数方法

该装置见于 DJ_6 型光学经纬仪。除北京红旗 II 型外，国产 DJ_6 光学经纬仪均采用这种装置。这类仪器的度盘分化值为 1°，按顺时针方向注记，其读数设备是由一系列光学设备所组成的光学系统。

如图 3-3 所示，水平、竖直度盘上的分划线最小间隔为 1°，成像后其最小间隔正好与分微尺的全长相等。上面窗格里是水平度盘及其分微尺的影像，下面窗格里是竖直度盘及其分微尺的影像。分微尺整尺长分为 60 等分，格值为 1′，可估读到 0.1′，即 6″，读数时，度数由落在分微尺上的度盘分划注记读出，小于 1°的分秒细数，即分微尺零线至该度盘刻线间的角值，由分微尺上读出。图 3-3 中，落在分微尺上的水平度盘刻线的注记为 73°，该刻线截在分微尺上的读数（从分微尺的零分划线起算）为 4.5′，故水平度盘读数（H）应为 73°04.5′（73°04′30″）。同理，竖直度盘读数（V）为 87°06.4′，（87°06′24″）。

（2）单平板玻璃测微器（图 3-4）及读数方法

单平板玻璃测微器多见于 DJ_6 型光学经纬仪。

在读数显微镜中可同时看到三个窗（图 3-5），上窗口为测微尺分划影像及指标，共分 30 大格，每大格 1′，一大格又分三小格，每小格 20″，每 5′注记一数字；中间及最下窗分别为竖直度盘和水平度盘影像，分划值一般为 30′。测微尺整尺长（0′～30′），恰为度盘分划的一格（30′）。读数时，转动测微器，使度盘分划精确夹在双指标线中，按双指标线所夹度盘分划线读出读数；不足 30′的分、秒数从测微器窗口中读出（估读到秒）。图 3-4 中水平度盘读数为

$$149°30'+22'30''=149°52'30''$$

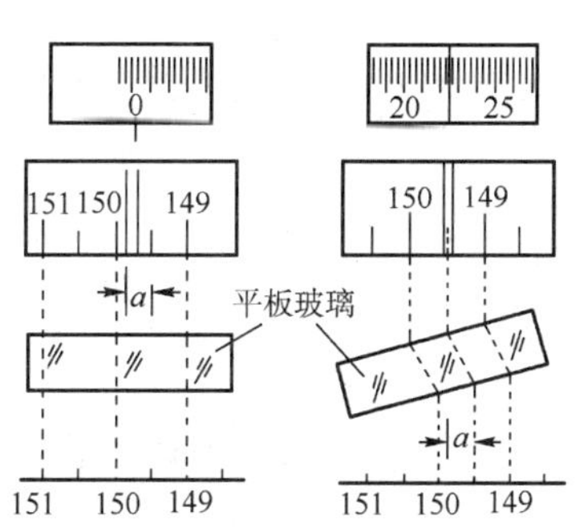

图 3-4　单平板玻璃测微原理

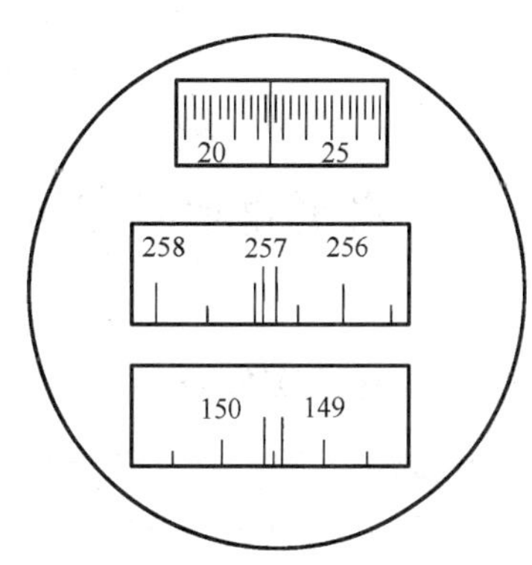

图 3-5　读数显微镜成像

（3）双平板玻璃测微器及读数方法

精度较高的 DJ_2 型经纬仪都采用双光楔或双平板玻璃测微器，也称对径符合读数法。相对于前述两种读数设备，有如下特点。

①直接获取度盘对径相差 180°处的两个读数的平均值作为瞄准方向的读数。该方法可消除照准部偏心误差的影响（详见 3.6 节），提高了读数精度。

②经纬仪读数显微镜中只能看到水平度盘或竖直度盘的一种影像，可以通过换像手轮使其分别出现。

近年来，这种读数系统中基本淘汰了传统的正倒像方法，为使读数更为方便和不易出错，均采用光学数字化的方法。如图 3-6 所示，读数显微镜中的三个窗口叙述如下。

对径线窗口：显示可以相向错动的一组单（或双）短线影像表示度盘对径分划线的成像（无注记），当对径线符合（上下线对齐）时，可以读出该方向的正确读数；

度盘注记窗口：显示度盘读数及整 10′数；

测微尺窗口：显示 10′以下的分秒数，测微尺最小分划为 1″，每隔 10″有一注记，全程 0′～10′。

读数方法：精确瞄准目标后，首先转动测微轮，使对径线符合（上下短线对齐），依次读取度盘注记窗口中的度数，整 10′数及测微尺窗口中 10′以下的分秒细数，三者相加即是所测角度。图 3-6 中所示读数为：

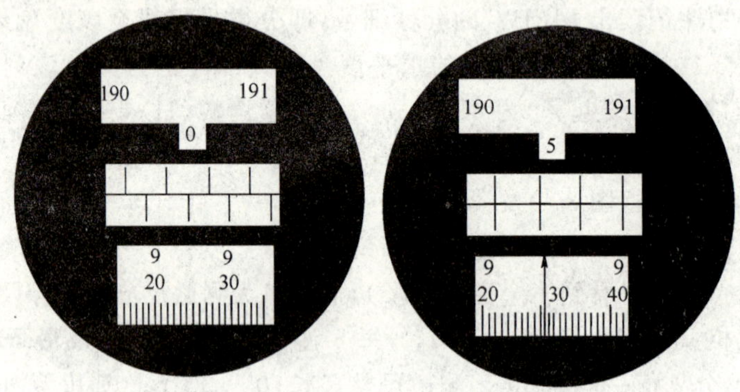

图 3-6 双平板玻璃测微器读数显微镜成像

度盘上度数：	190°（注：度数均为 3 位数字，仅完整出现时方可读之）
度盘上整 10′数（5×10′）	50′（该处数字为 0、1、2、3、4 或 5）
测微尺分秒细数	9′30.5″（估读到 0.1″）
全读数	190°59′30.5″

第三节　水平角观测方法

一、经纬仪的基本操作

在进行角度测量之前，应将经纬仪安置在测站（角顶点）上，然后再进行观测。基本操作包括经纬仪的安置、目标设置、瞄准及读数四个步骤。

1. 经纬仪的安置

经纬仪的安置目的是使仪器的中心与地面点中心在同一铅垂线上并使水平度盘成水平位置，包括仪器安置、对中及整平等工作。

（1）安置三角架

伸开三角架于地面点上方，将仪器置于三角架头中央位置，一手握住仪器，另一手将三角架中心连接螺旋旋入仪器基座中心螺孔中并固紧。安置时要注意以下三点：

①保证三角架架头尽可能水平，仪器中心尽可能处于测站点正上方。

②将三角架的各螺旋适度拧紧，以防观测过程中仪器倾落。

③在较大坡度处安置仪器时，宜将三角架的两条腿置于下坡方向。

（2）粗平及对中

平移脚架，目估大致对中，调节光学对中器目镜，使地面点影像清晰，将三角架腿踏入土中。然后按以下两步调平：

①转动脚螺旋使站点影像进入对中器圆圈中心。

②伸缩架腿使圆水准器气泡居中。如地面点中心偏离圆圈中心较小，可松开连接螺旋平

移基座精密对中，重新整平仪器。

否则重复上述两步，直至圆水准气泡居中，站点位于圆圈内为止。光学对中器误差不大于 1mm。

(3)精平及再对中

放松照准部水平制动螺旋使水准管与一对脚螺旋的连线平行；旋转脚螺旋使管水准器气泡居中，将照准部旋转 90°调节第三个脚螺旋，使气泡居中；然后检查对中器，若圆环中心偏离测站点，则再平移照准部使之对中。

重复步骤 3，直至仪器既对中且管水准气泡在任何方向都居中为止。

说明：对于光学对中器，由于整平会影响到对中器的轴线位置变化，故对中、整平须交互进行，且反复几次；对于垂球对中则可先对中后粗平、精平。

仪器放置好后，在对中、整平之前，有两种可能情况：对中器中心与地面点中心偏离较小但圆水准器气泡偏离较大，这时可调节某架腿关节螺旋使气泡中心居中；反之，前者较大后者较小，则可先调节脚螺旋使对中器中心与地面点中心基本重合，然后再从步骤 2 开始。

整平时气泡移动方向和左手大拇指运动方向一致，管水准器与两个脚螺旋连线平行时，可用两手同时相向转动这对脚螺旋，使气泡较快居中。在反复对中、整平过程中，每次的调节量逐渐减小，故调节时要注意适度。

在一个测站上，对中、整平完毕后，测角过程中不再调节脚螺旋的位置。若发现气泡偏离超过允许值，则重新对中，在原来的位置上重测。

在测角状态时，注意要将复测扳手拨上或度盘变换手轮退出。

2. 目标设置及瞄准

(1)设置目标

测角时，一般应在目标点上设置照准标志。距离较近时，悬挂垂球线，也可竖立测钎；距离较远时，可垂直竖立标杆或设置觇标。

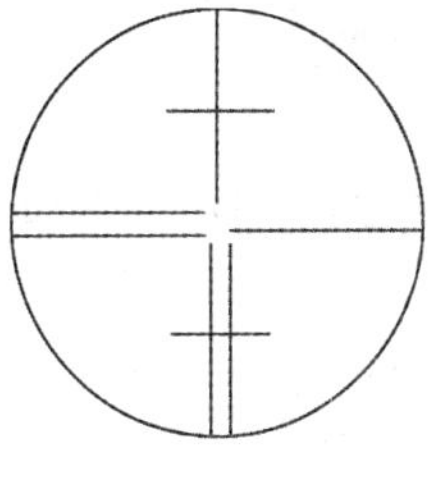

(2)瞄准目标

①松开照准部和望远镜制动螺旋(或扳手)。

②调节目镜——将望远镜瞄准远处天空；转动目镜环，直至十字丝分划最清晰。

图 3-7　十字丝分划板

③转动照准部，用望远镜粗瞄器瞄准目标，然后固定照准部。

④转动望远镜调焦环，进行望远镜调焦(对光)，使望远镜十字丝及目标成像最清晰。

要注意消除视差。人眼在目镜处上下移动，检查目标影像和十字丝是否相对晃动。如有晃动现象，说明目标影像与十字丝不共面，即存在视差，视差影响瞄准精度。重新调节对光，直至无视差存在。

⑤用照准部和望远镜微动螺旋精确瞄准目标。观测水平角时用竖丝；观测竖直角时用中丝。应该注意的是，在精确瞄准目标时要求目标像与十字丝靠近中心部分相符合，实际操作时应根据目标像大小的不同，或用单丝切准目标，或用双丝夹中目标。目镜端的十字丝分划板刻划方式如图 3-7 所示。

二、水平角观测方法

角度测量时依据望远镜与竖直度盘的位置关系，望远镜位置可分为正镜和倒镜两个位置。

所谓正镜、倒镜是指观测者正对望远镜目镜时竖直度盘分别位于望远镜的左侧、右侧，有时也称作盘左、盘右。理论上，正、倒镜瞄准同一目标时水平度盘读数相差 180°，在角度观测中，为了削弱仪器误差影响，一测回中要求正、倒镜两个盘位观测。

观测水平角的方法有测回法和方向观测法(全圆测回法)。

1. 测回法

测回法适用于观测两个方向的单角。

如图 3-8，设仪器置于 O 点，地面两目标为 A、B，欲测定 OB、OA 两方向线间的水平夹角 $\angle AOB$。一测回观测过程如下：

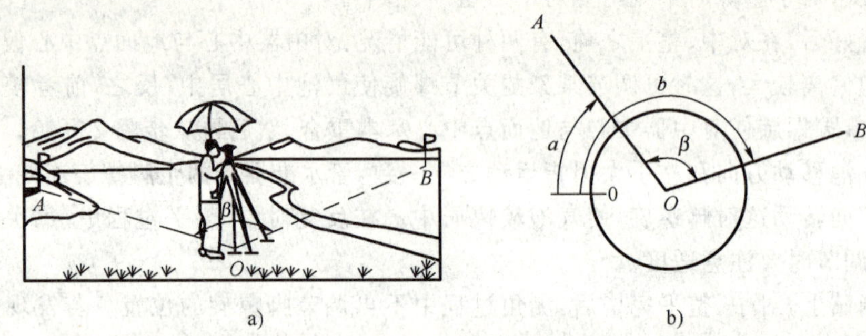

图 3-8　测回法测水平角

(1)上半测回(盘左位置观测)

在 O 点安置仪器，对中、整平，使度盘处于测角状态。盘左依次瞄准左目标 A、右目标 B，读取水平度盘读数 $a_{左}=0°20'48''$、$b_{左}=125°35'00''$，同时记入水平角观测记录表(表 3-1)中，以上完成上半测回观测，上半测回观测所得水平角为

$$\beta_{左}=b_{左}-a_{左}=125°14'12'' \tag{3-1}$$

测回法观测记录表　　表 3-1

日期：2001 年 3 月 16 日　　仪器号：DJ6-75921　　观测：王鹏

大气：晴　　记录：刘艳

测　站	目　标	竖盘位置	水平度盘读数 ° ′ ″	半测回角值 ° ′ ″	一测回角值 ° ′ ″	备　注
O	A	左	0　20　48	125　14　12	125　14　15	
	B		125　35　00			
	A	右	180　21　24	125　14　18		
	B		305　35　42			

(2)纵转望远镜 180°，使之成盘右位置。依次瞄准右目标 B、左目标 A，读取水平度盘读数 $b_{右}=305°35'42''$、$a_{右}=180°21'24''$。以上完成下半测回观测。

$$\beta_{右}=b_{右}-a_{右}=125°14'18'' \tag{3-2}$$

(3)一测回角值

$$\beta = 1/2(\beta_{左} + \beta_{右}) = 125°14'15'' \tag{3-3}$$

说明：

①盘左、盘右观测可作为观测中有无错误的检核，同时可以抵消一部分仪器误差的影响。

②上、下半测回角值较差的限差应满足有关测量规范的限差规定，对于 DJ_6 经纬仪，一般为 30″或 40″。当较差小于限差时，方可取平均值作为一测回的角值，否则应重测。若精度要求较高时，可按规范要求测若干个测回，当各测回间的角值角差满足限差规定时（如 DJ_6 经纬仪一般为 20″或 24″），可取其平均值作为最后结果。

③由于水平度盘为顺时针刻划，故计算角值时始终为“右侧目标—左侧目标”。所谓“左”、“右”是指站在测站面向所测角时两目标的方位，在角度接近 180°时尤其注意这一点，若“右—左”其差值小于 0°时，则结果应加 360°。

2. 方向观测法（全圆测回法）

在一个测站上，当观测方向在三个或三个以上，且需要测得数个水平角时，需用方向观测法进行角度测量。如图 3-9 所示，O 点为测站点，A、B、C、D 为四个目标点。

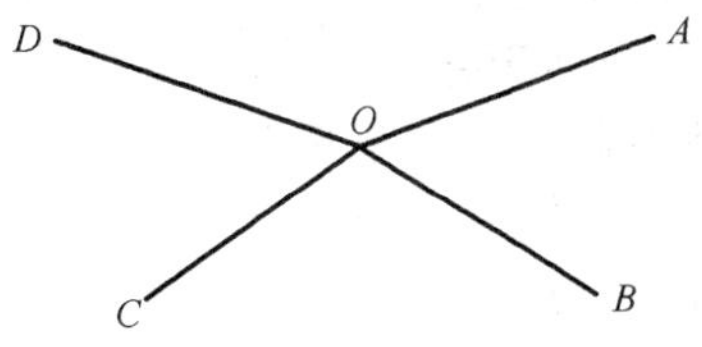

方向观测法观测步骤为：

(1)上半测回（盘左位置）

①选择起始方向（称为零方向），设为 A。该方向处置水平度盘读数略大于 0°。

图 3-9　方向观测法测水平角

②由零方向 A 起始，按顺时针依次精确瞄准 A—B—C—D—A 各点（即所谓“全圆”）读数：$a_{左}$、$b_{左}$、$c_{左}$、$d_{左}$、$a'_{左}$，并记入方向观测法记录表中（如表 3-2）。

方向观测法观测记录表　　表 3-2

日期：2001 年 3 月 12 日　　仪器号：DJ_2-967992　　观测：马海东

天气：晴　　记录：薛贵

测回序数	测站	目标	水平度盘读数						2c	平均方向值			归零方向值			各测回归零方向值之平均值		
			盘左			盘右			(″)									
			(°	′	″)	(°	′	″)		(°	′	″)	(°	′	″)	(°	′	″)
	1	2	3			4			5	6			7			8		
1	O	A	0	02	06	180	02	00	+6	(0 0	02 02	06) 03	0	00	00			
		B	51	15	42	231	15	30	+12	51	15	36	51	13	30			
		C	131	54	12	311	54	00	+12	131	54	06	151	52	00			
		D	182	02	24	2	02	24	0	182	02	24	182	00	18			
		A	0	02	12	180	02	06	+6	0	02	09						
2		A	90	03	30	270	03	24	+6	(90 90	03 03	32) 27	0	00	00	0	00	00
		B	141	17	00	321	16	54	+6	141	16	57	51	13	25	51	13	28
		C	221	55	42	41	55	30	+12	221	55	36	131	52	04	131	52	02
		D	272	04	00	92	03	54	+6	272	03	57	182	00	25	182	00	22
		A	90	03	36	270	03	36	0	90	03	36						

(2)下半测回(盘右位置)

①纵转望远镜 180°,使仪器为盘右位置。

②按逆时针顺序依次精确瞄准 A—D—C—B—A 各点,读数 $a_{右}$、$d_{右}$、$c_{右}$、$b_{右}$、$a'_{右}$,记入方向观测法记录表 3-2 中(注:$a_{右}$ 应记入下半测回的最后一行)。

(3)计算与检验

方向观测法中计算工作较多,在观测及计算过程中尚需检查各项限差是否满足规范要求。

①光学测微器两次重合读数之差:瞄准目标后要进行两次测微、两次读数,且两次读数之差不超限。

②半测回归零差:即上、下半测回中零方向两次读数之差($a_{左}-a'_{左}$,$a_{右}-a'_{右}$,本表中分别为−6″和 6″)。若归零差超限,说明经纬仪的基座或三角架在观测过程中可能有变动,或者是对 A 点的观测有错,此时该半测回须重测;若未超限,则可继续下半测回。

③各测回同方向 $2c$ 值互差:$2c$ 值是指上下半测回中,同一方向盘左、盘右水平度盘读数之差,即 $2c$=盘左读数−(盘右读数±180°)(当"盘右读数">180°时,取"−",否则取"+",下同)。它主要反映了 2 倍的视准轴误差(参见 3.5 视准轴检校),而各测回同方向的 $2c$ 值互差,则反映了方向观测中的偶然误差,偶然误差应不超过一定的范围,《测规》对此限差有要求。

④平均方向值:指各测回中同一方向盘左和盘右读数的平均值,平均方向值=1/2[盘左读数+(盘右读数±180°)]。

⑤归零方向值:为将各测回的方向值进行比较和最后取平均值,在各个测回中将起始方向的方向值(如表 3-2 中第一测回中起始方向值=(0°02′03″+0°02′09″)/2)化为 0°0′0″,并把其他各方向值与之相减即得各方向的归零方向值,两方向值之差即为相应水平角。《测规》对此限差也有要求。

以上第③、⑤项是指多个测回时的限差检验。

第四节 竖直角观测方法

一、竖盘结构

与水平度盘一样,竖盘也是全圆 360°分划,不同之处在于其注字方式有顺、逆时针之分,且 0°~180°的对径线位于水平方向。这样,在正常状态下,视线水平时与竖盘刻划中心在同一铅垂线上的竖盘读数应为 90°或 270°,如图 3-10a)、b)。

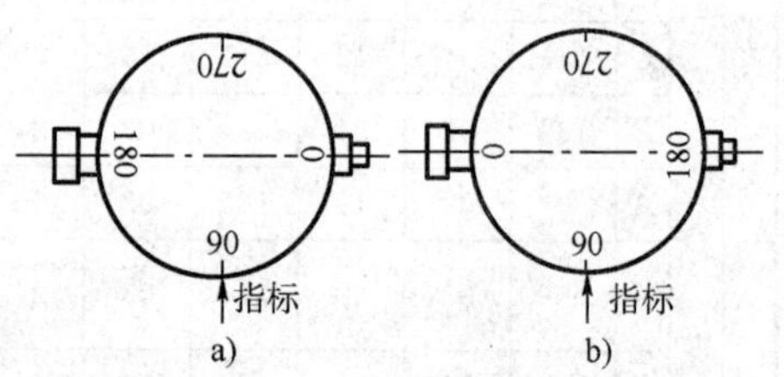

图 3-10 不同注记方式的度盘

经纬仪的竖盘安装在望远镜横轴一端,竖盘随望远镜在竖直面内旋转而旋转,其平面与横轴相垂直,当横轴水平时,竖盘位于竖直面内。度盘刻划中心与横轴旋转中心相重合。另外,在竖盘结构中还有一个位于铅垂位置的竖盘指标,用以指示竖盘在不同位置时的度盘读数。竖盘读数也是通过一系列光学组件传至读数显微镜内读取的。需要指出的是,只有竖盘指标处于正确位置时,才能读得正确的竖盘读数。竖盘指标装置主要有两种结构形式:竖盘指标水准管装置和竖盘指标自动补偿装置。

二、竖直角观测方法

竖直角观测与水平角一样,都是依据度盘上两个方向读数之差来实现的。不同之处在于在两方向中,必有一个是水平线方向,而水平方向竖盘指标指示的竖盘读数是一固定值(如90°或270°)。竖直角观测只需照准倾斜目标,读取竖直度盘读数。根据相应公式,即可计算出竖直角。

1. 计算公式

(1)顺时针注记形式

竖直角的计算公式,因竖盘刻划的方式不同而异,现以顺时针注记、视线水平时,盘左竖盘读数为90°的仪器为例,说明其计算公式(图3-11)。

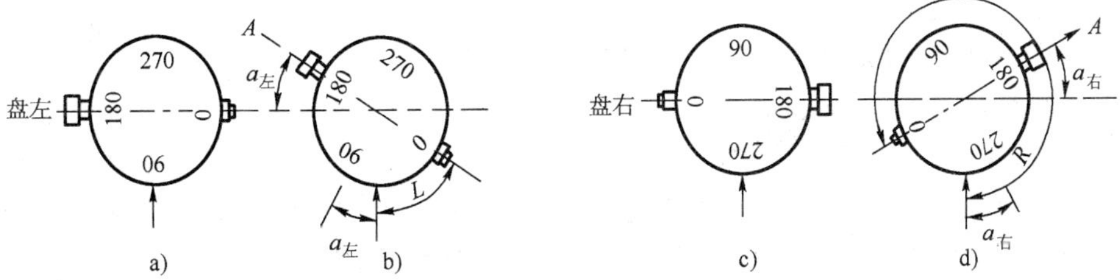

图3-11 竖直角测量

盘左位置且视线水平时,竖盘读数为90°(图3-11a),视线向上倾斜照准高处某点A得读数L(图3-11b),因仰视竖角为正,故盘左时竖角公式

$$\alpha_{左} = 90° - L \tag{3-4}$$

盘右位置且视线水平时,竖盘读数为270°(图3-11c),视线向上倾斜照准高处某点A得读数置R(图3-11d),因仰视竖角为正,故盘右时竖角公式

$$\alpha_{右} = R - 270° \tag{3-5}$$

上、下半测回角值较差不超过规定限值时(DJ_2为30″,DJ_6为60″)。取平均值作为一测回的竖直角值

$$\alpha = 1/2(\alpha_{左} + \alpha_{右}) \tag{3-6}$$

观测结果及时记入相应记录表,并进行有关计算,如表3-3。

竖直角观测记录表　　表3-3

测站	测点	盘位	竖盘读数			竖直角			平均角值			备注
			(°	′	″)	(°	′	″)	(°	′	″)	
A	*B*	左	79	04	10	10	55	50	10	55	40	
		右	280	55	30	10	55	30				

(2)逆时针注记形式

$$\alpha_{左} = L - 90° \tag{3-7}$$

$$\alpha_{右} = 270° - R \tag{3-8}$$

2. 观测步骤

(1)在测站上安置仪器,对中、整平,以盘左位置瞄准目标。用望远镜微动螺旋使望远镜十字丝中丝精确切准目标。

(2)转动竖盘指标水准管微动螺旋,使指标水准管气泡居中(若用自动补偿归零装置,则应把自动补偿器功能开关或旋钮置于"ON"位置)。

(3)确认望远镜中丝切准目标,读取竖直度盘读数,并记入记录表格(如表 3-3)。

(4)纵转望远镜,盘右位置切准目标同一点,与盘左相同操作顺序,读记竖直度盘读数。至此即完成一测回竖直角观测。

三、竖盘指标差

从以上介绍竖盘构造及竖直角计算中可以知道:竖盘指标水准管居中(或自动补偿归零装置打开)且望远镜视线水平时,竖盘读数应为某一固定读数(如 90°或 270°)。但是实际上往往由于竖盘水准管与竖盘读数位置关系不正确或自动归零装置存在误差,使视线水平时的读数与应有读数之间存在一个微小的角度误差 x,称为竖盘指标差,如图 3-12 所示。因该指标差的存在,使得竖直角的正确值应该为(设指标偏向注字增加的方向)

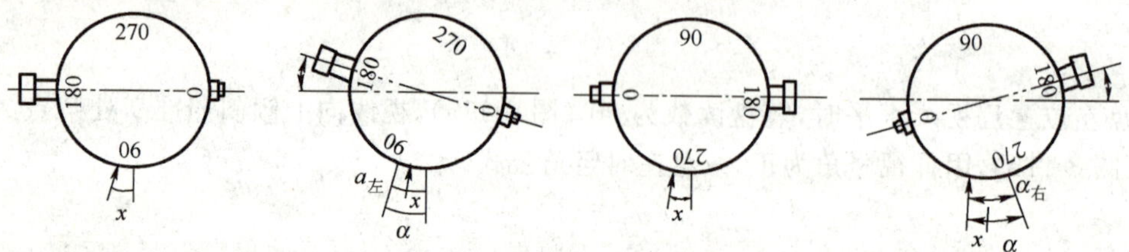

图 3-12　竖盘存在指标差时的情况

$$\alpha = 90° - (L - x) = \alpha_{左} + x \tag{3-9}$$

或

$$\alpha = (R - x) - 270° = \alpha_{右} - x \tag{3-10}$$

解上两式得

$$\alpha = 1/2(\alpha_{左} + \alpha_{右}) = 1/2(R - L - 180°) \tag{3-11}$$

$$x = 1/2(\alpha_{右} - \alpha_{左}) = 1/2(R + L - 360°) \tag{3-12}$$

上式是按顺时针注字的竖盘推导公式,逆时针方向注字的公式可类似推出。

说明:

(1)取盘左、盘右(一个测回)观测的方法可自动消除指标差的影响;若 x 为正,则视线水平时的读数大于 90°或 270°,否则,情况相反。

(2)在多测回竖直角测量中,常用指标差来检验竖直角观测的质量。在观测同一目标的不同测回中或同测站的不同目标时,各指标各较差不应超过一定限值,如在经纬仪一般竖直角测量中,指标差较差应小于 10″。

第五节　经纬仪的检验与校正

一、经纬仪轴线应满足的条件

如图 3-13 所示，经纬仪有四条主要轴线。

水准管轴(*LL*)：通过水准管内壁圆弧中点的切线；

竖轴(*VV*)：经纬仪在水平面内的旋转轴；

视准轴(*CC*)：望远镜物镜中心与十字丝中心的连线；

横轴(*HH*)：望远镜的旋转轴(又称水平轴)。

经纬仪各轴线之间应满足以下条件，见表 3-4。

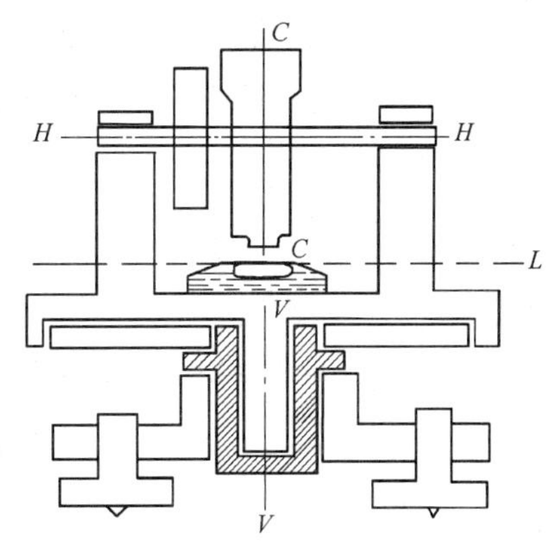

图 3-13　经纬仪主要轴线

经纬仪应满足的主要条件　　表 3-4

应满足条件	目　的	备　注
$LL \perp VV$	当气泡居中时，*LL* 水平，*VV* 铅垂，水平度盘水平	*VV* 铅垂是前提
$CC \perp HH$	望远镜绕 *HH* 纵转时，*CC* 移动轨迹为一平面	否则是一圆锥面
$HH \perp VV$	*LL* 水平时，*HH* 也水平，使 *CC* 移动轨迹为一铅垂面	否则为一倾斜面
"丨"$\perp HH$	望远镜绕 *HH* 纵转时，"丨"位于铅垂面内，可检查目标是否倾斜或照准位于该铅垂面内任意位置的目标	"丨"指十字丝竖丝
光学对中器的视线与 *VV* 重合	使竖轴旋转中心(水平度盘中心)位于过测站的铅垂线上	
$x=0$	便于竖直角测量	

二、经纬仪的检验与校正

1. *LL* ⊥*VV* 的检校

(1)检验

粗平经纬仪，转动照准部使水准管平行于任意两个脚螺旋，调节螺旋使水准管气泡居中。旋转照准部 180°，检查水准管气泡是否居中，若气泡仍居中(或≤0.5 格)，则 $LL \perp VV$，否则，说明两者不垂直，需校正，如图 3-14。

(2)校正

目前状态下，调节与水准管平行的脚螺旋，使气泡回移总偏移量之半。用校正针拨动水准管一端的校正螺丝，使气泡居中。反复检校几次，直至满足要求。

说明：若 *LL* 不垂直于 *VV*，则气泡居中(*LL* 水平)时，*VV* 不铅垂，它与铅垂线有一夹角；当绕倾斜的 *VV* 旋转 180°后，*LL* 便与水平线形成 2α 的夹角，它反映为气泡的总偏移量。当用脚螺旋调回总偏移量之半时，*VV* 已铅垂，另一半则是由水准管轴不水平所致，可调整水准管一端的校正螺丝使水准管水平。

2. "丨"⊥HH 的检校

(1)检验

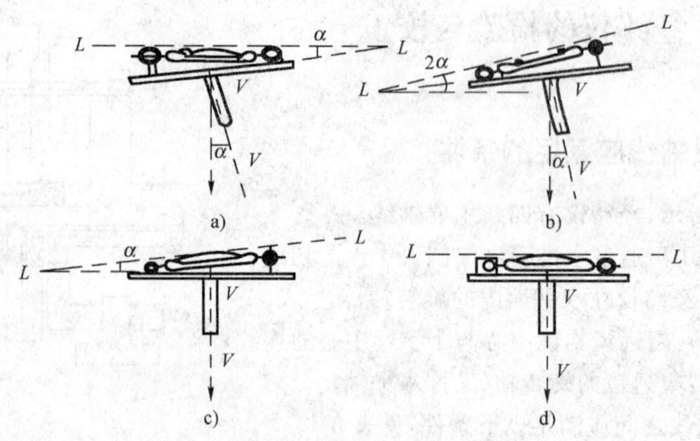

图 3-14　照准部水准管轴检校

①整平仪器，使竖丝清晰地照准远处点状目标，并重合在竖丝上端。

②旋转望远镜竖直微动螺旋，将目标点移向竖丝下端，检查此时竖丝是否与点目标重合，若明显偏离，则需校正(如图 3-15)。

(2)校正

拧开望远镜目镜端十字丝分划板的护盖，用校正针微微旋松分划板固定螺丝；然后微微转动十字丝分划板，至竖丝与点状目标始终重合；最后拧紧分划板固定螺丝，并上好护盖。

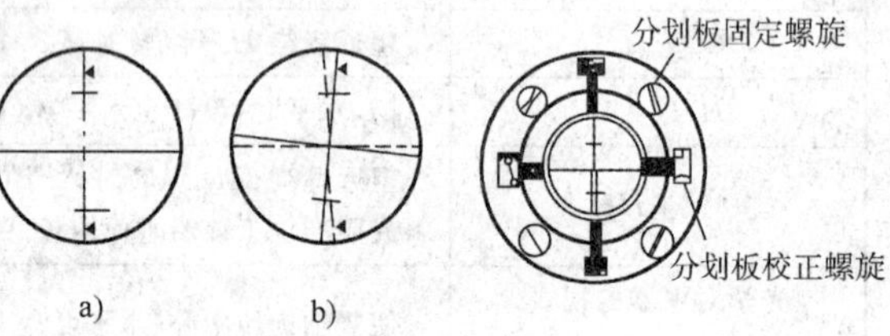

图 3-15　十字丝竖丝检校

说明：若"｜"⊥HH，则竖丝的移动轨迹在视准轴所划过的平面内。

3. CC⊥HH 的检校

如图 3-16，某水平面上 A、O、B 为一直线上三点，经纬仪盘左瞄准点 A 时，若 $CC\perp HH$，则倒境后视线应过 B 点；若两者不垂直，则倒镜后视线为 OB'(图 3-16a)，设 HH'为横轴的实际位置，视准轴(OA 方向)与横轴方向(HH'的交角为$(90°-c)$，c 称为视准轴误差。若有 c 存在，则从图 3-15a)中可看出倒镜后$\angle B'OB=2c$，$2c$ 即为 2 倍的视准轴误差，它意味着盘左盘右瞄准同一点时，水平度盘读数相差为 $180°-2c$。盘右重复上述工作时，视线瞄准 B''，B'与 B''关于 OB 对称，$\angle B'OB''=4c$。

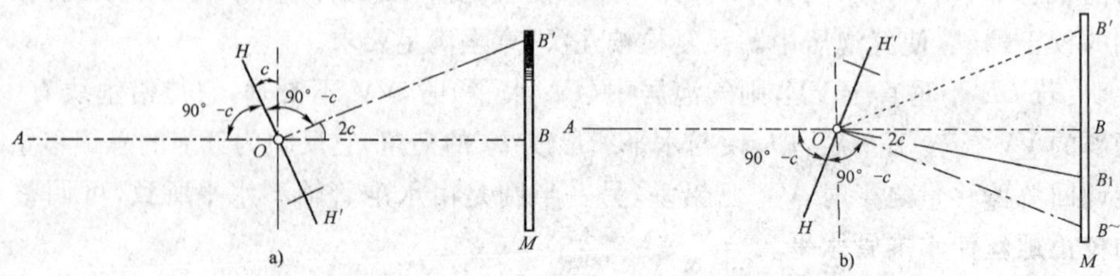

图 3-16　视准轴检校

(1)检验

①结合图 3-16,选择一平坦场地,安置仪器于 A、B 中点 O,在 B 点垂直于 AB 横置一刻有毫米分划的直尺 M,并使 A、O、M 约位于同一水平面。整平仪器后,先以盘左位置照准远处目标 A,保持照准部不动,纵转望远镜,于 M 尺上读得 B'。

②以盘右位置仍照准目标 A,同法在 M 尺上读取读数 B''。

③若 $B'=B''$,则 $CC\perp HH$;若 $B'\neq B''$则需校正。

(2)校正

①在盘右状态下,旋转水平微动螺旋,使十字丝竖丝瞄准 B_1,使 $B_1B''=B'B''/4$,此时 $OB_1\perp HH'$。

②拧开十字丝分划板护盖,用校正针微微拨动十字丝分划板左右校正螺丝(如图 3-16 所示),一松一紧,使十字丝中心对准目标 B_1 即可。

4. *HH*⊥*VV* 的检校

当竖轴铅垂、$CC\perp HH$ 时,若 $HH\perp VV$ 不满足,则望远镜绕 HH 旋转时,CC 所划过的是一倾斜的平面,如图 3-17。依据这一特点,检验时可先整平仪器,分别以盘左、盘右瞄准远处墙壁上一较高日标点 A,再将望远镜转至水平视线方向。这时沿视线在墙壁上作的两点 B、C 将不会重合。

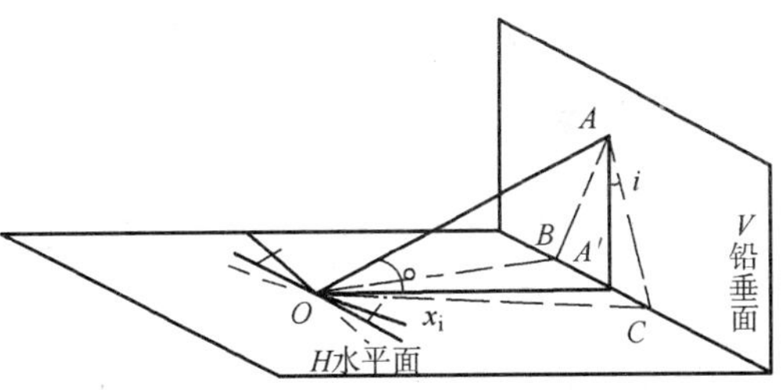

图 3-17　横轴检校

(1)检验

①整平仪器后,盘左瞄准约 20～50m 处墙壁目标 A(仰角>30°)。

②固定照准部,纵转望远镜,照准墙上与仪器同高点 B,并标记。

③纵转望远镜 180°,盘右位置同法在墙上作点 C。

④如果 B 与 C 重合,则 $HH\perp VV$,否则,横轴不垂直竖轴。

(2)校正

横轴不水平是由于支承横轴的两侧支架不等高引起的。由于横轴是密封的,因此横轴与支架之间的几何关系由制造装配时给予保证,测量人员只需进行此项检验;如需校正,应送仪器维修部门。

5. 竖盘指标正确性检校

(1)检验

用盘左盘右观测同一目标,按式(3-12)计算出仪器的指标差值。

(2)校正(带竖盘指标水准管经纬仪)

①保持盘右位置瞄准原目标,用竖盘指标水准管微动螺旋,使竖盘读数调整到 $R\text{-}x$,这时竖直度盘指标水准管气泡不居中。

②用校正针拨动竖盘指标水准管上、下校正螺丝,使气泡居中。

③重复上述操作,直至满足要求为止。

6. 光学对点器的视线与竖轴重合性检验

若这一关系不满足，仪器整平后，光学对点器绕竖轴旋转时，视线在地面上的移动轨迹是一个圆圈，而不是一点。

检验方法：

(1)安置仪器于平坦地上，严格整平，在地面三角架中央固定一张硬白纸。

(2)光学对点器调焦，在纸上标记出视线的位置。

(3)将光学对点器旋转 180°，观察视线是否离开原来位置或偏离超限。若是，则需进行校正。

7. 检校说明

(1)上述各项校正，一般都需反复进行几次，直至在允许范围之内。其中视准轴的检校是主要一项。

(2)校正时，应遵循先松后紧的原则。

(3)若前一项未校正会影响到下一项的检验时，校正次序不宜颠倒。

(4)同是校正一个部位的两项，宜将重要的置于后面。

第六节　水平角观测的误差分析

由于多种原因，任何测量结果中都不可避免地会含有误差。影响测量误差的因素可分为三类：仪器误差、观测误差、外界条件影响。分析各因素对误差的影响，有助于在测量过程中尽可能减弱误差影响、预估影响大小，进而判定成果的可靠性。

一、仪器误差

虽然仪器经过校正，各轴线处于理想状态，但由于长时间的使用和测量作业的特点，残余误差总会存在。前者是相对的，后者是绝对的。

主要仪器误差有以下几项：

1. 视准轴误差

由视准轴不垂直于横轴引起。如图 3-18，A、A' 两点位于同一铅垂线，若 CC 不垂直于 HH 而存在一夹角 c，则视线水平时瞄准 A' 点后，当照准部不动、望远镜纵转 α 角时，视线并不能瞄准 A 点。由于有 c 角的存在，视线划过一圆弧后瞄准 C 点，也即 A' 与 C 两点水平度盘读数一样，这有悖于水平角的定义。

(1) 分析

①c 对方向读数的影响：

$$X_c = c\sec\alpha \tag{3-13}$$

②c 对水平角值的影响：

由于角度由两个方向构成，设两目标点 A、B 的竖直角分别为 α_A、α_B，则 c 对水平角值的影响为

$$\Delta x_c = x_{cB} - x_{cA} = c(\sec\alpha_B - \sec\alpha_A) \tag{3-14}$$

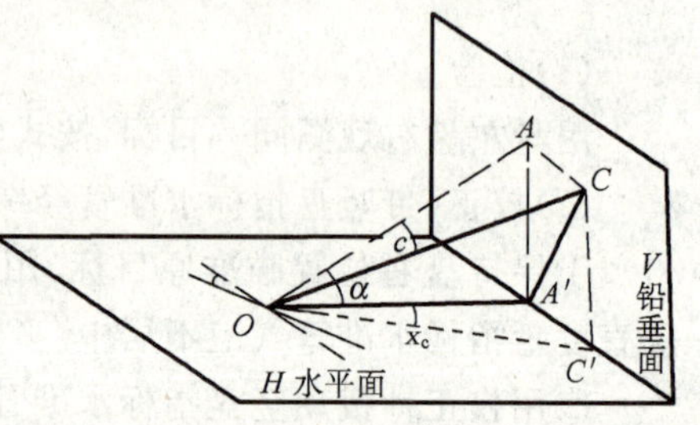

图 3-18　视准轴误差

③由上式可知：视准轴误差与 c 角及目标点的竖直角有关：c 角越大、两目标点高差越大，则 Δx_c 越大，当 $\alpha_A=\alpha_B$ 时，$\Delta x_c=0$。

(2)消减措施

一个测回中，盘左、盘右观测水平角时，x_c 值大小相等而符号相反，所以盘左、盘右观测取平均值，可自动抵消视准轴误差的影响。

2. 横轴误差

如图 3-18，当横轴不垂直于竖轴时，与视准轴误差对水平角测量的影响类似。仪器整平后竖轴处于铅垂，而横轴必然倾斜，视线绕横轴旋转时形成一垂直于横轴的倾斜面 OAC，而非铅垂面 OAA'。它对水平度盘读数的影响为 x_i，设横轴对于水平线的倾角为 i，则

$$\angle \mathrm{A'AC} = i$$

(1)分析

①i 对方向读数的影响：

$$x_i = i \cdot \tan\alpha \tag{3-15}$$

②i 对水平角值的影响：

由于角度由两个方向构成，设两目标点 A、B 的竖直角分别为 α_A、α_B。则 i 对水平角值的影响为

$$\Delta x_i = x_{iB} - x_{iA} = i(\tan\alpha_B - \tan\alpha_A) \tag{3-16}$$

③由上式可知：横轴误差与 i 角及目标点的竖直角有关：i 角越大、两目标点高差越大，则 Δx_i越大，当 $\alpha_A=\alpha_B$ 时，$\Delta x_i=0$。

(2)消减措施

一个测回中，盘左、盘右观测水平角时，x_i 值大小相等而符号相反，所以盘左、盘右观测取平均值，可自动抵消横轴误差的影响。

3. 竖轴误差

(1)分析

若水准管轴与竖轴不垂直．则使 $CC \perp HH$，$HH \perp VV$，当水准气泡居中时，VV 并不垂直，HH 也不水平。但它与横轴误差的区别在于，因 VV 不垂直，盘左、盘右观测水平角时，HH 总是向一个方向倾斜，盘左、盘右观测取平均值并不能消除水准管轴的误差影响。

(2)消减措施

关键是保证竖轴铅垂。在某方向上使水准管气泡居中，然后使用准部旋转 180°，记录偏移量。用经纬仪整平的方法，使照准部在任何位置时，气泡偏移量总是总偏移量的 1/2，这时 VV 即处于铅垂状态。

4. 度盘偏心误差

度盘偏心是指水平度盘中心与照准部旋转中心不重合。如图 3-19，照准部偏心影响的大小及符号随偏心方向与视线的关系而变化。若两者方向一致，则影响为零；若两者互相垂直，则影响最大。由于一测回中盘左、盘右读取的读数是度盘上对径方向的两数值，两读数中度盘偏心误差的影响值大小相等而符号相反。

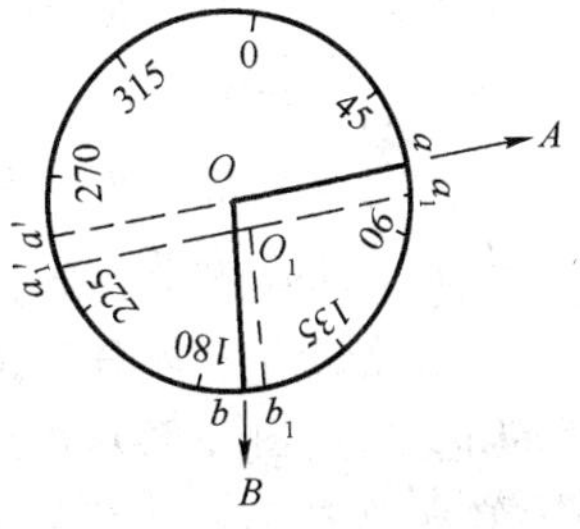

图 3-19　度盘偏心误差

由上分析可知:盘左、盘右取平均值可自动抵消度盘的偏心误差。

采用对径符合法读数的仪器,此误差在读数中可自行消除。

5. 光学对中器视线与竖轴不重合误差

该误差导致测站偏心,其影响在观测误差中详述。

二、观测误差

由于操作仪器不够细心以及眼睛分辨率及仪器性能的客观限制,在观测中不可避免地会存在误差。

1. 测站偏心误差

观测水平角时,对中不准确使得仪器中心与测站点的标志中心不在同一铅垂线上,造成测站偏心。

当目标点较近或水平角接近于180°时,应尤其注意仔细对中。

2. 目标偏心误差

造成目标偏心的原因是观测标志与地面点未在同一铅垂线上,致使视线偏移。其影响类似于测站偏心。

目标偏心距愈大,误差也愈大。在目标点较近时,观测标志应尽可能使用垂球,并仔细瞄准,尽量瞄准目标底部。

3. 照准及读数误差

照准目标时应仔细操作,用单丝切取目标中央,或用双丝夹中目标。读数时应仔细测微,认真估读,J6级经纬仪估读时宜特别注意。

三、外界条件的影响

松软的地面会使仪器下沉,暴晒会使水准管变形,大风会使仪器抖动以及旁折光会使视线变弯等等。外界条件的因素比较复杂,观测时,应尽量选择较好的条件。

思考题与习题

1. 何谓水平角?照准不同高度的两个目标点时,其水平度盘的读数是否一样?

2. 何谓竖直角?照准某一目标点时,若经纬仪高度不一样,则该点的竖直角是否一样?

3. 经纬仪对中的目的是什么?设 O 为角顶,欲测出 $\angle AOC$(近似90°)(如图3-20),因对中有误差,实际对中点在 CO 的延长线上偏离 O 点15mm的 O' 处,试问由于对中误差而引起的水平角值误差是多少?

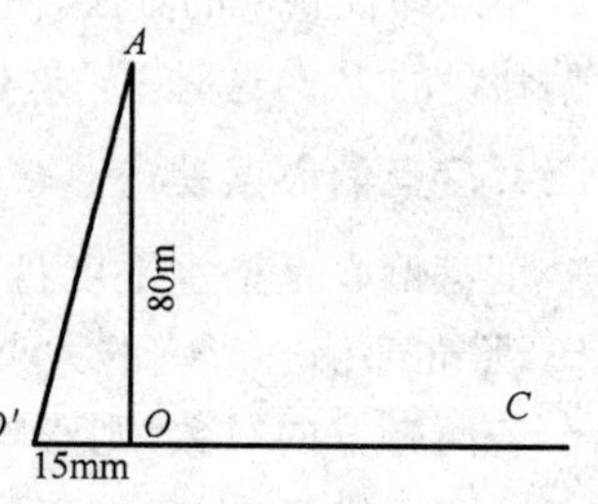

图3-20 题3图

4. 整平的目的是什么？如何使管水准气泡居中？

5. 简述 DJ_6、型光学经纬仪的分微尺读数方法和单平板玻璃读数方法，其测微系统的最小分划分别是多少？

6. 为什么将盘左、盘右两个盘位的观测作为确定一个角值的基本测回，对水平角观测可消减哪些误差？

7. 经纬仪有哪些主要轴线？根据角度测量原理，它们应是怎样的理想关系？如何检验视准轴的理想关系？

8. 简述影响水平角观测精度的因素及消减误差的方法。

9. 完成上半测回后发现管水准气泡偏离较大，这时能否重新整平仪器而仅测下半测回计算结果？为什么？

10. 使用中若发现水准管轴不垂直于竖轴而相应校正螺丝已失效，能否将仪器整平？如何做？

11. 精确延长直线时为什么要采取正、倒镜分中的方法？

12. 如图 3-21 所示，设已测得从经纬仪到铁塔中心的水平距离为 45.2m，对塔顶的仰角为 $+23°55'$，对塔底中心的俯角为 $-1°30'$，试计算铁塔的高度 H。

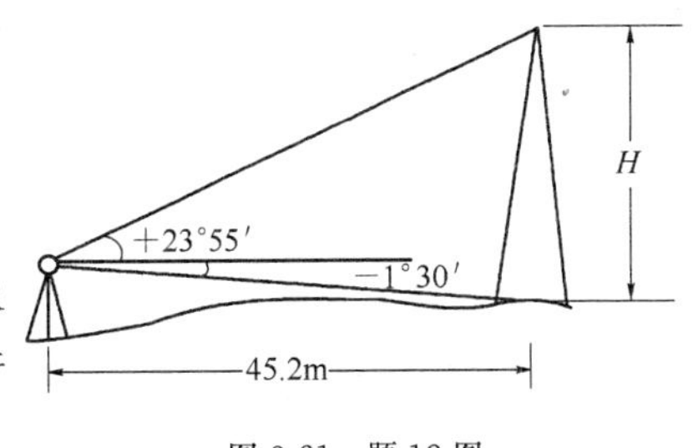

图 3-21 题 12 图

13. 表 3-5、表 3-6 分别是两种水平角测量方法的观测记录，试进行有关计算。

水平角观测记录（J_6 测回法） 表 3-5

测站	目标	竖盘位置	水平度盘读数 (° ′)	角值 (° ′)	平均角值 (° ′)	备注
O	A	左	130 08.1			
	B		190 15.4			
	B	右	10 16.2			
	A		310 08.7			

水平角观测记录（J_2 方向测法） 表 3-6

测回序数	测站	目标	水平度盘读数 盘左 (° ′ ″)	水平度盘读数 盘右 (° ′ ″)	2c (″)	平均方向值 (° ′ ″)	归零方向值 (° ′ ″)	各测回归零方向值之平均值 (° ′ ″)
1	O	A	0 00 20.4	180 00 16.9				A：
		B	60 58 17.1	240 58 13.7				B：
		C	109 33 41.0	289 33 43.9				C：
		D	155 53 38.5	335 53 39.2				D：
		A	0 00 19.0	180 00 23.0				
2		A	45 12 44.7	225 12 48.9				
		B	106 10 44.7	286 10 45.6				
		C	154 46 01.3	334 46 09.4				
		D	201 06 05.8	21 06 11.3				
		A	45 12 47.6	225 12 48.2				

14. 表 3-7 是一竖直角观测记录,试计算目标 A、B 的竖直角及仪器的竖盘指标差。

竖直角观测记录　　表 3-7

测站	测点	盘位	竖盘读数 (° ′ ″)	半测回角值 (° ′ ″)	一测回角值 (° ′ ″)	指标差(x)
O	A	左	87 14 23			
		右	272 46 03			
	B	左	98 27 33			
		右	261 32 57			

注:竖盘为全圆逆时针注记。

第四章
距离测量与直线定向

本章提要

距离测量是确定地面点相对位置的三项基本外业工作之一，本章主要介绍了两个问题：距离测量和直线定向。距离测量介绍测量距离的仪器和方法，包括钢尺量距、视距测量及其使用；直线定向介绍了与直线定向有关的概念以及方位角的传递。

第一节　钢尺量距

距离测量是要确定空间两点在某基准面(参考椭球面或水平面)上的投影长度，即水平距离。

测量上用的钢尺名义长度有 20 m、30m 和 50 m 等几种规格。通常，钢尺量距分为直线定线和距离丈量两个步骤。

一、直线定线

当距离较长时，一般要分段丈量。为了不使距离丈量偏离直线方向，通常要在直线方向上设立若干标记点(例如插上花杆或测钎)，这项工作称为直线定线。直线定线一般可采用下面两种方法。

(1)目估法。如图 4-1，欲测 A、B 两点之间的距离，在 A、B 两点上各设一根花杆，观测者位于 A 点之后 1～2m处单眼目估 AB 视线，指挥中间持花杆者左右移动花杆至直线上，同法定位其他各点。此法多用于普通精度的钢尺量距。

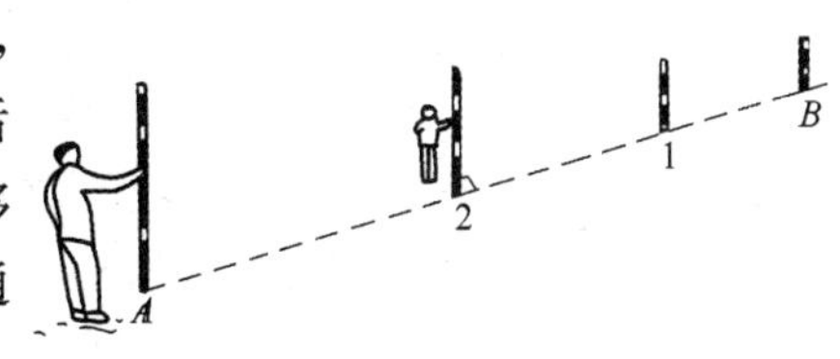

图 4-1　目估法定线

(2)经纬仪法。在一点上架设经纬仪；用经纬仪照准另一点，将照准部水平方向制动。然后，用经纬仪指挥在视线上定点。此法多用于精密钢尺量距。

二、距离丈量

1. 一般量距方法

当量距精度要求在 1/2000～1/3000 时用一般量距方法。

(1)平坦地区距离丈量

如图 4-2 所示，后尺手站在 A 点，手持钢尺的零端，前尺手拿着尺盒，沿丈量方向前进，走到一整尺段处，按定线时标出的直线方向，将钢尺拉紧、拉平，后尺手将钢尺的零点对准 A 点后，喊“好”。这时前尺手把测钎对准尺末端整尺段处的刻划垂直插入地面上，就量得 A～1 的水平距离。

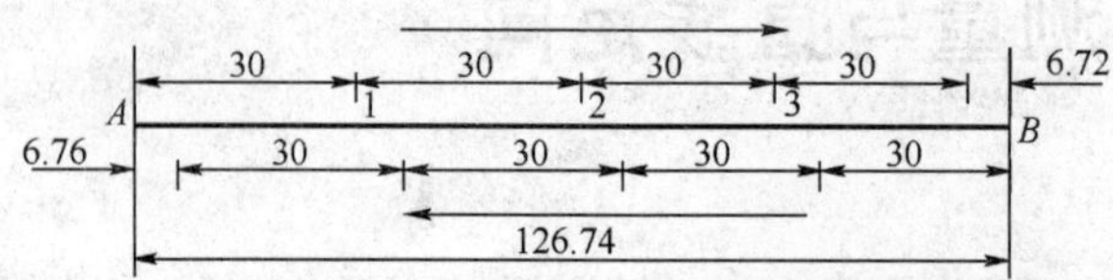

图 4-2 平坦地区距离丈量

同法依次丈量其他各尺段，最后不足以一整尺段时，由前尺手用尺上某刻划线对准 B 点，后尺手在尺的零端附近读数至毫米，即得余长 q。由于后尺手手中的测钎数等于量过的整尺段数 n，所以 AB 的水平距离总长 D 为

$$D = nl + q$$

式中：l——整尺段长度。

(2)山区的距离丈量

①平量法

如图 4-3 所示，当山区的地面坡度不大时，可将钢尺抬平丈量。欲丈量 AB 两点的距离，甲测量员立于 A 点，指挥乙测量员将尺拉在 AB 方向线上，甲将尺的零点对准 A 点，乙将尺抬高，并由记录者目估使尺拉水平，然后用垂球将尺的末端投于地面上，再插以测钎，若地面倾斜度较大，将整尺段拉平有困难时，可将一尺段分为几段来平量。为了减少垂球投点误差，可借助垂球架上的垂球线，作为各段丈量的端点，可以提高平量法的精度。

②斜量法

如图 4-4 所示，当地面倾斜的坡度均匀时，也可沿斜坡量出 AB 的斜距 L，然后计算 AB 的水平距离 D。为了计算水平距离 D，可测出 AB 两点的高差 h 或测出倾斜角 α，则水平距离 D 为

$$D = \sqrt{L^2 - h^2}$$

或

$$D = L\cos\alpha$$

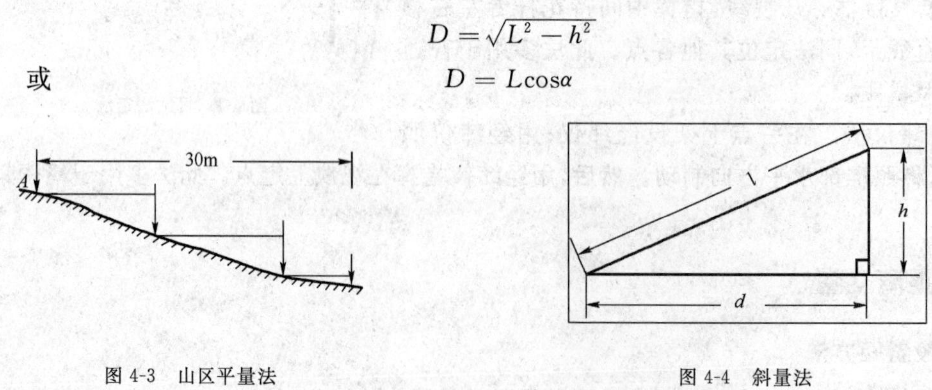

图 4-3 山区平量法

图 4-4 斜量法

(3)精度要求

为保证精度，提高观测结果的可靠性，通常采用往返丈量的方法，例如由 A 测至 B 为往测

$D_{往}$,由 B 测至 A 为返测 $D_{返}$,往返测均值为 $D_{均}$,其相对误差 K 为

$$k = \frac{|D_{往} - D_{返}|}{D_{均}} \tag{4-1}$$

一般要求 K 在 1/3000～1/1000 之间,若 K 不超过限差要求,则取往返测均值作为最后结果,相对误差作为成果的精度;若相对误差超过限差要求,则应重新观测 。

2. 精密量距方法

当量距要求达到 1/30000～1/10000 的精度时需采用精密量距方法。首先用经纬仪法进行直线定线,沿丈量方向先用钢尺概量,打下一系列木桩,用经纬仪在桩顶标出直线方向线及其垂直方向线,交点作为丈量各尺段距离的标志。用水准仪测出相邻两桩顶之间的高差,以便进行倾斜改正。量距时每一测段均需在尺的两端用弹簧秤施加标准拉力,并记录丈量时的温度。

第二节　视距测量

视距测量是利用普通光学经纬仪或水准仪的视距丝进行的简易测距方法,其精度较低。

一、视线水平时的视距公式

$$D = KL = 100L \tag{4-2}$$

二、视线倾斜时的视距公式

两点的水平距离为

$$D = S\cos\alpha = kl\cos^2\alpha \tag{4-3}$$

两点的高差为

$$h = D \cdot \tan\alpha + i - v \tag{4-4}$$

式中:i——仪器高;

v——中丝读数。

式(4-4)称为三角高程测量公式。

三、视距测量误差及注意事项

(1)视距尺分划误差

视距尺分划误差若是系统性增大或减小,对视距测量将产生系统性误差。若是偶然误差,对视距测量的影响则是偶然性的。视距尺分划误差一般为±0.5mm。

(2)乘常数 k 不准确的误差

一般视距常数 $k=100$,但由于视距丝间隔有误差,视距尺有系统性误差,仪器检定有误差,会使 k 值不为 100。k 值误差会使视距测量产生系统误差。k 值应为 100±0.1 之内,否则应加以改正。

(3)竖直角测量误差

竖直角观测误差对视距测量有影响，但竖直角观测误差对视距测量影响不大。

(4)视距丝读数误差

视距丝读数误差是影响视距测量精度的重要因素，它与视距远近成正比，距离越远误差越大。所以视距测量中要根据测图对测量精度的要求限制最远视距。

(5)视距测量公式是在视距尺严格与地面垂直条件下推导出来的。视距尺倾斜时，对视距测量的影响不可忽视，特别是山区，倾角大时更应注意，必要时可在视距尺上附加圆水准器。

(6)外界气象条件对视距测量的影响

①大气折光的影响。视线经过大气时会产生折射，其光程从直线变为曲线，造成误差。由于视线靠近地面，折光大，所以规定视线应高处地面 1m 以上。

②大气湍流的影响。空气的湍流使视距成像不稳定，造成视距误差。当视线接近地面或水面时这种现象更为严重。所以视线要高出地面 1m 以上。除此之外，风和大气能见度对视距测量也会产生影响，风力过大，尺子会抖动，空气中灰尘和水气会使视距尺成像不清晰，造成读数误差，所以应选择良好的天气进行测量。

第三节　直线定向

地面两点的相对位置，不仅与两点之间的距离有关，还与两点连成的直线方向有关。确定直线的方向称直线定向，即确定直线和某一参照方向(称标准方向)的关系。

一、标准方向的种类

标准方向应有明确的定义并在一定区域的每一点上能够唯一确定。在测量中经常采用的标准方向有三种，即真子午线方向、磁子午线方向和坐标纵轴方向。

1. 真子午线方向

过地球某点及地球的北极和南极的半个大圆为该点的真子午线，通过该点真子午线的切线方向称为该点的真子午线方向，它指出地面上某点的真北和真南方向。真子午线方向是用天文测量方法或用陀螺经纬仪来测定的。

由于地球上各点的真子午线都收敛于两极，所以地面上不同经度的两点，其真子午线方向是不平行的。过一点的真北方向与坐标北方向之间的夹角称为子午线收敛角。

2. 磁子午线方向

自由悬浮的磁针静止时，其轴线所指的方向是磁子午线方向，磁北极所指方向又称磁北方向。磁子午线方向可用罗盘仪来测定。

由于地球南北极与地磁场南北极不重合，故真子午线方向与磁子午线方向也不重合，它们之间的夹角为 δ，称为磁偏角，如图 4-5。磁子午线北端在真子午线以东为东偏，其符号为正；在西时为西偏，其符号为负。磁偏角 δ 的符号和大小因地而异，在我国，磁偏角 δ 的变化约在 $+6°$(西北地区)到 $-10°$(东北地区)之间。

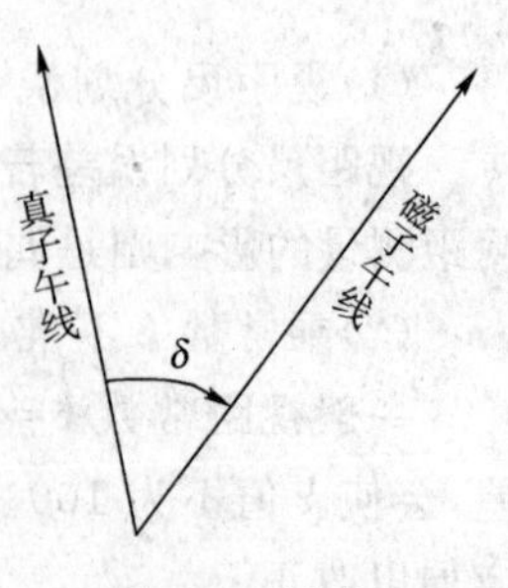

图 4-5　磁偏角

3. 坐标纵轴方向

由于地面上任何两点的真子午线方向和磁子午线方向都不平行，这会给直线方向的计算带来不便。采用坐标纵轴作为标准方向，在同一坐标系中任何点的坐标纵轴方向都是平行的，这给使用上带来极大方便。因此，在平面直角坐标系中，一般采用坐标纵轴作为标准方向，称坐标纵轴方向；坐标纵轴正向所指的方向称坐标北方向。

前已述及，我国采用高斯平面直角坐标系，在每个 6°带或 3°带内都以该带的中央子午线作为坐标纵轴。如采用假定坐标系，则用假定的坐标纵轴（x 轴），如图 4-6，以过 O 点的真子午线作为坐标纵轴，任意点 A 或 B 的真子午线方向与坐标纵轴方向间的夹角就是任意点与 O 点间的子午线收敛角 γ，当坐标纵轴方向的北端偏向真子午线方向以东时，γ 定为正值，偏向西时 γ 定为负值。

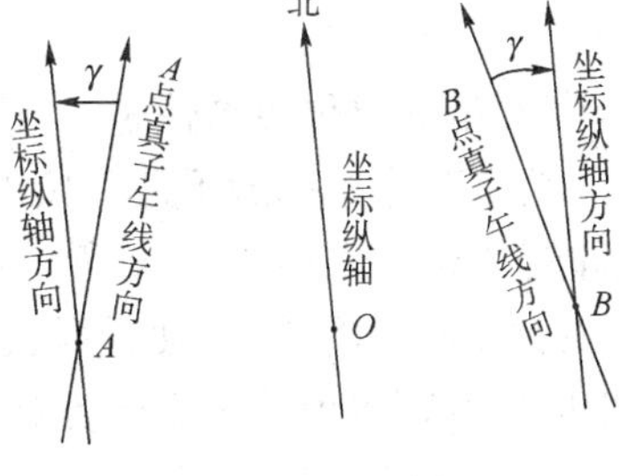

图 4-6　坐标纵轴

二、方位角、象限角

1. 方位角

(1)定义

从标准方向的北端量起，沿着顺时针方向量到直线的水平角称为该直线的方位角，如图 4-7，方位角的取值范围是 0°～360°。

当标准方向取为真子午线时，方位角称真方位角，用 $A_{真}$ 来表示。当标准方向为磁子午线时，方位角称磁方位角，用 $A_{磁}$ 表示。真方位角和磁方位角的关系为

$$A_{真} = A_{磁} + \delta$$

在平面直角坐标系中，当标准方向取为坐标纵轴时，称坐标方位角，用 α 表示，如图 4-8。真方位角和坐标方位角的关系为

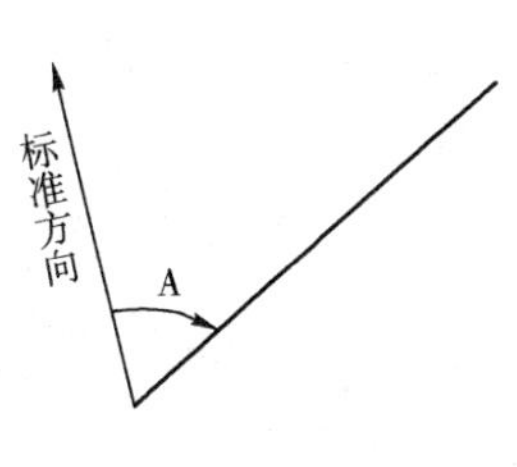

图 4-7　方位角定义

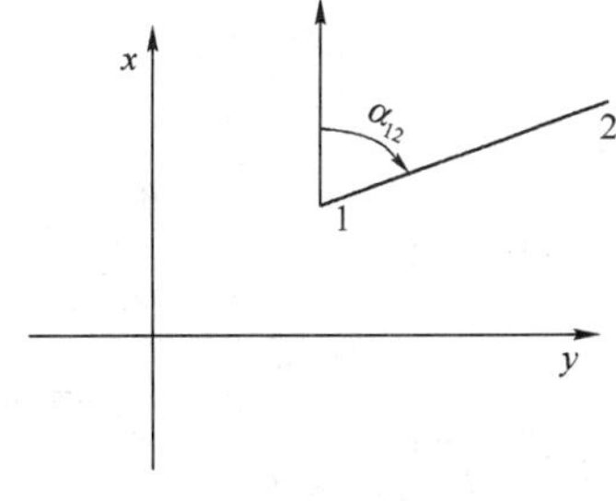

图 4-8　坐标方位角定义

$$A_{真} = \alpha + \gamma$$

(2)正反方位角

若规定直线一端量得的方位角为正方位角，则直线另一端量得的方位角为反方位角，正反方位角是不相等的。

对于真方位角，其正反方位角的关系为

$$A_{12} = A_{21} + \gamma \pm 180° \tag{4-5}$$

式中：γ——直线两端点的子午线收敛角。

对于坐标方位角，由于在同一坐标系内坐标纵轴方向都是平行的，如图 4-9 所示，正反坐标方位角的关系为

$$\alpha_{12} = \alpha_{21} \pm 180°$$

(3)坐标方位角的传递

测量工作中一般不是直接测定每条边的方位角，而是通过与已知方向的联测，推算出各边的坐标方位角。如图 4-10 所示，A、B 为已知坐标的点，则 AB 边的坐标方位角 α_{AB} 可以通过 A、B 的坐标计算求得，通过联测 AB 边与 $A1$ 边的连接角 β，并测出其余各点处的左角或右角(指以编号顺序为前进方向各点处位于左边或右边的角度，图中为右角)β_A、β_1、β_2、β_3，即可利用 α_{AB} 和已测出的角度计算出 $A1$、23、$3A$ 边的坐标方位角。

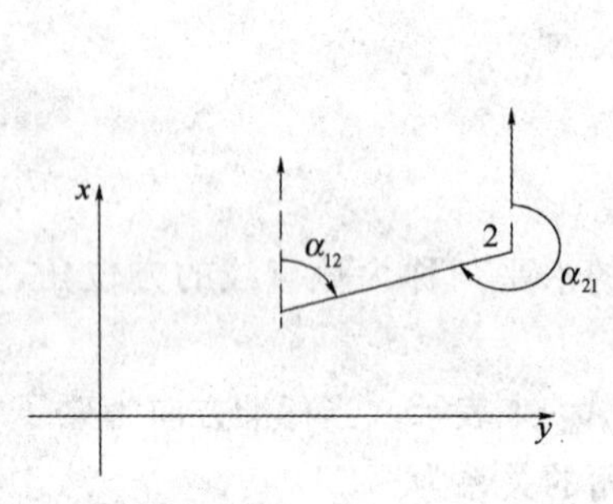

图 4-9　正反坐标方位角

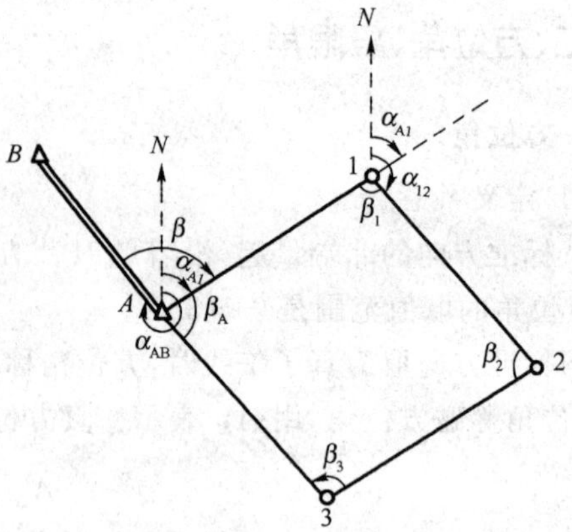

图 4-10　坐标方位角的推算

由图可见，

$$\alpha_{A1} = \alpha_{AB} + \beta$$

所以

$$\alpha_{12} = \alpha_{A1} + 180° - \beta_1(\text{右})$$

$$\alpha_{23} = \alpha_{12} + 180° - \beta_2(\text{右})$$

$$\alpha_{3A} = \alpha_{23} + 180° - \beta_3(\text{右})$$

$$\alpha_{A1} = \alpha_{3A} + 180° - \beta_A(\text{右})$$

将算得的 α_{A1} 值与已知值进行比较，可用来检核计算中有无错误。

如果用左角推算坐标方位角，则计算公式变为

$$\alpha_{12} = \alpha_{A1} + 180° - \beta_{1(\text{右})}$$

$$= \alpha_{A1} - 180° + \beta_{1(\text{左})}$$

由上述可知，推算坐标方位角的一般公式为

$$\begin{aligned}\alpha_{前} &= \alpha_{后} + 180° - \beta_{(右)} \\ \alpha_{前} &= \alpha_{后} - 180° + \beta_{(左)}\end{aligned} \tag{4-6}$$

可知，推算坐标方位角，当计算结果出现负值时，则加上 360°；当计算结果大于 360°时，则减去 360°。

2. 象限角

直线与标准方向所夹的锐角称象限角，象限角由标准方向的指北端或指南端开始向东或向西计量，其取值范围为 0°～90°，以角值前加上直线所指的象限名称来表示，例如北东 41°，如图 4-11 所示，象限角与坐标方位角的互换关系如表 4-1 所示。

象限角与坐标方位角关系 表 4-1

象限	象限角与坐标方位角的关系	象限	象限角与坐标方位角的关系
象限 I	北东 $R=\alpha$	象限 II	南东 $R=180°-\alpha$
象限 III	西南 $R=\alpha-180°$	象限 IV	北西 $R=360°-\alpha$

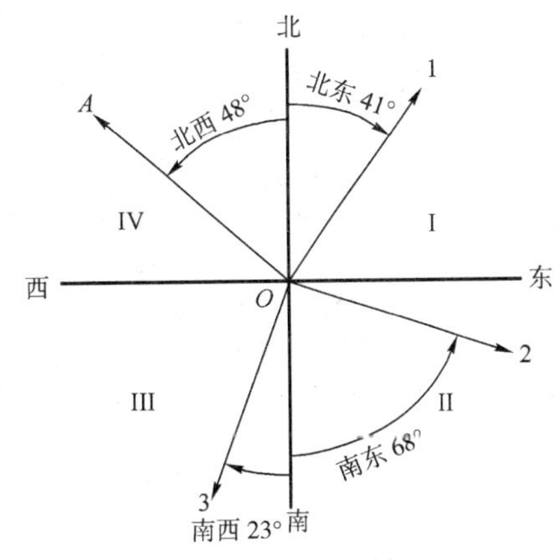

图 4-11 象限角定义

思考题与习题

1. 什么是水平距离？为什么测量距离的结果都要换算为水平距离？
2. 影响钢尺量距精度的因素有哪些？如何消除或减弱这些因素的影响？
3. 确定直线方向时采用的标准方向哪几种？
4. 直线的方向可用什么来表示？解释方位角和象限角的概念。
5. 磁偏角与子午线收敛角的定义是什么？其正负号如何确定？
6. 坐标方位角的定义是什么？用它来确定直线的方向有什么优点？
7. 用花杆目估定线时，在距离为 30m 处花杆中心偏离直线方向为 0.30m，由此产生的量距误差为多大？
8. 第 7 题中，若用 30m 钢尺量距时，钢尺两端高差为 0.30m，问由此产生多大的量距误差？
9. 不考虑子午线收敛角的影响，计算表 4-2 中的空白部分。

方位角和象限角的换算 表 4-2

直线名称	正方位角	反方位角	正象限角	反象限角
AB				南西 24°32′
AC			南东南西 52°56′	
AD		60°12′		
AE	338°14′			

10. 已知 A 点的磁偏角为 $-5°15'$，过 A 点的真子午线与中央子午线的收敛角 $\gamma=+2'$，直线 AC 的坐标方位角 $\alpha_{AC}=110°16'$，求 AC 的真方位角与磁方位角，并绘图说明。

11. 图 4-12 中，已知 $\alpha_{12}=65°$，β_2 及 β_3 的角值均标注于图上，试求 2-3 边的正坐标方位角及 3-4 边的反坐标方位角。

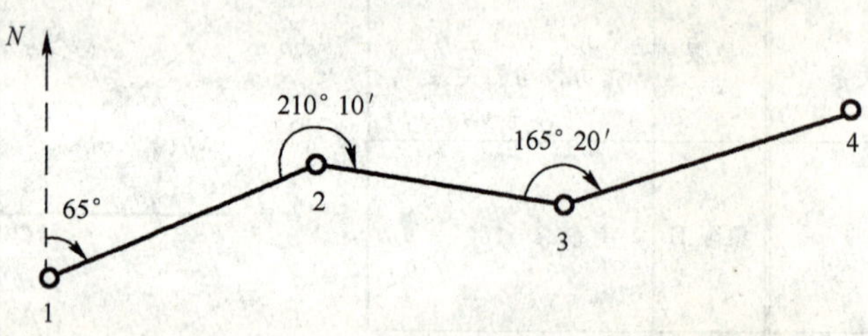

图 4-12 题 11 图

第五章
全站仪及 GPS 测量简介

本章提要

通过学习掌握全站仪的基本结构及利用全站仪进行角度测量、距离测量、坐标测量和放样测量；了解 GPS 的发展、特点、GPS 的定位技术和 GPS 测量的设计与实施。

第一节　全站仪简介

当今科学技术的发展和计算机的广泛应用，使集测距装置、测角装置和微处理器为一体的新型测量仪器应运而生。这种能自动测量和计算，并通过电子手簿或直接实现自动记录、存储和输出的测量仪器，称为全站型电子速测仪，简称全站仪。对于基本性能相同的各种类型的全站仪，其外部可视部件基本相同。同电子经纬仪、光学经纬仪相比，全站仪增加了许多特殊部件，因此使得全站仪具有比其他测角、测距仪器更多的功能，使用也更方便、更智能。这些特殊部件构成了全站仪在结构方面独树一帜的特点。全站仪主要由五个系统组成：控制系统、测角系统、测距系统、记录系统和通讯系统。

全站仪的发展经历了从组合式全站仪（由测距头、光学经纬仪及电子计算部分拼装组成）到整体式（即在一个机器外壳内含有电子测距、测角、补偿、记录、计算、存储等部分）的过渡。

全站仪作为最常用的测量仪器之一，它的发展改变着测量作业方式，极大地提高了生产效率。其应用范围已不仅局限于测绘工程、建筑工程、交通与水利工程、地籍与房地产测量等领域，而且在大型工业生产设备和构件的安装调试、船体设计施工、大桥水坝的变形观测、地质灾害监测及体育竞技等领域中都得到了广泛的应用。

光电测距技术的问世，即开始了以全站仪光电测量技术风行土木工程领域的时代，世界各地相继出现全站仪研制、生产热潮，有拓普康（Topcon）、宾得（PENTAX）、索佳、尼康等厂家。20 世纪 90 年代末，我国研制生产全站仪的有北京测绘仪器厂、广州南方测绘仪器公司、苏州第一光学仪器厂、常州大地测量仪器厂等。

现介绍两款全站仪。

一、南方 NTS 全站仪（NTS—300 为例）

1. 显示屏操作键（图 5-1）

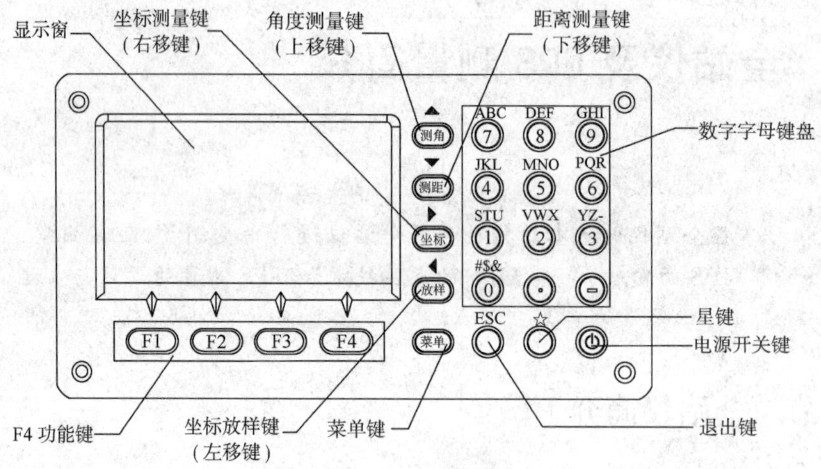

图 5-1　显示屏操作键

2. 部件名称（图 5-2、图 5-3）

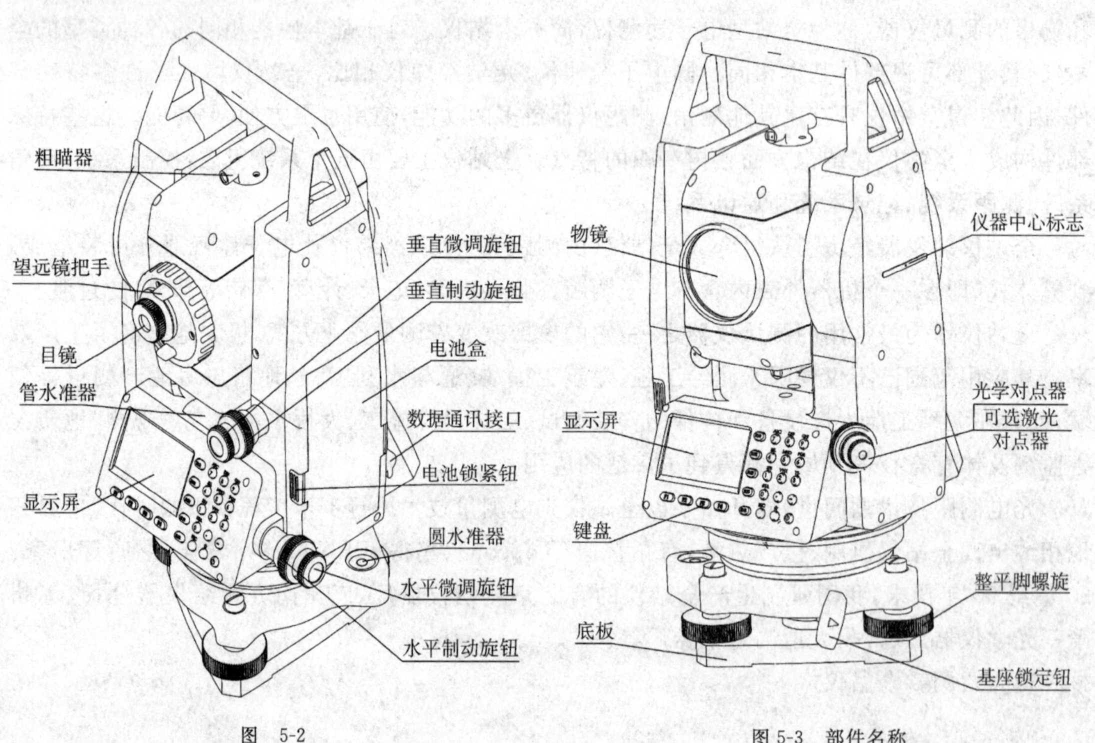

图　5-2　　　　图 5-3　部件名称

3. 安置仪器操作方法

将仪器安置在三脚架上，精确整平和对中，以保证测量成果的精度，应使用专用的中心连接螺旋的三脚架。

(1)安置三脚架:将仪器安置在三脚架上。

(2)对中器对中

可以选择利用光学对中器对中,方法同经纬仪光学对中器。

但对于现在激光对中型全站仪的出现,也可以直接利用激光对中器对中,方法如下:

就南方 NTS—300 系列全站仪为例,开机按"*"键,按[F4](对点)键,按[F1]打开激光对点器。松开中心连接螺旋、轻移仪器,将激光对点器的光斑对准测站点,然后拧紧连接螺旋。在轻移仪器时不要让仪器在架头上有转动,以尽可能减少气泡的偏移。按 ESC 键退出,激光对点器自动关闭。

(3)利用圆水准器粗平仪器

调节三脚架,使圆水准气泡居中,方法同经纬仪的使用方法。

(4)利用长水准器精平仪器(图 5-4)

①松开水平制动螺旋、转动仪器使管水准器平行于某一对脚螺旋 A、B 的连线。再旋转脚螺旋 A、B,使管水准器气泡居中。

②将仪器竖轴旋转 90°,在旋转另一个脚螺旋 C,使管水准器气泡居中。

③再次旋转 90°,重复①、②,直至四个位置上气泡居中为止。

图 5-4　精平仪器

(5)精平仪器

移动基座,精确对中(只能前后、左右移动,不能旋转)。

(6)重复(4)、(5)两步骤,直到完全对中、整平。

二、Topcon 拓普康全站仪

显示屏操作键(图 5-5,表 5-1)

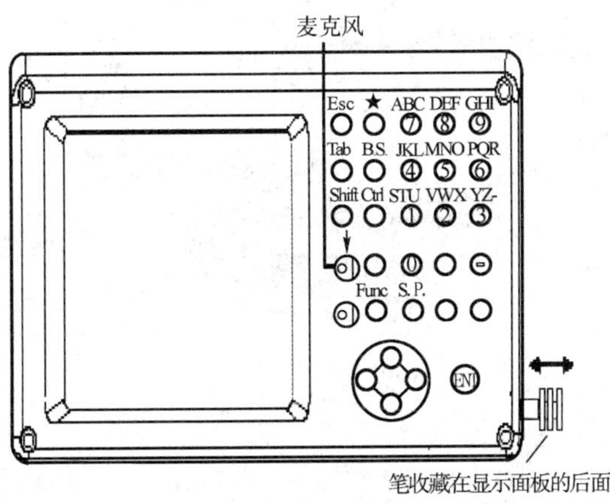

图 5-5　显示屏操作键

显示屏操作键名称和功能 表 5-1

按键	名称	功　能	按键	名称	功　能
0～9	数字键	输入数字	Ctrl	Ctrl 键	同计算 Ctrl 键功能
A～Z	字母键	输入字母	Alt	Alt 键	同计算机 Alt 键功能
ESC	退出键	退回到前一个显示屏或前一个模式	Func	功能键	执行由软件定义的具体功能
★	星键	用于若干仪器常用功能的操作	α	字母切换键	切换到字母输入模式
ENT	回车键	数据输入结束并认可时按此键	(光标键图形)	光标键	上下左右移动光标
Tab	Tab 键	光标右移，或下移一个字段	POWER	电源键	控制电源的天/关（位于仪器支架侧面上）
Shift	Shift	同计算机 Shift 键功能	S. P.	空格键	输入空格
B. S.	后退键	输入数字或字母时，光标向左删除一位	●	输入面板键	显示软输入面板

①构造部件（图 5-6）

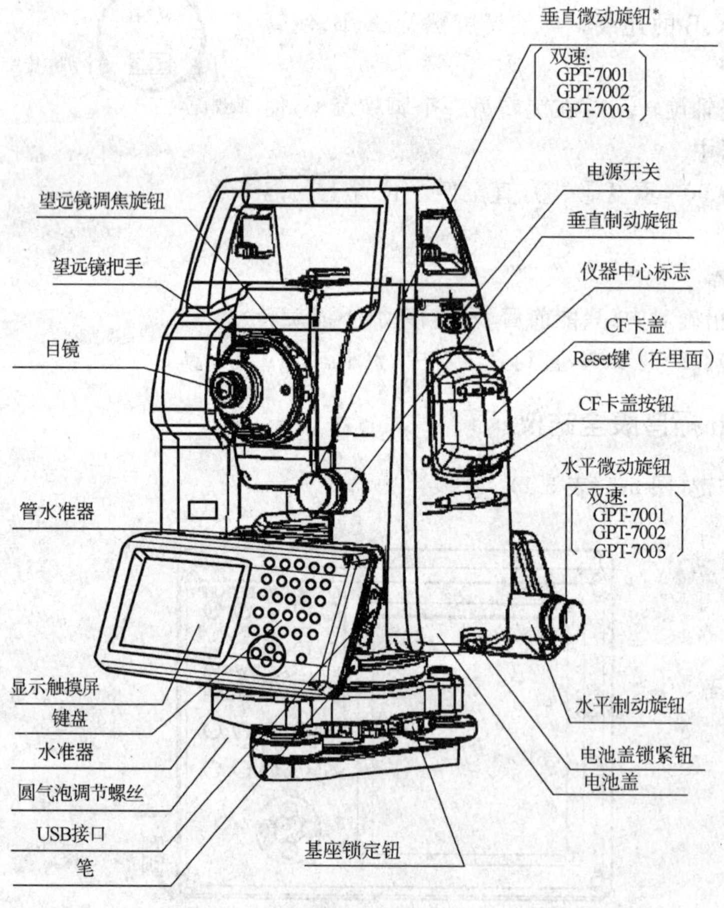

* 注：对于不同的市场，垂直微动和制动旋钮的位置可能不同。

图 5-6　构造部件

②安置仪器的操作方法同上，但这款全站仪可以自动激光对点。

三、全站仪操作常规注意事项

在使用本仪器之前，务必检查并确认该仪器各项功能运行正常。

(1)日光下测量应避免将物镜直接对准太阳。

(2)避免高温或低温下存放仪器。

(3)在架仪器时，若有可能，请使用木脚架。使用金属脚架时可能引起的震动会影响测量精度。

(4)若基座安装不正确，也会影响测量精度。请经常检查基座上的调节螺旋，确保处于锁紧的状态。

(5)务必正确地关上电池护盖，套好数据输出和外接电源插口的护套；禁止电池护盖和插口进水或受潮，保持电池护盖和插口内部干燥、无尘；确保装箱前仪器和箱内干燥。

(6)作业前应仔细全面检查仪器，确定仪器的各项指标、功能、电源、初始设置和改正参数均符合要求时再进行作业。

(7)若发现仪器功能异常，非专业维修人员不可擅自拆开仪器，以免发生不必要的损坏。

第二节　角度测量与距离测量

全站仪具有角度测量、距离（斜距、平距、高差）测量、三维坐标测量、导线测量、交会定点测量和放样测量等多种用途。内置专用软件后，功能还可进一步拓展。

一、角度测量

角度测量是测定测站点至两个目标（或多个目标）点之间的水平夹角，同时可以测定相应目标点的竖角。如图5-7所示：O 为测站点；A、B、C、D、E 为目标点。

图 5-7　角度测量

1. 功能键介绍

以南方 NTS—300 系列全站仪为例，见表 5-2。

角度测量模式（三个界面菜单）**及功能**

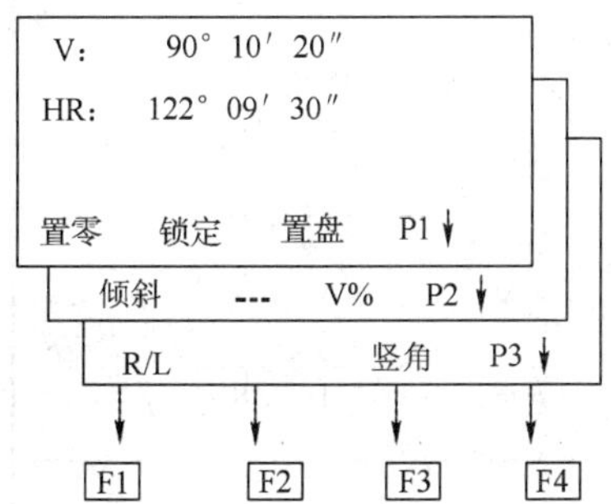

表 5-2

页　数	软　键	显示符号	功　能
第 1 页 (P1)	F1	置零	水平角 HR 置为 0°00′00″
	F2	锁定	水平角读数锁定
	F3	置盘	通过键盘输入数字设置水平角
	F4	P1↓	显示第 2 页软键功能
第 2 页 (P2)	F1	倾斜	设置倾斜改正开或关,若选择开则显示倾斜改正
	F2		
	F3	V%	垂直角与百分比坡度的切换
	F4	P2↓	显示第 3 页软键功能
第 3 页 (P3)	F1	R/L	水平角右/左计数方向的转换
	F2		
	F3	竖角	垂直角显示格式(高度角/天顶距)的切换
	F4	P3↓	显示第 1 页软键功能

2. 观测方法步骤与光学经纬仪相同

(1)在 O 点安置仪器,开机并进行度盘设置。

(2)右角模式见表 5-3。

南方 NTS—300 系列全站仪右角模式 表 5-3

操作过程	操　作	显　示
①照准第一个目标 A	照准 A	V:82°09′30″ HR:90°09′30″ 置零　锁定　置盘　P1
②设置目标 A 的水平角为 0°00′00″按 F1 (置零)键和 F3 (确定)键	F1	水平角置零 >OK? 确认　退出
	F3	V:82°09′30″ HR:0°00′00″ 置零　锁定　置盘　P1
③照准第二个目标 B,显示目标 B 的 V/H	照准目标 B	V:92°09′30″ HR:67°09′30″ 置零　锁定　置盘　P1
④依次进行照准测量		

为了获得更高精度的角度测量结果，则可对水平角进行复测(图 5-8)。

其原理是对某一个角度进行多次观测后取平均值。

拓普康 GPT—7000 系列全站仪右角模式同上表。

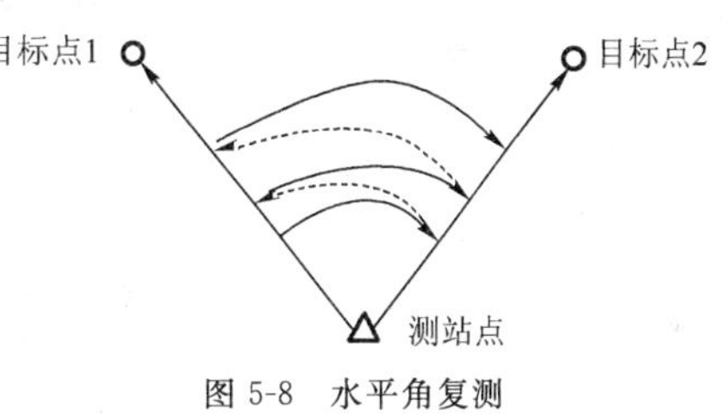

图 5-8 水平角复测

(3)水平角(右角/左角)切换(表 5-4，表 5-5)。

南方 NTS—300 系列全站仪右角模式 表 5-4

操作过程	操作	显示
①按[F4](p1↓)键两次转到第3页功能	[F4] 两次	V:122°09′30″ HR:90°09′30″ [置零] [锁定] [置盘] [P1↓] [倾斜] [V%] [P2↓] [R/L] [竖角] [P3↓]
②按[F1](R/L)键。右角模式(HR)切换到左角模式(HL)	[F1]	V:122°09′30″ HL:269°50′30″ [R/L] [竖角] [P3↓]
③以左角 HL 模式进行测量		
*每次按[F1](R/L)键，右角模式(HR)和左角模式(HL)交替切换		

拓普康 GPT—7000 系列全站仪右角模式 表 5-5

角度模式
V:92°09′30″ HR:67°09′30″ 倾斜 V/% R/L P2 [F1] [F2] [F3] [F4]

①按[F4](p1↓)键两次转到第 2 功能；

②按[F3](R/L)键，右角模式(HR)切换到左角模式(HL)；

③以左角 HL 模式进行测量。

*每次按[F3](R/L)键，右角模式(HR)和左角模式(HL)交替切换。

二、距离测量

距离测量一般选用与全站仪配置的合作目标，即反光棱镜。由于电子测距为仪器中心到棱镜中心的倾斜距离，因此仪器站和棱镜站均需要精确对中、整平。在距离测量前应进行气象改正设置和棱镜常数的设置，再进行距离测量。

1. 功能键介绍

以南方 NTS—300 系列全站仪为例，见表 5-6。

距离测量模式(两个界面菜单)

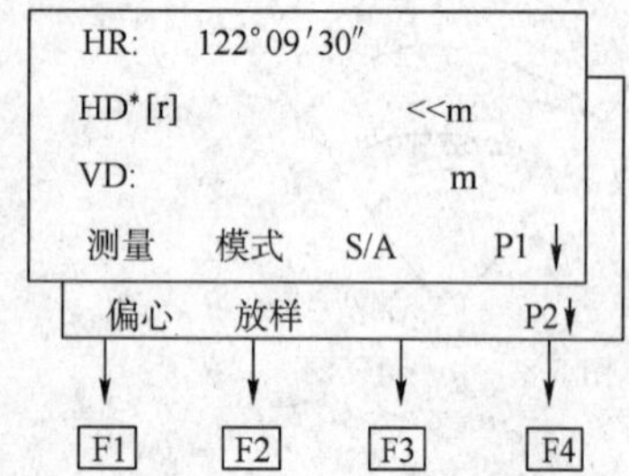

表 5-6

页 数	软 键	显示符号	功 能
第 1 页(P1)	F1	测量	启动测量
	F2	模式	设置测距模式为单次精测/连续精测/连续跟踪
	F3	S/A	温度、气压、棱镜常数等设置
	F4	P1↓	显示第 2 页软键功能
第 2 页(P2)	F1	偏心	偏心测量模式
	F2	放样	距离放样模式
	F3		
	F4	P2↓	显示第 1 页软键功能

2. 大气改正的设置

当设置大气改正时,通过测量温度和气压可求得改正数。

3. 棱镜常数的设置

拓普康 GPT—7000 系列全站仪的棱镜常数为 0,因此棱镜常数改正应设置为 0。

南方 NTS—300 系列全站仪的棱镜常数为-30,因此棱镜常数改正应设置为-30。

4. 距离测量

(1)连续测量

南方 NTS—300 系列全站仪连续测量的操作方法如表 5-7。

确认处于测角模式的操作方法 表 5-7

操作过程	操 作	显 示
①照准棱镜中心	照准	V:90°10′20″ HR:170°30′20″ 置零 锁定 置盘 P1↓

续上表

操作过程	操　作	显　示
②按距离测量键，距离测量开始＊1),2)；	距离测量	HR：170°30′20″ HD＊[N] VD： 测量　模式　S/A　P1↓ HR：170°30′20″ HD＊　235.343m VD：　36.551m 测量　模式　S/A　P1↓
③显示测量的距离＊3)—＊5)再次按距离测量键，显示变为水平角(HR)、垂直角(V)和斜距(SD)	距离测量	V：90°10′20″ HR：170°30′20″ SD＊　238.164m 测量　模式　S/A　P1↓

＊1)当光电测距(EDM)正在工作时，"＊"标志就会出现在显示窗。
＊2)将模式从精测转换到跟踪，参阅"精测/跟踪测量模式"。
＊3)距离的单位表示为："m"(米)或"ft""fi"(英尺)，并随着蜂鸣声在每次距离数据更新时出现。
＊4)如果测量结果受到大气抖动的影响，仪器可以自动重复测量工作。
＊5)要从距离测量模式返回正常的角度测量模式，可按测角 ANG 键。
＊6)对于距离测量，初始模式可以选择显示顺序(HR，HD，VD)或(V，HR，SD)

拓普康GPT—7000系列全站仪连续测量的操作方法如表5-8、表5-9。

确认在角度测量模式下的操作方法　表5-8

角度模式	
V：73°42′00″ HR：47°38′20″	ESC ANG REC
置零　保持　置盘　P1 F1　F2　F3　F4	PSM(mm)　0.0 PPM(ppm)　0.0

表5-9

距离模式	
V：73°42′50″ HR：47°38′40″ HD：235.343 VD：36.551	ESC ANG REC ＊F R n
观测　模式　…　P1 F1　F2　F3　F4	PSM(mm)　0.0 PPM(ppm)　0.0

①照准棱镜中心

②按[◢]键,a)、b)

③显示测量结果 c)~f)

*1)显示在窗口第四行右边的字母表示如下测量模式。

F:精测模式　C:粗测模式　T:跟踪模式

R:连续(重复)测量模式　S:单次测量模式　N:N 次测量模式

*2)当电子测距正在进行时,“★”号就会出现在显示屏上。

*3)测量结果显示时伴随着蜂鸣声。

*4)若测量结果受到大气闪烁等因素影响,则自动做重复观测。

*5)若要改为单次测量,按[F1](观测)键。

*6)返回角度测量模式,可按[ANG]键

*7)若要改为倾斜距离测量模式/水平测量模式,可按[◢]键。

(2)连续测量/单次测量

当预置了观测次数时,仪器就会按设置的次数进行距离测量并显示出平均距离值,若预置次数为 1,则由于是单次观测,故不显示平均距离。仪器出厂时设置的是单次测量。

南方 NTS—300 系列全站仪连续测量/单次测量的操作方法如表 5-10,①②方法同上。

操 作 方 法　　表 5-10

③当连续测量不再需要时,可按[F1](测量)键*2),测量模式为 N 次测量模式,当光电测距(EDM)正在工作时,再按[F1](测量)键,模式转变为连续测量模式	[F1]	HR:170°30′20″ HD*[n]　　< < m VD:　　m [测量]　[模式]　[S/A]　[P1]↓ HR:170°30′20″ HD　　566.346m VD:　　89.678m [测量]　[模式]　[S/A]　[P1]↓
*1)在仪器开机时,测量模式可设置为 N 次测量模式或都连续测量模式 *2)在测量中,要设置测量次数(N 次)。		

拓普康 GPT—7000 系列全站仪连续测量/单次测量的操作方法如表 5-11、表 5-12。

确认在角度测量模式下的操作方法　　表 5-11

角度模式							
V: 73°42′00″						[⊿]	[ESC]
HR: 47°38′20″						[◢]	[ANG]
							[REC]
置零	保持	置盘	P1	PSM(mm)	0.0		
[F1]	[F2]	[F3]	[F4]	PPM(ppm)	0.0		

距离模式操作方法 表5-12

距离模式					
V: 82°31′35″					ESC
HR: 5°32′40″					ANG
HD: 235.343					REC
VD: 36.551				*F R n	
观测	模式	…	P1	PSM(mm)	0.0
F1	F2	F3	F4	PPM(ppm)	0.0

①照准棱镜中心

②按键选择测量模式,N次观测开始

显示出平均距离并伴随着蜂鸣声。

*1)显示在窗口第四行右边的字母表示如下测量模式。

F:精量模式　C:粗量模式　T:跟踪模式

R:连续(重复)测量模式　S:单次测量模式　N:N次测量模式

*2)精度模式/跟踪模式

南方NTS—300系列全站仪精度模式/跟踪模式的操作方法如表5-13。

确认在距离测量模式下的操作方法 表5-13

操作过程	操作	显示
①在距离测量模式下按F2(模式)键所设置模式的首字符(F/T)	F2	HR:170°30′20″ HD 566.346m VD: 89.678m 测量 模式 S/A P1↓
②按F3(连续跟踪)键精测,进入跟踪模式	F3	测距模式设置 F1:单次精测 F2:【连续精测】 F3:连续跟踪 HR:170°30′20″ HD 566.346m VD: 89.678m 测量 模式 S/A P1↓

拓普康GPT—7000系列全站仪精度模式/跟踪模式的操作方法如表5-14,表5-15。

①照准棱镜中心

②按F2(模式)

确认在距离测量模式下的操作方法　　表 5-14

距离模式					
V:	82°31′35″				ESC
HR:	5°32′40″				ANG
HD:	235.343				REC
VD:	36.551			*F S n	
观测	模式	…	P1	PSM(mm)	0.0
F1	F2	F3	F4	PPM(ppm)	0.0

操 作 方 法　　表 5-15

距离模式					
V:	82°31′35″				ESC
HR:	5°32′45″				ANG
HD:	235.343				REC
VD:	36.551			*F S n	
精测	TRK	粗测	…	PSM(mm)	0.0
F1	F2	F3	F4	PPM(ppm)	0.0

显示当前模式的第一个英文字母。

③按F1、F2或F3键,选择测量模式,TRK为跟踪测量模式

模式设置完毕,开始距离测量。

*1)显示在窗口第四行右边的字母表示如下测量模式。

F:精测模式　C:粗量模式　T:跟踪模式

*2)按ESC键,取消该设置。

第三节　坐标测量

一、坐标测量模式,以南方NTS—300系列全站仪为例(表5-16)

键盘页面及功能

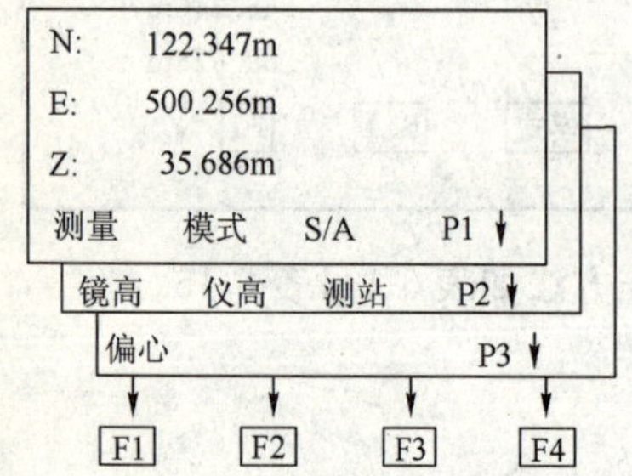

表 5-16

页　　数	软　　键	显示符号	功　　能
第 1 页 (P1)	F1	测量	启动测量
	F2	模式	设置测距模式为单次精测/连续精测/连续跟踪
	F3	S/A	温度、气压、棱镜常数等设置
	F4	P1↓	显示第 2 页软键功能
第 2 页 (P2)	F1	镜高	设置棱镜高度
	F2	仪高	设置仪器高度
	F3	测站	设置测站坐标
	F4	P2↓	显示第 3 页软键功能
第 3 页 (P3)	F1	偏心	偏心测量模式
	F2		
	F3		
	F4	P3↓	显示第 1 页软键功能

二、南方 NTS—300 系列全站仪坐标测量的步骤

通过输入仪器高和棱镜高后测量坐标时，可直接测定未知点的坐标。

1. 测站点坐标值的设置（图 5-9，表 5-17）

设置仪器相对于坐标原点的坐标，仪器可自动转换和显示未知点（棱镜点）在该坐标系中的坐标。

电源关闭后，将保存测站点坐标。

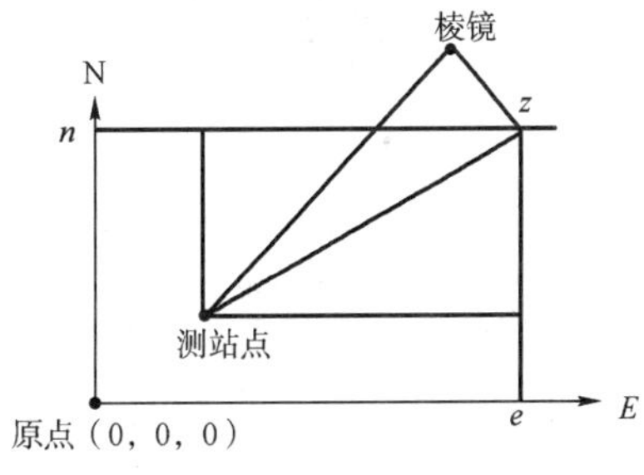

图 5-9　测站点坐标

操 作 过 程

表 5-17

操 作 过 程	操　　作	显　　示
①在坐标测量模式下，按 F4 (p1↓)键，转到第二页功能	F4	N:　286.245m E:　76.233m Z:　14.568m 测量　模式　S/A　P1↓
		镜高　仪高　测站　P2↓

续上表

操作过程	操　作	显　示
②按 F3 (测站)键	F3	N-> 0.000m E: 0.000m Z: 0.000m 输入 回车
③输入N坐标	F1 输入数据 F4	N-> 36.976m E: 0.000m Z: 0.000m 输入 回车
④按同样方法输入E和Z坐标,输入数据后,显示屏返回坐标测量显示		N: 36.976m E: 298.578m Z: 45.330m 测量 模式 S/A P1↓

2. 要设置仪器高和目标高

电源关闭后,可保存仪器高,操作方法如表5-18。

操作过程 表5-18

操作过程	操　作	显　示
①在坐标测量模式下,按 F4 (p1↓)键,转到第二页功能	F4	N: 286.245m E: 76.233m Z: 14.568m 测量 模式 S/A P1↓ 镜高 仪高 测站 P2↓
②按 F2 (仪高)键,显示当前值	F2	输入仪器高度 仪高: 0.000m 输入 回车
③输入仪器高	F1 输入仪器高 F4	N: 286.245m E: 76.233m Z: 14.568m 测量 模式 S/A P1↓

电源关闭后,可保存目标高,操作方法如表5-19。

操 作 过 程　　表 5-19

操 作 过 程	操　　作	显　　示
①在坐标测量模式下，按[F4]（p1↓）键，转到第二页功能	[F4]	N:　286.245m E:　76.233m Z:　14.568m [测量] [模式] [S/A] [P1↓] [镜高] [仪高] [测站] [P2↓]
②按[F1]（镜高）键，显示当前值	[F1]	输入棱镜高度 镜高:　0.000m [输入]　[回车]
③输入棱镜高	[F1] 输入棱镜高 [F4]	N:　286.245m E:　76.233m Z:　14.568m [测量] [模式] [S/A] [P1↓]

3. 进行坐标测量

注意：要先设置测站坐标、测站高、棱镜高及后视方位角（图 5-10，表 5-20）

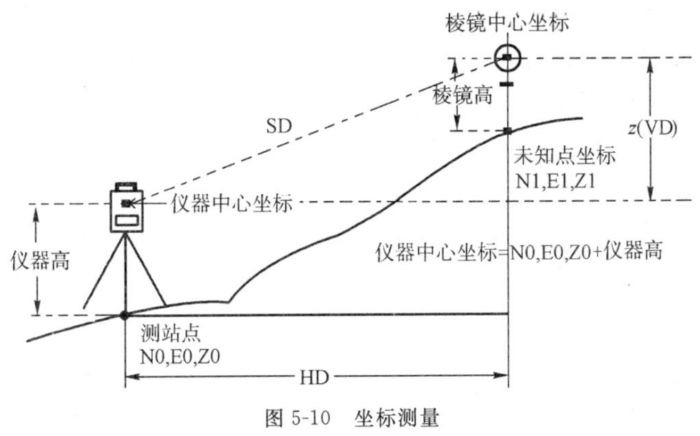

图 5-10　坐标测量

操 作 过 程　　表 5-20

操 作 过 程	操　　作	显　　示
①设置已知点 A 的方向角	设置方向角	V:122°09′30″ HR:90°09′30″ [置零] [锁定] [置盘] [P1↓]
②照准目标 B，按[坐标]键	照准棱镜 [坐标]	N*　286.245m E:　76.233m Z:　14.568m [测量] [模式] [S/A] [P1↓]
在测站点的坐标未输入的情况下，(0,0,0)作为缺省的测站点坐标 当仪器高未输入时，仪器高以 0 计算；当棱镜高未输入时，棱镜高以 0 计算。		

第四节 坐标放样

放样模式有两个功能，即测定放样点和利用内存中的已知坐标数据设置新点，如果坐标数据未被存入内存，则也可从键盘输入坐标，坐标数据可通过个人计算机从传输电缆装入仪器内存。

一、放样步骤

在放样的过程中，有以下几步：

(1)选择数据采集文件，使其所采集数据存储在该文件中。

(2)选择坐标数据文件，可进行测站坐标数据及后视坐标数据的调用。

(3)置测站点。

(4)置后视点，确定方位角。

(5)输入所需的放样坐标，开始放样。

二、在放样实施之前，需进行设置测站点、设置后视点，以南方 NTS—30 系列全站仪为例

1. 设置测站点

设置测站点的方法有如下两种。

(1)利用内存中的坐标设置

例：利用内存中的坐标数据文件设置测站点(表 5-21)

操作过程　　表 5-21

操作过程	操作	显示
①在坐标放样菜单 1/2 按 [F1] (输入测站点)键，即显示原有数据	[F1]	测站点 点名： [输入] [调用] [坐标] [回车]
②按 [F1] (输入)键	[F1]	测站点 点名： [回退] [空格] [回车]
③按输入点名，按 [F4] (回车)键	输入点名 [F4]	输入仪器高度 仪高：　0.000m [输入] [回车]
④按同样方法输入仪器高，显示屏返回到放样单 1/2	[F1] 输入仪器高 [F4]	坐标放样　1/2 F1：输入测站点 F2：输入后视点 F3：输入放样点 P↓

(2)直接输入测站点坐标的方法(表 5-22)

操 作 过 程　　　　表 5-22

操作过程	操作	显示
①在放样菜单 1/2 按 [F1](输入测站点)键,即显示原有数据	[F1]	测站点 点名: [输入] [调用] [坐标] [回车]
②按 [F3](坐标)键	[F3]	N—> 0.000m E: 0.000m Z: 0.000m [输入] [回车]
③按 [F1](输入)键,输入坐标值,按 [F4](回车)键	[F1] 输入坐标 [F4]	N: 10.000m E: 25.000m Z: 63.000m [输入] [回车]
		输入仪器高度 仪高· 0.000m [输入] [回车]
④按同样方法输入仪器高,显示屏返回到放样单 1/2	[F1] 输入仪器高 [F4]	坐标放样 1/2 F1:输入测站点 F2:输入后视点 F3:输入放样点 P↓

2. 设置后视点

如下两种后视点设置方法可供选用

(1)利用内存中的坐标数据文件设置后视点(表 5-23)

操 作 过 程　　　　表 5-23

操作过程	操作	显示
①在坐标放样菜单按 [F2](输入后视点)键	[F2]	后视点 点名: [输入] [调用] [坐标] [回车]
②按 [F1](输入)键	[F1]	后视点 点名: [回退] [空格] [回车]

续上表

操作过程	操作	显示
③按 F1（输入）键，输入坐标值，按 F4（回车）键	F1 输入点名 F4	照准后视点 HB=120°30′20″ >照准？ 否 是
④照准后视点，按 F4（是）键显示屏返回到放样单 1/2	照准后视点 F4	坐标放样 1/2 F1：输入测站点 F2：输入后视点 F3：输入放样点 P↓

（2）直接键入坐标数据（表 5-24）

操作过程 表 5-24

操作过程	操作	显示
①在坐标放样菜单按 F2（输入后视点）键	F2	后视点 点名： 输入 调用 坐标 回车
②按 F3（坐标）键	F3	N-> m E： m 输入 角度 回车
③按输入点名，按 F4（回车）键	输入点名 F4	照准后视点 HB=120°30′20″ >照准？ 否 是
④照准后视点，按 F4（是）键显示屏返回到放样单 1/2	照准后视点 F4	坐标放样 1/2 F1：输入测站点 F2：输入后视点 F3：输入放样点 P↓

三、实施放样

实施放样有两种方法可供选择。

1. 通过点号调用内存中的坐标值（表 5-25）

操作过程 表 5-25

操作显示	操作	显示
①在坐标放样菜单 1/2 按 F3（输入放样点）键	F3	坐标放样 1/2 F1：输入测站点 F2：输入后视点 F3：输入放样点 P↓

续上表

操作显示	操　作	显　示
①在坐标放样菜单 1/2 按 F3（输入放样点）键	F3	放样点 点名： 输入　调用　坐标　回车
②按 F1（输入）键，输入点号，按 F4（回车）键	F1 输入点号 F4	输入棱镜高度 镜高：　0.000m 输入　回车
③按同样方法输入反射镜高，当放样点设定后，仪器就进行放样元素的计算 HR：放样点的水平角计算值 HD：仪器到放样点的水平距离计算值	F1 输入镜高 F4	放样参数计算 HR：120°30′20″ HD：245.777 m 继续
④照准棱镜，按 F4 继续键 HR：实际测量的水平角 dHR：对准放样点仪器应转动的水平角 ＝实际水平角－计算的水平角 当 dHR＝ 0°00′00″时，即表明放样方向止确	照准	角度差调为零 HR：2°09′30″ dHR：22°39′30″ 距离　坐标　换点
⑤按 F2（距离）键 HD：实际测量的水平距离 dHD：对准放样点尚差的水平距离 dz ＝实测高差－计算高差	F1	HD dHD： dz ： 模式　角度　坐标　换点 HD*　245.777m dHD：　－3.223m dz ：　－0.067m 模式　角度　坐标　换点
⑥按 F1（模式）键进行精测	F1	HD* T dHD： dz ： 模式　角度　坐标　换点
⑥按 F1（模式）键进行精测	F1	HD*　244.789m dHD：　－0.998m dz ：　－0.047m 模式　角度　坐标　换点
⑦当显示值 dHR、dHD 和 dz 均为 0 时，则放样点的测设已经完成		

续上表

操作显示	操作	显示
⑧按 F3 (坐标)键,即显示坐标值	F3	N: 12.322m E: 34.286m Z: 1.557m 模式 角度 换点
⑨按 F4(换点)键,进入下一个放样点的测设	F4	放样点 点名: 输入 调用 坐标 回车

※若文件中不存在所需的坐标数据,则无需输入点名,直接按(坐标)键输入放样坐标。

2. 直接键入坐标值

四、设置新点

当现有控制点与放样点之间不通视时就需要设置新点。

具体方法有两种:

1. 将仪器安置在已知点上,用极坐标法测定新点的坐标(表 5-26)

操作过程 表 5-26

操作过程	操作	显示
①在坐标放样菜单 1/2 按 F4 (p↓)键,进入放样菜单 2/2	F4	坐标放样 1/2 F1:输入测站点 F2:输入后视点 F3:输入放样点 P↓ 坐标放样 2/2 F1:选择文件 F2:新点 F3:格网因子 P↓
②按 F2 (新点)键	F2	新点 F1:极坐标法 F2:后方交会法
③按 F1 (极坐标法)键	F1	选择一个文件 FN: 输入 调用 回车
④按 F2 (调用)键显示坐标文件	F2	CESESDATA /C322 ->&SOUTHDATA /C228 SATADDATA /C080 查找 回车

续上表

操作过程	操作	显示
⑤按【▲】或【▼】键可使文件表向上下滚动，选定一个文件	【▲】或【▼】	—>&SOUTHDATA /C228 SATADDATA /C080 KLLLSDATA /C085 查找 回车
⑥按 F4（回车）键，文件被确认	F4	极坐标法 点名： 输入 查找 回车
⑦按 F1（输入）键，输入新点名，按 F4（回车）键	F1 输入点名 F4	输入棱镜高度 镜高： 0.000m 输入 回车
⑧按同样的方法输入反射镜高	F1 输入镜高 F4	输入棱镜高度 镜高： — 输入 回车
⑨照准新点，按 F1（测量）键进行距离测量	照准 F1	HR：2°09′30″ HD* VD： 测量
		N： 12.322m E： 34.286m Z： 1.557m 记录？ 否 是
⑩按 F4（是）键，点名与坐标值存入坐标数据文件显示下一个新点输入菜单，点号自动加 1	F3	极坐标法 点名：NF-11 输入 查找 回车

2. 后方交会法

在新站上安置仪器时，用最多可达 7 个已知点的坐标和这些点的测量数据计算新坐标，后方交会的观测如图 5-11，操作见表 5-27。

操作过程 表 5-27

操作过程	操作	显示
①在坐标放样菜单 1/2 按 F4（p↓）键，进入放样菜单 2/2	F4	坐标放样 1/2 F1：输入测站点 F2：输入后视点 F3：输入放样点 P↓

续上表

操作过程	操作	显示
①在坐标放样菜单 1/2 按 F4 (p↓)键,进入放样菜单 2/2	F4	坐标放样 2/2 F1:选择文件 F2:新点 F3:格网因子 P↓
②按 F2 (新点)键	F2	新点 F1:极坐标法 F2:后方交会法 P↓
③按 F2 (后方交会法)键	F2	选择一个文件 FN: 输入 调用 回车
④按 F1 (输入)键	F1 输入 FN F4	后方交会法 点名: 输入 查找 跳过 回车
⑤按 F1 (输入)键,输入新点名	F1 输入点名 F4	后方交会法 F1:距离后方交会法
⑥按 F1 (距离后方交会法)键	F1	输入仪器高度 仪高:0.000m 输入 回车
⑦按 F1 (输入)键,输入仪器高	F1 输入仪器高 F4	NO01 点名: 输入 调用 坐标 回车
⑧输入已知点 A 的点名	F1 输入点名 F4	输入棱镜高度 镜高: 0.000m 输入 回车
⑨输入棱镜高	F1 输入镜高 F4	镜高 输入 镜高 : 1.000m >照准? [角度] [距离]
⑩照准已知点 A,按 F1 (测量)	照准 A F1	H R: 2°9′30″ HD* 1.789m VD: 2.000m 测量 <设置>
进入已知点 B 输入显示屏		NO02# 点名: 输入 查找 跳过 回车

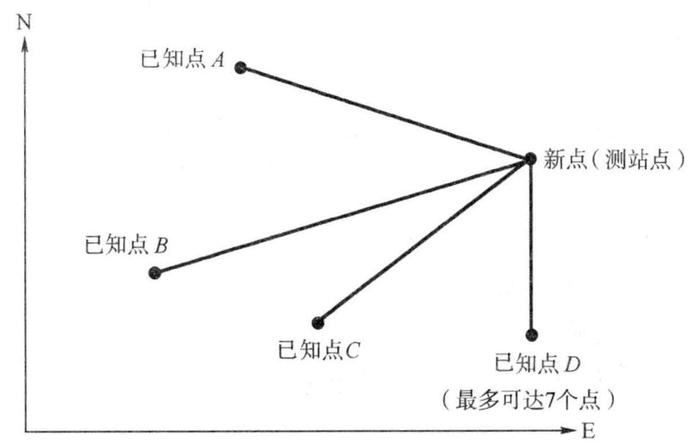

图 5-11 后方交会

按⑦—⑩步骤对已知点进行测量。

第五节 GPS 概述

GPS 是一种可以授时和测距的空间交会定点的导航系统，可向全球用户提供全球性、全天候、连续、实时、高精度的三维位置、三维速度和时间信息。全名为 Navigation System Timing and Ranging /Global Positioning System，即“授时与测距导航系统/全球定位系统”，简称 GPS 系统。在地面上用 GPS 接收机同时接收 4 颗以上卫星信号，根据卫星的精确信号以求得地面点位置。

1957 年世界上第一颗人造卫星发射成功后，利用卫星导航定位的研究提到了议事日程。1973 年 12 月，美国陆、海、空三军继“海军导航卫星系统”（简称“NNSS”，1958 年开始研制，1964 年正式运行）后，开始联合研制新一代空间卫星导航定位系统，历时 20 多年，耗资 300 亿美元。其目的主要是为陆、海、空三大领域提供实时、全天候和全球性的导航服务，并用于情报收集、核爆监测和应急通讯等军事目的，是美国独霸全球战略的重要组成部分。

GPS 系统的广泛应用，使得 GPS 信号接收机成为一些电子仪器厂家竞相生产的高技术产品，20 世纪 80 年代初，我国有关单位已开始研究 GPS 技术。1987 年引进一批 GPS 接收机。至今进口各种类型的 GPS 接收机已有数千台，其中部分是导航型接收机。对于测地型接收机，已引入了数百台。我国已成了 GPS 接收机的特大用户国。

自从 1970 年 4 月以来，我国已成功发射了 30 多颗人造卫星。今后 5 年还将发射 30 多颗，并引进各种接收机。GPS 技术在大地测量、工程测量、航空摄影测量、地球动力学、海洋测量、水下地形测绘等各个领域得到广泛的应用。为了适应 GPS 技术的应用与发展，我国将发射自己的导航定位卫星（双星系统）。

相对于常规测量来说，GPS 测量主要有以下特点：

(1)测量精度高。GPS 观测的精度明显高于一般常规测量，在小于 50km 的基线上，其相对定位精度可达 1×10^{-6}，在大于 1000km 的基线上可达 1×10^{-8}。

(2)测站间无需通视。GPS 测量不需要测站间相互通视，可根据实际需要确定点位，使得选点工作更加灵活方便。

(3)观测时间短。随着 GPS 测量技术的不断完善，软件的不断更新，在进行 GPS 测量时，静态相对定位每站仅需 20min 左右，动态相对定位仅需几秒钟。

(4)仪器操作简便。目前 GPS 接收机自动化程度越来越高，操作智能化，观测人员只需对中、整平、量取天线高及开机后设定参数，接收机即可进行自动观测和记录。

(5)全天候作业。GPS 卫星数目多，且分布均匀，可保证在任何时间、任何地点连续进行观测，一般不受天气状况的影响。

(6)提供三维坐标。GPS 测量可同时精确测定测站点的三维坐标，其高程精度已可满足四等水准测量的要求。

第六节　GPS 的组成

GPS 定位系统主要由三大部分组成，即空间运行的 GPS 卫星星座、地面监控部分和用户接收机。

一、GPS 卫星星座

由分布在 6 个轨道面上的 24 颗卫星组成(21 颗工作卫星和三颗备用卫星)，卫星上安置了精确的原子钟、无线收发机和计算机。

二、地面控制部分

由主控站(负责管理、协调整个地面系统和数据处理的工作)、注入站(将主控站传来的数据和指令注入相应卫星的存储器)、监测站(数据自动收集中心)和通讯辅助系统(数据传输)组成。

三、用户装置部分

天线是接收机的一部分，另外也应包括处理软件等。

以上这三个部分共同组成了一个完整的 GPS 系统(图 5-12)。

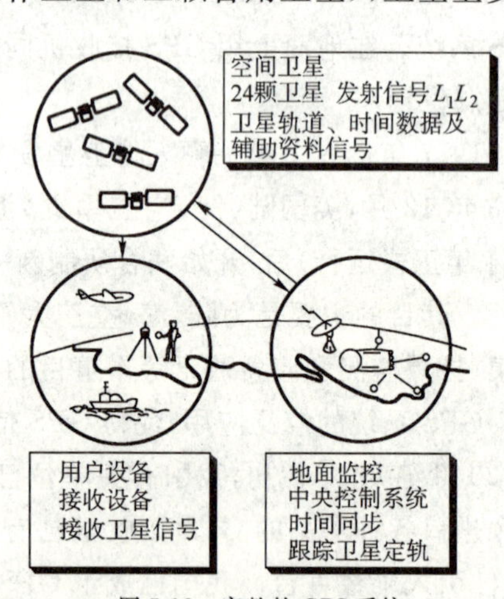

图 5-12　完整的 GPS 系统

第七节　GPS 坐标系统原理

GPS 卫星是绕地球运行的运动物体，卫星所在的位置与其选择的坐标系统和时间系统是分不开的。GPS 系统采用的是 WGS—84 世界大地坐标系(图 5-13)，GPS 接收机所观测得到的成果正是基于 WGS—84 世界大地坐标系，而用户的测量成果往往得属于某一国家或某一地区的大地坐标系，这就需要将 WGS—84 世界大地坐标转换成国家（或地区）的大地坐标，进而转换成平面直角坐标。

WGS—84 世界大地坐标系是一种协议地球坐标系，其原点位于地球质量的中心，WGS—84 坐标系所采用的椭球体，称为 WGS—84 椭球体。椭球的主要参数为：长半轴$a=6378137\pm2$m、扁率$\alpha=1/298.257223563$。

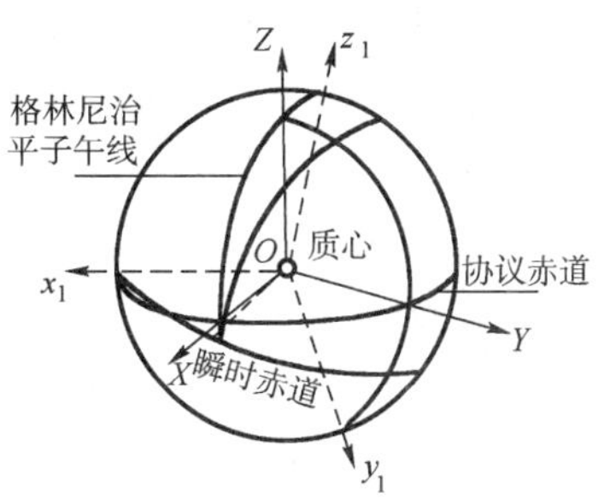

图 5-13 WGS—84 世界大地坐标系

第八节 GPS 卫星定位原理

测量学中有测距交会确定点位的方法。与其相似，无线电导航定位系统、卫星激光测距定位系统，其定位原理也是利用测距交会的原理确定点位。

GPS 卫星发射测距信号和导航电文，导航电文中含有卫星的位置信息。用户用 GPS 接收机在某一时刻同时接收三颗以上的 GPS 卫星信号，测量出测站点（接收机天线中心）P 至三颗以上 GPS 卫星的距离并解算出该时刻 GPS 卫星的空间坐标，利用距离交会法解算出测站 P 的位置。

在 GPS 定位中，GPS 卫星是高速运动的卫星，其坐标随时间在快速变化着。需要实时地由 GPS 卫星信号测量出测站至卫星之间的距离，实时地由卫星的导航电文解算出卫星的坐标值，并进行测站点的定位。依据测距的原理，其定位原理与方法主要有伪距法定位、载波相位测量定位以及差分 GPS 定位等。

一、根据定位所采用的观测值

1. 伪距定位

伪距定位所采用的观测值为 GPS 伪距观测值，所采用的伪距观测值既可以是 C/A 码伪距，也可以是 P 码伪距。伪距定位的优点是数据处理简单，对定位条件的要求低，不存在整周模糊度的问题，可以非常容易地实现实时定位；其缺点是观测值精度低，C/A 码伪距观测值的精度一般为 3m，而 P 码伪距观测值的精度一般也在 30cm 左右，从而导致定位成果精度低。

2. 载波相位定位

载波相位定位所采用的观测值为 GPS 的载波相位观测值，即 L1、L2 或它们的某种线性组合。载波相位定位的优点是观测值的精度高，一般优于 2mm；其缺点是数据处理过程复杂，存在整周模糊度的问题。

二、根据定位的模式

1. 绝对定位

绝对定位又称为单点定位，即利用 GPS 卫星和用户接收机之间的距离观测值直接确定用户接收机天线在 WGS—84 坐标系中相对于坐标系原点——地球质心的绝对位置。这是一种采用一台接收机进行定位的模式(图 5-14),它所确定的是接收机天线的绝对坐标。这种定位模式的特点是作业方式简单,可以单机作业。绝对定位一般用于导航和精度要求不高的应用中。

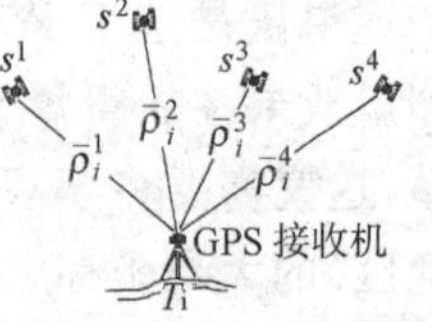

图 5-14　单点定位

2. 相对定位

相对定位又称为差分定位,这种定位模式采用两台以上的接收机,同时对一组相同的卫星进行观测,以确定接收机天线间的相互位置关系。它是目前 GPS 定位中精度最高的一种定位方法。

GPS 定位的方法是多种多样的,用户可以根据不同的用途采用不同的定位方法。

第九节　GPS 测量的设计与实施

与常规测量相类似,GPS 测量外业可分为外业准备、外业实施和外业结束三个阶段。外业准备阶段的主要内容是根据测量任务的性质和技术要求,编写技术设计书,进行踏勘、选点,制订外业实施计划;外业实施阶段主要包括外业的观测和记录以及有关的后勤管理;外业结束阶段主要内容为观测数据和其他资料的检查、整理和上交,对不合格的数据或资料进行重测或淘汰。

一、GPS 控制网的技术设计

技术设计是根据测量任务书提出的任务范围、目的、精度和密度的要求以及完成任务的期限和经济指标,结合测区的自然地理条件,依据测量规范的有关技术条款,选择适宜的 GPS 接收机,设计出最佳 GPS 卫星定位网形,提出观测纲要和实施计划,编写技术设计是建网的技术依据。

1. GPS 测量精度指标

由于精度指标的大小将直接影响 GPS 网的布设方案及 GPS 作业模式,因此,在实际设计中应根据用户的实际需要及设备条件确定。控制网可以分级布设,也可以越级布设或布设同级全面网。

2. 网形设计

常规测量中,控制网的图形设计是一项重要的工作。而在 GPS 测量时,由于不要求测站点间通视,因此其图形设计具有较大的灵活性。网的图形设计,主要取决于用户的要求,经费、时间和人力物力的消耗以及所需设备的类型、数量和后勤保证条件等,也都与网的设计有关。根据用途不同,GPS 网的基本构网方式有点连式、边连式、网连式和边点混合连接四种。

点连式,如图 5-15a),是相邻的同步图形(即多台接收机同步观测卫星所获基线构成的闭合图形,又称同步环)之间仅用一个公共点连接。这种方式所构成的图形几何强度很弱,一般不单独使用。

边连式,如图 5-15b),是指相邻同步图形之间由一条公共基线连接。这种布网方案中,复测的边数较多,网的几何强度较高。非同步图形的观测基线可以组成异步观测环,异步环常用于检查观测成果的质量。所以边连式的可靠性优于点连式。

网连式是指相邻同步图形之间有两个以上的公共点连接。这种方法要求4台以上的接收机同步观测。它的几何强度和可靠性更高，但所需的经费和时间也更多，一般仅用于较高精度的控制测量。

边点混合连接，是指将点连式和边连式有机地结合起来组成GPS网，如图5-15c)。它是在点连式基础上加测四个时段，把边连式与点连式结合起来得到的。这种方式既能保证网的几何强度，提高网的可靠性，又能减少外业工作量，降低成本，因而是一种较为理想的布设方法。

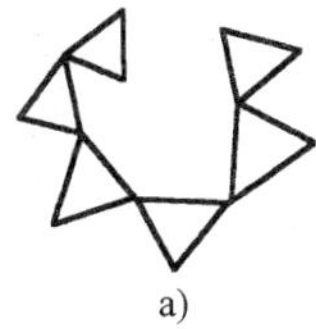
a)

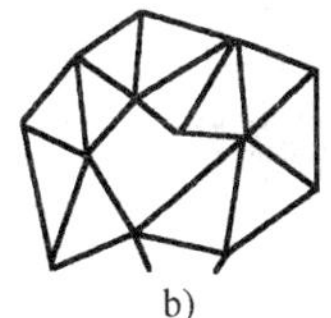
b)

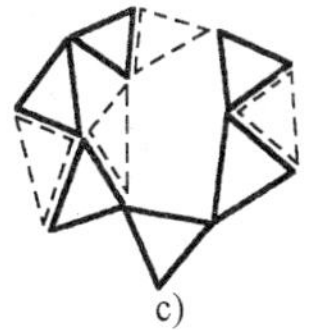
c)

图5-15 网形设计形式

a)点连式；b)边连式；c)边点混合式

对于低等级的GPS测量或碎部测量，也可采用星状网，优点是观测中通常只需要两台GPS接收机，作业简单。

进行网形设计时，需注意：

(1)GPS网必须由同步独立观测边构成若干个闭合环或附合路线，以构成检核条件，提高网的可靠性。

(2)尽管GPS测量不要求相邻测站点之间通视，但为了今后便于用常规测量方法联测或扩展，要求每个控制点应有一个以上的通视方向。

(3)为了确定GPS网与原有地面控制网之间的坐标转换参数，要求至少有3个GPS控制网与地面控制网点重合。

(4)GPS网点应考虑与水准点相重合，非重合点一般进行等级水准连测，以便于研究大地水准面提供资料。

二、选点与建立标志

由于GPS测量测站之间不要求通视，而且网的图形结构比较灵活，故选点工作较常规测量简便。但GPS测量又有自身的特点，因此选取时满足的要求：GPS网点应尽量选在视野内不应有成片障碍物，以免阻挡来自卫星的信号；GPS网点应避开高压输电线、变电站等设施，其最近处不得小于200m，同时距离强辐射电台、电视台、微波站等不得小于400m；GPS网点应尽量选在交通方便的地方。

选定点位后，各级GPS网点上应埋设相应规格的标石或标志。在网中选若干点的坐标值，并加以固定。

三、外业观测

1. 天线安置

天线的相位中心是GPS测量的基准点，所以妥善安置天线是实现精密定位的重要条件之一。天线安置的内容包括对中、整平、定向和量测天线高。

2. 观测作业(图 5-16)

图 5-16　观测作业

观测作业的主要任务是捕获 GPS 卫星信号并对其进行跟踪、接收和处理,以获取所需要的定位信息和观测数据。

事实上,GPS 接收机的自动化程度很高,一般仅需按动若干功能键,即可顺利地完成测量工作。

3. 观测记录

观测记录的形式一般有两种。一种是接收机自动形成,并保存在接收机存储器中供随时调用和处理;另一种是需要记录在测量手簿上。

四、成果检核与数据处理

GPS 测量外业结束后,必须对采集的数据进行处理,以求得观测基线和观测点位的成果,同时进行质量检核,以获得可靠的最终定位成果。数据处理是用专业软件进行,不同的接收机以及不同的作业模式配置各自的数据处理软件。

第六章 测量误差的基本知识

本章提要

本章将围绕测量误差的一些基本知识，系统讲述评定测量精度的指标、误差传播定律和等精度直接观测平差。

第一节　测量误差概述

一、测量误差及其来源

在实际的测量工作中，大量实践表明，当对某一未知量进行多次观测时，不论测量仪器有多精密，观测进行得多么仔细，所得的观测值之间总是不尽相同。这种差异都是由于测量中存在误差的缘故。测量所获得的数值称为观测值。由于观测中误差的存在而往往导致各观测值与其真实值（简称为真值）之间存在差异，这种差异称为测量误差（或观测误差）。用 L 代表观测值，X 代表真值，则误差等于观测值 L 减真值 X，即

$$\Delta = L - X \tag{6-1}$$

这种误差通常又称之为真误差。

由于任何测量工作都是由观测者使用某种仪器、工具，在一定的外界条件下进行的，所以，观测误差来源于以下三个方面：观测者的视觉鉴别能力和技术水平；仪器、工具的精密程度；观测时外界条件的好坏。通常我们把这三个方面综合起来称为观测条件。观测条件将影响观测成果的精度：若观测条件好，则测量误差小，测量的精度就高；反之，则测量误差大，精度就低。若观测条件相同，则可认为精度相同。在相同观测条件下进行的一系列观测称为等精度观测；在不同观测条件下进行的一系列观测称为不等精度观测。

由于在测量的结果中含有误差是不可避免的，因此，研究误差理论的目的就是要对误差的来源、性质及其产生和传播的规律进行研究，以便解决测量工作中遇到的实际数据处理问题。例如，在一系列的观测值中，如何确定观测量的最可靠值；如何来评定测量的精度；以及如何确定误差的限度等。所有这些问题，运用测量误差理论均可得到解决。

二、测量误差的分类

测量误差按其性质可分为系统误差和偶然误差两类。

1. 系统误差

在相同的观测条件下，对某一未知量进行一系列观测，若误差的大小和符号保持不变，或按照一定的规律变化，这种误差称为系统误差。例如，水准仪的视准轴与水准管轴不平行而引起的读数误差，与视线的长度成正比且符号不变；经纬仪因视准轴与横轴不垂直而引起的方向误差，随视线竖直角的大小而变化且符号不变；距离测量尺长不准产生的误差随尺段数成比例增加且符号不变。这些误差都属于系统误差。

系统误差主要来源于仪器工具上的某些缺陷；来源于观测者的某些习惯，如有些人习惯把读数估读得偏大或偏小；也有来源于外界环境的影响，如风力、温度及大气折光等的影响。

系统误差的特点是具有累积性，对测量结果影响较大，因此，应尽量设法消除或减弱它对测量成果的影响。方法有两种：一是在观测方法和观测程序上采取一定的措施来消除或减弱系统误差的影响。例如，在水准测量中，保持前视和后视距离相等，以消除视准轴与水准管轴不平行所产生的误差；在测水平角时，采取盘左和盘右观测取其平均值，以消除视准轴与横轴不垂直所引起的误差。另一种是找出系统误差产生的原因和规律，对测量结果加以改正。例如，在钢尺量距中，可对测量结果加尺长改正和温度改正，以消除钢尺长度的影响。

2. 偶然误差

在相同的观测条件下，对某一未知量进行一系列观测，如果观测误差的大小和符号没有明显的规律性，即从表面上看，误差的大小和符号均呈现偶然性，这种误差称为偶然误差。例如，在水平角测量中照准目标时，可能稍偏左也可能稍偏右，偏差的大小也不一样；又如在水准测量或钢尺量距中估读毫米数时，可能偏大也可能偏小，其大小也不一样，这些都属于偶然误差。

产生偶然误差的原因很多，主要是由于仪器或人的感觉器官能力的限制，如观测者的估读误差、照准误差等，以及环境中不能控制的因素（如不断变化着的温度、风力等外界环境）所造成。偶然误差在测量过程中是不可避免的，从单个误差来看，其大小和符号没有一定的规律性，但对大量的偶然误差进行统计分析，就能发现在观测值内部却隐藏着一种必然的规律，这给偶然误差的处理提供了可能性。

测量成果中除了系统误差和偶然误差以外，还可能出现错误（有时也称之为粗差）。错误产生的原因较多，可能由作业人员疏忽大意、失职而引起，如大数读错、读数被记录员记错、照错了目标等；也可能是仪器自身或受外界干扰发生故障引起的；还有可能是容许误差取值过小造成的。错误对观测成果的影响极大，所以在测量成果中绝对不允许有错误存在。发现错误的方法是：进行必要的重复观测，通过多余观测条件，进行检核验算；严格按照各种测量规范进行作业等。

在测量的成果中，错误可以被发现并剔除，系统误差能够得以改正，而偶然误差则是不可避免的，它在测量成果中占主导地位，所以测量误差理论主要是处理偶然误差的影响。下面详细分析偶然误差的特性。

三、偶然误差的特性

偶然误差的特点具有随机性，所以它是一种随机误差。偶然误差就单个而言具有随机性，但在总体上具有一定的统计规律，是服从于正态分布的随机变量。

在测量实践中，根据偶然误差的分布，可以明显地看出它的统计规律。例如，在相同的观测条件下，观测了 217 个三角形的全部内角。已知三角形内角之和等于 180°，这是三内角之和的理论值即为真值 X，实际观测所得的三内角之和即为观测值 L。由于各观测值中都含有偶然误差，因此各观测值不一定等于真值，其差即真误差 Δ。以下分两种方法来分析：

1. 表格法

由式(6-1)计算可得 217 个内角和的真误差，按其大小和一定的区间（本例为 $\mathrm{d}\Delta=3''$），分别统计在各区间正负误差出现的个数 k 及其出现的频率 $k/n(n=217)$，列于表 6-1 中。

三角形内角和真误差统计表　　表 6-1

误差区间 dΔ	正误差		负误差		合计	
	个数 k	频率 k/n	个数 k	频率 k/n	个数 k	频率 k/n
0″～3″	30	0.138	29	0.134	59	0.272
3″～6″	21	0.097	20	0.092	41	0.189
6″～9″	15	0.069	18	0.083	33	0.152
9″～12″	14	0.065	16	0.073	30	0.138
12″～15″	12	0.055	10	0.046	22	0.101
15″～18″	8	0.037	8	0.037	16	0.074
18″～21″	5	0.023	6	0.028	11	0.051
21″～24″	2	0.009	2	0.009	4	0.018
24″～27″	1	0.005	0	0	1	0.005
27″以上	0	0	0	0	0	0
合计	108	0.498	109	0.502	217	1.000

从表 6-1 中可以看出，该组误差的分布表现出如下规律：小误差出现的个数比大误差多；绝对值相等的正、负误差出现的个数和频率大致相等；最大误差不超过 27″。

实践证明，对大量测量误差进行统计分析，都可以得出上述同样的规律，且观测的个数越多，这种规律就越明显。

2. 直方图法

为了更直观地表现误差的分布，可将表 6-1 的数据用较直观的频率直方图来表示。以真误差的大小为横坐标，以各区间内误差出现的频率 k/n 与区间 $\mathrm{d}\Delta$ 的比值为纵坐标，在每一区间上根据相应的纵坐标值画出一矩形，则各矩形的面积等于误差出现在该区间内的频率 k/n。如图 6-1 中有斜线的矩形面积表示误差出现在 $+6''\sim+9''$之间的频率，等于 0.0690。显然，所有矩形面积的总和等于 1。

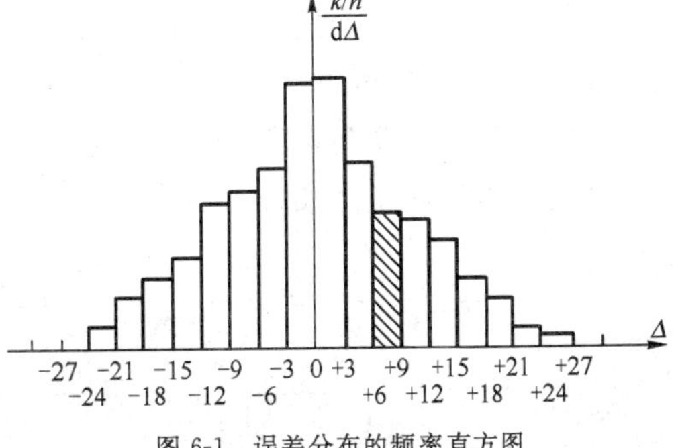

图 6-1　误差分布的频率直方图

可以设想，如果在相同的条件下，所观测的三角形个数不断增加，则误差出现在各区间的频率就趋向于一个稳定值。当 $n\rightarrow\infty$ 时，各区间的频率也就趋向于一个完全确定的数值——概率。

若无限缩小误差区间，即 $d\Delta \to 0$，则图 6-1 各矩形的上部折线，就趋向于一条以纵轴为对称的光滑曲线(如图 6-2 所示)，该曲线称为误差概率分布曲线，简称误差分布曲线，在数理统计中，它服从正态分布。

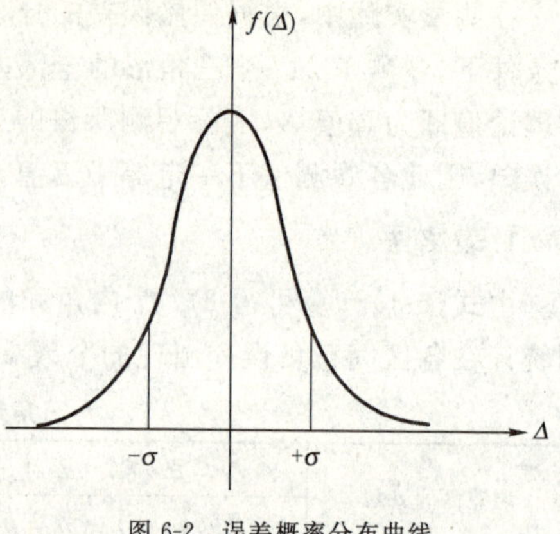

图 6-2　误差概率分布曲线

根据上述图表可以总结出偶然误差具有如下四个特性：

(1)有限性：在一定的观测条件下，偶然误差的绝对值不会超过一定的限值。

(2)集中性：即绝对值较小的误差比绝对值较大的误差出现的概率大。

(3)对称性：绝对值相等的正误差和负误差出现的概率相同。

(4)抵偿性：当观测次数无限增多时，偶然误差的算术平均值趋近于零。

第二节　评定精度的指标

研究测量误差理论的主要任务之一是要评定测量成果的精度，在实际测量问题中需要有一个数字特征来评定观测成果的精度，就是说需要有评定精度的指标。测量中，评定精度的指标有下列几种。

一、中误差

在实际应用中，以有限次观测个数 n 计算出标准差的估值，并定义为中误差 m，作为衡量精度的一种标准，计算公式为

$$m = \pm\sigma = \pm\sqrt{\frac{[\Delta\Delta]}{n}} \tag{6-2}$$

式中：σ——标准差，$\sigma=\lim\limits_{n\to\infty}\sqrt{\frac{[\Delta\Delta]}{n}}$。

【例 6-1】 有甲、乙两组各自用相同的条件观测了 6 个三角形的内角，得三角形的闭合差(即三角形内角和的真误差)分别为：

(甲)+3″、+1″、−2″、−1″、0″、−3″；

(乙)+6″、−5″、+1″、−4″、−3″、+5″。

试分析两组的观测精度。

【解】 用中误差公式(6-2)计算得

$$m_{甲} = \pm\sqrt{\frac{[\Delta\Delta]}{n}} = \pm\sqrt{\frac{3^2+1^2+(2)^2+(1)^2+0^2+(3)^2}{6}} = \pm 2.0''$$

$$m_{乙} = \pm\sqrt{\frac{[\Delta\Delta]}{n}} = \pm\sqrt{\frac{6^2+(5)^2+1^2+(4)^2+(3)^2+5^2}{6}} = \pm 4.3''$$

从上述两组结果中可以看出，甲组的中误差较小，所以观测精度高于乙组。而直接从观测误差的分布来看，也可看出甲组观测的小误差比较集中，离散度较小，因而观测精度高于乙组。所以在测量工作中，普遍采用中误差来评定测量成果的精度。

注意：在一组同精度的观测值中，尽管各观测值的真误差出现的大小和符号各异，而观测值的中误差却是相同的，因为中误差反映观测的精度，只要观测条件相同，则中误差不变。

二、相对误差

真误差和中误差都有符号，并且有与观测值相同的单位，它们被称为“绝对误差”。绝对误差可用于衡量那些诸如角度、方向等其误差与观测值大小无关的观测值的精度。但在某些测量工作中，绝对误差不能完全反映出观测的质量。例如，用钢尺丈量长度分别为 100m 和 200m 的两段距离，若观测值的中误差都是 ± 2cm，则不能认为两者的精度相等，显然后者要比前者的精度高，这时采用相对误差就比较合理。相对误差 K 等于误差的绝对值与相应观测值的比值。它是一个不名数，常用分子为 1 的分式表示，即

$$\text{相对误差} = \frac{\text{误差的绝对值}}{\text{观测值}} = \frac{1}{T}$$

式中，当误差的绝对值为中误差 m 的绝对值时，K 称为相对中误差。

$$K = \frac{|m|}{D} = \frac{1}{\frac{D}{|m|}} \tag{6-3}$$

上例用钢尺丈量长度的例子若用相对误差来衡量，则两段距离的相对误差分别为 1/5000 和 1/10000，后者精度较高。在距离测量中，还常用往返测量结果的相对较差来进行检核。相对较差定义为

$$\frac{|D_{往} - D_{返}|}{D_{平均}} = \frac{|\Delta D|}{D_{平均}} = \frac{1}{\frac{D_{平均}}{|\Delta D|}} \tag{6-4}$$

相对较差是真误差的相对误差，它反映的只是往返测的符合程度。显然，相对较差愈小，观测结果的精度愈高。

三、极限误差和容许误差

1. 极限误差

由偶然误差的特性一可知，在一定的观测条件下，偶然误差的绝对值不会超过一定的限值。这个限值就是极限误差。

在测量工作中，要求对观测误差有一定的限值，所以可取 3σ 作为偶然误差的极限值，称极限误差。

$$\Delta_{极} = 3\sigma$$

2. 容许误差

在实际工作中，测量规范要求观测中不允许存在较大的误差，可由极限误差来确定测量误差的容许值，称为容许误差，并以 m 代替 σ，即

$$\Delta_{容} = 3m$$

当要求严格时，也可取 2 倍的中误差作为容许误差，即

$$\Delta_{容} = 2m$$

如果观测值中出现了大于所规定的容许误差的偶然误差，则认为该观测值不可靠，应舍去不用或重测。

第三节　误差传播定律

前面已经叙述了评定观测值的精度指标，并指出在测量工作中一般采用中误差作为评定精度的指标。但在实际测量工作中，往往会碰到有些未知量是不可能或者是不便于直接观测的，而可由一些可以直接观测的量，通过函数关系间接计算得出，这些量称为间接观测量。例如，用水准仪测量两点间的高差 h，可通过后视读数 a 和前视读数 b 来求得 h，即 $h=a-b$。由于直接观测值中都带有误差，因此未知量也必然受到影响而产生误差。说明观测值的中误差与其函数的中误差之间关系的定律，叫做误差传播定律，它在测量学中有着广泛的用途。

一、误差传播定律

设 Z 是独立观测量 $x_1, x_2, \cdots, x_n$ 的函数，即

$$Z = f(x_1, x_2, \cdots, x_n)$$

式中，$x_1, x_2, \cdots, x_n$ 为直接观测量，它们相应观测值的中误差分别为 $m_1, m_2, \cdots, m_n$，欲求观测值的函数 Z 的中误差 m_z，即

$$m_z = \sqrt{\left(\frac{\partial f}{\partial x_1}\right)^2 m_1^2 + \left(\frac{\partial f}{\partial x_2}\right)^2 m_2^2 + \cdots + \left(\frac{\partial f}{\partial x_n}\right)^2 m_n^2} \tag{6-5}$$

公式(6-5)即为计算函数中误差的一般形式。

求任意函数中误差的方法和步骤是如下：

1. 列出独立观测量的函数式

$$Z = f(x_1, x_2, \cdots, x_n)$$

2. 求出真误差的关系式

对函数进行全微分得

$$\mathrm{d}Z = \frac{\partial f}{\partial x_1}\mathrm{d}x_1 + \frac{\partial f}{\partial x_2}\mathrm{d}x_2 + \cdots + \frac{\partial f}{\partial x_n}\mathrm{d}x_n$$

3. 求出中误差关系式

只要把真误差换成中误差的平方，系数也平方，即可直接写出中误差关系式

$$m_z^2 = \left(\frac{\partial f}{\partial x_1}\right)^2 m_1^2 + \left(\frac{\partial f}{\partial x_2}\right)^2 m_2^2 + \cdots + \left(\frac{\partial f}{\partial x_n}\right)^2 m_n^2$$

按上述方法可导出几种常用的简单函数中误差的公式，如表 6-2 所示，计算时可直接应用。

常用函数的中误差公式 表 6-2

函 数 式	函数的中误差
倍数函数 $Z=kx$	$m_z=km_x$
和差函数 $Z=x_1\pm x_2\pm\cdots\pm x_n$	$m_z=\pm\sqrt{m_1^2+m_2^2+\cdots+m_n^2}$，若 $m_1=m_2=\cdots=m_n$，则 $m_z=m\sqrt{n}$
线形函数 $Z=k_1x_1\pm k_2x_2\pm\cdots\pm k_nx_n$	$m_z=\pm\sqrt{k_1^2m_1^2+k_2^2m_2^2+\cdots+k_n^2m_n^2}$

二、应用举例

误差传播定律在测绘领域应用十分广泛，利用它不仅可以求得观测值函数的中误差，而且还可以研究确定容许误差值。下面举例说明其应用方法。

【例 6-2】 在比例尺为 1∶500 的地形图上，量得两点的长度 $d=23.4$mm，其中误差 $m_d=\pm0.2$mm，求该两点的实际距离 D 及其中误差 m_D。

【解】 函数关系式为 $D=M\cdot d$，属倍数函数，$M=500$ 是地形图比例尺分母。

$$D=M\cdot d=500\times23.4=11700\text{mm}=11.7\text{m}$$

$$m_D=M\cdot m_d=500\times(\pm0.2)=\pm100\text{mm}=\pm0.1\text{m}$$

两点的实际距离结果可写为 11.7m±0.1m。

【例 6-3】 水准测量中，已知后视读数 $a=1.734$m，前视读数 $b=0.476$m，中误差分别为 $m_a=\pm0.002$m，$m_b=\pm0.003$m，试求两点的高差及其中误差。

【解】 函数关系式为 $h=a-b$，属和差函数

$$h=a-b=1.734-0.476=1.258\text{m}$$

$$m_h=\pm\sqrt{m_a^2+m_b^2}=\pm\sqrt{0.002^2+0.003^2}=\pm0.004\text{m}$$

两点的高差结果可写为 1.258m±0.004m。

【例 6-4】 图根水准测量中，已知每次读水准尺的中误差 $m_i=\pm2$mm，假定视距平均长度为 50m，若以 3 倍中误差为容许误差，试求在测段长度为 L(km)的水准路线上，图根水准测量往返测所得高差闭合差的容许值。

【解】 已知每站观测高差为

$$h=a-b$$

则每站观测高差的中误差为

$$m_h=\sqrt{2}m_i$$

因视距平均长度为 50m，则 1km 可观测 10 个测站，L(km)共观测 $10L$ 个测站，L(km)高差之和为

$$\sum h=h_1+h_2+\cdots+h_{10}$$

L(km)高差和的中误差为

$$m_{\Sigma}=\sqrt{10L}\text{m}_h=\pm4\sqrt{5L}\text{mm}$$

往返高差的较差(即高差闭合差)为

$$f_h=\sum h_{往}+\sum h_{返}$$

高差闭合差的中误差为

$$m_{fh}=\sqrt{2}m_{\Sigma}=\pm 4\sqrt{10L}\text{mm}$$

以 3 倍中误差为容许误差，则高差闭合差的容许值为

$$f_{h容}=3m_{fh}=\pm 12\sqrt{10L}\approx\pm 38\sqrt{L}\text{mm}$$

在前面水准测量的学习中，我们取 $f_{h容}=\pm 40\sqrt{L}$(mm)作为闭合差的容许值是考虑了除读数误差以外的其他误差的影响(如外界环境的影响、仪器的 i 角误差等)。

三、注意事项

应用误差传播定律应注意以下两点。

1. 要正确列出函数式

例如，用长 30m 的钢尺丈量了 10 个尺段，若每尺段的中误差 $m_l=\pm 5$mm，求全长 D 及其中误差 m_D。全长 $D=10l=10\times 30=300$m，$D=10l$ 为倍数函数。但实际上全长应是 10 个尺段之和，故函数式应为 $D=l_1+l_2+\cdots+l_{10}$(为和差函数)。

用和差函数式求全长中误差，因各段中误差均相等，故得全长中误差为

$$m_D=\sqrt{10}m_l=\pm 16\text{mm}$$

若按倍数函数式求全长中误差，将得出

$$m_D=10m_l=\pm 50\text{mm}$$

按实际情况分析:用和差公式是正确的，而用倍数公式则是错误的。

2. 函数式中各个观测值必须相互独立，即互不相关

例如，有函数式

$$z=y_1+2y_2+1 \quad ①$$

$$y_1=3x;y_2=2x+2 \quad ②$$

若已知 x 的中误差为 m_x，求 z 的中误差 m_z。

若直接用公式计算，则由①得

$$m_z=\pm\sqrt{m_{y_1}^2+4m_{y_2}^2} \quad ③$$

而

$$m_{y_1}=3m_x;m_{y_2}=2m_x$$

将以上两式代入③得

$$m_z=\pm\sqrt{(3m_x)^2+4(2m_x)^2}=5m_x$$

但上面所得的结果是错误的。因为 y_1 和 y_2 都是 x 的函数，它们不是互相独立的观测值，因此在①的基础上不能应用误差传播定律。正确的做法是先把②代入①，再把同类项合并，然后用误差传播定律计算。即

$$z=3x+2(2x+2)+1=7x+5\Rightarrow m_z=7m_x$$

第四节　等精度直接观测平差

当测定一个角度、一点高程或一段距离的值时，观测一次就可以获得该值。但仅有一个观测值，测的对错与否，精确与否，都无从知道。如果进行多余观测，就可以有效地解决上述问题，它可以提高观测成果的质量，也可以发现和消除错误。重复观测形成了多余观测，也就产生了观测值之间互不相等这样的矛盾。如何由这些互不相等的观测值求出观测值的最佳估值，同时对观测质量进行评估，属于“测量平差”所研究的内容。

对一个未知量的直接观测值进行平差，称为直接观测平差。根据观测条件，有等精度直接观测平差和不等精度直接观测平差。平差的结果是得到未知量最可靠的估值，它最接近真值，平差中一般称这个最接近真值的估值为“最或然值”，或“最可靠值”，有时也称“最或是值”，一般用 x 表示。本节将讨论如何求等精度直接观测值的最或然值及其精度的评定。

一、等精度直接观测值的最或然值

等精度直接观测值的最或然值即是各观测值的算术平均值。

当观测次数 n 趋近于无穷大时，算术平均值就趋向于未知量的真值。当 n 为有限值时，算术平均值最接近于真值，因此在实际测量工作中，将算术平均值作为观测的最后结果。增加观测次数则可提高观测结果的精度。

二、评定精度

1. 观测值的中误差

(1)由真误差来计算

当观测量的真值已知时，可根据中误差的定义[即式(6-2)]

$$m=\pm\sqrt{\frac{[\Delta\Delta]}{n}}$$

由观测值的真误差来计算其中误差。

(2)由改正数来计算

在实际工作中，观测量的真值除少数情况外一般是不易求得的。因此在多数情况下，我们只能按观测值的最或然值来求观测值的中误差。

①改正数及其特征

最或然值 x 与各观测值 L 之差称为观测值的改正数，其表达式为

$$v_i = x - L_i (i = 1,2\cdots,n) \tag{6-6}$$

在等精度直接观测中，最或然值 x 即是各观测值的算术平均值，即

$$x = \frac{[L]}{n} \tag{6-7}$$

显然

$$[v]=\sum_{i=1}^{n}(x-L_i)=nx-[L]=0 \tag{6-8}$$

上式是改正数的一个重要特征,在检核计算中有用。

②公式

$$m=\pm\sqrt{\frac{[vv]}{n-1}} \tag{6-9}$$

上式即是等精度观测用改正数计算观测值中误差的公式,又称"白塞尔公式"。

2. 最或然值的中误差

一组等精度观测值为 L_1、L_2、…L_n,其中误差相同均为 m,最或然值 Z 即为各观测值的算术平均值。则有

$$x=\frac{[L]}{n}=\frac{1}{n}L_1+\frac{1}{n}L_2+\cdots+\frac{1}{n}L_n$$

根据误差传播定律,可得出算术平均值的中误差 M 为

$$M^2=\left(\frac{1}{n^2}m^2\right)\cdot n=\frac{m^2}{n}$$

故

$$M=\frac{m}{\sqrt{n}} \tag{6-10}$$

顾及式(6-9),算术平均值的中误差也可表达如下

$$M=\pm\sqrt{\frac{[vv]}{n(n-1)}} \tag{6-11}$$

【例 6-5】 对某角等精度观测 6 次,其观测值见表 6-3。试求观测值的最或然值、观测值的中误差及最或然值的中误差。

【解】 由本节可知,等精度直接观测值的最或然值是观测值的算术平均值。

根据式(6-6)计算各观测值的改正数 v_i,利用式(6-8)进行检核,计算结果列于表 6-3 中。

等精度直接观测平差计算 表 6-3

观测值	改正数 $v('')$	$vv(''^2)$
$L_1=75°32'13''$	2.5	6.25
$L_2=75°32'18''$	−2.5	6.25
$L_3=75°32'15''$	0.5	0.25
$L_4=75°32'17''$	−1.5	2.25
$L_5=75°32'16''$	−0.5	0.25
$L_6=75°32'14''$	1.5	2.25
$X=[L]/n=75°32'15.5''$	$[v]=0$	$[vv]=17.5$

根据式(6-9)计算观测值的中误差为

$$m=\pm\sqrt{\frac{17.5}{6-1}}=\pm 1.87''$$

根据式(6-10)计算最或然值的中误差为

$$M=\frac{m}{\sqrt{n}}=\pm\frac{1.87''}{\sqrt{6}}=\pm 0.8''$$

由式(6-10)可以看出，算术平均值的中误差是观测值中误差的 $1/\sqrt{n}$倍，这说明算术平均值的精度比观测值的精度要高，且观测次数愈多，精度愈高。所以多次观测取其平均值，是减小偶然误差的影响，提高成果精度的有效方法。当观测的中误差 m 一定时，算术平均值的中误差 M 与观测次数 n 的平方根成反比，见表 6-4、图 6-3。

观测次数与算术平均值中误差的关系 表 6-4

观测次数	算术平均值的中误差 M
2	$0.71m$
4	$0.50m$
6	$0.41m$
10	$0.32m$
20	$0.22m$

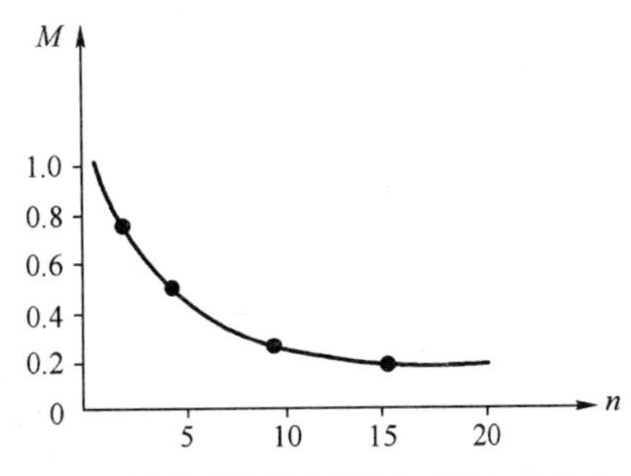

图 6-3 算术平均值中误差与观测次数关系

从表 6-4 及图 6-3 中可以看出观测次数 n 与 M 之间的变化关系。n 增加时，M 减小；当 n 达到一定数值后，再增加观测次数，工作量增加，但提高精度的效果就不太明显了。故不能单纯靠增加观测次数来提高测量成果的精度，而应设法提高单次观测的精度，如使用精度较高的仪器、提高观测技能或在较好的外界条件下进行观测等。

思考题与习题

1. 何谓系统误差？系统误差有何特性？如何减弱或消除？

2. 何谓偶然误差？偶然误差有何特性？如何减弱或消除？

3. 说明由下列原因所产生的各种误差的性质及消减方法：

水准测量时水准仪望远镜的视差、气泡没有精确符合，水准仪的视准轴与水准管轴不平行，估读水准尺不准，水准尺设立不直，水准仪下沉，尺垫下沉；钢尺量距时钢尺尺长不准，温度变化，拉力变化，定线不准，对点及投点误差；角度测量时经纬仪的主要轴线互相不垂直，经纬仪对中不准，目标偏心，读数误差，照准误差。

4. 何谓等精度观测？何谓最或然值？

5. 试根据偶然误差的第四个特性，说明何谓等精度观测的最或然值是各观测值的算术平均值。

6. 用钢尺丈量两条直线，第一条长 1000m，第二条长 350m，中误差均为±30mm，问哪一条的精度高？用经纬仪测两个角，$\angle A=40°16.3'$，$\angle B=20°16.3'$，中误差均为±0.2′，问哪个角的精度高？

7. 在△ABC 中，已测出$\angle A=40°00'\pm3'$，$\angle B=60°00'\pm4'$，求$\angle C$ 的值及中误差。

8. 测定一水池的半径为 7.525m，其中误差为±0.006m，试求出该水池面积及其中误差。

9. 测得两点之间的斜距 $S=29.992\text{m}\pm0.003\text{m}$，高差 $h=2.050\text{m}\pm0.050\text{m}$，试求两点间的平均距离 D 及其中误差。

10. 等精度观测一个边形的各个内角，测角中误差 $m=\pm20''$，若容许误差为误差的 2 倍，求该 n 边形角度闭合差 f_β 的容许值 $f_{\beta容}$。

11. 等精度观测某线段 6 次，其观测值分别为 346.535m，346.548m，346.524m，346.546m，346.550m，346.537m，试求该线段长度的最或然值及其中误差。

第七章
小区域控制测量

本章提要

控制测量是一切测量工作的基础。本章主要介绍小区域控制测量常用方法的外业工作及有关的内业工作。本章控制测量的主要内容为：导线测量、小三角测量、各种交会测量及三、四等水准测量。

第一节 控制测量概述

测量工作必须遵循“从整体到局部，先控制后碎部”的原则。首先在测区内选择若干有控制作用的点（控制点），按一定的规律和要求组成网状几何图形，称其为控制网。

控制网分为平面控制网和高程控制网。测量并确定控制点平面位置(x, y)的工作，称为平面控制测量。测量并确定控制点高程(H)的工作称为高程控制测量。平面控制测量和高程控制测量统称为控制测量。

控制网有国家控制网、城市控制网和小地区控制网等。

国家控制网是指在全国范围内建立的控制网，是全国各种比例尺测图的基本控制，并为确定地球的形状和大小提供研究资料。国家控制网按精度从高到低分为一、二、三、四等。一等控制网精度最高，是国家控制网的骨干，二等是在一等控制下建立的国家控制网的全面基础，三、四等网是二等控制网的进一步加密。

国家平面控制网主要布设成三角网（锁），如图 7-1 所示，在困难地区兼用精密导线测量方法。国家高程控制网布设成水准网，如图 7-2 所示，包括闭合环线和符合水准路线。建立国家控制网是用精密的测量仪器及方法进行的。

城市控制网。为城市建设工程测量建立统一坐标系统而布设的控制网，它是城市规划、市政工程、城市建设（包括地下工程建设）及施工放样的依据。它一般以国家控制网为基础，布设成不同等级的控制网。

特别值得说明的是，国家控制网和城市控制网的控制测量，是由专业的测绘部门来完成的，其控制成果可从有关的测绘部门索取。

小地区控制网。一般将面积在 15km^2 以内，为大比例尺测图或工程建设而建立的控制网，称为小地区控制网。国家控制网其控制点的密度对于测绘地形图或进行工程建设来讲是

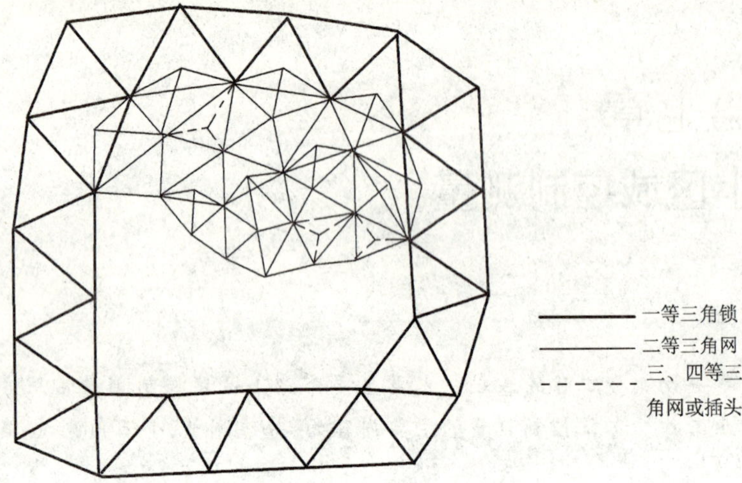

图 7-1　国家平面控制网主要布设形式——三角网

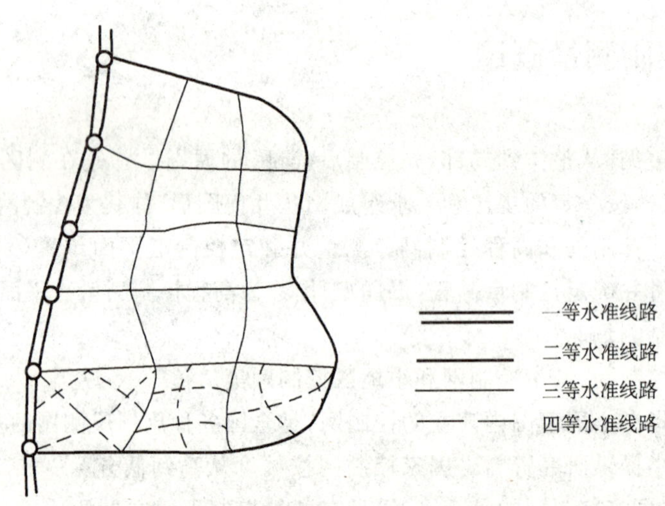

图 7-2　国家高程控制网布设成水准网的形式

远远不够的，必须在全国基本控制网的基础上，建立精度较低而又有足够密度的控制点来满足测图或工程建设的需要。

小地区控制网应尽可能与国家(或城市)高级控制网连测，将国家(或城市)控制点作为建立小地区控制网的基础，将国家(或城市)控制点的平面坐标和高程作为小地区控制网的起算和校核数据。

若测区内或附近无国家(或城市)控制点，或者附近虽然有，但不便连测时，可以建立测区内的独立控制网。目前，随着 GPS 卫星定位系统和其他现代测量仪器的普及，实现小地区控制网与国家(或城市)控制网点的连测已经不存在问题了。

小地区控制网的分级。小地区控制网的分级控制应依据测区面积的大小按精度要求分级建立。在测区范围内建立的最高精度的控制网，称为首级控制网。直接为测图建立的控制网，称为图根控制网。图根控制网中的控制点，称为图根点。首级控制与图根控制的关系见表 7-1。

首级控制与图根控制的关系　　表 7-1

测区面积(km^2)	首级控制	图根控制
2～15 0.5～2	一级小三角或一级导线 二级小三角或二级导线	两级图根 两级图根
0.5 以下	图根控制	

图根点(包括高级点)的密度，取决于测图比例尺和地物、地貌的复杂程度。平坦开阔地区的图根点密度可参考表 7-2 的规定(一般按照测绘国家标准执行)；地形相对复杂地区、城市建筑密集区及山区等，应根据测图要求和测区的实际情况，相应地加大密度。

图根点密度表　　表 7-2

测图比例尺	1 : 500	1 : 1 000	1 : 2 000	1 : 5 000
图根点密度 (点/ km^2)	150	50	15	5

小地区高程控制网的分级建立。主要采用三、四等水准测量根据测区面积大小和工程要求，一般以国家等级水准点为基础，测区的建立，再以三、四等水准点为基础，测定图根点的高程。水准点间的距离，一般为 2～3 km，城市建筑区为 1～2 km，工业区应在 1 km 以内。测区水准点数量的多少，应有利于对整个测区的控制和数据检核，并能有效地指导工程施工，一般不少于 3 个。

结合地形测绘、建筑工程及路桥工程施工等实际需要，下面着重介绍利用导线测量建立小地区平面控制网的方法。

第二节　导线测量

导线：相邻控制点用直线连接，总体所构成的折线形式，称为导线。

导线点：构成导线的控制点统称为导线点。

导线测量：测定各导线边的边长和各转折角，根据起算数据(高级控制点的平面坐标和高程)，推算各边的坐标方位角，从而求出各导线点的坐标。

依据测量导线边长和测量转折角的仪器、方法不同，可将导线分为两大类：一是经纬仪导线，即用经纬仪测量转折角，用钢尺丈量导线边长的导线；二是光电测距导线，即用光电测距仪(或全站仪)测定导线边长的导线。

由于导线在布设上具有较强的机动性和灵活性，因此导线测量是建立小地区平面控制网常用的方法之一。

一、导线布设形式

根据测区内的高级控制点分布情况和测区自身平面形状等情况，导线可布设成如下几种形式。

1. 附合导线

导线从某一已知点 B 出发，经 1、2、3 等点（新布设的未知的控制点）后，最终附合到另一已知点 C 上。将这种布设在两已知点间的导线形式，称为附合导线。如图 7-3 所示。由于 B、C 两高级控制点的坐标已知，故该布设形式对观测成果有严密的检核作用。

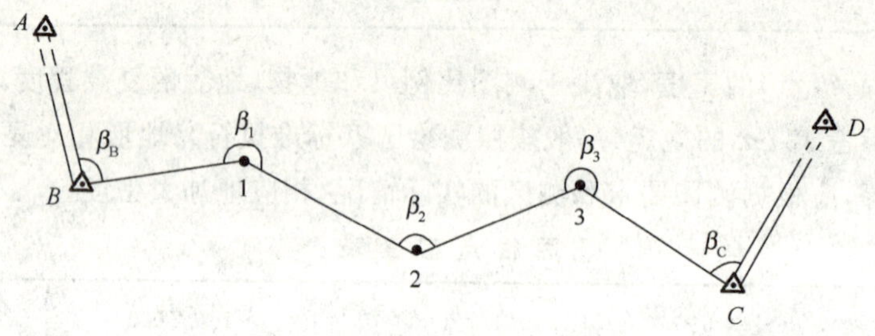

图 7-3 附合导线图

2. 闭合导线

导线从一已知控制点 B 出发，经 1、2、3、4 点后，最终仍回到该已知点 B，构成了一闭合多边形。把这种起迄于同一已知点的导线形式，称为闭合导线。该导线形成的闭合多边形，在客观上对于观测成果具有严密的检核作用。如图 7-4 所示。

3. 支导线

导线从一已知控制点出发，既不附合到另一个控制点，也不回到原来的起始点。如图 7-5 所示。支导线没有检核条件，不易发现测量工作中的错误，一般不宜采用。

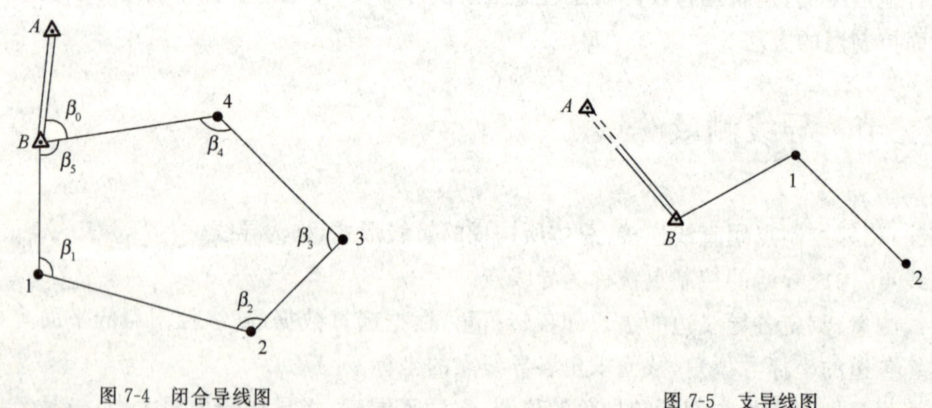

图 7-4 闭合导线图

图 7-5 支导线图

4. 导线网

二、导线测量的等级与技术要求

采用导线测量的方法建立小地区平面控制网时，可分为一级导线、二级导线、三级导线和图根导线几种。其主要技术要求见表 7-3，应作为实际工作的参考。此表亦适合闭合导线测量的相关技术要求。工作中应依据测量的性质、用途来选择相应的测量规范。

导线测量的等级与技术要求表　　表 7-3

等级	测图比例尺	附合导线长度(m)	平均边长(m)	往返丈量较差相对误差	测角中误差(″)	导线全长相对闭合差	测回数		方位角闭合差(″)
							DJ_2	DJ_6	
一级		2500	250	1/20000	±5	1/10000	2	4	$\pm10\sqrt{n}$
二级		1800	180	1/15000	±8	1/7000	1	3	$\pm16\sqrt{n}$
三级		1200	120	1/10000	±12	1/5000	1	2	$\pm24\sqrt{n}$
图根	1 : 500 1 : 1000 1 : 2000	500 1000 2000	75 110 180	1/3000	±20	1/2000		1	$\pm60\sqrt{n}$

注：表中 n 为测站数。

三、导线测量外业工作

外业作业前，应首先在地形图上作出导线的整体布置设计，然后到野外踏勘。设计方案经踏勘证实符合实地情况，或作了必要的修改后，即可实地选定各导线点的位置，并马上建立和埋设标志。随后便根据这些标点进行测角和量边工作。

1. 导线的布设

不同的测量目的，对导线的形式、平均边长、导线总长及导线点的位置都有一定的要求。所以，根据测区现有地形图进行整体设计，到现场实地踏勘并作出必要的修改等十分必要。当测区没有现成的地形图或者测区范围不大时，可以到实地边勘察、边选择导线测量的路线，并确定导线点的位置。

导线点位置的选择，虽然各种测量的要求不一，但仍有其共同之处。

(1)为便于测角和量边，应选择尽可能平坦而开阔的路线，此举有利于减少测角时旁折光的影响。

(2)点位应选在土质坚实，便于保存标志和利于安置仪器的地方。

(3)导线边长大致相等可减免因望远镜调焦而带来的误差，具体见表 7-3。

(4)点位四周应视野开阔，以便于施测碎部。

(5)点位的密度应合适并较均匀地分布于整个测区。

导线点位置选好后，要在地面上标定下来。一般的方法是打一木桩并在桩顶中心钉一小铁钉，见图 7-6。对于因测图或建设工程需要长期保存的导线点，则应埋入石桩或混凝土桩，桩顶刻凿“十”字或铸入锯有“十”字的钢筋，见图 7-7。

2. 测角及其精度的评定

导线中两相邻导线边构成的转折角，可用经纬仪观测。为便于今后计算，所观测的角度一般是导线前进方向的左角。对于闭合导线而言,转折角按逆时针方向进行编号,这样所观测的角度,既是左角,又是内角。

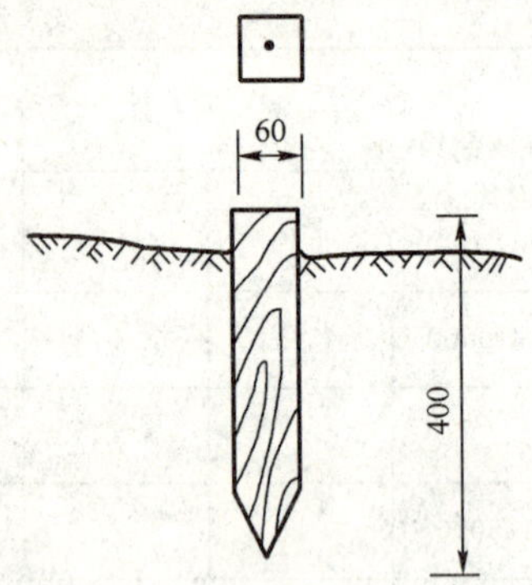

图 7-6 导线桩(单位:mm)

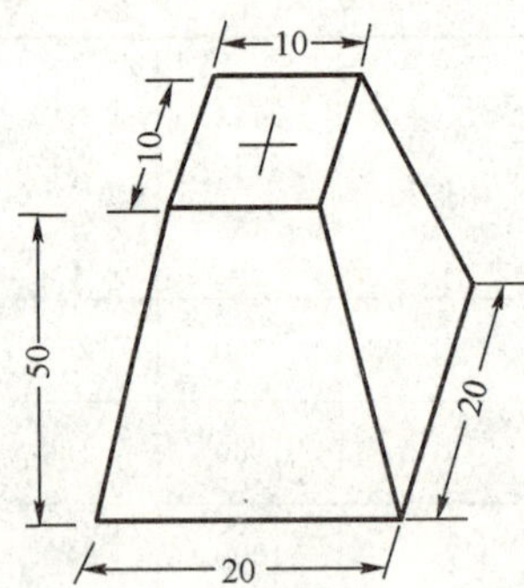

图 7-7 永久性控制桩(单位:cm)

测角的方法应根据具体情况而定。在导线点只需观测 1 个单角时,用测回法观测;在一个导线点需观测 3 个或 3 个以上方向时,应采用方向观测法。当导线与高级控制点连接时,必须观测连接角及连接边的边长,见图 7-8,以便最终将导线坐标纳入到相应的坐标系统中。

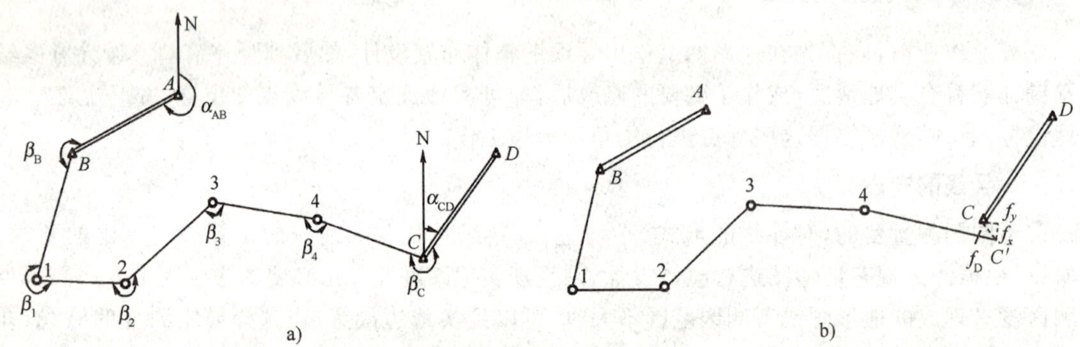

图 7-8 连接角连接边的边长观测

用经纬仪观测时,依次安置于各导线点上,在前后两导线点上竖立标杆以备照准。当边长较短时,对中应特别仔细,前后两导线点所竖立的标杆应换作测钎;用全站仪观测,采用单棱镜或多棱镜与其配套使用。

水平角观测前,应对所用的仪器进行检验,在观测过程中也要定期检查。

测角时,为消除度盘的分划误差,在各测回间要变换度盘位置,测回间度盘变换 $180°/n$,式中 n 为该测站所需的测回数。

不同等级导线的测角技术要求已列入表 7-3。图根导线一般用 DJ6 型经纬仪测一测回。若盘左、盘右测得角值的较差不超过 40″,则取其平均值。

3. 量距工作及其精度评定

导线边长量取工作一般有钢尺量距和光电测距两种基本形式。采用钢尺量距时,如果遇到障碍不能直接丈量时,可以布置三角形间接求得边长。

钢尺量距时，应采用检定过的 30m 或 50m 钢尺。图根导线边长应往、返丈量各一次，或同方向独立丈量两次，取其平均值。各等级结果应满足表 7-3 之规定。

采用全站仪测距时，量距精度见相应的规范要求，但应不低于表 7-3 之规定。

四、导线测量的内业工作

导线测量的内业工作，是根据起始点（高级控制点）的坐标和起始方位角，以及外业所测得的导线边长和转折角，计算各导线点的坐标。

计算前的准备：全面检查导线测量外业记录，检查数据是否齐全，测量数据和计算数据是否取到足够位数，有无记错、算错。

内业计算前，先将转折角、边长、起始边方位角及起始点坐标等整理于计算表中，见表7-5。下面我们分别介绍附合导线和闭合导线的内业计算方法。

在讲附合导线内业计算之前先学习坐标反算。

根据两点的坐标求算两点构成直线的距离及坐标方位角，称为坐标反算。当导线与高级控制点连接时，一般应利用高级控制点的坐标，反算出高级控制点构成直线的距离及坐标方位角，作为导线计算的起算数据与检核的依据。此外，在施工放样前，也要利用坐标反算出放样数据。其计算公式如下。

已知 AB 两点坐标及 $\Delta X_{AB}=D_{AB}\cos\alpha_{AB}$ ①

$\Delta Y_{AB} - D_{AB}\sin\alpha_{AB}$ ②

②/① 得 $\tan\alpha_{AB}=\dfrac{\Delta Y_{AB}}{\Delta X_{AB}}=\dfrac{y_B-y_A}{D_B-D_A}$

$$\therefore \quad \alpha_{AB}=\arctan\frac{y_B-y_A}{x_B-x_A} \tag{7-1}$$

$$S_{AB}=\frac{\Delta y_{AB}}{\sin\alpha_{AB}}=\frac{\Delta D_{AB}}{\cos\alpha_{AB}}$$

用计算器按式(7-1)计算时，其值有正有负，此时应根据 ΔX_{AB}、ΔY_{AB} 的正负号先确定 AB 直线所在的象限，之后按表 7-4 计算方位角。

坐标反算换算表 表 7-4

AB 直线所在象限		方位角
第一象限	（ΔX、ΔY 同正）	$\alpha_{AB}=\arctan\dfrac{y_B-y_A}{x_B-x_A}$
第二象限	（ΔX 为负、ΔY 为正）	$\alpha_{AB}=180^\circ+\arctan\dfrac{y_B-y_A}{x_B-x_A}$
第三象限	（ΔX、ΔY 同负）	$\alpha_{AB}=180^\circ+\arctan\dfrac{y_B-y_A}{x_B-x_A}$
第四象限	（ΔX 为正、ΔY 为负）	$\alpha_{AB}=360^\circ+\arctan\dfrac{y_B-y_A}{x_B-x_A}$

AB 两点之间的距离可用式(7-2)进行计算，即

$$D_{AB}=\sqrt{(x_B-x_A)^2+(y_B-y_A)^2} \tag{7-2}$$

1. 附合导线的内业计算

(1)计算角度闭合差并调整

如图 7-8a)所示,对于该附合导线,终边 CD 有一已知方位角 α_{CD}。经测量后,从起始边 AB 的方位角为 α_{AB} 又推算出 CD 的方位角 α'_{CD},则角度闭合差

$$f_\beta = \alpha'_{CD} - \alpha_{CD} \tag{7-3}$$

下面我们推导 α'_{CD} 的计算公式。

∵

$$\alpha_{B1} = \alpha_{AB} + 180° - \beta_B$$

$$\alpha_{12} = \alpha_{B1} + 180° - \beta_1$$

$$\alpha_{23} = \alpha_{12} + 180° - \beta_2$$

$$\alpha_{34} = \alpha_{23} + 180° - \beta_3$$

$$\alpha_{4C} = \alpha_{34} + 180° - \beta_4$$

$$\alpha'_{CD} = \alpha_{4C} + 180° - \beta_C$$

∴

$$\alpha'_{CD} = \alpha_{AB} + 6 \times 180° - \sum\beta_{测}$$

结合式(7-3)得 $f_\beta = \alpha_{AB} - \alpha_{CD} + 6 \times 180° - \sum\beta_{测}$

由此,我们可以得出附合导线角度闭合差的一般计算公式

$$f_\beta = (\alpha_{起} - \alpha_{终}) \mp n \times 180° \pm \sum\beta_{测} \tag{7-4}$$

其中,n 为测站数或附合导线点的个数(包括起、终两点)。当 $\beta_{测}$ 为右角时,用"$-$";当 $\beta_{测}$ 为左角时,用"$+$"。

各级导线的角度闭合差的容许值 $f_{容}$ 见表 7-3,图根导线 $f_{容} = \pm 60''\sqrt{n}$。若 $|f_\beta| \leqslant |f_{容}|$,则说明测角符合要求;否则,应重测转折角。

若角度观测合格,则将角度闭合差 f_β 进行调整,调整原则:

①若 β 为右角,则将 f_β 同号分配,即 $v_\beta = \dfrac{f_\beta}{n}$,余数分配给短边的邻角(因构成角的边长越短,测角的误差可能越大),且 $\sum v_\beta = f_\beta$;

②若 β 为左角,则将 f_β 反号分配,即 $v_\beta = -\dfrac{f_\beta}{n}$,余数分给短边的邻角,且 $\sum v_\beta = -f_\beta$。

改正后各角值为 $\beta'_i = \beta_i + v_\beta$

(2)推算各边的坐标方位角

注意:推算各边坐标方位角时,必须采用改正后的转折角,即

$$\alpha_{i,i+1} = \alpha_{i-1,i} \mp 180° \pm \beta'_i$$

注:计算出各边方位角后,若超过 360°,则应先减去 360°,然后再将其作为该边的方位角;若出现负值,则应先加上 360°,然后再将其作为该边的方位角。

(3)计算各边的坐标增量

如图 7-9 所示，以 23 边为例。

因为 23 边在第三象限，R_{23} 为 23 边的象限角，α 已知在第三象限 $R=\alpha-180°$

$$\therefore \Delta X_{23}=-D_{23}\cos R_{23}=-D_{23}\cos(\alpha_{23}-180°)=D_{23}\cos\alpha_{23}$$

$$\Delta Y_{23}=-D_{23}\sin R_{23}=-D_{23}\sin(\alpha_{23}-180°)=D_{23}\sin\alpha_{23}$$

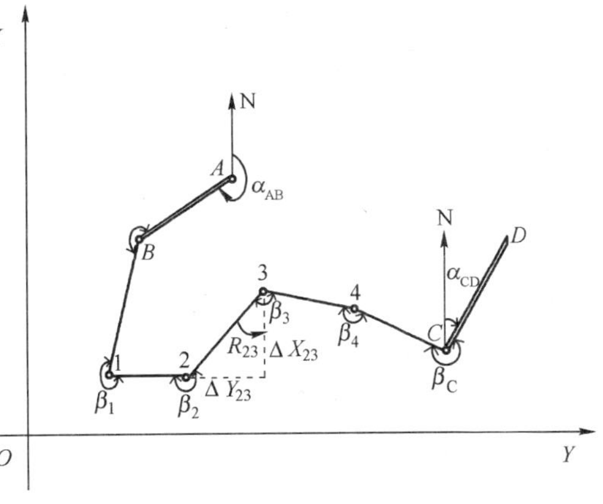

图 7-9 边的坐标增量计算

由此可知，任意边的坐标增量为

$$\begin{cases}\Delta X_{i,i+1}=D_{i,i+1}\cos\alpha_{i,i+1}\\ \Delta Y_{i,i+1}=D_{i,i+1}\sin\alpha_{i,i+1}\end{cases}\tag{7-5}$$

(4)计算坐标增量闭合差并调整之

对于附合导线而言(见图 7-8b)，B、C 两点之间有一已知坐标增量，即

$$\begin{cases}\Delta X_{BC理}=X_C-X_B\\ \Delta Y_{BC理}=Y_C-Y_B\end{cases}\tag{7-6}$$

经过测量后，又得到 B、C 两点之间的实测坐标增量，即

$$\begin{cases}\Delta X_{BC测}=\sum\Delta X_{测}=\Delta X_{B1}+\Delta X_{12}+\cdots+\Delta X_{4C}\\ \Delta Y_{BC测}=\sum\Delta Y_{测}=\Delta Y_{B1}+\Delta Y_{12}+\cdots+\Delta Y_{4C}\end{cases}$$

由于测角和量边中不可避免存在误差，所以实测增量与理论增量往往不相等，从而使 C、C'不重合，即附合导线实际不能闭合，如图 7-8b)所示。由图可知，附合导线的坐标增量闭合差为

$$\begin{cases}f_x=\sum\Delta X_{BC测}-\sum\Delta X_{BC理}=\sum\Delta X_{BC测}-(X_C-X_B)\\ f_y=\sum\Delta Y_{BC测}-\sum\Delta Y_{BC理}=\sum\Delta Y_{BC测}-(Y_C-Y_B)\end{cases}\tag{7-7}$$

从而导线全长闭合差为

$$f=\sqrt{f_x^2+f_y^2}\tag{7-8}$$

则导线全长的相对误差为

$$K=\frac{f}{\sum D}\tag{7-9}$$

对图根导线而言，当 $K\leqslant 1/2000$ 时，则观测符合要求；否则，应重新量取边长。

当观测符合要求时，应将闭合差 f_X、f_Y 进行调整，调整的原则是：将 f_X、f_Y 反号按边长成正比例分配。即

$$\begin{cases}v_{\Delta X_i}=-\dfrac{D_i}{\sum D}f_x\\ v_{\Delta Y_i}=-\dfrac{D_i}{\sum D}f_y\end{cases}\tag{7-10}$$

式中：$v_{\Delta X_i}$、$v_{\Delta Y_i}$——导线第 i 边的坐标增量改正数；

$\sum D$——导线全长；

D_i——第 i 边边长。

计算检核 $$\sum v_{\Delta X_i}=-f_x;\sum v_{\Delta Y_i}=-f_y$$

如果检核中发现不完全相等，可能是计算中保留最后一位时，采用"四舍五入"法取位所致。应检查取舍过程是否舍弃的多于进入的，并应作适当的调整，直至检核公式完全成立。

(5)计算改正后的坐标增量

改正后的坐标增量等于实测坐标增量加每条边的坐标增量改正数，用通用公式表达为

$$\begin{cases}\Delta X_{i,i+1改}=\Delta X_{i,i+1测}+v_{\Delta X_i}\\ \Delta Y_{i,i+1改}=\Delta Y_{i,i+1测}+v_{\Delta Y_i}\end{cases} \tag{7-11}$$

(6)计算各点的坐标

用改正后的坐标增量依次推算各导线点的坐标。检核条件：起点坐标与沿附合路线推算至终点的坐标完全吻合。仍以图 7-8 为例，经过上面各步后，坐标增量之和与理论上 B、C 的坐标差相等，可以进行各导线点坐标的计算。计算时，从起点 B 开始逐点向前推进。具体计算如下

$$\begin{cases}X_1=X_B+\Delta X_{B1改}\\ Y_1=Y_B+\Delta Y_{B1改}\end{cases}$$

$$\cdots$$

$$\begin{cases}X_4=X_3+\Delta X_{34改}\\ Y_4=Y_3+\Delta Y_{34改}\end{cases}$$

计算检核 $$\begin{cases}X_C=X_4+\Delta X_{4C改}\\ Y_C=Y_4+\Delta Y_{4C改}\end{cases}$$

终点 C 的计算坐标应与 C 点的原坐标值相等，否则说明计算有误，应重新检查计算过程。

以上为附合导线内业计算步骤，其计算均可以在表格中进行，见表 7-5。

2. 附合导线内业计算算例

【例 7-1】 如图 7-10 所示，已知附合导线的外业观测资料及 MA、BN 两直线的方位角 α_{MA}、α_{BN}，且 A、B 两点的坐标分别为 $X_A=2507.69\text{m}$，$Y_A=1215.63\text{m}$；$X_B=2166.74\text{m}$，$Y_B=1757.27\text{m}$。欲求 P_2、P_3、P_4、P_5 各点的坐标。

【解析】 首先将图中测量数据和已知点的数据填入表 7-5 中的相应栏内，然后按上述附合导线的坐标计算步骤进行计算，计算结果见表 7-5。

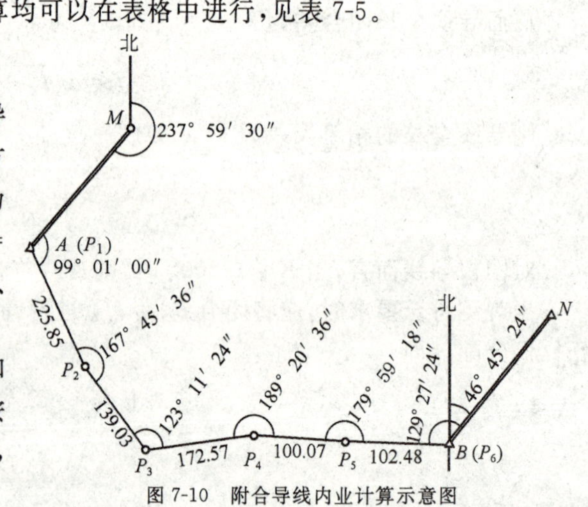

图 7-10 附合导线内业计算示意图

附合导线内业计算表

表 7-5

点号	观测角(左角)β ° ′ ″	改正数 ″	改正后角值 ° ′ ″	坐标方位角 ° ′ ″	距离 D (m)	坐标增量 Δx(m)	坐标增量 Δy(m)	改正后坐标增量 Δx′(m)	改正后坐标增量 Δy′(m)	坐标 x(m)	坐标 y(m)
M											
				237 59 30							
$A(P_1)$	**99 01 00**	+6	**99 01 06**							**2507.69**	**1215.63**
				157 00 36	**225.85**	+5 −207.91	−4 +88.21	−207.86	+88.17		
P_2	**167 45 36**	+6	**167 45 42**							2299.83	1303.80
				144 46 18	**139.03**	+3 −113.57	−3 +80.20	−113.54	+80.17		
P_3	**123 11 24**	+6	**123 11 30**							2186.29	1383.97
				87 57 48	**172.57**	+3 +6.13	−3 +172.46	+6.16	+172.43		
P_4	**189 20 36**	+6	**189 20 42**							2192.45	1556.40
				97 18 30	**100.07**	+2 −12.73	−2 +99.26	−12.71	+99.24		
P_5	**179 59 18**	+6	**179 59 24**							2179.74	1655.64
				97 17 54	**102.48**	+2 −13.02	−2 +101.65	−13.00	+101.63		
$B(P_6)$	**129 27 24**	+6	**129 27 30**							**2166.74**	**1757.27**
				46 45 24							
$\sum$	**888 45 18**	**+36**	**888 45 54**		**740.00**	**−341.10**	**+541.78**	**−340.95**	**+541.64**		

辅助计算：

$f_\beta=(\alpha_{MA}-\alpha_{BN})-6\times180^\circ+\sum\beta_{测}=-36''$

$f_{\beta容}=\pm60''\sqrt{n}=\pm146''$

$\because |f_\beta|<|f_{\beta容}|$ ∴观测合格

$f_x=-0.15, f_y=+0.14, f=\sqrt{f_x^2+f_y^2}=0.20$

$\because K=\frac{f}{\sum D}=\frac{0.20}{740}=\frac{1}{3700}<\frac{1}{2000}$

∴观测合格

注：1. 表中已知点的方位角和坐标值用黑体字标注；

2. 角度闭合差改正数、坐标增量改正数均填写在相应的观测值和计算值上方；

3. 示意图见下图 7-10。

3. 闭合导线的内业计算

闭合导线的内业计算步骤与附合导线的内业计算步骤完全相同，只是角度闭合差与坐标增量闭合差的计算公式不同。现分别叙述如下。

(1)计算角度闭合差的计算与调整

因为闭合导线构成一多边形，所以它的各内角总和的理论值$\sum\beta_{理}$为

$$\sum\beta_{理}=(n-2)\times180° \tag{7-12}$$

但是，实际观测各内角的总和$\sum\beta_{测}$不可避免地存在有一定的误差，因而不等于其理论值，两者之差称为“闭合导线的角度闭合差”，用f_{β}表示，即

$$f_{\beta}=\sum\beta_{测}-\sum\beta_{理} \tag{7-13}$$

图根导线角度闭合差的容许值规定为

$$f_{\beta容}=\pm60''\sqrt{n} \tag{7-14}$$

式中：n——导线的边数。

若计算结果f_{β}的绝对值小于$f_{\beta容}$的绝对值，则认为测角精度合格，可以进行“平差”。将f_{β}反号，平均分配给各内角，即$v_{\beta}=-\dfrac{f_{\beta}}{n}$，以改正各内角角值。如平均时仍有余数，则再分给短边的邻角，且$\sum v_{\beta}=-f_{\beta}$。

若计算结果f_{β}的绝对值大于$f_{\beta容}$的绝对值，则必须重测导线各内角，直至满足要求为止。

(2)推算坐标方位角

如图 7-11 所示，各边方位角的推算公式为

$$\alpha_{i,i+1}=\alpha_{i-1,i}\pm180°\mp\beta_{i} \tag{7-15}$$

(3)计算坐标增量

闭合导线的坐标增量计算同于附合导线的坐标增量计算。

(4)坐标增量闭合差的计算及调整

如图 7-12 所示，任意闭合多边形其纵、横坐标增量的代数和在理论上应等于零。即

$$\begin{cases}\sum\Delta X_{理}-0\\ \sum\Delta Y_{理}=0\end{cases} \tag{7-16}$$

但由于测角和量边的过程中，不可避免地存在有误差，虽然转折角已调整但仍有残余误差，加之量边误差的存在，使得实测的坐标增量代数和($\sum\Delta X_{测}$、$\sum\Delta Y_{测}$)不等于零。它们的差值称为坐标增量闭合差(f_{x}、f_{y})，即

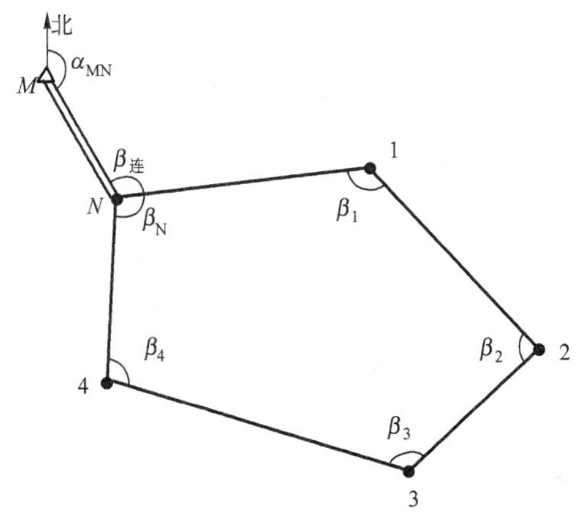

图 7-11　各边方位角推算示意图

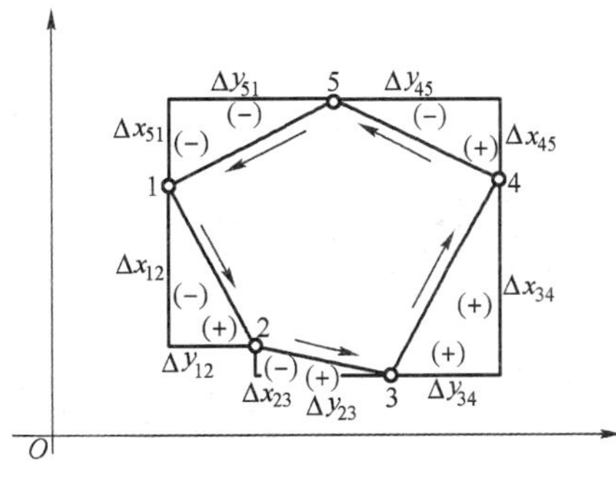

图 7-12　坐标增量闭合差的计算及调整示意图

$$\begin{cases} f_x = \sum \Delta X_{测} - \sum \Delta X_{理} = \sum \Delta X_{测} \\ f_y = \sum \Delta Y_{测} - \sum \Delta Y_{理} = \sum \Delta Y_{测} \end{cases} \tag{7-17}$$

由于 f_x、f_y 的存在，使闭合多边形并不闭合而产生一个缺口，其缺口的长度为

$$f = \sqrt{f_x^2 + f_y^2} \tag{7-18}$$

导线愈长，f 值也会愈大。因此，绝对量 f 不能作为衡量导线测量的精度指标，通常用导线全长的相对误差来衡量，即

$$K = \frac{f}{\sum D} = \frac{1}{N} \tag{7-19}$$

式中：$\sum D$——导线全长，即导线各边长的总和。

若 $K \leqslant 1/2000$，则成果合格，按附合导线坐标增量闭合差的分配原则分配闭合差。反之，若 $K > 1/2000$，则说明导线测量中角度、边长还有错误，应在重新复核导线测量外业后，再进行计算。

计算检核　　$\sum v_x = -f_x$；$\sum v_y = -f_y$

(5)计算改正后的坐标增量

同于附合导线的计算。

(6)计算各点的坐标

同于附合导线的计算。

4. 闭合导线内业计算算例

【例 7-2】 已知 $\alpha_{12} = 125°30'00''$，$\beta_1 = 107°48'30''$，$\beta_2 = 73°00'20''$，$\beta_3 = 89°33'50''$，$\beta_4 = 89°36'30''$；$D_{12} = 105.22\text{m}$，$D_{23} = 80.18\text{m}$，$D_{34} = 129.34\text{m}$，$D_{41} = 78.16\text{m}$；$X_1 = 500.00\text{m}$，$Y_1 = 500.00\text{m}$。求 2、3、4 各点的坐标。

【解析】 依据计算步骤计算，结果见表 7-6。

闭合导线内业计算表

表 7-6

点号	观测角(左角)β ° ′ ″	改正数 ″	改正后角值 ° ′ ″	坐标方位角 ° ′ ″	距离 D (m)	坐标增量 Δx(m)	坐标增量 Δy(m)	改正后坐标增量 Δx′(m)	改正后坐标增量 Δy′(m)	坐标 x(m)	坐标 y(m)
1										500.00	500.00
				125 30 00	105.22	−2 −61.10	+2 +85.66	−61.12	+85.68		
2	**107 48 30**	+13	**107 48 43**							**438.88**	**585.68**
				53 18 43	80.18	−2 +47.90	+2 +64.30	+47.88	+64.32		
3	**73 00 20**	+12	**73 00 32**							**486.76**	**650.00**
				306 19 15	129.34	−3 +76.61	+2 −104.21	+76.58	−104.19		
4	**89 33 50**	+12	**89 34 02**							**563.34**	**545.81**
				215 53 17	78.16	−2 −63.32	+1 −45.82	−63.34	−45.81		
1	**89 36 30**	+13	**89 36 43**							500.00	500.00
				125 30 00							
2											
Σ	359 59 10	+50	360 00 00		392.90	+0.09	−0.07				

辅助计算：

$f_\beta=\sum\beta_{测}-(n-2)\cdot180°=-50''$

$f_{\beta容}=\pm60''\sqrt{4}=\pm120''$

$\because |f_\beta|<|f_{\beta容}|$ ∴观测合格

$f_x=+0.09, f_y=-0.07, f=\sqrt{f_x^2+f_y^2}=0.11$

$\because K=\frac{f}{\sum D}=\frac{0.11}{392.90}=\frac{1}{3500}<\frac{1}{2000}$

∴观测合格

注：1. 表中已知点的方位角和坐标值用黑体字标注；

2. 角度闭合差改正数、坐标增量改正数均填写在相应的观测值和计算值上方。

第三节 交会定点

交会定点又称解析交会法，是指利用已知控制点及其坐标，通过观测水平角或者测定边长来确定未知点坐标的方法。交会定点的方法常用于加密大比例尺地形测量中的平面控制点，也用于因工程施工需要加密的控制点。根据测角和测边的不同，分为角度交会法和距离交会法。测角交会法包括前方交会法（见图 7-13a）、侧方交会法（见图 7-13b）和后方交会法（如图 7-13c）等。距离交会法如图 7-13d）所示。

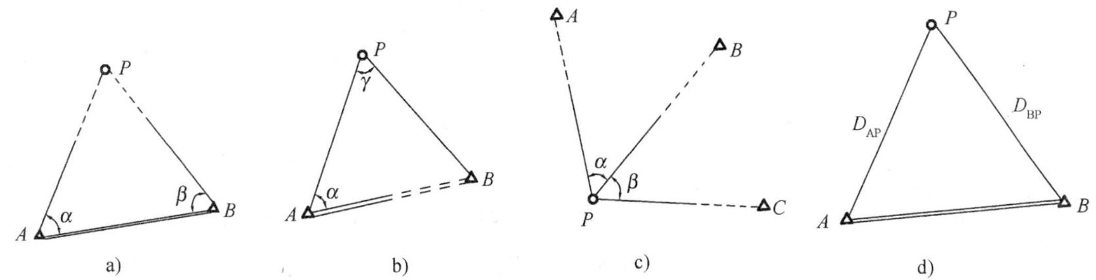

图 7-13 交会定点示意图

a)前方交会法；b)侧方交会法；c)后方交会法；d)距离交会法

图中，A、B、C 均为已知控制点，α、β、γ 分别为 A、B、C 各点上水平角观测值，D_{AP}、D_{BP} 为边长测定值，P 为未知点。有关交会法的计算软件已得到比较广泛应用，本节仅介绍前方交会法和距离交会法的计算原理及方法。

一、前方交会法的计算原理

在△ABP 中（图 7-14），已知点 A、B 的坐标分别为（x_A，y_A）和（x_B，x_B）。在 A、B 两点设站，分别测得 α、β 两角，通过解算三角形得出未知点 P 的坐标（x_P，y_P）。这是前方交会的基本形式。具体计算公式如下

$$x_P = x_A + D_{AP}\cos\alpha_{AP}$$

$$y_P = y_A + D_{AP}\sin\alpha_{AP}$$

或

$$x_P - x_A = D_{AP}\cos\alpha_{AP}$$

$$y_P - y_A = D_{AP}\sin\alpha_{AP}$$

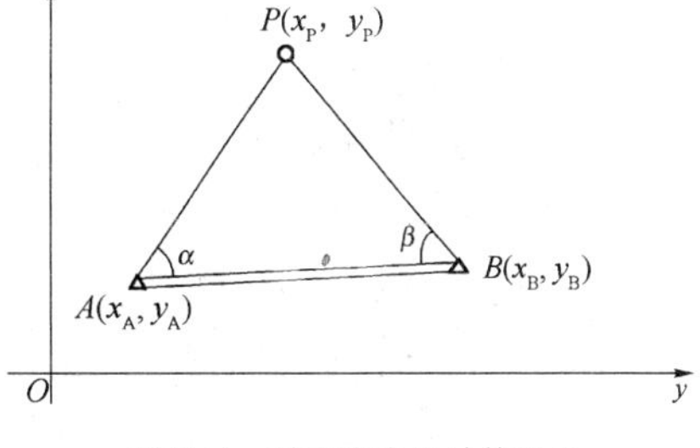

图 7-14 前方交会法计算图示

由图 7-14 可知，$\alpha_{AP}=\alpha_{AB}-\alpha$，代入上式则得

$$x_P - x_A = D_{AP}\cos(\alpha_{AB} - \alpha)$$

$$= D_{AP}(\cos\alpha_{AB}\cos\alpha + \sin\alpha_{AP}\sin\alpha)$$

$$y_P - y_A = D_{AP}\sin(\alpha_{AP} - \alpha)$$

$$= D_{AP}(\sin\alpha_{AB}\cos\alpha - \cos\alpha_{AP}\sin\alpha)$$

因
$$\cos\alpha_{AB} = \frac{x_B - x_A}{D_{AB}}; \sin\alpha_{AB} = \frac{y_B - y_A}{D_{AB}}$$

则
$$x_P - x_A = \frac{D_{AP}\sin\alpha}{D_{AB}}[(x_B - x_A)\cot\alpha + y_B - y_A]$$

$$y_P - y_A = \frac{D_{AP}\sin\alpha}{D_{AB}}[(y_B - y_A)\cot\alpha + x_B - x_A]$$

根据正弦定理，得

$$\frac{D_{AP}}{D_{AB}} = \frac{\sin\beta}{\sin\gamma} = \frac{\sin\beta}{\sin(\alpha + \beta)}$$

则
$$\frac{D_{AP}\sin\alpha}{D_{AB}} = \frac{\sin\alpha\sin\beta}{\sin(\alpha + \beta)} = \frac{1}{\cot\alpha + \cot\beta}$$

故
$$x_P - x_A = \frac{(x_B - x_A)\cot\alpha + y_B - y_A}{\cot\alpha + \cot\beta}$$

$$y_P - y_A = \frac{(y_B - y_A)\cot\alpha + x_B - x_A}{\cot\alpha + \cot\beta}$$

移项化简得

$$x_P = \frac{x_A\cot\beta + x_B\cot\alpha - y_A + y_B}{\cot\alpha + \cot\beta}$$

$$y_P = \frac{y_A\cot\beta + y_B\cot\alpha + x_A - x_B}{\cot\alpha + \cot\beta} \qquad (7\text{-}20)$$

必须强调说明的是：

(1)在推导式(7-20)时，假设△ABP(见图 7-14)的点号是依 A、B、P 按逆时针方向编号的，其中 A、B 是已知点，P 为未知点。

(2)求未知点坐标时，用式(7-20)。

在一般测量规范中，都要求布设有三个起始点的前方交会(见图 7-15)。这时在 A、B、C 等三个已知点向 P 点观测，测出四个角值：$\angle\alpha_1$、$\angle\beta_1$、$\angle\alpha_2$、$\angle\beta_2$，分两组计算 P 点坐标。计算时，可先按△ABP 求出 P 点坐标(x'_P, y'_P)，然后再按△BCP 求出 P 点坐标(x''_P, y''_P)。当这两组坐标的较差在容许限差内时，取它们的平均值作为 P 点的最后坐标。在一般测量规范中，对上述限差是这样规定的：要求两组算得的点位较差不大于 2 倍的比例尺精度，用公式表示为

$$e = \sqrt{\delta_x^2 + \delta_y^2} \leqslant 2 \times 0.1M \qquad (7\text{-}21)$$

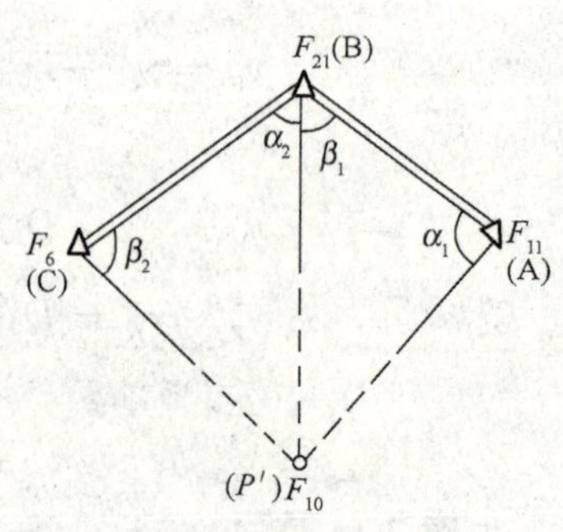

图 7-15 布设三个起始点的前方交会示意图

式中：e——点位较差，$\delta_x=x'_P-x''_P$，$\delta_y=y'_P-y''_P$；

M——测图比例尺。

二、前方交会法计算实例

【例 7-3】 为了求得地形控制点 F_{10}（图 7-16）的坐标，分别在已知点 F_6、F_{11}、F_{21} 设站观测了四个角，试按前方交会法计算 $P(F_{10})$ 点的坐标。

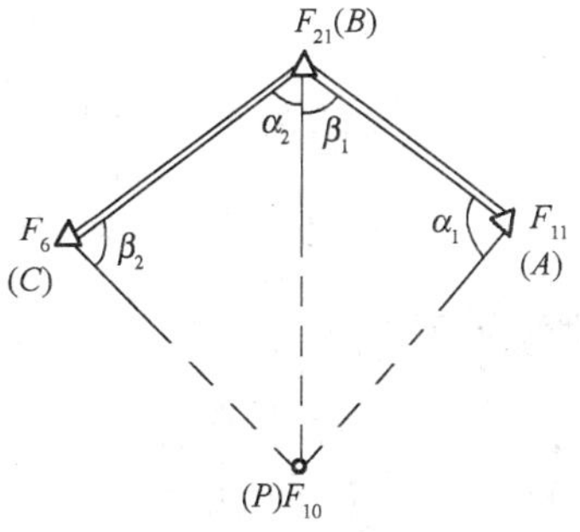

图 7-16

【解】 按前方交会法对图形点号编排的要求，设 F_{11} 为 A，F_{21} 为 B、F_6 为 C（分别见图 7-16 和表 7-7）。在 $\triangle ABP$ 中，$\angle PAB=\alpha_1$，$\angle ABP=\beta_1$；在 $\triangle BCP$ 中，$\angle PBC=\alpha_2$，$\angle BCP=\beta_2$。按公式（7-20）求得 $P(F_{10})$ 点的两组坐标已列于表 7-7 中。因 $\delta_x=0.03\text{m}$，$\delta_y=0.00\text{m}$，故 $e=\sqrt{\delta_x^2+\delta_y^2}=0.03\text{m}$。设测图比例尺 $M=1000$，则 $2\times0.1M(\text{mm})=0.2\text{m}$。显然，$e$ 小于 $0.1M$，故取两组坐标的平均值作为 $P(F_{10})$ 点的最终坐标。

前方交会计算表

计算者：李军

检查者：张勇

表 7-7

示意图	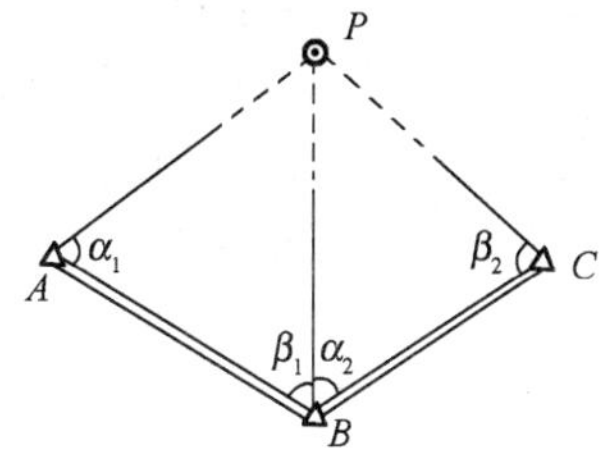			野外图	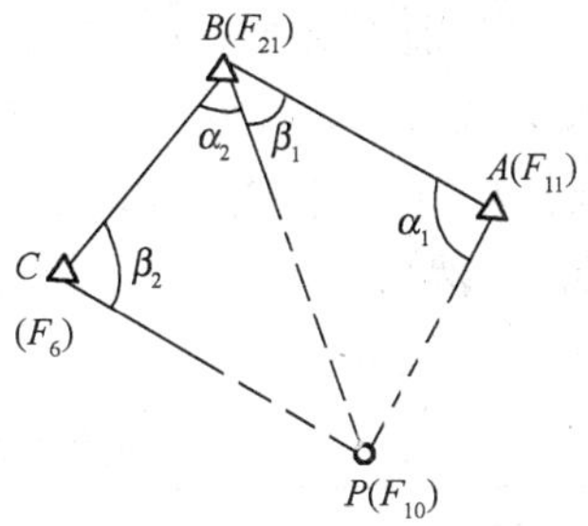		备注		
点		观测角		X		角的余切值		Y	
P	F_{10}			x_P	37194.57			y_P	16226.42
A	F_{11}	α_1	40°41′57″	x_A	37477.54	$\cot\alpha_1$	1.162641	y_A	16307.24
B	F_{21}	β_1	75°19′02°	x_B	37327.20	$\cot\beta_1$	0.262024	y_B	16078.90
P	F_{10}			x_P	37194.57			y_P	16226.42
B	F_{21}	α_2	59°11′35″	x_B	37327.20	$\cot\alpha_2$	0.596284	y_B	16078.90
C	F_6	β_2	69°06′23°	x_C	37163.69	$\cot\beta_2$	0.381735	y_C	16046.65
中数				x_P	37194.56			y_P	16226.42

三、距离交会法的计算原理与公式

如图 7-17 所示，已知 A、B 两点的坐标分别为（x_A，y_A）和（x_B，y_B），实测水平距离 D_{AP}、D_{BP}。设未知点 P 的坐标为（x_P，y_P），A、B 两点间的水平距离为 D_{AB}，AB 直线的坐标方位角为

α_{AB}，则

$$\alpha_{AB}=\arctan\frac{y_B-y_A}{x_B-x_A}$$

$$D_{AB}=\sqrt{(x_B-x_A)^2+(y_B-y_A)^2}$$

$$\angle A=\arccos\frac{D_{AP}^2+D_{AB}^2-D_{BP}^2}{2D_{AP}D_{AB}}$$

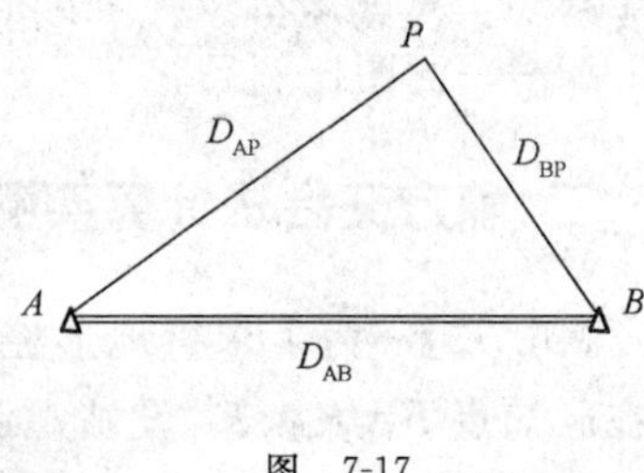

图 7-17

AP 边的坐标方位角为

$$\alpha_{AP}=\alpha_{AB}-\angle A$$

由此推出 P 点的坐标为

$$\begin{cases}x_P=x_A+\Delta x_{AP}=x_A+D_{AP}\cos\alpha_{AP}\\y_P=y_A+\Delta y_{AP}=y_A+D_{AP}\sin\alpha_{AP}\end{cases}\tag{7-22}$$

显然，公式(7-22)即是距离交会法计算的基本公式。其核心是依据三角形的三边长，计算出三角形中与已知边相邻的$\angle A$。计算时，应特别注意公式中各量的对应关系。

四、距离交会法计算实例

按公式(7-22)计算出的结果是否可靠，仍需要有一定的检核手段。为检查计算错误或摘录已知点坐标有误等，一般与前方交会一样，应测定三条边，组成两个距离交会图形。检核的方式有两种：一是分别按公式(7-22)解析出 P 点的两组坐标，在满足式(7-21)的条件下，取两组平均值作为 P 点的坐标；二是按公式(7-22)解析出 P 点坐标后，再按照距离计算公式，求算 P、C 两点之间的距离 $D_{CP算}$，然后与 $D_{CP测}$ 相比较(较差)，衡量的标准仍依据公式(7-21)。下面按照方式一列举算例，见表 7-8。

距离交会计算算例　　表 7-8

x_A x_B x_C	54374.87 55144.96 54 512.97	y_A y_B y_C	56564.14 56083.07 55541.71	D_{AP} D_{BP} D_{CP}	565.658 487.299 551.926
x_B-x_A x_B-x_C	770.09 631.99	y_B-y_A y_B-y_C	−481.07 541.36	D_{AB} D_{BC}	908.002 832.155
α_{AB} $\angle A$ α_{AP}	3280026 −)280009 30000 17	α_{CB} $\angle C$ α_{CP}	403500 +) 341237 744737		
x_A	54374.87	x_C	54512.97		
$D_{AP}\cos\alpha_{AP}$ x_P	+)282.87 54657.74	$D_{CP}\cos\alpha_{CP}$ x_P	+144.77 54657.74	中数 x_P	54 657.74
y_A $D_{AP}\sin\alpha_{AP}$ y_P	56 564.14 +) −489.85 56 074.29	y_C $D_{CP}\sin\alpha_{CP}$ y_P	55541.71 +) 532.60 56074.31	中数 y_P	56074.30

续上表

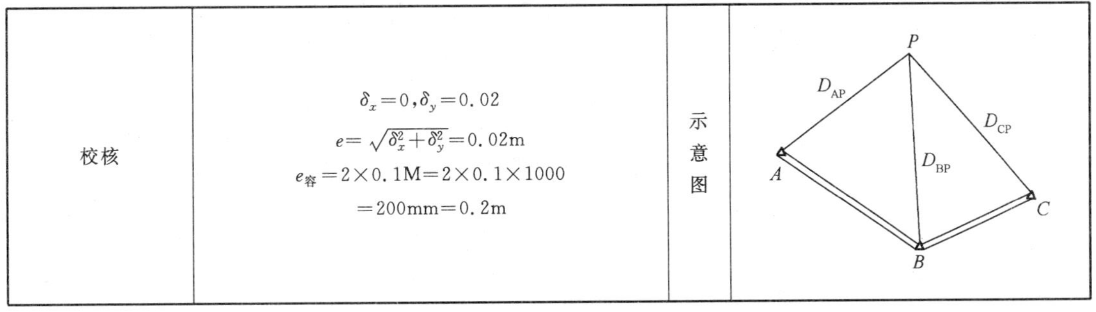

校核	$\delta_x=0, \delta_y=0.02$ $e=\sqrt{\delta_x^2+\delta_y^2}=0.02\text{m}$ $e_{容}=2\times0.1\text{M}=2\times0.1\times1000$ $=200\text{mm}=0.2\text{m}$	示意图	P, D_{AP}, D_{CP}, D_{BP}, A, B, C

一般来说，由于光电测距仪精度高，只要观测和计算中没有错误，计算结果均能满足要求。许多型号的全站仪(如索佳系列、南方系列全站仪)，在未知点安置仪器，然后输入三个已知点的坐标及其有关的参数，再测量未知点到三个已知点的距离后，仪器内设的计算软件将按照上述原理直接计算并显示出未知点的坐标。

第四节　小三角测量

一、小三角测量概述

在我国广阔的土地上，已经布设了一系列高精度控制点(或称高级控制点)，这些控制点的平面坐标和高程可以从有关的成果表中查取。但是这些点还比较稀少，在地形测绘、工程施工前，必须根据实际需要，以大地点为基础，再发展若干精度较低的解析控制点。上一节的导线测量就是其中的一种方法，本节重点介绍实现控制点加密的另一种方法——小三角测量。

1. 小三角测量的布设形式

所谓小三角测量，就是将一系列未知点构成结构比较复杂的图形，它们都是由一些相邻的三角形构成，这种结构的图形称为三角网，三角网中每一个三角形的内角一般都要观测，测定这类图形的测量工作称为三角测量，一般称小三角测量。如图 7-18 所示。

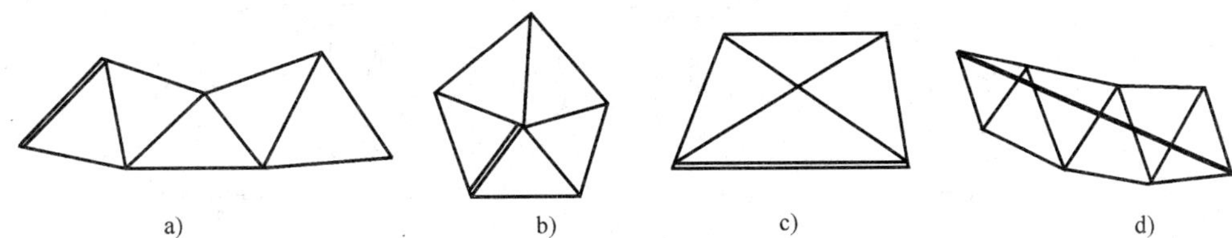

图 7-18　小三角测量

a)单三角锁；b)中点多边形；c)大地四边形；d)线形三角锁

2. 小三角测量的等级要求

小三角测量根据测区面积大小及精度要求不同，可分为一级小三角、二级小三角和图根小三角。各级小三角网的主要技术要求见表 7-9。

小三角测量的技术要求 表 7-9

等级	平均边长(m)	测角中误差(″)	三角形个数	起始边边长相对中误差	最弱边边长相对中误差	测回数		三角形最大闭合差(″)	方位角闭合差(″)
						DJ6	DJ2		
一级小三角	1000	±5	6～7	1/40000	1/20000	6	2	±15	
二级小三角	500	±10	6～7	1/20000	1/10000	2	1	±30	
图根小三角	不大于测图最大视距的1.7倍	±20	12以下	1/10000		1		±60	$\pm 40\sqrt{n}$

注：n 为传递方位角的测站数。

3. 小三角测量的作业程序

小三角测量同导线一样，即首先进行外业测量工作，然后是内业计算。外业工作又分为选点、造标、埋石和观测。选点工作是先在测区地形图上根据已知点分布情况，结合规范对控制点的要求，拟定布置计划，称为室内选点或图上选点，然后按计划到野外踏勘，最后选定点位以完成选点工作。控制点一般宜布设在周围视线开阔的位置，以便于观测，又能控制较大的测区范围。需特别注意的是，小三角控制点在布设时不同于导线点，其控制点的布设必须满足图形的技术要求（如构成三角形时最小角度限制、边长间的关系等）。

选点结束后，接下来就是造标和埋石。若测量工作能很快结束且控制点又无需被后续的其他测量工作（如放样等）所利用，一般只需竖立用三根铁丝拉紧的旗杆；否则应建立木质的或钢质的觇标。埋石用的普通三角标石和埋于岩石中的标志分别见图 7-19、图 7-20。在平地和丘陵地带可埋设普通三角标石，而在岩石地带埋设标石发生困难时，可以一小坑将标志用水泥浇灌固定在坑中（图 7-20）

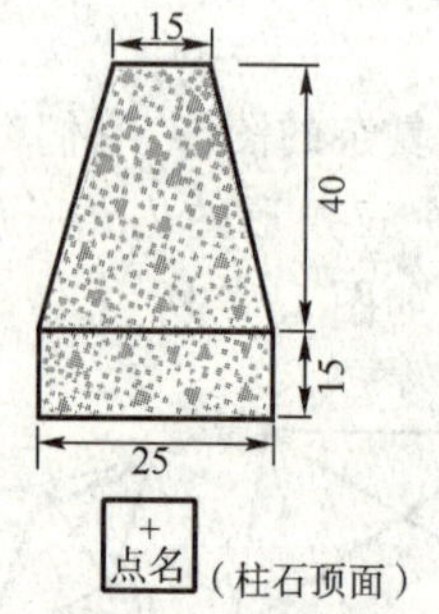

图 7-19 埋石用的普通三角标石（单位：cm）

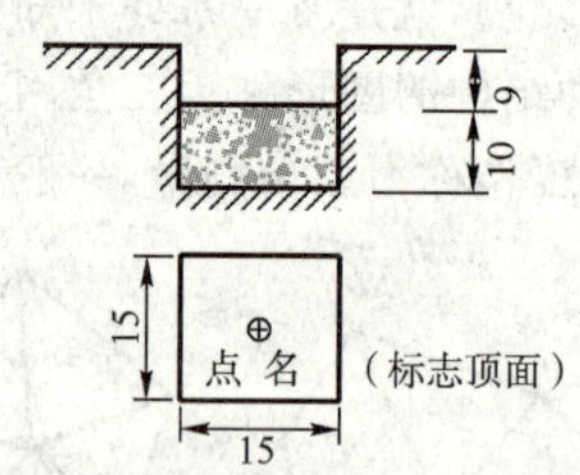

图 7-20 埋于岩石中的标志（单位：cm）

水平角观测完成后，还要进行基线边的测量，之后内业计算可以立即开始。第一步是将外业观测资料进行全面、认真检查，在保证外业成果符合规范要求的前提下，首先抄录已知数据，包括已知点坐标、已知边边长和坐标方位角，如果成果中没有后两项数据，则根据已知坐标用反算公式反算得出。最后，根据不同的布设图形和各单位的作业习惯，采用不同的计算公式和表格，求出未知点的坐标。

本节以线形锁为代表，重点介绍小三角测量的作业程序和计算方法。

线形锁的布网形式如图 7-21 所示，图中 A、B、F 和 G 是已知高级点，在它们之间布设若干个互相连接的三角形，其中 C、D、E 点是未知点。这种图形布设灵活，能控制较大面积，所以在生产中被广泛应用。

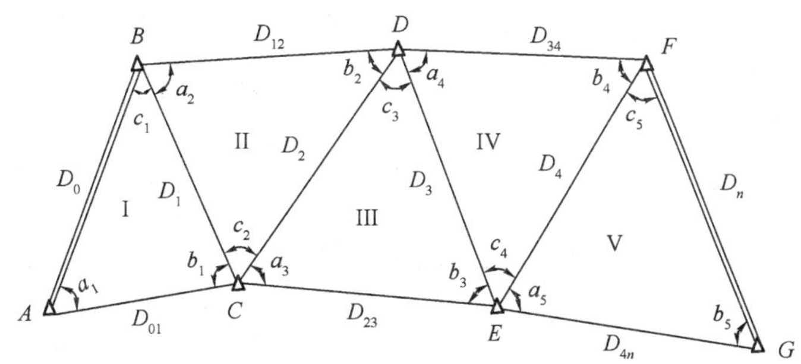

图 7-21　线形锁的布网形式示意图

二、小三角测量的内业计算

内业计算的目的是求出各未知三角点的坐标。其主要内容包括外业观测成果的整理检查、角度调整、边长和坐标的计算。

小三角测量的平差计算分近似平差和严密平差两种，前者只考虑角度闭合差和边长闭合差，后者则要考虑二角点的分布位置和权重等。下面着重介绍单三角锁的近似平差计算。

1. 计算的前期准备工作

如图 7-21 所示，为便于计算，先做如下几个规定：按推算方向，由 D_0 边向前传算边长所经过的边 D_1、D_2、D_n 等，称为传距边；传距边所对应的角称为传距角。按照推算的方向，已知传距边所对应的传距角编号为 b_i，欲传递的边对应的传距角编号为 a_i。三角形中另一条边称为间隔边，其对应的角为间隔角，编号为 c_i

分类后，将检查整理的外业相关数据对应填在“单三角锁平差计算表”(表 7-10)中。

单三角锁平差计算表　　表 7-10

三角形号	角号	角度观测值	第一次改正数	改正后角值	第二次改正数	第二次改正后角值	边长(m)	边名	点名
I	b_1	58°28′30″	−4	58°28′26″	+4	58°28′30″	234.375	$AB(D_0)$	C
	c_1	42°29′56″	−4	42°29′52″		42°29′52″	185.749	AC	B
	a_1	79°01′46″	−4	79°01′42″	−4	79°01′38″	269.928	BC	A
	Σ	180°00′12″							
	W_1	+12″	−12	180°00′00″		180°00′00″			
II	b_2	53°09′30″	+2	53°09′32″	+4	53°09′36″	269.928	BC	D
	c_2	67°06′06″	+2	67°06′08″		67°06′08″	310.701	BD	C
	a_2	59°44′18″	+2	59°44′20″	−4	59°44′16″	291.317	CD	B
	Σ	179°59′54″							
	W_2	−6″	+6	180°00′00″		180°00′00″			

续上表

三角形号	角号	角度观测值	第一次改正数	改正后角值	第二次改正数	第二次改正后角值	边长(m)	边名	点名
III	b_3	66°07′30″	−6	66°07′24″	+4	66°07′28″	291.317	*CD*	*E*
	c_3	62°16′58″	−6	62°16′52″		62°16′52″	282.019	*CE*	*D*
	a_3	51°35′50″	−6	51°35′44″	−4	51°35′40″	249.649	*DE*	*C*
	Σ	180°00′18″							
	W_3	+18″	−18	180°00′00″		180°00′00″			
IV	b_4	52°24′15″	+5	52°24′20″	+4	52°24′24″	249.649	*DE*	*F*
	c_4	39°41′15″	+5	39°41′20″		39°41′20″	201.210	*DF*	*E*
	a_4	87°54′15″	+5	87°54′20″	−4	87°54′16″	314.859	*EF*	*D*
	Σ	179°59′45″							
	W_4	−15″	+15	180°00′00″		180°00′00″			
V	b_5	65°58′40″	−9	65°58′31″	+4	65°58′35″	314.859	*EF*	*G*
	c_5	49°45′36″	−9	49°45′27″		49°45′27″	263.130	*EG*	*F*
	a_5	64°16′11″	−9	64°16′02″	−4	64°15′58″	310.529	$FG(D_n)$	*E*
	Σ	180°00′27″							
	W_5	+27″	−27	180°00′00″		180°00′00″	310.530		

$$D'_n=D_0\frac{\prod_{i=1}^{5}\sin a'_i}{\prod_{i=1}^{5}\sin b'_i}=310.561 \qquad W_D=D'_n-D_n=0.032$$

$$W=\frac{\rho''}{D'_n}W_D=21.25 \qquad \sum_{i=1}^{5}(\cot a'_i+\cot b'_i)=5.11$$

$$v=-\frac{W}{\sum_{i=1}^{5}(\cot a'_i+\cot b'_i)}=-4'' \qquad W_{基}=D_0\frac{\prod_{i=1}^{5}\sin a_i}{\prod_{i=1}^{5}\sin b_i}-D_n=0.001$$

2. 角度闭合差的计算与调整

因测角误差存在，故三角形角度闭合差为

$$f_i=a_i+b_i+c_i-180°$$

若三角形闭合差不超过相关技术要求(见表 7-9)，则将 f_i 反号平均分配到相应三内角的观测值上，得到第一次改正后的角值 a'_i、b'_i、c'_i，即

$$\begin{cases} a'_i=a_i-\dfrac{1}{3}f_i \\ b'_i=b_i-\dfrac{1}{3}f_i \\ c'_i=c_i-\dfrac{1}{3}f_i \end{cases} \tag{7-23}$$

第一次改正后的三角和应为180°，以此为检核条件。

3. 边长闭合差的计算与调整

仍依图7-21为例，由起始边 D_0 及第一次改正后的传距角 a'_i、b'_i，按照正弦定理依次算出各传距边的长度为

$$D'_1 = D_0 \frac{\sin a'_1}{\sin b'_1}$$

$$D'_2 = D'_1 \frac{\sin a'_2}{\sin b'_2} = D_0 \frac{\sin a'_1}{\sin b'_1}\frac{\sin a'_2}{\sin b'_2} = D_0 \frac{\prod_{i=1}^{2}\sin a'_i}{\prod_{i=1}^{2}\sin b'_i}$$

…

$$D'_n = D'_{n-1} \frac{\sin a'_2}{\sin b'_2} = D_0 \frac{\sin a'_1}{\sin b'_1}\frac{\sin a'_2 \cdots \sin a'_n}{\sin b'_2 \cdots \sin b'_n} = D_0 \frac{\prod_{i=1}^{n}\sin a'_i}{\prod_{i=1}^{n}\sin b'_i}$$

式中，Π代表连乘。

D'_n 与 D_n 往往不相符，其主要原因有：

(1)由于边长丈量误差和第一次改正后三角形内角仍存在的残留误差所致。

(2)尽管有的情况下起始边、终边属于高级控制点所构成的边，精度相对很高，但该平差属于近似平差的方法，可认为主要是由角度改正不够客观所导致。

由此而产生边长闭合差 W_D，即

$$W_D = D'_n - D_n \tag{7-24}$$

由于 D_0、D_n 丈量的精度较高或采用的是高级点所构成的边，故其误差可以忽略不计，而认为边长闭合差主要是由 a'_i、b'_i 的误差及其所对应的函数所致。因此，需要对 a'_i、b'_i 进行第二次改正，从而使 $W_D=0$。

设完全消除边长闭合差时 a'_i、b'_i 的第二次改正数分别为 v_{a_i}、v_{b_i}，则

$$D_0 \frac{\prod_{i=1}^{n}\sin(a'_i + v_{a_i})}{\prod_{i=1}^{n}\sin(b'_i + v_{b_i})} = D_n$$

上式两边各除以 D_n，即得边长条件方程为

$$\frac{D_0}{D_n}\frac{\prod_{i=1}^{n}\sin(a'_i + v_{a_i})}{\prod_{i=1}^{n}\sin(b'_i + v_{b_i})} = 1 \tag{7-25}$$

令
$$F = \frac{D_0}{D_n}\frac{\prod_{i=1}^{n}\sin(a'_i + v_{a_i})}{\prod_{i=1}^{n}\sin(b'_i + v_{b_i})};\ F_0 = \frac{D_0}{D_n}\frac{\prod_{i=1}^{n}\sin a'_i}{\prod_{i=1}^{n}\sin b'_i}$$

由于 v_{ai}、v_{bi} 一般只有几秒，若以弧度为单位，则更加微小，因此可将上式 F 按照泰勒级数

展开,取一次项,得到

$$F=F_0+\frac{\partial F}{\partial a'_1}\cdot\frac{v_{a_1}}{\rho}+\frac{\partial F}{\partial a'_2}\cdot\frac{v_{a_2}}{\rho}+\cdots+\frac{\partial F}{\partial a'_n}\cdot\frac{v_{a_n}}{\rho}+ \frac{\partial F}{\partial b'_1}\cdot\frac{v_{b_1}}{\rho}+\frac{\partial F}{\partial b'_2}\cdot\frac{v_{b_2}}{\rho}+\cdots+\frac{\partial F}{\partial b'_n}\cdot\frac{v_{b_n}}{\rho} \tag{7-26}$$

其中,

$$\frac{\partial F}{\partial a'_1}=\frac{D_0\prod_{i=1}^{n}\sin a'_i}{D_n\prod_{i=1}^{n}\sin b'_i}\cdot\frac{\cos a'_i}{\sin a'_i}=F_0\cot a'_i$$

$$\frac{\partial F}{\partial b'_1}=\frac{D_0\prod_{i=1}^{n}\sin a'_i}{D_n\prod_{i=1}^{n}\sin b'_i}\cdot\frac{\cos b'_i}{\sin b'_i}=F_0\cot b'_i$$

将上偏导数代入式(7-26),并结合式(7-25)得

$$F_0\sum_{i=1}^{n}\cot a'_i\cdot\frac{v_{a_i}}{\rho}-F_0\cot b'_i\cdot\frac{v_{b_i}}{\rho}+F_0-1=0$$

将上式各项乘以$\frac{\rho}{F_0}$,整理后得

$$\sum_{i=1}^{n}\cot a'_i v_{a_i}-\sum_{i=1}^{n}\cot b'_i v_{b_i}+\left(1-\frac{D_n\prod_{i=1}^{n}\sin b'_i}{D_0\prod_{i=1}^{n}\sin a'_i}\right)\rho=0 \tag{7-27}$$

上式最后一项为边长闭合差 W_D,即

$$W_D=\left(1-\frac{D_n\prod_{i=1}^{n}\sin b'_i}{D_0\prod_{i=1}^{n}\sin a'_i}\right)\rho$$

从而得起始边条件方程为

$$\sum_{i=1}^{n}\cot a'_i v_{a_i}-\sum_{i=1}^{n}\cot b'_i v_{b_i}+W_D=0 \tag{7-28}$$

按近似平差平均分配闭合差的原则,且为了不影响第一次改正后已满足的三角形条件,设 a_i、b_i 的第二次改正数 v_{a_i}、v_{b_i} 的绝对值相等,符号相反,即

$$\begin{cases}v_{a_i}=-v_{b_i}\\ v_{a_1}=v_{a_2}=\cdots=v_{a_n}\\ v_{b_1}=v_{b_2}=\cdots=v_{b_n}\end{cases} \tag{7-29}$$

将式(7-29)代入式(7-28)中,可得

$$v_i=v_{a_i}=-v_{b_i}=-\frac{W}{\sum_{i=1}^{n}(\cot a'_i+\cot b'_i)} \tag{7-30}$$

其中,

$$W=\frac{\rho''}{D'_n}W_D$$

三角形各内角平差值(即两次改正后的角值)A_i、B_i、C_i 按下式计算

$$\begin{aligned} A_i &= a'_i + v_{a_i} \\ B_i &= b'_i + v_{b_i} \\ C_i &= c'_i \end{aligned} \tag{7-31}$$

4. 三角形边长的计算

依据起始边边长及两次改正后的角值,用正弦定理依次推算三角锁中其他各边的边长。具体计算实例见表 7-10。

5. 三角点坐标的计算

各三角点的坐标推算,可以采用导线计算方法进行。将图 7-21 中各点组成闭合导线 $A—C—E—G—F—D—B—A$,根据起始边 AB 的坐标方位角和平差后的角值,推算各边的方位角。依据各边方位角和边长,计算各边的坐标增量。从起始点 A 起,依次推算各三角点的坐标。

第五节 三、四等水准测量

高程控制测量是指在小地区范围内,为满足测图和施工的需要,采取一定的方法和作业程序,完成测区首级高程点的加密工作。一般分为三、四等水准测量和三角高程测量两种形式,三角高程测量在前面的内容里已有介绍,本节主要介绍三、四等水准测量。

三、四等水准测量除用于国家高程控制网的加密外,还用于建立小区域首级高程控制网,以及建筑施工区内工程测量的基本控制。三、四等水准点的高程应从附近的一、二等水准点引测。

三、四等水准测量的组织形式与普通水准测量大致相同,即均需事前拟定水准路线、选点、埋石和观测等工作程序。而与普通水准测量的显著区别在于,三、四等水准测量必须使用双面尺法观测和记录,其观测顺序有着严格的要求,相应的记录、计算及精度指标也有区别。

国家测绘局制定的三、四等水准测量及普通水准测量的技术要求见表 7-11。

三、四等水准测量的技术要求 表 7-11

<table>
<tr><th rowspan="2">等级</th><th rowspan="2">附合路线总长(km)</th><th rowspan="2">仪器</th><th rowspan="2">视线长度(m)</th><th rowspan="2">视线距地面最低高度(m)</th><th rowspan="2">水准尺</th><th colspan="2">观 测 次 数</th><th colspan="2">线路闭合差</th></tr>
<tr><th>与已知点连测</th><th>附合线路或环线</th><th>平地(mm)</th><th>山地(mm)</th></tr>
<tr><td rowspan="2">三等</td><td rowspan="2">≤50</td><td>DS_1</td><td rowspan="2">75</td><td rowspan="2">0.3</td><td>铟瓦</td><td rowspan="2">往返一次</td><td>往一次</td><td rowspan="2">$\pm 12\sqrt{L}$</td><td rowspan="2">$\pm 4\sqrt{n}$</td></tr>
<tr><td>DS_3</td><td>双面</td><td>往返各一次</td></tr>
<tr><td>四等</td><td>≤16</td><td>DS_3</td><td>100</td><td>0.2</td><td>双面</td><td>往返一次</td><td>往一次</td><td>$\pm 20\sqrt{L}$</td><td>$\pm 6\sqrt{n}$</td></tr>
</table>

表中:L—水准线路总长度,以公里为单位;n—全线总测站数。

下面着重介绍四等水准测量的观测和计算原理。

一、四等水准测量的观测、记录

四等水准测量一般采用双面水准标尺和中丝法进行观测，且每站按后—后—前—前和黑—红—黑—红的顺序观测。记薄格式见表7-12，具体操作步骤如下。

1. 观测顺序

第一步：初步整平水准仪，检查前后视距较差是否满足要求（参考表7-11），若不满足要求，则要移动仪器位置，使之符合限差要求。

第二步：照准后水准尺的黑面，旋转倾斜螺旋使符合水准器的气泡居中，先用下丝和上丝读取水准读数，再读取中丝读数，将下、上、中三丝读数依次记于观测手簿表7-12的(1)、(2)、(3)栏内。

第三步：照准后水准尺的红面，检查气泡，读取中丝读数并记录于观测手簿的(8)中。

第四步：旋转照准部照准前视标尺的黑面，使符合气泡居中，先用中丝读数，再用下、上丝读数，依次将中、下、上三丝读数分别记录在观测手簿的(4)、(5)、(6)栏内。

第五步：同第三步，照准前视标尺的红面，气泡居中后，将中丝读数记录在(7)中。

2. 测站计算与检核

为便于及时发现观测错误或超限，一般要求在每一测站上均达到观测、记录、计算同步进行，绝对不允许等全部测完后再进行计算。测站上的计算分以下三部分内容。

视距计算：

$$\begin{cases}\text{后视距离}(15)=[(1)-(2)]\times 100\\ \text{前视距离}(16)=[(5)-(6)]\times 100\\ \text{后视距离与前视距离之差}(17)=(15)-(16)\\ \text{前后视距累积差}(18)=\text{本站}(17)+\text{前站}(18)\end{cases}\tag{7-32}$$

高差计算：

$$\begin{cases}\text{前视标尺黑红面读数之差}(9)=(4)+K-(7)\\ \text{后视标尺黑红面读数之差}(10)=(3)+K-(8)\\ \text{两标尺的黑面高差}(11)=(3)-(4)\\ \text{两标尺的红面高差}(12)=(8)-(7)\\ \text{黑面高差与红面高差之差}(13)=(11)-[(12)\pm 100]\end{cases}\tag{7-33}$$

注：高差中数计算，当上述计算合乎限差要求时，可计算高差中数，且

$$\text{高差中数}(14)=\frac{1}{2}[(11)+(12)\pm 100]\tag{7-34}$$

检核计算：

(1)测站检核公式

$$(13)=(10)-(9)=(11)-[(12)\pm 100]\tag{7-35}$$

公式(7-35)可检核同一测站黑、红面高差是否相等，若不相等时，以表7-11中相应的限差

要求为标准。若超出限差范围，本站必须重新测量。若满足限差要求，可以迁站。特别注意：在确认能否迁站前，前视标尺及尺垫决不允许移动。

(2)每页观测成果的检核

在一些教材中强调这一检核，如表 7-12 底部“每页校核”部分。其实，作为检核，主要是校核计算过程中有无错误、笔误等，校核应使用不同的计算途径进行，各自独立，以便发现问题。

三、四等水准测量记录

表 7-12

测段：1-A　　日期：2006 年 3 月 12 日　　仪器：北光 DZS3-1

开始：8 时　　天气：晴　　观测者：王明

结束：9 时　　成像：清晰稳定　　记录者：李鹏

测站编号	测点编号	后尺 下丝 / 上丝 / 后视距 / 视距差 d	前尺 下丝 / 上丝 / 前视距 / $\sum d$	方向及尺号	水准尺读数 黑面	水准尺读数 红面	K 加黑减红	高差中数	备注
		(1)	(5)	后	(3)	(8)	(10)		
		(2)	(6)	前	(4)	(7)	(9)		
		(15)	(16)	后—前	(11)	(12)	(13)	(14)	
		(17)	(18)						
1	BM_1—TP_1	1526	0901	后 No. 12	1311	6098	0	+0.6250	No. 12 标尺 $K_{12}=4787$
		1095	0471	前 No. 13	0686	5373	0		
		43.1	43.0	后—前	+0625	+0725	0		
		+0.1	+0.1						
2	TP_1—TP_2	1912	0670	后 No. 13	1654	6341	0	+1.2435	
		1396	0152	前 No. 12	0411	5197	+1		
		51.6	51.8	后—前	+1243	+1144	−1		
		−0.2	−0.1						
3	TP_2—TP_3	0989	1813	后 No. 12	0798	5586	−1	−0.8245	No. 13 标尺 $K_{13}=4687$
		0607	1433	前 No. 13	1623	6310	0		
		38.2	38.0	后—前	−0825	−0724	−1		
		+0.2	+0.1						
4	TP_3—A	1791	0658	后 No. 13	1608	6296	0	+1.1340	
		1425	0290	前 No. 12	0474	5261	0		
		36.6	36.8	后—前	+1134	+1034	0		
		−0.2	−0.1						
测量计算	$\sum(15)-\sum(16)=169.5-169.6=-0.1\text{m}=\sum d$(视距累差) $\sum(15)+\sum(16)=169.5+169.6=339.1\text{m}$(总长度) h(总高差)$=\frac{1}{2}\{\sum(11)+\sum(12)\}=\frac{1}{2}\times4.356=2.178=\sum(14)=2.178$								

二、关于四等水准测量的工作间歇

由于四等水准测量路线一般较长，在中途休息或收工时，最好能在水准点（事前预埋标石）上结束观测。如确实不能时，则应选择两个突出、稳固的地面点，作为间歇前的最后一站来观测。间歇结束后，应先在两间歇点上放置标尺，并进行检测。若间歇前、后两间歇点之间的高差较差不超过 5mm，则认为间歇点位置没有变动，此时可以从前视间歇点开始继续观测；若高差较差超过 5mm，则应退回该段的水准点处重新进行观测。

三、水准路线的高程计算

完成水准测量外业工作后，即可转入内业计算。由于四等水准测量是由某个高级水准点开始，结束于另一高级水准点，故实测总高差与两高级点的高差往往不符。这就需要按一定规则调整高差闭合差，一般分三步实施。

1. 检查外业手簿并绘制水准路线略图

计算前，应首先进行外业手簿的检查。内容包括记录是否正确、注记是否齐全、计算是否有误等。检查无误后，便可绘制水准路线略图（见图 7-22）。

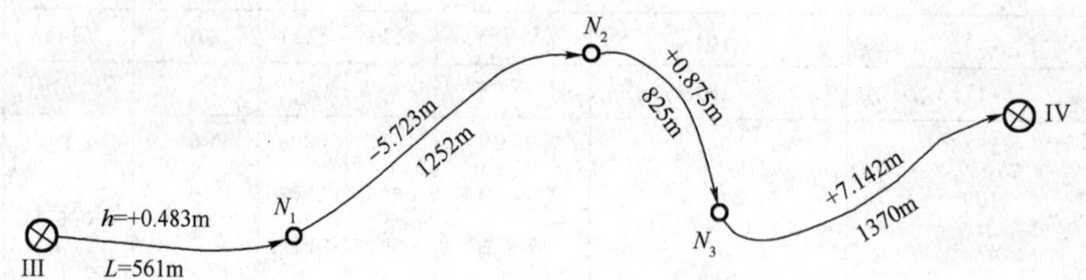

图 7-22　绘制水准路线略图示意图

从观测手簿中逐个摘录各测段的观测高差 h_i。特别需要说明的是：凡观测方向与推算方向相同的，其观测高差的符号（正负号）不变。同时，还要摘录各测段的距离 L_i 或测站数 n_i（当采用测站数调整高差闭合差时），明确起、终点的高程 $H_{起}$、$H_{终}$ 等，一并标注在略图中。

2. 高差闭合差的计算及调整

（1）高差闭合差的计算

高差闭合差通常用 f_h 表示，以附合水准路线为例。

$$f_h = \sum h_i - (H_{终} - H_{起}) \tag{7-36}$$

$$\sum h_i = h_1 + h_2 + \cdots + h_n \tag{7-37}$$

（2）高差闭合差允许值的计算

高差闭合差是衡量观测值质量的精度指标，必须有一个限度规定，如果超出这一限度，应查明原因，返工重测。

四等水准测量高差闭合差的允许值为

$$f_{h容}=\pm 20\sqrt{L} \tag{7-38}$$

式中：L——水准路线的长度，km。

(3)高差闭合差的调整

若高差闭合差在允许范围内，可将闭合差按与各段的距离(L_i)成正比反号调整于各测段的高差之中。若各测段的高差改正数为 v_i，则

$$v_i=\frac{-f_h}{\sum L_i}L_i \tag{7-39}$$

注意：用上式计算时，改正数凑整至毫米，余数强行分配到长测段中。

3. 改正后高差的计算

各测段观测高差值加上相应的改正数，即可得到改正后的高差 $h_{i改}$

$$h_{i改}=h_i+v_i \tag{7-40}$$

4. 待定点高程的计算

沿推算方向，由起点的高程 $H_起$ 开始，逐个加上相应测段改正后的高差 $h_{i改}$，即可逐一得出待定点的高程 H_i。即

$$H_i=H_{i-1}+h_{i改} \tag{7-41}$$

四、算例

【例 7-4】 某四等附合水准路线观测结果见图 7-22，起始点 III_{062} 的高程为 73.702m，终点 IV_{001} 的高程为 76.470m。求待定点 N_1、N_2、N_3 的高程。

【解析】依据上述各公式，计算在表 7-13 中完成。

四等水准路线测量成果计算表　　表 7-13

点号	距离(km)	平均高差(m)	改正数(mm)	改正后高差(m)	高程(m)	备　注
III_{062}					73.702	附合水准路线 $f_{h容}=\pm 20\sqrt{L}$ $=\pm 20\sqrt{4.008}$ $=\pm 40mm$ $f_h=\sum h_i-(H_终-H_起)$ $=0.009m$ $=+9mm$
	0.561	+0.483	−1	+0.482		
N_1					74.184	
	1.253	−5.723	−3	−5.726		
N_2					68.458	
	0.825	+0.875	−2	+0.873		
N_3					69.331	
	1.370	+7.142	−3	+7.139		
IV_{001}					76.470	
Σ	4.008	+2.777	−9	+2.678		

注：三、四等水准路线高程计算方法同上，只是取位和精度指标不同而已。

思考题与习题

1. 什么是小地区控制网？它与国家控制网有何关系？
2. 测绘地形图和施工放样为什么要先建立控制网？

3. 导线有哪几种布设形式？各在什么情况下使用？

4. 闭合导线与附合导线在内业计算中有哪些异同点？

5. 在什么情况下采用三角高程测量？如何观测、记录和计算？

6. 导线测量中连接边和连接角有何作用？

7. 设有闭合导线 1—2—3—4—1，已知 1 点的坐标为(500.000,530.000)，12 边的方位角 $\alpha_{12}=273°48'06''$，导线内角度各边边长如图所示，试求 2、3、4 各点的坐标。

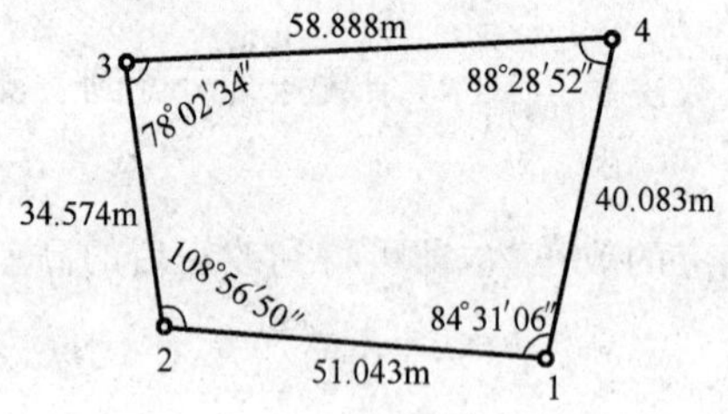

第八章
地形图及其应用

本章提要

本章介绍地形图的基本知识；大比例尺地形图的常规测绘方法；地形图的应用，内容包括：求图上某点的坐标、求图上某点的高程、求图上两点间的距离、求图上某直线的坐标方位角、求图上某直线的坡度、量测图形面积、按限制坡度选定最短路线、绘制一定方向的断面图、确定汇水范围、场地平整的土(石)方估算。

第一节　大比例尺地形图的基本知识

一、地形图比例尺

地形图比例尺是地面上两点之间的水平距离与地形图上相应两点之间的平距之比，并用分子为1的分数表示，即$\frac{1}{M}$。

1. 数字比例尺

采用分子为1的分数来表示。根据测区面积和图幅尺寸的大小，选用以下三种类型的比例尺：

(1)小比例尺地形图常指1∶100万、1∶50万、1∶20万的地形图。

(2)中比例尺地形图常指1∶10万、1∶5万、1∶2.5万的地形图。

(3)大比例尺地形图常指1∶1万、1∶5000、1∶2000、1∶1000、1∶500的地形图。

在城镇建设及建筑工程规划、设计工作中，常使用大比例尺地形图，尤其是1∶2000、1∶1000、1∶500的地形图使用得更多。

2. 图示比例尺

在绘制地形图时，应在图幅下面附一比例尺图，称为图示比例尺，如图8-1所示。尺的划分按2cm分段，最左一段再分为20等分，故每一等分为1mm。根据比例尺大小按2cm所代表的实际长度标注于尺的上方，故尺上数字即代表该比例尺对应的实地水平距离(m)，可参见如图8-1所示的37.3m和108.0m。

二、比例尺精度

由于人的肉眼在图上能分辨出的最短距离一般为0.1mm，所以我们把地形图上0.1mm

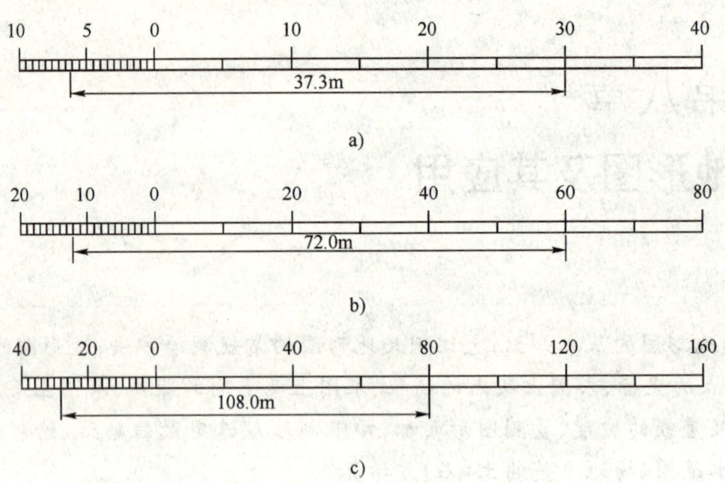

图 8-1 图示比例尺

a)1：500；b)1：1000；c)1：2000

所代表的实际长度称做“比例尺精度”。例如，测量一张 1：2000 比例尺的地形图，图上 0.1mm 代表实地 0.1×2000=2000mm=0.2m，此 0.2m 即为 1：2000 比例尺的精度。因此，在测量 1：2000 的地形图时，量距精度只需达到 0.2m 对应的相对误差即可。大比例尺地形图比例尺精度如表 8-1 所示。

大比例尺地形图比例尺精度表 表 8-1

比例尺	1：5000	1：2000	1：1000	1：500
比例尺精度(m)	0.50	0.20	0.10	0.05

可见比例尺越大，其精度也越高，这样的地形图表示地貌、地物也越详尽，但测量时所需人力、物力及时间自然也越多。因此，应根据工程规划和设计的需要，合理选用适当的比例尺，这样既能满足工程要求，也可避免不必要的耗费。

三、国家基本比例尺地图图式以 1：500 1：1000 1：2000 地形图图式为例

1. 范围

GB/T 20257 的本部分规定了 1：500、1：1000、1：2000 地形图上表示的各种自然和人工地物、地貌要素的符号和注记的等级、规格和颜色标准、图幅整饰规格，以及使用这些符号的原则、要求和基本方法。

本部分适用于 1：500、1：1000、1：2000 地形图的测绘，也是各部门使用地形图进行规划、设计、科学研究的基本依据。编制其他图种的地理底图或测绘相应比例尺的地图可参照使用。

2. 符号使用的一般规定

(1)符号的分类

①依比例尺符号：地物依比例尺缩小后，其长度和宽度能依比例尺表示的地物符号。

②半依比例尺符号：地物依比例尺缩小后，其长度能依比例尺而宽度不能依比例尺表示的地物符号。在本部分中符号旁只标注宽度尺寸值。

③不依比例尺符号：地物依比例尺缩小后，其长度和宽度不能依比例尺表示。在本部分中符号旁标注符号长、宽尺寸值。

(2)符号的尺寸

①符号旁以数字标注的尺寸值，均以毫米(mm)为单位。

②符号旁只注一个尺寸值的，表示圆或外接圆的直径、等边三角形或正方形的边长；两个尺寸值并列的，第一个数字表示符号主要部分的高度，第二个数字表示符号主要部分的宽度；线状符号一端的数字，单线是指其粗度，两平行线是指含线划粗的宽度(街道是指其空白部分的宽度)。符号上需要特别标注的尺寸值，则用点线引示。

③符号线划的粗细、线段的长短和交叉线段的夹角等，没有标明的均以本图式的符号为准。一般情况下，线划粗为 0.15mm，点的直径为 0.3mm，符号非主要部分的线划长为 0.5mm，非垂直交叉线段的夹角为 45°或 60°。

3. 符号与注记

编号	符号名称	符号式样			符号细部图
		1∶500	1∶1000	1∶2000	
1	测量控制点				
1.1	三角点 a. 土堆上的 张湾岭、黄土岗——点名 156.718、203.623——高程 5.0——比高	3.0 △ 张湾岭/156.718 a 5.0 △ 黄土岗/203.623			1.0 0.5 1.0
1.2	小三角点 a. 土堆上的 摩天岭、张庄——点名 294.91、156.71——高程 4.0——比高	3.0 ▽ 摩天岭/294.91 a 4.0 ▽ 张庄/156.71			1.0 0.5 1.0
1.3	导线点 a. 土堆上的 I16、I23——等级、点号 84.46、94.40——高程 2.4——比高	2.0 ⊙ I16/84.46 a 2.4 ⊙ I23/94.40			
1.4	埋石图根点 a. 土堆上的 12、16——点号 275.46、175.64——高程 2.5——比高	2.0 ⊡ 12/275.46 a 2.5 ⊡ 16/175.64			2.0 0.5 0.5 1.0

续上表

编号	符号名称	符号式样 1∶500	符号式样 1∶1000	符号式样 1∶2000	符号细部图
1.5	不埋石图根点 19——点号 84.47——高程	2.0 ⊡ 19/84.47			
1.6	水准点 II——等级 京石 5——点名点号 32.805——高程	2.0 ⊗ II京石5/32.805			
1.7	卫星定位等级点 B——等级 14——点号 495.263——高程	3.0 B14/495.263			
2	水系				
2.1	地面河流 a.岸线 b.高水位岸线 清江——河流名称	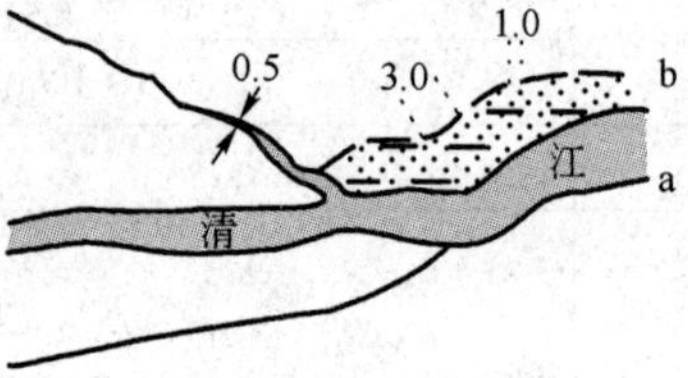 0.5 3.0 1.0 b a 清 江			
2.2	涵洞 a.依比例尺的 b.半依比例尺的	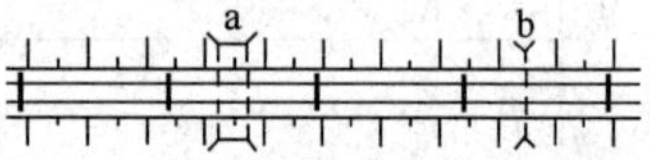 a b			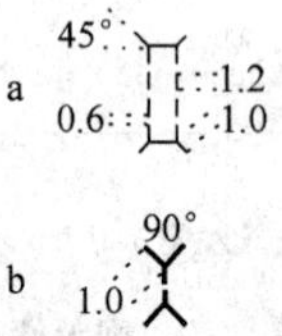 a 45° 1.2 0.6 1.0 b 90° 1.0
2.3	干沟 2.5——深度	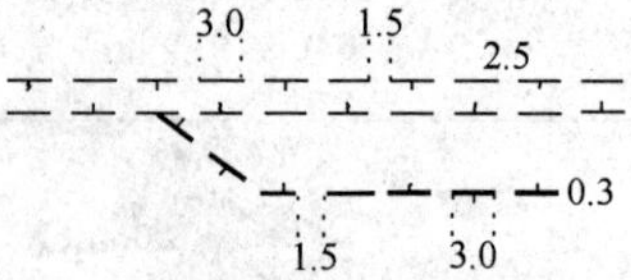 3.0 1.5 2.5 0.3 1.5 3.0			
2.4	湖泊 龙湖——湖泊名称 (咸)——水质	 龙 湖 (咸)			
2.5	池塘				
3	居民地及设施				

续上表

编号	符号名称	符号式样 1∶500	符号式样 1∶1000	符号式样 1∶2000	符号细部图
3.1	单幢房屋 a. 一般房屋 b. 有地下室的房屋 c. 突出房屋 d. 简易房屋 混、钢——房屋结构 1、3、28——房屋层数 —2——地下房屋层数	a 混 1　b 混 3-2　0.5　2.0　1.0 c 钢 28　d 简		3　1.0　c 28	
3.2	围墙 a. 依比例尺的 b. 不依比例尺的	a　10.0　0.5 b　10.0　0.5　0.3			
3.3	栅栏、栏杆	10.0　1.0			
4	交通				
4.1	标准轨铁路 a. 一般的 b. 电气化的 b1. 电杆 c. 建筑中的	a　0.2　10.0　0.6　0.4 b　8.0　b1　1.0 c　2.0　8.0		a　0.15　0.8 b　b1　1.0 c　2.0　8.0	
4.2	高速公路 a. 临时停车点 b. 隔离带 c. 建筑中的	0.4　b　0.4　a c　0.4　3.0　25.0			
5	植被与土质				

续上表

编号	符号名称	符号式样 1:500	符号式样 1:1000	符号式样 1:2000	符号细部图
5.1	稻田 a. 田埂	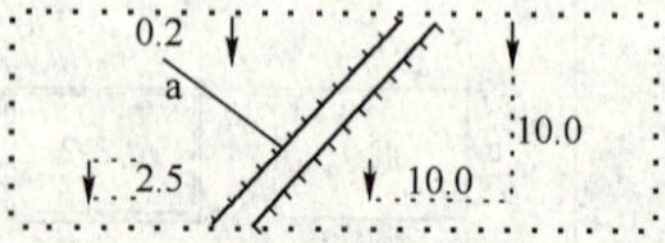 0.2 a 2.5 10.0 10.0			 30° 1.0
5.2	旱地	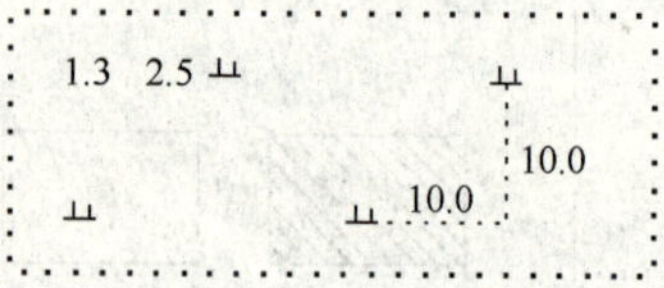 1.3 2.5 10.0 10.0			
5.3	菜地	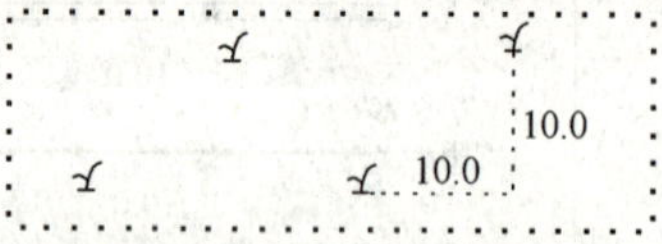 10.0 10.0			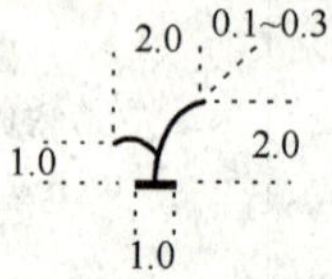 2.0 0.1~0.3 1.0 2.0 1.0
5.4	水生作物地 a. 非常年积水的 菱——品种名称	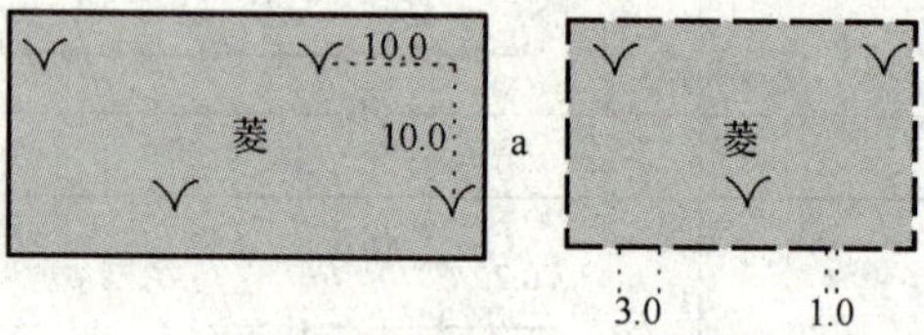 10.0 菱 10.0 a 菱 3.0 1.0			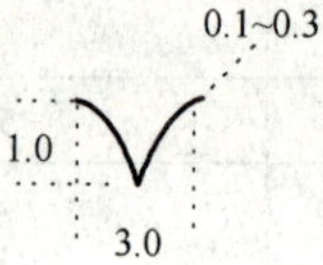 0.1~0.3 1.0 3.0
5.5 5.5.1	园地 经济林 a. 果园	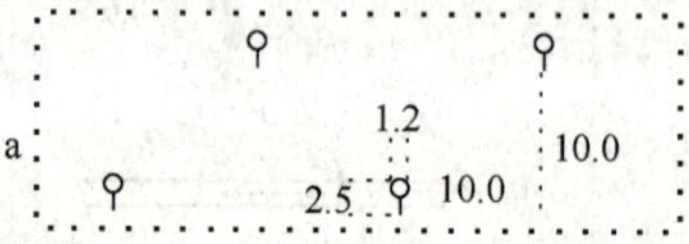 a 1.2 10.0 2.5 10.0			
	b. 桑园	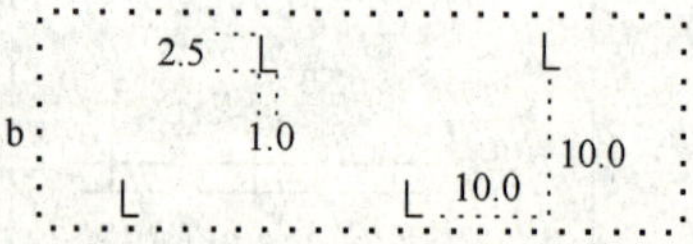 b 2.5 1.0 10.0 10.0			
	c. 茶园	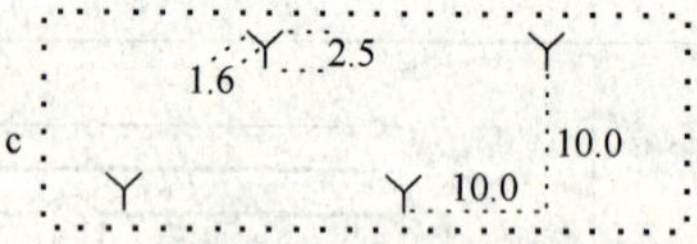 c 1.6 2.5 10.0 10.0			
	d. 橡胶园	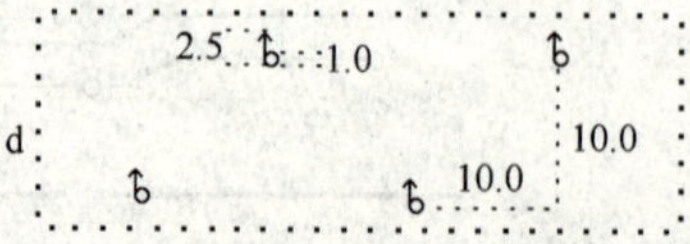 d 2.5 1.0 10.0 10.0			
	e. 其他经济林	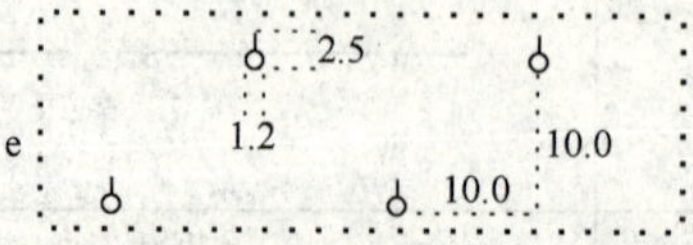 e 2.5 1.2 10.0 10.0			

续上表

编号	符 号 名 称	符 号 式 样			符号细部图
		1∶500	1∶1000	1∶2000	
5.5.2	经济作物地	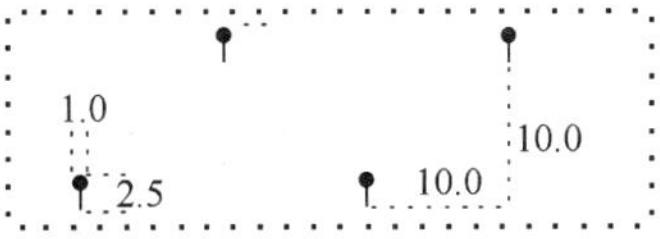 1.0 2.5 10.0 10.0			
5.6	成林	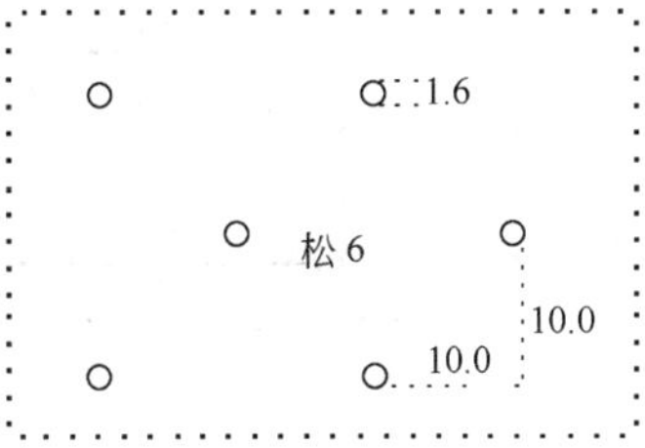 1.6 松6 10.0 10.0			
5.7	幼林、苗圃	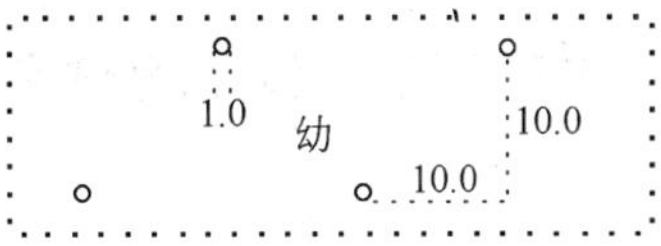 1.0 幼 10.0 10.0			
5.8	高草地 芦苇——植物名称	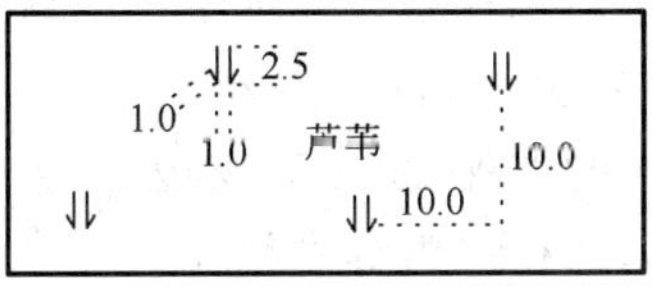 2.5 1.0 1.0 芦苇 10.0 10.0			
5.9	草地 a. 天然草地 b. 改良草地 a. 人工牧草地 d. 人工绿地	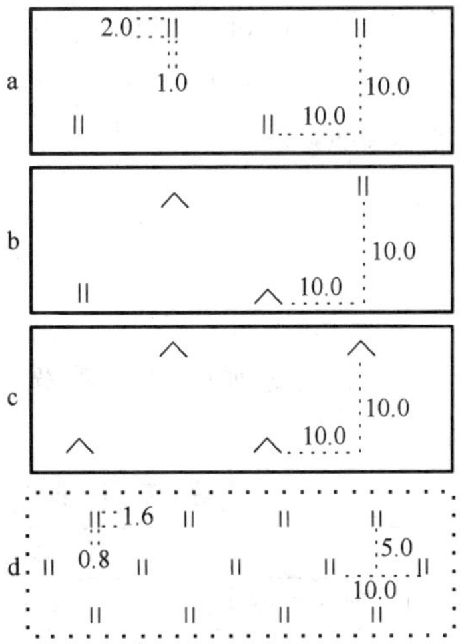 a 2.0 1.0 10.0 10.0 b 10.0 10.0 c 10.0 10.0 d 1.6 0.8 5.0 10.0			 2.0 90°
5.10	半荒草地	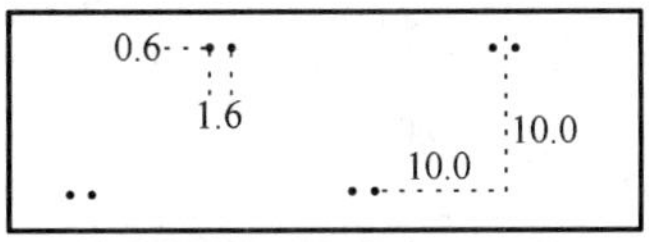 0.6 1.6 10.0 10.0			
5.11	荒草地	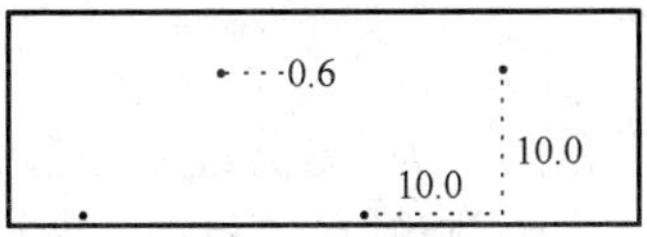 0.6 10.0 10.0			

续上表

编号	符号名称	符号式样 1:500	符号式样 1:1000	符号式样 1:2000	符号细部图
5.12	花圃、花坛	1.5 1.5 10.0 10.0			
5.13	盐碱地				3.6 30° 2.4

四、地貌符号

地形表面自然起伏的形态称为地貌，如山、盆地等。

1. 等高线

地形图多采用等高线来表示地貌。地理学中已讲过，等高线是将地面高程相等的相邻点连成的闭合曲线。如图 8-2 所示，是一座小山头，现设想用一组相隔 5m 的水平面去截该地貌，将其断面进行水平投影，即得一组等高线图。若按比例尺绘出这一组等高线，就可以准确而形象地表示这个山头的地貌变化情况。所以，等高线可以形象而准确地描绘地貌的形态，这也是用等高线描绘地貌的理由。

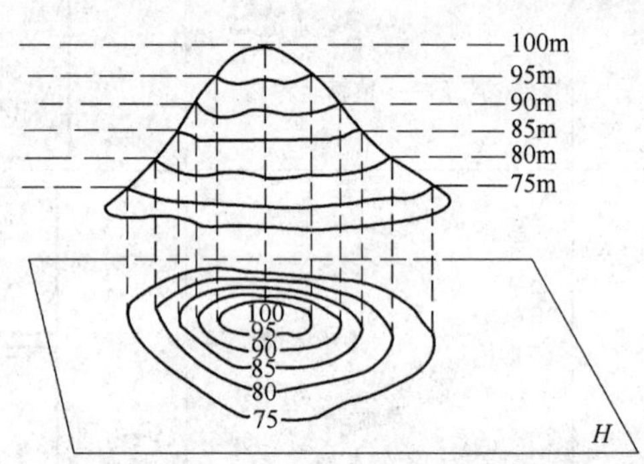

图 8-2　等高线示意图

2. 等高距

相邻两条等高线间的高差叫等高线的“等高距”，常用 h 表示。测图时，根据测图比例尺的不同，按表 8-3 选用不同的等高距。在同一张测图中，一般不应选用两种等高距。

等 高 距 表　　表 8-3

测图比例尺	地貌情况及其坡度 平地（0°～2°）	地貌情况及其坡度 丘陵地（2°～6°）	地貌情况及其坡度 山地（6°以上）
1:500	0.5	0.5	1.0
1:1000	0.5	1.0	1.0
1:2000	1.0	1.0	2.0
1:5000	2.0	2.0	5.0

3. 等高线平距

相邻两等高线间的水平距离称为“等高线平距”，常用 d 表示。地面坡度越小，则等高线平距也越大，等高线也越稀；反之，则等高线越密。若地面坡度均匀，则绘出的等高线其等高线平距必相等。

4. 等高线的分类：

（1）首曲线。按规定等高距画出的等高线，称为“基本等高线”，也叫“首曲线”，用 0.15mm 粗的细实线绘制，如图 8-3 所示 92m、94m、96m、98m 的等高线。

（2）计曲线。为了阅读方便，每隔 4 根基本等高线应加粗 1 根，并用 0.3mm 粗的实线绘制，称为“加粗等高线”，也叫“计曲线”。因此，两根加粗等高线的等高距为基本等高距的 5 倍。如图 8-3 所示 90m、100m 的等高线。

（3）间曲线。如部分地貌复杂，为了能较好地反映这部分地貌变化情况，可加绘基本等高距一半的“半距等高线”，也叫“间曲线”。如图 8-3 所示 97m 长虚线的等高线。

（4）助曲线。如使用半距等高线后，尚有部分地貌未能表达清楚时，可再加用基本等高距四分之一的“辅助等高线”，又称“助曲线”，用短虚线表示。

在平坦地区，地貌起伏变化不大，只用基本等高线，图上仅能画出两三根。这时，也可使用半距或辅助等高线，以便能较完整地反映地貌的真实变化情况。

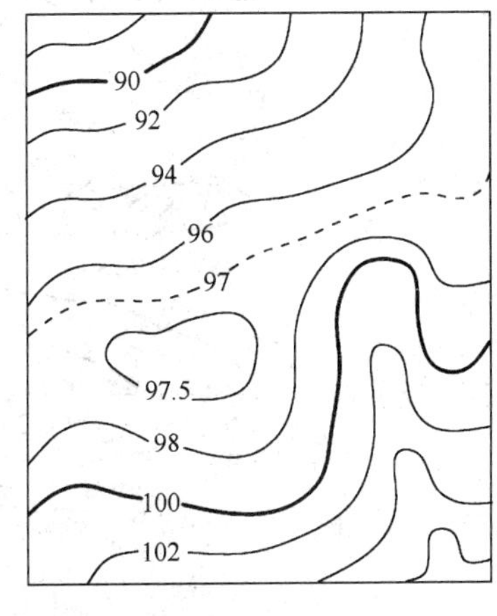

图 8-3　等高线的各种曲线示意图

5. 几种典型地貌的等高线

自然地貌变化多样，但可归结为几种典型的地貌形态，初学者要注意掌握这些地貌特征和它的等高线形式。

（1）山头和洼地

两者画出的等高线，都是封闭的一组曲线，其不同点在于各等高线的高程注记。山头等高线的高程，由外向内，数字逐渐增大，如图 8-4a）所示；而洼地的等高线其高程，由外向内，数字逐渐缩小，如图 8-4b）所示。

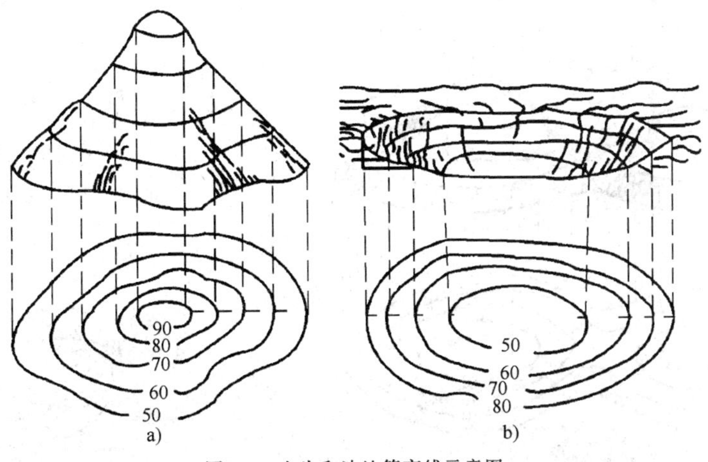

图 8-4　山头和洼地等高线示意图

a）山头；b）洼地

(2)山脊和山谷

高地向一个方向凸出延伸的部位叫“山脊”,其最高点的连线叫“山脊线”,亦称“分水线”。因落在山脊上的雨水,将沿分水线向山脊的两侧流走,故名“分水线”。如图 8-5a)所示点画线。

洼地向一个方向延伸的部位叫“山谷”,其最低点连线叫“山谷线”,亦称“集水线”。因由山脊流下的雨水,均往山谷集中,沿山谷线下泄,故名“集水线”。如图 8-5b)所示点画线。

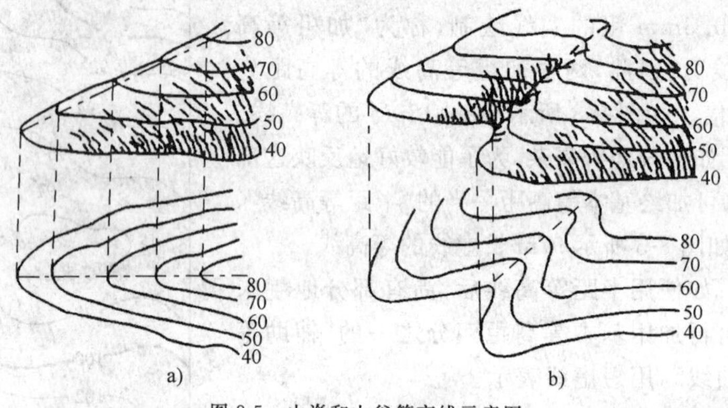

图 8-5 山脊和山谷等高线示意图

a)山脊;b)山谷

山脊线和山谷线是反映地貌特征的线,故合称为“地性线”。它必与山脊或山谷部分的等高线相垂直。在测图时,应力求其与实地情况相符。

(3)鞍部

相邻两山头之间的低凹部位俗称“山垭口”(图 8-6 中 S 点部分),因形似马鞍,故名“鞍部”。鞍部是道路翻越山岭必通过的部位,其等高线的特征是:一条低于鞍部高程的封闭曲线,内套有两组高于鞍部高程的闭合曲线,如图 8-6 所示。

(4)悬崖和陡崖

山头上部凸出,山腰又凹进,山头遮住凹进去的山腰部位,称为“悬崖”。山头部分的等高线,将与下部山腰部分的等高线相交。凹进而被山头遮挡的山腰部分的等高线,应画成虚线,如图 8-7 所示。

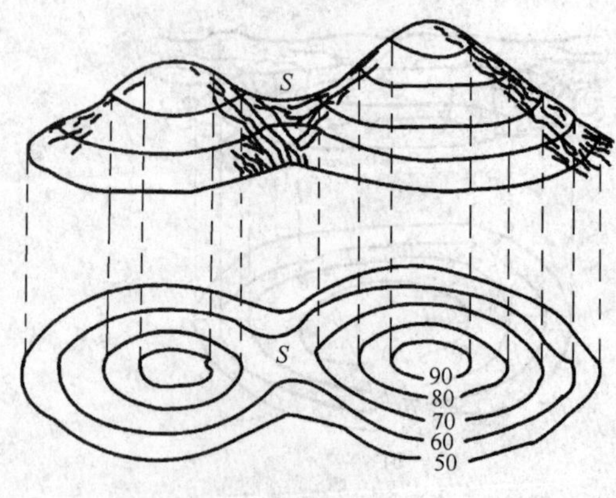

图 8-6 鞍部等高线示意图

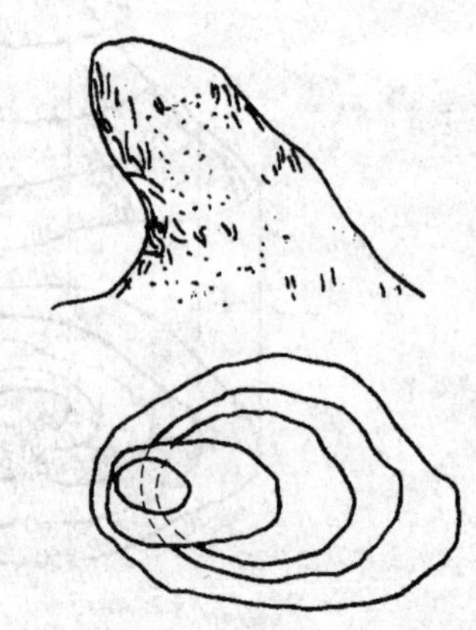

图 8-7 悬崖等高线示意图

陡崖是坡度陡峭的山坡部分，其坡度在 70°以上，故等高线十分密集。若坡度达 90°，则等高线将重合在一起。如图 8-8 所示。

(5)冲沟

由于多年雨水对山坡的冲刷，造成水土流失而形成的深沟，如图 8-9 所示。符号与土质悬崖相同，见《图式》。

5. 等高线的特征

综合以上所述，等高线有如下一些特点：

(1)同一条等高线上的各点高程必相等。

(2)等高线是一条封闭曲线，不能在图内突然中断。若某条等高线不能在本图内闭合，则必然在相邻图幅内闭合，故应将它画到图边线处。

(3)除悬崖、陡崖、绝壁外，不同高程的等高线不能相交，也不能重合(参见图 8-8)。

(4)等高线不能任意跨过河流，应沿河岸上高程相同的点向上游延伸，直到上游河底高程相同处，再跨过河床，然后再沿对岸高程相同的点，向下游延伸，如图 8-10 所示。

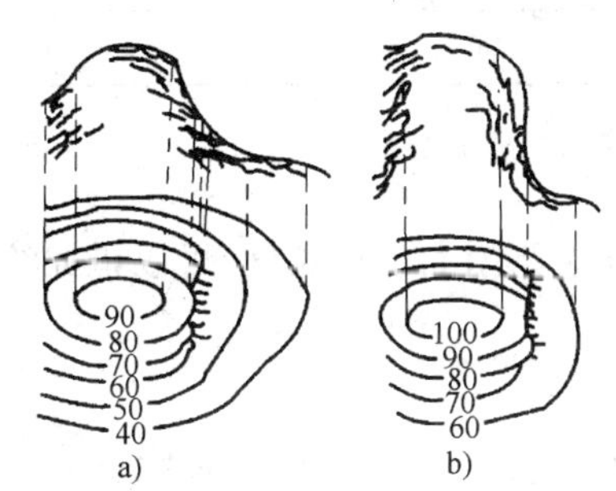

图 8-8 陡崖等高线示意图
a)石质陡崖；b)土质陡崖

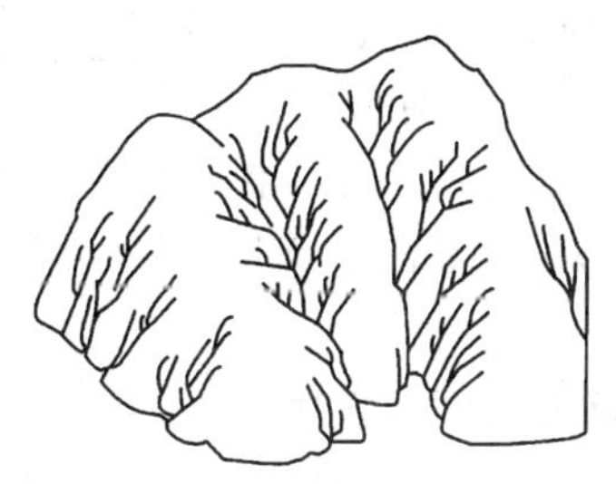

图 8-9 冲沟等高线示意图

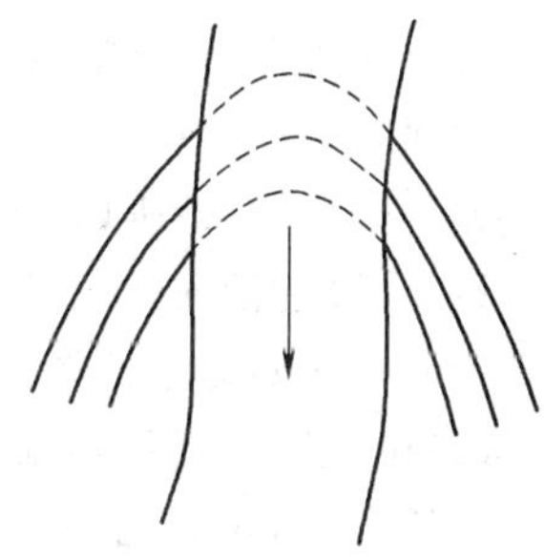

图 8-10 跨越河流等高线绘制方法示意图

五、地形图的方向

因地形图的测绘，常采用经纬仪导线作控制，导线则按坐标方格网展绘，而坐标方格网的上方为磁北方向，故绘出的地形图上方也必定是磁北方向。在小城市或村镇建设中，测区较小，其地形图也较小，图根导线也较简单，这时可不绘坐标方格网，而在图上附一指北针表示测图方向，但仍应以图纸上方为北方向。图 8-11 为常用的指北针图式。

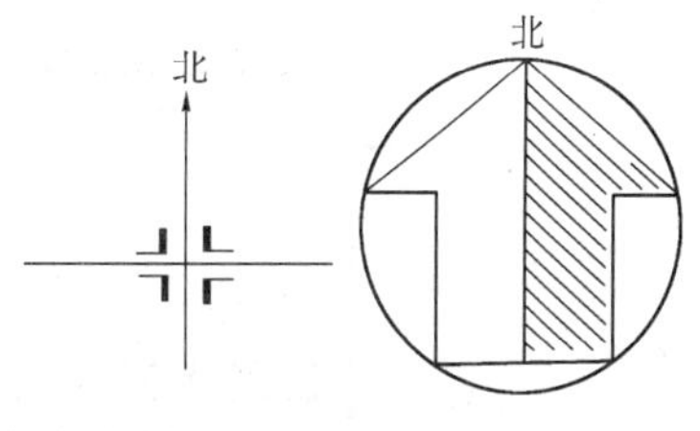

图 8-11 常用指北针图示

第二节 大比例尺地形图的测绘

地形图测绘的方法有多种：大平板仪测绘地形图、小平板配合经纬仪测地形、经纬仪视距法测地形、全站仪数字化测图等。下面我们重点介绍经纬仪视距法测地形的基本方法，另对全站仪数字化测图技术也作介绍。

一、测图前的准备工作

1. 准备测图图纸

现阶段，施工单位已经用聚脂薄膜替代传统图纸。这种薄膜伸缩性小、无色透明、结实耐用、不怕潮湿且便于携带和保存。测图时，先在图版上垫一硬胶板和浅色薄纸，再将聚脂薄膜蒙在上面，用胶带纸固定在测板上，也可选用一般图纸。

2. 绘制坐标方格网

绘制坐标方格网的目的是将已知(或已测定)控制点精确地展绘在图纸上，以便以此为基础进行地形图测绘。坐标方格网常用对角线法和坐标格网尺来绘制。下面重点介绍坐标格网尺绘制坐标方格网的方法。

(1)坐标格网尺

如图 8-12 示，坐标格网尺是一种带有方眼的金属直尺，其上有间隔为 10cm 的 6 个小孔，起始孔斜面边缘为一直线，并刻有一细线表示该尺的起点(或零点)。其余各孔斜面的边缘是以零点为圆心，分别以 10cm、20cm、50cm 和 70.711cm 为半径的弧线，其中 70.711cm 是边长为 50cm 的正方形对角线的长度，可以借此绘制 50cm×50cm 的正方形。

图 8-12　坐标格网尺(单位：cm)

(2)用坐标格网尺绘制坐标方格网的方法

以绘制 50cm×50cm 方格网为例。如图 8-13 所示，首先在图下方的合适位置绘一直线(见图 8-13a)，左端取一点 A，使格网尺零点与之重合，并使格网尺各孔斜面中心均通过该直线，然后沿孔斜边画弧线与直线相交，便定出 A、1、2、3、4、B 间距各为 10cm 的 5 个点；然后，将尺子的零点对准 B 点，并使尺子大致与 AB 线垂直，再依次沿各孔斜边画弧线(见图 8-13b)；第三步，将尺子零点对准 A 点，使尺子末端(70.711cm 处)斜边与右边最上短弧线相交，定出 C

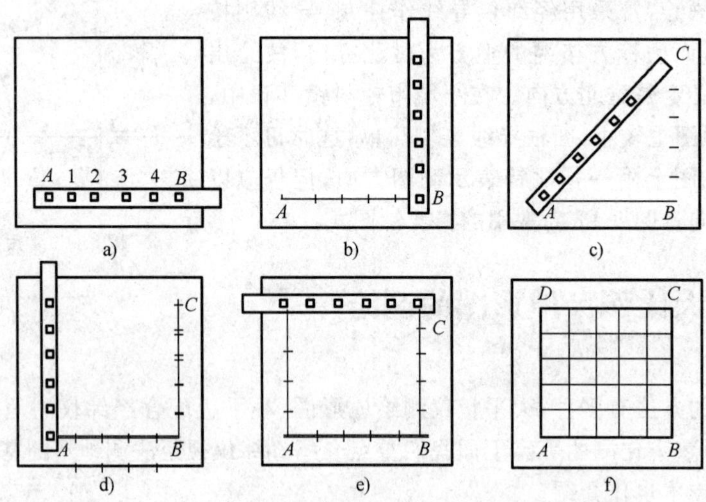

图 8-13　用坐标格网尺绘制 50cm×50cm 方格网的方法示意图

点，此时，连接 BC，该直线与各短弧线的交点即为右边各点（见图 8-13c）；第四步，采用同样的方法，定出左边各点，并检查 CD 之间的距离是否为 50cm（见图 8-13d、e）；最后，将上下、左右对应各点相互连接，最终绘制出 10cm×10cm 的坐标格网。

对坐标格网的检查主要是验证各方格的角点是否在同一直线上，各方格对角线长度是否为 14.14cm 等。基本要求是：各方格角点偏离直线最大不超过 0.2mm，各方格对角线长度误差不超过±0.3mm。

（3）展绘控制点

按照比例将控制点的位置展绘在图纸上。展绘时一定要仔细、认真，以保证控制点展绘的质量。

在展点时，应先确定控制点所在的方格，如图 8-14 所示。控制点 2 的坐标为 $x_2=5674.10$m，$y_2=8662.72$m，根据点 2 的坐标，确定它是在 $klnm$ 方格内，从 m、n 点分别依比例尺向上量取 74.10m 和 62.72m，得 a、b 和 c、d 四点，ab 和 cd 的交点即为控制点 2 的位置。

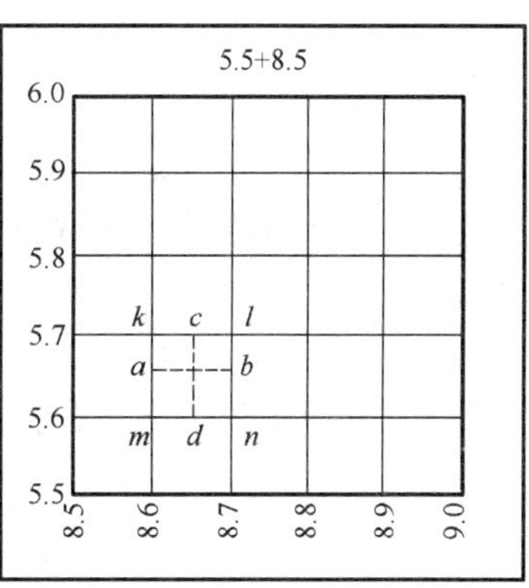

图 8-14　展点方法示意图

采用同样的办法，可以将其他控制点一一展绘出来。各点独立展绘后，应作必要的检查，一般是量取相邻两控制点的距离，与其已知边长对比，其最大误差不超过图纸上 0.3mm，否则应予以重新展绘。控制点的平面位置确定后，还应当标注相应的点号和高程（标注方式见《图式》）。

二、选择碎部点

碎部点是地形测量中的地物、地貌的特征点。地物指人工构筑或自然形成的形体，如房屋、道路、河、湖等。地貌是指地球表面自然起伏的状态，如山地、盆地等。在地形测量中合理选择特征点，不仅能勾绘出地形图，较好地反映实地情况，且可省时省力、多快好省地完成测绘任务。

1. 地物点的选择

凡属下列各种地物点，均应选择立尺点进行测绘：

人工建造的建（构）筑物的轮廓线转折点。由于一般建（构）筑物平面多为规则的几何图形，如图 8-15 所示的房屋，因此只需选择 1、2、3 为碎部点，在控制点 A 测绘其位置。

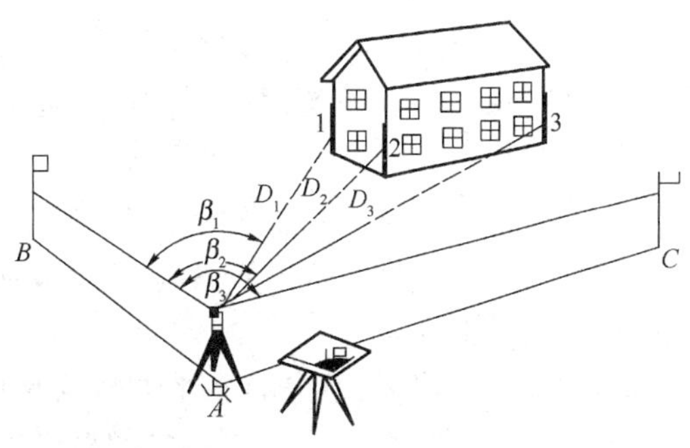

图 8-15　人工建造的建（构）筑物碎部点选择示意图

对轮廓线为曲线的地物，如道路、河流、土地的边界等，应在转弯处适当选点。但一般测图规定，凡轮廓线在图上反映凸凹不超过 0.4mm 的，可当直线看待。反之，必须适当选择凸凹点作碎部点。如图 8-16 所示，点 2 偏离 13 连线超过图上尺寸 0.4mm，点 2 应作碎部点测出；但点 4 偏离 35 连线在图上不超过 0.4mm，即可视 345 线为直线，点 4 可不测定。实测时，选点立尺（俗称“跑点”），可根据比例尺大小，在实地目估这些凸凹程度，以确定是否选择凸凹点作碎部点。例如，施测一张 1∶500 的地形图，当凸凹点偏离超过 0.4×500＝200mm＝0.2m 时，该点不得舍去，必须测定。独立的地物如大树、电杆等，应选其中心点为碎部点。

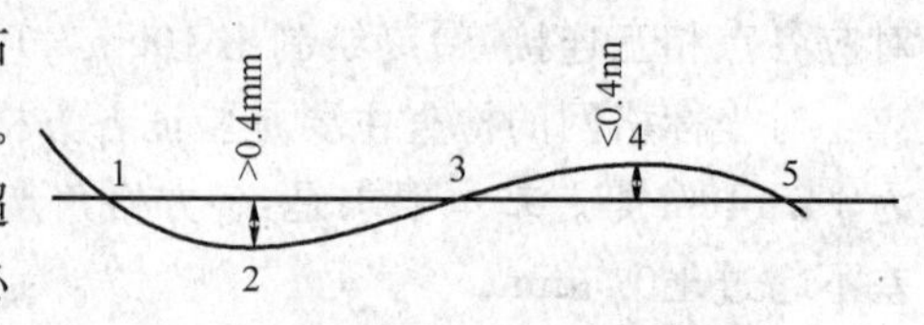

图 8-16　轮廓线为曲线的地物碎部点选择示意图

2. 地貌点的选择

凡地貌坡度及方向改变的地方，应选点测定。如坡脚、山顶、山谷、鞍部、断崖等起伏变化处，都要适当选择碎部点。选点时要特别注意断崖处立尺的安全。测绘地貌时，一般应沿山脊线和山谷线跑尺测绘，丘陵地带或梯田处可沿等高线跑尺测绘。

平坦地区或无显著变化的地区，应根据视距的要求如表 8-4 所示，选择适当的碎部点。如高差不大，不便勾绘等高线，可用小圆点表示测点，在点旁标注该点高程。

碎部点的最大间距和最大视距　　表 8-4

测图比例尺	地貌点最大间距(m)	最大视距(m)			
		主要地物点		次要地物点和地貌点	
		一般地区	城市建筑区	一般地区	城市建筑区
1∶500	15	60	50(量距)	100	70
1∶1000	30	100	80	150	120
1∶2000	50	180	120	250	200
1∶5000	100	300	—	350	—

三、用经纬仪视距法测地形图

地形测量也叫碎部测量，是在经纬仪导线已测定的基础上进行的。现叙述经纬仪视距法测碎部的方法。如图 8-15 所示，A、B、C 为导线点，用经纬仪视距法施测附近地物碎部点 1、2、3…，其观测、记录、计算、绘图方法如下。

(1)在导线点 A 上安置经纬仪，对中、整平。

(2)量仪器高 i=1.56m，记入手簿。

(3)在经纬仪的下风向约 2m 处，安置一台小平板仪，使图板大致水平，并将图板进行定向，即转动小平板仪使图纸上的 A、B 连线方向与地面上 A、B 的连线方向一致。（不用移点器对点，也不用照准仪。）

(4)用盘左后视 B 点，并将水平度盘调至 $0°00'00''$，之后按顺时针方向，用经纬仪瞄准第一个碎部点 1，先读取水平角 β_1，再用中丝对准视距尺上与仪器同高的位置（如 1.56），使符合指标水准管气泡居中要求，读取竖直度盘的读数 L_1，之后转动望远镜微倾螺旋使上丝对准一个整分米处(如 1.2),最后读取下丝的读数,报给记录员。同法依次用盘左测出 2、3、… 各碎部点的水平角、竖直角及尺间隔数,分别记入手簿(见表 8-5)。记录员按视距测量原理式计算各碎部点的平距和高差、高程,绘图者按水平角和水平距离用尾巴盘绘出碎部点,并注记高程。尾巴盘见图 8-17。

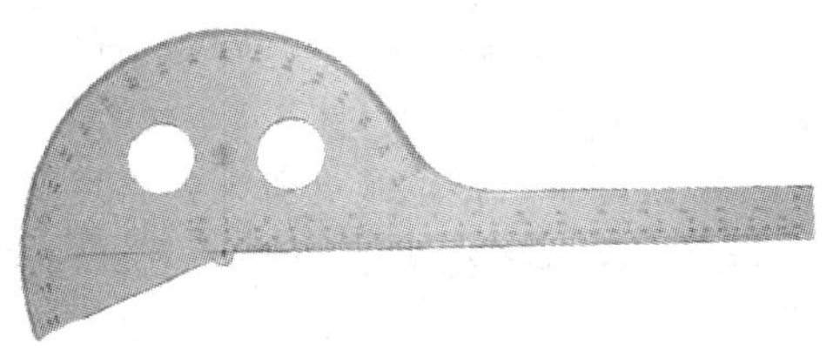
图 8-17 尾巴盘构造图

经纬仪视距法测碎部手簿　　表 8-5

测站:B		后视点:A			测站高程:376.57m			仪器高:1.56m	
测点	中丝读数	尺间隔 I (m)	竖盘读数 (m)	竖直角 a	高差 h (m)	水平角 β	水平距离 d (m)	高程(m)	备注
1	1.56	0.683	92°45′	−2°45′	−3.27	46°35′	68.14	373.30	赵氏屋角
2	2.56	0.796	93°30′	−3°30′	−5.85	62°20′	79.30	370.72	赵氏屋角
3	1.56	0.345	85°25′	+4°35′	+2.75	74°45′	34.28	379.32	赵氏屋角
⋮	⋮	⋮	⋮	⋮	⋮	⋮	⋮	⋮	⋮

(5)碎部点由立尺员(也叫跑尺员)按前述选点原则选点立尺,由经纬仪观测员观测。老测工跑点的经验是很丰富的,他们能注意以下一些要求。

①跑点力求分布均匀,注意观察实地,不遗漏有代表性的碎部点。

②立尺时要使尺身竖直,要随时注意观测员的指挥,不得在立尺后东张西望。尺面要朝向观测仪器,手指不得遮挡尺面,以免影响读尺。

(6)观测员与跑尺员要密切配合,并注意检查跑尺员选点是否恰当,及时给予纠正、指导。下面的经验,可以提高观测速度。

①照准一个碎部点后,先用十字丝横丝在尺读数为仪器高 i 的附近,使视距丝的上(下)丝,正对某一整分米处,立即读尺间隔数。再将十字丝横丝,正对仪器高 i 的尺读数处,即指挥跑尺员到另一新的碎部点处立尺。

②在跑尺员移尺的间隙时间,读水平角和竖直角(注意读竖直角时,应先检查竖盘指标水准管是否水平,如不水平,需用竖盘指标水准管微动螺旋将水准管调平,由记录员记入手簿。这时跑尺员可能已到达新的碎部点,立即转动望远镜照准新测点上的立尺,同法观测、记录。

(7)记录员立即用计算器算出测站到测点间的水平距离和高差。若照准时,用十字丝横丝正对尺读数为仪器高 1.56m,视线受到遮挡,观测员将中丝读数调整至 2.56m 处,即可避开障碍,此时竖直角则相应增大,应在算得的高差中减去提高尺读数的数值,方为点 2 与测站的高差。如表 8-5 中点 2“高差”栏所列。

(8)平板仪绘图员根据图上先绘好的导线图,按记录员所给各碎部点的水平角,用尾巴盘上的量角器以 AB 为边,按顺时针方向,绘 $\angle AB1=46°35'$,得方向线 $A1$。在 $A1$ 方向线上,用比例尺截取 $A1=68.14$m,即得碎部点 1 在图上的位置。同法绘出其余碎部点。

(9)记录员根据测站点的高程及碎部点与站点的高差,可求得碎部点的高程。例如,点1的高程为 $H_1=376.57+(+3.27)=379.84\text{m}$。

(10)绘图员根据记录员所报各碎点高程,立即在各点位旁注明点号及其高程。

绘图员在点绘各碎部点时,应立即与现场情况核对,如有疑问,应立即向观测员及记录员提出,共同复查,及时改正差错。

(11)绘图员可随时将各地物点,根据实地情况,连接相应各点,绘出房屋、河流、道路、桥梁等。不能按比例绘制的地物,可按《图式》的规定,用不依比例尺绘制的符号、线形符号和注记符号表示。

(12)当一个测站周围的碎部点测绘完毕,绘图员应会同观测员和记录员,检查已测碎部点密度是否合适,应测的点如有遗漏,应立即进行补测。

(13)迁移仪器到下一测站,同法测绘该点周围的各碎部点。

(14)当测区面积较大,可划分为若干图幅,根据统一测定的导线网,分组各负责一图幅范围的碎部测绘工作。最后,将各图幅拼接成全测区的地形图。为使拼接时便于核对,每幅测图,均需越过分区界限,多测绘图上0.5~1.0cm范围内的碎部点。

四、全站仪数字化测图技术

常规的白纸测图其实质是图解法测图,在测图过程中,将测得的观测值——数字值按图解法转化为静态的线画地形图。全站仪数字化测图的实质是解析法测图,将地形图形信息通过全站仪转化为数字输入计算机,以数字形式存储在存储器(数据库)中,形成数字地形图。

1.全站仪数字化测图中点的表示方法

地形图可以分解为点、线、面三种图形元素,而点是最基本的图形元素。测量工作的实质是测定点位。在数字测图中,必须赋予测点三类信息:

(1)点的三维坐标(x、y、H)。全站仪是一种高效、快速的三维测量仪器,很容易做到这一点。

(2)点的属性。即此点是地貌点还是地物点?是何种地物点?……属性用地形编码来表示,编码应按照《1∶500、1∶1000、1∶2000地形图要素分类与代码》(GB 14804)进行,由四部分组成:大类码、小类码、一级代码、二级代码,分别用1位十进制数字顺序排列。

(3)点的连接信息。测量得到的是点的点位,但此点是独立的地物,还是要与其他测点相连形成一个地物?是以直线相连还是用曲线或弧线相连?也就是说,还必须给出应连接的连接点和连接线型信息。连接点以其点号表示。线型规定:1为直线,2为曲线,3为弧线,空为独立点。

2.全站仪数字化测图的作业过程

全站仪数字化测图系统的基本硬件为:全站仪、电子记录手簿、微型计算机、便携式计算机、打印机、绘图仪。软件系统功能为:数据的图形处理、交互方式下的图形编辑、等高线自动生成、地形图绘制等。如南方公司的CASS、清华三维公司的EPSW等软件已用于测绘生产中。

全站仪数字化测图分野外数据采集(包括数据编码)、计算机处理、成果输出三个阶段。数据采集是计算机绘图的基础,这一工作主要在外业期间完成。内业进行数据的图形处理,在人机交互方式下进行图形编辑,生成绘图文件,由绘图仪绘制大比例尺地形图等。

(1)野外数据采集和编码

测量工作包括图根控制测量、测站点的增设和地形碎部点的测定,采用全站仪观测,用电子手簿记录数据(x、y、H)。每一个碎部点的记录,通常有点号、坐标及编码、连接点和连接线型等信息码。信息码极为重要,因为数字测图在计算机制图中自动绘制地形符号,就是通过识别测量点的信息码而执行相应的程序来完成的。信息码的输入可在地形碎部测量的同时进行,即观测每一碎部点后随即输入该点的信息码,或者是在碎步测量时绘制草图,随后按草图输入碎部点的信息码。地图上的地理名称及其他各种助记,除一部分根据信息码由计算机自动处理外,不能自动助记的需要在草图上注明,在内业时通过人机交互编辑进行助记。

常规的地形测图工作要求对照实地绘制,而数字测图纪录的数字,很难在实地进行巡视检查。为克服数字测图记录的不直观性,可将便携机与全站仪相连,用便携机记录并显示图形,对照实地检查。更好的办法是用打印机绘制工作图,用以外业巡视检查。特别是在外业地点远离内业地点的情况下,必须有一定的措施对记录数据和编码进行检查,以保证内业工作的顺利进行。

(2)数据处理和图形文件的生成

数据处理是大比例尺数字测图的一个重要环节,它直接影响最后输出的图解图的图面质量和数字图在数据库中的管理。外业记录的原始数据经计算机数据处理,生成图块文件后,在计算机屏幕上显示图形。然后在人机交互方式下进行地形图的编辑,生成数字地形图的图形文件。

数据处理分数据预处理、地物点的图形处理和地貌点的等高线处理。数据预处理是对原始记录数据作检查,删除已作废除标记的纪录和删去与图形生成无关的记录,补充碎部点的坐标计算和修改有错误的信息码。数据预处理后生成点文件。点文件以点为记录单元,记录内容是点号、编码、点之间的连接关系码和点的坐标。

图形处理是根据点文件,将与地物有关的点记录生成地物图块文件,将与等高线有关的点记录生成等高线图块文件。地物图块文件的每一条记录以绘制地物符号为单元,其记录内容是地物编码、按连接顺序排列的地物点点号或点的 x、y 坐标值,以及点之间的连接线型码。

等高线处理是将表示地貌的离散点在考虑地性线、断裂线的条件下自动连接成三角形网络(TIN),建立起数字高程模型(DEM)。在三角形边上用内插法计算等高线通过点的平面位置 x、y,然后搜索同一条等高线上的点,依次连接排列起来,形成每一条等高线的图块记录。

图块文件经过人机交互编辑形成数字图的图形文件。图形文件根据数字图的用途不同有不同的要求。为满足计算机制图的大比例数字图形文件,就是编辑后新的图块文件。这种图形文件按一幅图为单元存储,用于绘制某一规定比例尺的地形图。而满足大比例尺数字图数据库的图形文件还需在上述图形文件的基础上作进一步的处理。

(3)地形图和测量成果报表的输出

计算机数据处理成果可分三路输出:一路到打印机,按需要打印出各种数据(原始数据、清样数据、控制点成果等);另一路到绘图仪,绘制地形图;第三路可接数据库系统,将数据存储到数据库,并能根据需要随时取出数据绘制任何比例尺的地形图。

3. 全站仪数字化测图的特点

(1)自动化程度高,数据成果易于存取,便于管理。

(2)精度高。地形测图和图根加密可同时进行,地形点到测站点的距离较常规测图可以放长。

(3)无缝接图。数字化测图不受图幅的限制,作业小组的任务可按河流、道路的自然分界来划分,以便于地形图的施测,也减少了很多常规测图的接边问题。

(4)便于使用。数字地形图不是依某一固定比例和固定的图幅大小来存储一幅图,它是以数字形式存储的 1∶1 的数字地图。根据用户的需要,在一定比例尺范围内可以输出不同比例尺图幅大小的地形图。

(5)数字测图的立尺位置选择更为重要。数字测图按点的坐标绘制地形图符号,要绘制地物就必须有轮廓特征点的全部坐标。在常规测图中,作业员可以对照实地用简单的几何作图绘制一些规则的地物轮廓,用目测绘制细小的地物和地貌形状。而数字测图对需要表示的细部也必须立尺测量。数字测图直接测量地形点的数目仍然比常规测图有所增加。

五、地形图的绘制

1. 描绘地物

除在施测过程中,已尽可能将地物点连成各种地物,并与实际情况核对无误外,最后还需将各图幅中漏描的部分补描,按《图式》符号绘制完毕。

2. 勾绘等高线

实测时,地貌是在地形变化起伏之处,选点立尺。因此,测出的碎部点常不位于欲测的等高线上,其高程也多是零星数字,而不是等高距的整倍数。故根据碎部点勾绘等高线时,认为两点间地面坡度是均匀变化的,然后按两相邻点的高程,用比例内插法勾绘等高线。

由于山脊线和山谷线对描绘出的山地地貌是否真实影响较大,故勾绘等高线时,应将这一类地性线先行描出,然后再绘制其等高线。

勾绘等高线常用的方法有图解法、目估法及解析法三种。

(1)图解法

用透明纸一张,画等距离的平行线 10 根,依次注明 0、1、2、…、9,如图 8-18 所示。例如,欲在两点间插绘等高距为 2m 的等高线,设已测得两点高程,点 a 为 221.60m,点 b 为 228.30m,可将透明纸覆在底图上移动,使底图上 a 点位于 1.60 处,同时 b 点位于 8.30 处。则 ab 连线与平行线 2、4、6、8 各线交点，即应为等高线 222.0、224.0、226.0、228.0 必经过之点。用针尖刺出各点，移去透明纸，底图上留下的针孔即为上述各高程点，与相邻同高程的点相连即可描绘出需要的各等高线。

(2)目估法

该方法是根据测点位置及高程，目估插绘等高线的。如图 8-19 所示，a 点高程为 127.50m，b 点高程为 126.70m，欲在其间插绘高程为 127m 的等高线。因两点高程差为 0.8m，可将连线目估分为八等分。又 127.0 高程与 b 点高程之差为 0.3m，故 127.0m 等高线必经过图中距 b 点为三等分的 c 点。目估法较便捷，但精度不如图解法。实际工作中，勾绘等高线工作量很大，只要精细一些，用目估法勾出的等高线仍能满足要求，故测绘地形图时多采用之。

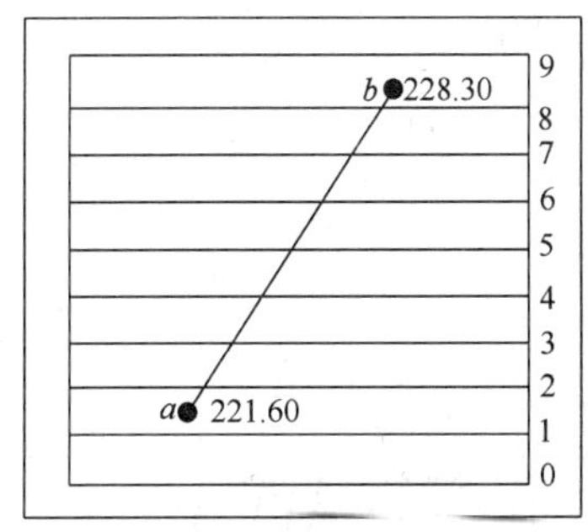

图 8-18 图解法

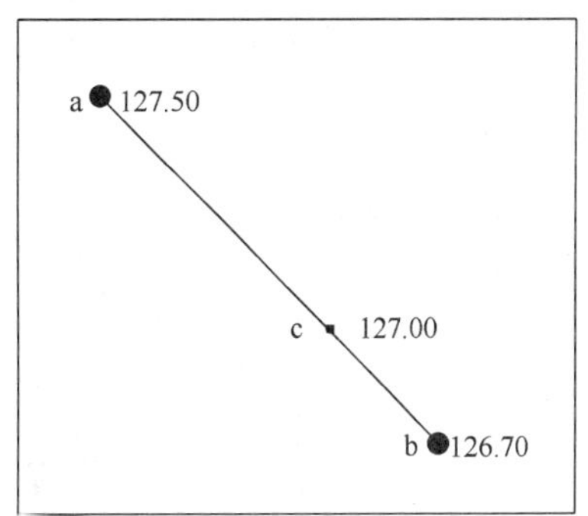

图 8-19 目估法

(3)解析法

等高线的勾绘是根据两个碎部点的高程，在两个碎部点间找出等高线通过的地方，如图 8-20b)所示，A 点的高程为 130.2m，B 点高程为 138.4m，若测图的基本等高距为 2m，则 A、B 两点间有 132、134、136、138 四条等高线通过。由于两点间的地面坡度均匀，因此这些点在图上的位置可以用比例计算法求得图 8-20。可绘如图 8-20a)所示的图形，图中 A、B 两点的高差为 138.4－130.2＝8.2m，由图上量得两点的平距为 33mm，132m 的点与 A 点的高差为 132－130.2＝1.8m，则点 A 到 132m 等高线通过的点的平距 X_1 为

$$X_1 = \frac{33}{8.2} \times 1.8 = 7.2\text{mm}$$

同理，B 点与 138m 点的高差为 138.4－138＝0.4m，则其平距 X_2 为

$$X_2 = \frac{33}{8.2} \times 0.4 = 1.6\text{mm}$$

从 A、B 两点分别量取 7.2mm 和 1.6mm，便得出 132m 与 138m 两等高线所通过的位置，这个方法叫做取头定尾。然后将 132m 和 138m 两点间的平距分为三等分，即得出 134m 和 136m 二条等高线通过的位置，这叫中间等分。其他各点均用此法，即可把各点勾绘出来，如图 8-20b)所示。

3. 地形图的拼接

如果地形图是分幅施测的，最后应将各图幅拼接成全测区的地形图。拼接时用宽 3～4cm

的透明纸一张，用铅笔画出纸条的中线，分别在中线两侧描出相邻图幅的地形图，如图 8-21 所示。因测绘时的误差，使两幅图形不能很好衔接，如两幅图中同一地物（地貌）线偏差不超过表 8-6 及表 8-7 中的规定时，可取其平均位置勾绘各地物轮廓线和等高线。否则，应到实地复查修正。

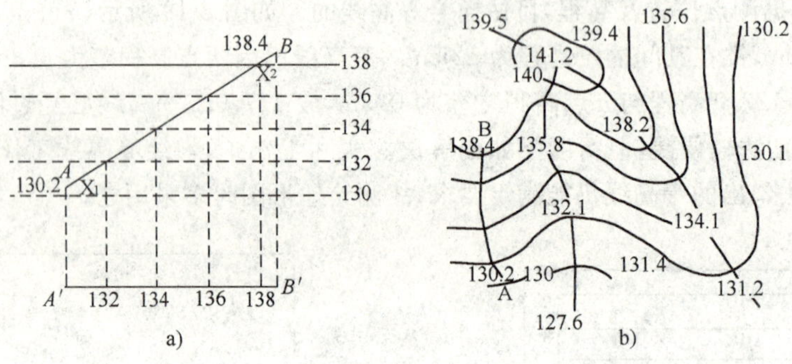

图 8-20 解构法

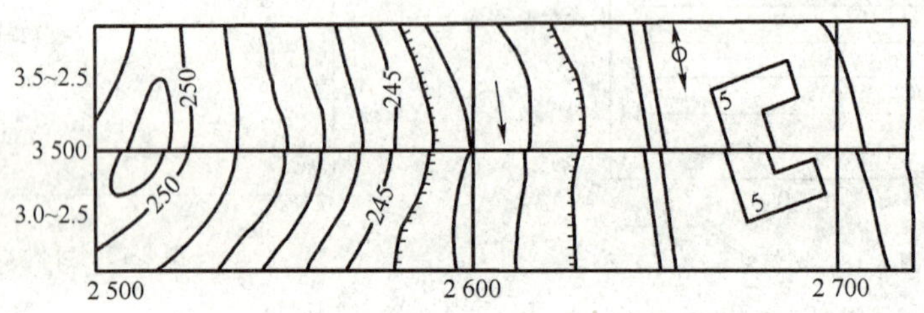

图 8-21

拼接地形图地物轮廓线允许偏差 表 8-6

地区情况	地物轮廓线允许偏差（图上）(mm)	
	主要地物	次要地物
一般地区	±1.7	±2.3
城市建筑区	±1.1	±1.7

拼接地形图等高线位置允许偏差 表 8-7

地区情况	等高线位置允许偏差
平坦地区	不大于相邻等高线的平距
山区	不大于相邻等高线平距的 2 倍

4. 地形图整饰

在地形图经检查无误，拼接后，还应整饰，使图纸清晰美观。整饰的顺序是先图内、后图外，先地物，后地貌，先注记，后符号。整饰包括：

(1)擦去不合格线条、符号、注记名称，符号及数字端正，注记曲线高程。

(2)按一定的密度要求在图上注记地形点、地物点的高程,擦去多余的地形点、地物点的高程。

(3)整理图廓附注。图廓附注包括:图石、图幅编号、接图表、方向、比例尺、坐标等在标题栏填写测绘单位,人员姓名,测绘日期等。如图 8-22 所示。

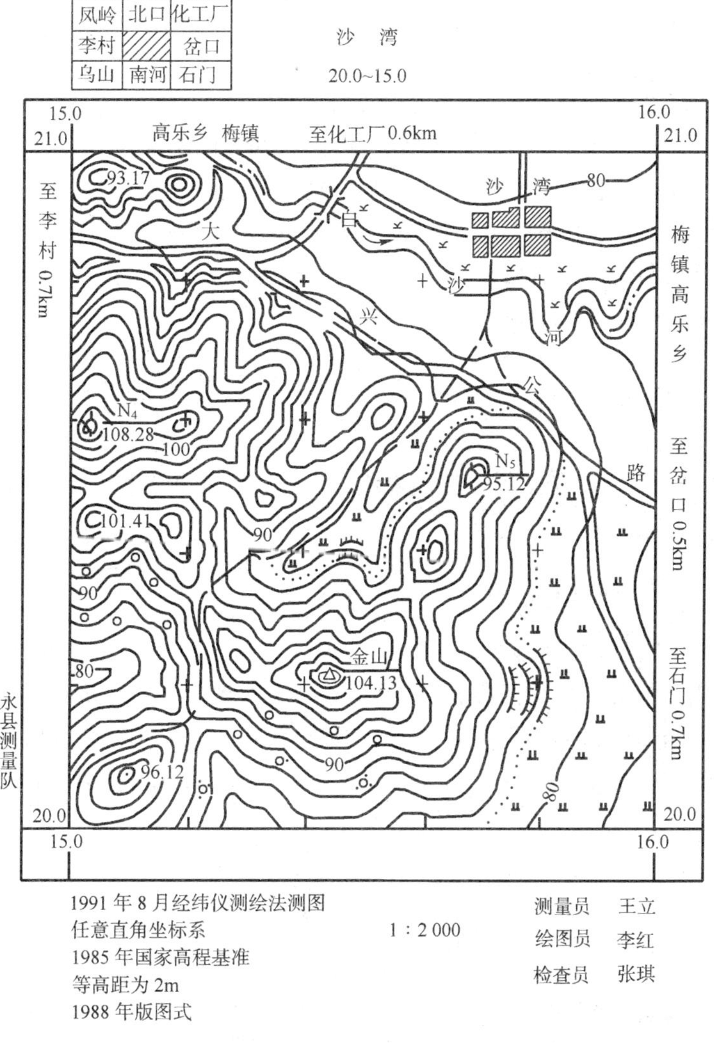

图　8-22

5. 地形图

鉴定成果的精度,作为评估测图质量的主要依据。

第三节　地形图的应用

地形图的一个突出特点是具有可量性和可定向性。设计人员可在地形图上对地物、地貌作定量分析。例如,可以确定图上某点的平面坐标和高程,确定图上两点的距离和方位等。地形图的另一个特点是综合性和易读性。地形图提供的信息内容非常丰富,如居民地、交通网、境界线等各种社会经济要素,水系、地貌、土壤和植被等自然地理要素,还有控制点、坐标方格网、比例尺等数字要素,此外还有文字、数字和符号等各种注记,尤其是大比例尺地形图更是土建工程规划、设计、施工和竣工管理等不可缺少的重要资料。因此,正确识读和应用地形图是土建工程技术人员必须具备的基本技能。

一、求图上某点的坐标

大比例尺地形图绘有 10cm×10cm 的坐标方格网,并在图廓的西、南边上注有方格的纵、横坐标值,如图 8-23 所示。根据图上坐标方格网的坐标可以确定图上某点的坐标。例如,欲求图上 A 点的坐标,首先根据图上坐标注记和 A 点在图上的位置,找出 A 点所在的方格,过 A 点作坐标方格网的平行线与坐标方格相交于 a、b 两点,量出 $pa=2.46\text{cm}$,$pb=6.48\text{cm}$,再按地形图比例尺(1∶1 000)换算成实际距离 $pb\times1\,000\div100=64.8\text{m}$,$pa\times1\,000\div100=24.6\text{m}$,则 A 点的坐标为

$$X_A = X_p + pb\times1\,000\div100 = 600+64.8 = 664.8\text{m}$$
$$Y_A = Y_P + pa\times1\,000\div100 = 600+24.6 = 624.6\text{m} \tag{8-1}$$

图解法求得的坐标精度受图解精度的限制,一般认为,图解精度为图上 0.1mm,则图解精度不会高于 $0.1M$(单位:mm)。

二、求图上某点的高程

地形图上点的高程可根据等高线的高程求得。如图 8-24 所示,若某点 A 恰好在等高线上,则 A 点的高程与该等高线的高程相同,即 $H_A=51.0\text{m}$。若某点 B 不在等高线上,而位于 54m 和 55m 两根等高线之间,这时可通过 B 点作一条垂直于相邻等高线的线段 mn,量取 mn 和 mB,如长度为 9.0mm 、5.4mm,已知等高距 $h=1\text{m}$,则可按内插法求得 B 点的高程。

$$H_B = H_m + \frac{mB}{mn}\cdot h = 54 + \frac{5.4}{9.0}\times1 = 54.6\text{m} \tag{8-2}$$

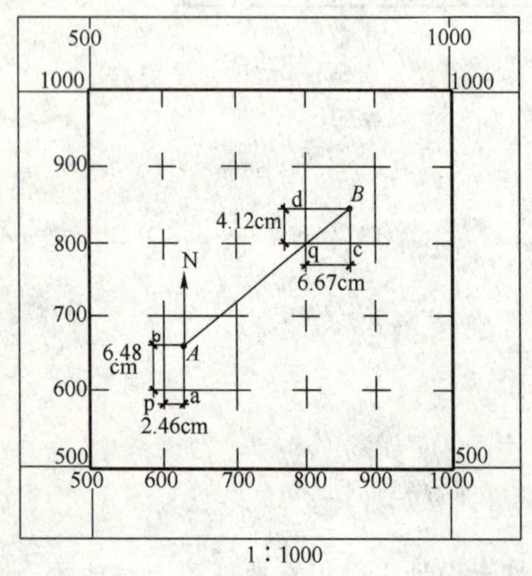

图 8-23　图上某点坐标计算示意图

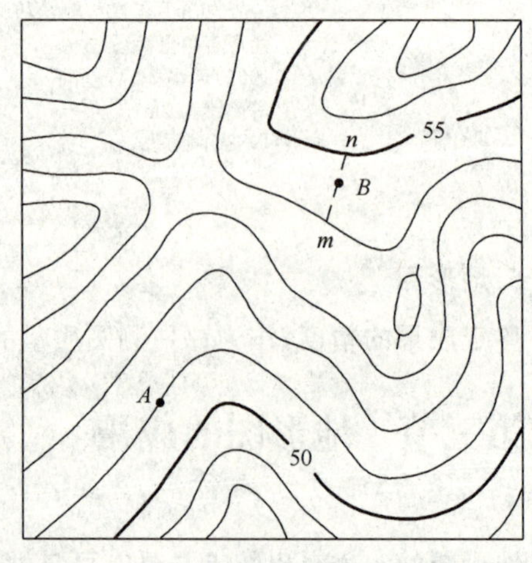

图 8-24　图上某点高程计算示意图

求图上某点的高程，通常也可根据等高线用目估法按比例推算该点的高程。例如，mB 约为 mn 的 6/10，则

$$H_B = H_m + \frac{6}{10}h = 54.6\text{m}$$

三、求图上两点间的距离

求图上两点间的水平距离有下列两种方法。

1. 根据两点的坐标求水平距离

如图 8-23 所示，欲求 AB 的距离，可按式(8-1)先求出图上 A、B 两点的坐标值 X_A、Y_A 和 X_B、Y_B，然后按下式反算 AB 的水平距离

$$D_{AB} = \sqrt{(X_B - X_A)^2 + (Y_B - Y_A)^2} \tag{8-3}$$

2. 在地形图上直接量距

用脚规在图上直接卡出 A、B 两点的长度，再与地形图上的图示比例尺比较，即可得出 AB 的水平距离。当精度要求不高时，可用比例尺(三棱尺)直接在图上量取。

$$D_{AB} = d_{AB}M \tag{8-4}$$

式中：d_{AB}——图上 A、B 两点之间的距离；

M——比例尺分母。

若图解坐标的求得考虑了图纸伸缩变形的影响，则解析法求得距离的精度高于图解法的精度。图纸上若绘有图示比例尺时，一般用图解法量取两点间的距离，这样既方便，又能保证精度。

四、求图上某直线的坐标方位角

如图 8-23 所示，欲求图上直线 AB 的坐标方位角，方法有下列两种。

1. 解析法

图上 A、B 两点的坐标可按式(8-1)求得，然后按下式计算直线 AB 的方位角

$$\alpha_{AB} = \arctan\frac{Y_B - Y_A}{X_B - X_A} = \arctan\frac{\Delta Y_{AB}}{\Delta X_{AB}} \tag{8-5}$$

当使用电子计算器或三角函数计算 α_{AB}的角值时，要根据 ΔX_{AB}和 ΔY_{AB}的符号，先确定其所在的象限，然后再确定其大小(见第七章表 7-4)。

2. 图解法

当精度要求不高时，可用图解法用量角器在图上直接量取坐标方位角。如图 8-23 所示，通过 A、B 两点分别精确地作坐标纵轴的平行线，然后用量角器的中心分别对准 A、B 两点，量出直线 AB 的坐标方位角 α'_{AB}和直线 BA 的坐标方位角 α'_{BA}，则直线 AB 的计算坐标方位角为

$$\alpha_{AB} = \frac{1}{2}[\alpha'_{AB} + (\alpha'_{BA} \pm 180°)] \tag{8-6}$$

由于坐标量算的精度比角度量测的精度高，因此通常用解析法获得方位角。

五、求图上某直线的坡度

在地形图上求得直线的长度及两端点的高程后,则可按下式计算该直线的平均坡度

$$i=\frac{h}{d\cdot M}=\frac{h}{D} \tag{8-7}$$

式中:d ——图上量得的长度;

M——地形图比例尺分母;

h ——直线两端点间的高差;

D ——该直线对应的实地水平距离。

坡度通常用千分率(‰)或百分率(%)的形式表示。"+"为上坡,"-"为下坡。

说明:若直线两端位于等高线上,则求得的坡度可认为符合实际坡度。假若直线较长,中间通过许多条等高线,且等高线的平距不等,则所求的坡度只是该直线两端点间的平均坡度。

六、量测图形面积

在规划设计和工程建筑中,常需在地形图上量测一定轮廓范围内的面积。例如,平整土地的填挖面积;规划设计城市某一区域的面积;厂矿用地面积;渠道和道路工程中的填、挖断面的面积;汇水面积等。量测图形面积的方法很多,下面介绍常用的三种图形面积量测方法。

1. 几何图形法

若图形是由直线连接的多边形,则可将图形划分为若干种简单的几何图形,如三角形、四边形、梯形等,见图 8-25。然后用比例尺量取计算时所需的元素(长、宽、高),应用面积计算公式求出各个简单几何图形的面积,再汇总出多边形的面积。

图形面积如为曲线时,可近似地用直线连接成多边形,再按上述方法计算面积。

当用几何图形法量算线状物面积时,可将线状看作为长方形,用分规量出其总长度,乘以实量宽度,即可得线状地物面积。

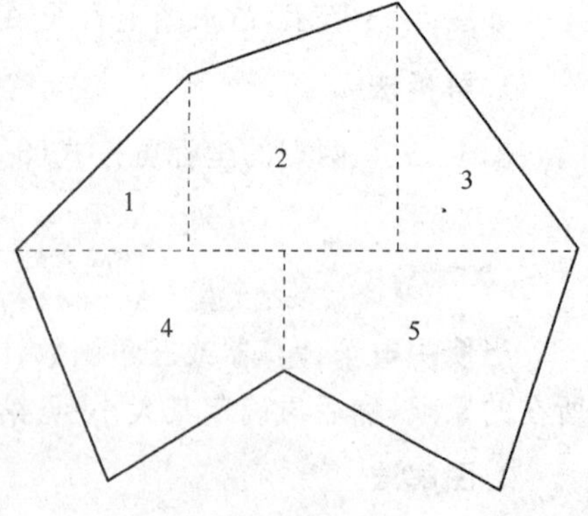

图 8-25 几何图形法

将多边形划分为简单几何图形时,需要注意以下几点:

(1)将多边形划分为三角形,面积量算的精度最高,其次为梯形、长方形。

(2)划分为三角形以外的几何图形时,应尽量使它的图形个数最少,线段最长,以减少误差。

(3)划分几何图形时,应尽量使底与高之比接近 1∶1(使梯形的中位线接近于高)。

(4)若图形的某些线段有实量数据,则就首先选用实量数据。

(5)进行校核和提高面积量算的精度,要求对同一几何图形,量取另一组面积计算要素,量算两次面积,两次量算结果在容许范围内(见表 8-8),方可取其平均值。

两次量算面积之较差的容许范围　　表 8-8

图上面积(mm^2)	相对误差
<100	<1 /30
100～400	<1 /50
400～1000	<1 /100
1000-3000	<1 /150
3000～5000	<1 / 200
>5000	<1 / 250

2. 透明格网法

如曲线包围的是不规则图形，可用绘有边长为 1mm 或 2mm 的正方形格网的透明膜片，通过蒙图数格法量算图形的面积。此法操作简单，易于掌握，能保证一定精度，在量算图形面积中，被广泛采用。

量算面积时，将透明纸或膜片覆盖在欲量算的图形上，如图 8-26 所示，欲量算的图形被分割为一定数量的整方格，每一整格代表一定面积值，再将边缘各分散格（也称破格）目估凑成若干整格（通常一律把破格作半格计）。图形范围内所包含的方格数，乘以每格所代表的面积值，即为所量算图形的面积。如果知道一个方格所代表的实际面积，就可求得整个图形所代表的实际面积。例如，透明方格纸上每一方格为 $1mm^2$，地形图的比例尺为 1∶2000，则每个方格相当于实地 $4m^2$ 面积。

3. 平行线法

平行线法又称积距法。为了减少边缘破格因目估产生的面积误差，可采用平行线法。

如图 8-27 所示，量算面积时，将绘有间距 $d=1mm$ 或 2mm 的平行线组的透明纸（或透明膜片）覆盖在待算的图形上，使图形的上、下边缘线（a、s 两点）处于平行线的中央位置，固定平

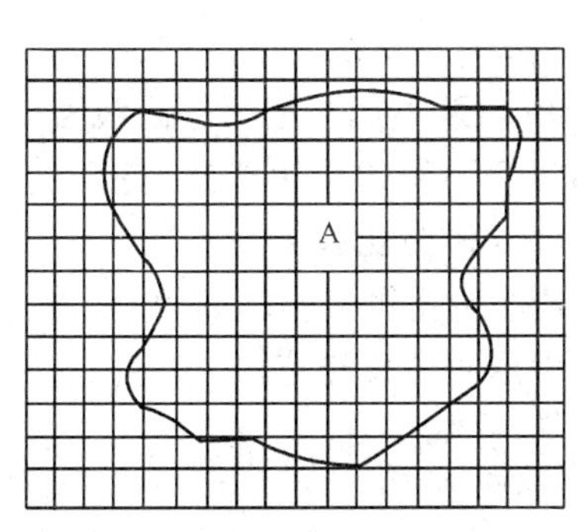

图 8-26　透明网格法

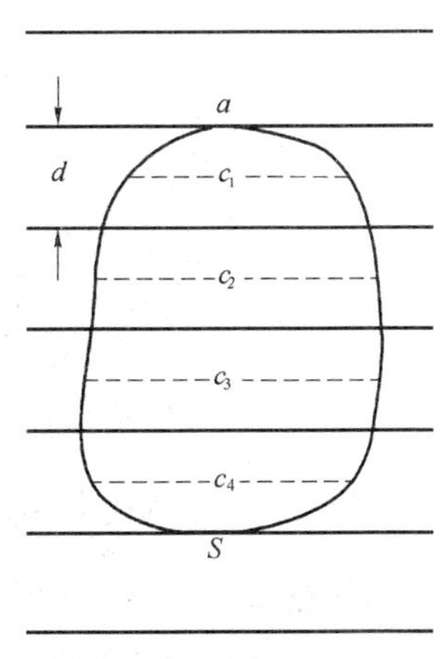

图 8-27　平行线法

行线透明纸，则整个图形被平行切割成若干等高(d)的梯形(图上平行的虚线为梯形上、下底的平均值，以 c 表示)，则图形的总面积为

$$\begin{aligned} p &= c_1 d + c_2 d + c_3 d + \cdots + c_n d \\ &= d(c_1 + c_2 + c_3 + \cdots + c_n) = d\sum c \end{aligned} \tag{8-8}$$

图形面积 p 等于平行线间距乘以中位线的总长。最后，再根据测图比例尺将其换算为实地面积，即

$$p = d\sum c \cdot M^2 \tag{8-9}$$

式中：M——测图比例尺分母。

例如，在 1∶2000 比例尺的地形图上，量得各梯形上、下底平均值的总和 $\sum c = 876\text{mm}$，$d = 2\text{mm}$，则此图形的实地面积为

$$p = 2 \times 876 \times 2000^2 \div 1000^2 = 7008\text{m}^2$$

4. 求积仪法

在这里不进行介绍，同学们可以参考其他书籍。

七、按限制坡度选定最短路线

在道路、管线等工程规划中，一般要求按限制坡度选定一条最短路线或等坡度线。其基本作法如下。

如图 8-28 所示，设从公路旁 A 点到山头 B 点选定一条路线。限制坡度为 4%，地形图比例尺为 1∶2000，等高距为 1m。为了满足限制坡度的要求，可根据式(8-10)求出该线路通过相邻两等高线的最短平距，即求出相邻两等高线之间满足设计坡度的最短距离

$$d = \frac{h}{iM} = \frac{1}{0.04 \times 2000} = 12.5\text{mm} \tag{8-10}$$

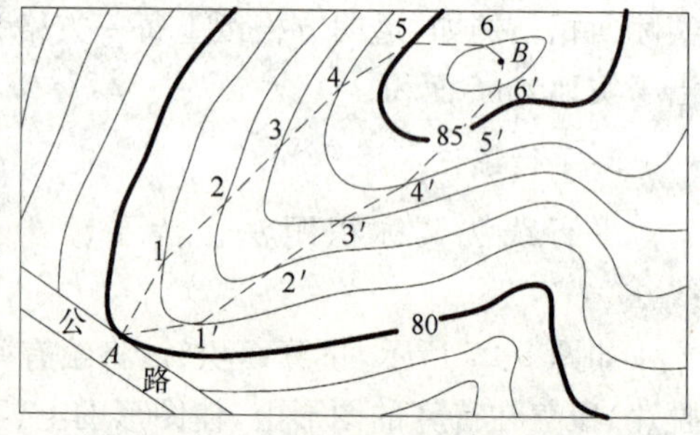

图 8-28 按限制坡度选定最短路线

于是，用脚规张开 12.5mm，先以 A 点为圆心画圆弧交 81m 等高线于 1、1′点；再以 1(1′)点画圆弧交 82m 等高线于 2 点；依次类推直到 B 点。连接相邻点，便得同坡度路线 A—1—2—……—B。若所画弧不能与相邻等高线相交，则以最短平距直接连接相邻两等高线，这样，该线段即为坡度小于 4% 的最短线路，符合设计要求。在图上尚可沿另一方向定出第二条 A—1′—2′—…B，可以作为比较方案。其实，在图上满足设计要求的线路有多条，在实际工作中，还需在野外考虑工程上的其他因素，如少占或不占良田，避开不良地质地段、工程费用最少等进行修改，最后确定一条既经济，又合理的路线。

八、绘制给定方向的断面图

断面图是显示指定地面起伏变化的剖面。在道路、管道等工程设计中，为进行填挖土(石)方量的概算或合理地确定线路的纵坡等，均需较详细地了解沿线路方向上的地面起伏情况，为此常根据大比例尺地形图绘制沿线方向的断面图。

图如图 8-29 所示，欲绘制地形图上 MN 方向的断面图，首先在图纸上绘出两条互相垂直的坐标轴线，横坐标轴 D 表示水平距离，纵坐标轴 H 表示高程。然后，用脚规在地形图上自 M 点起沿 MN 方向依次量取相邻等高线的平距 $M1$、12、……，并以同一比例尺绘在横轴上，得 M'、$1'$、$2'$…N'，再根据各点的高程按高程比例尺绘出各点，即得各点在断面图上的位置：M、1、2、3、…、N。最后用圆滑的曲线连接 M、1、2、3、…、N 点，即得直线 MN 的断面图。绘制纵断面图时，应特别注意 a、b、c 这三点的绘制，千万不能忽略。

为了明显地表示地面起伏变化情况，断面图上的高程比例尺一般比水平距离比例尺大 10 倍或 20 倍。

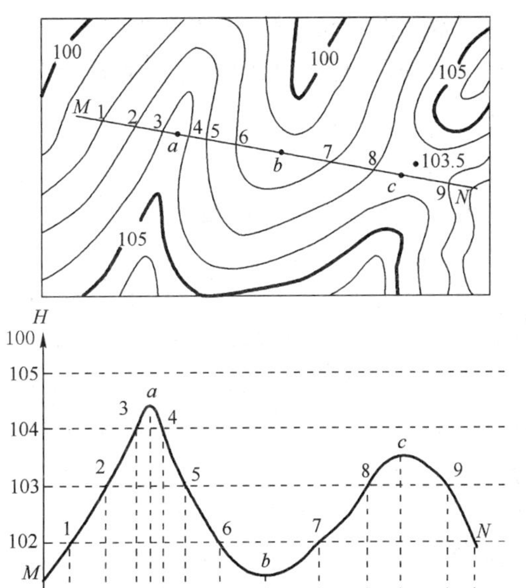

图 8-29　绘制一定方向的断面

九、确定汇水范围

在修筑桥涵和水库大坝等工程中，桥梁、涵洞孔径的大小，大坝的设计位置、高度，水库的库容量大小等，都需要了解这个区域水流量的大小，而水流量是根据汇水面积确定的。汇集水流量的面积称为汇水面积，由相邻分水线连接而成。

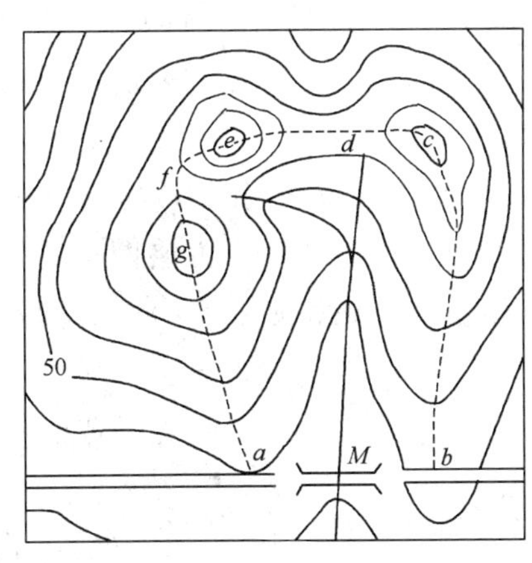

图 8-30　确定汇水面积

由于地面上的雨水是沿山脊线向两侧分流，所以汇水范围的确定，就是在地形图上自选定的断面起，沿山脊线或其他分水线而求得。如图 8-30 所示，线路在 M 处要修建桥梁或涵洞，则由山脊线 $bcdefga$ 所围成的闭合图形就是 M 上游的汇水范围的边界线。

确定汇水范围时应该注意以下两点：

(1)边界线应与山脊线一致，且与等高线垂直。

(2)边界线是经过一系列山头和鞍部的曲线，并与河谷的指定断面如图 8-30 中 M 处的直线闭合。

图上汇水范围确定后，可用面积求算方法求得汇水面积，再根据当地的最大降雨量，来确定最大洪水流量，作为设计桥涵孔径及管径尺寸的参考。

十、场地平整的土(石)方估算

在土建工程建设中，通常要对地区的原地形作必要的改造，使改造后的地形适合于布置和修建各类建筑物，并便于排泄地面水，满足交通运输和铺设地下管道的需要。这种改造地形的工作，称为场地平整。在场地平整工作中，为了使土(石)方工程合理，即填方和挖方基本平衡，常要利用地形图来确定填、挖边界线，进行填、挖土(石)方量的概算。场地平整的方法很多，其中方格网法是应用最广泛的一种。下面介绍此法的两种情况。

1. 设计成水平场地

图 8-31 为 1∶1000 比例尺地形图，拟在图上将原地面平整成某一高程的水平面，使填、挖土(石)方量基本平衡。其步骤如下。

(1)绘制方格网

在地形图上的拟建场地内绘制方格网。方格大小根据地形复杂程度、地形图比例尺及要求的精度而定。方格的方向尽量与边界方向、主要建筑物方向或施工坐标方向一致。一般方格的边长以 10m 或 20m 为宜。图中方格为 20m×20m。各方格点的点号注于方格点的左下角，如图 8-31 所示的 A_1、A_2、E_3、E_4 等。

(2)求各方格网点的地面高程

根据等高线高程，用目估法或内插法求出各方格点的地面高程，并注于方格网点的右上角。如图中 A_1 点为 52.0m，B_1 点为 51.1m 等。

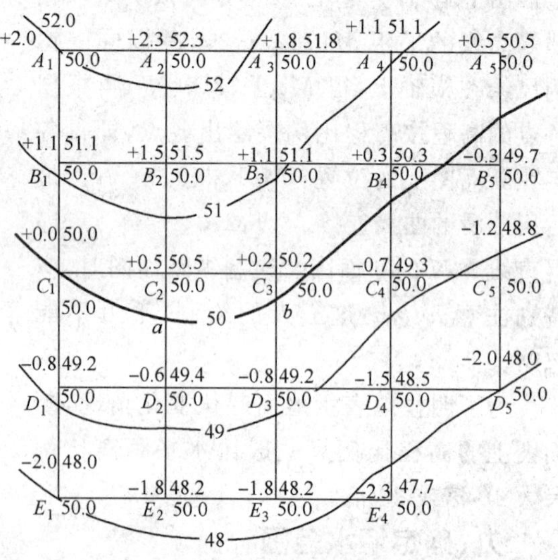

图 8-31 (1∶1000)

(3)计算设计高程

用加权平均值法计算出原地形的平均高程，即为场地平整成水平面时填、挖方量保持平衡的设计高程。计算时，一般以各方格网点控制面积的大小作为确定“权”的标准。如果把一个方格(10m×10m 或 20m×20m)的面积作为一个单位面积，定为权＝1，那么位于整个方格网边界的外转角点(如 A_1、A_5、D_5、E_1、E_4)的权为 1；位于边界上的方格点(如 A_2、A_3、A_4、B_1、B_5、C_1、C_5、D_1、E_2、E_3)的权为 2；位于整个方格网边界的内转角点(如 D_4)的权为 3；位于方格网内部中心点(如 B_2、B_3、B_4、C_2、C_3、C_4、D_2、D_3)的权为 4。即每个方格网点的权为该点处四周方格的个数。设 H_i 表示方格点 i 的地面高程，P_i 表示相应各点 i 的权，则各方格网点高程的加权平均值即为设计高程 $H_{设}$，即

$$H_{设}=\frac{\sum P_i H_i}{\sum P_i} \tag{8-11}$$

现将图 8-31 中各方格网点的地面高程代入式(8-11)，得该区域的地面设计高程

$$\begin{aligned}H_{设}=&[1\times(52.0+50.5+48.0+47.7+48.0)+2\times(52.3+51.8+51.1+49.7+48.8+\\&48.2+48.2+49.2+50.0+51.1)+3\times48.5+4\times(51.5+51.1+50.3+50.5+\\&50.2+49.3+49.4+49.2)]\div(1\times5+2\times10+3\times1+4\times8)=50.0\text{m}\end{aligned}$$

并注于各方格网点的右下角。

(4)计算方格网点填、挖值(量)

各方格网点地面高程与设计高程之差，即为该点填、挖数值($h=H_{地}-H_{设}$)，并注于相应方格网点的左上角，如 52.0－50.0＝＋2.0。h 为正值表示挖深，为负值表示填高。

(5)确定填挖边界线

在地形图上根据等高线，用目估法或内插法定出设计高程为 50.0m 的高程点，即填挖边界点，叫零点。连接相邻零点的曲线(图中 50m 的等高线)即为填挖边界线。位于填挖边界线以北为挖方区域，以南为填方区域。零点和填挖边界线是计算土方量和施工的依据。零点的位置也可按相似三角形的比例求出。如图 8-32 所示，C_2 点挖深 0.5m，D_2 点填高 0.6m，则零点至 C_2 点的距离为

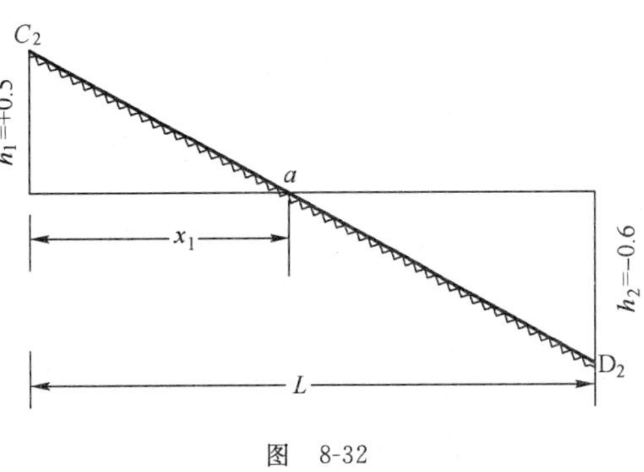

图 8-32

$$x_1=\frac{L}{|h_1|+|h_2|}\cdot|h_1| \tag{8-12}$$

式中： L——方格网边长；

$|h_1|$、$|h_2|$——分别为方格两端点填、挖值的绝对值；

x_1——零点距填挖值为 h_1 的方格点的距离。

将各数值代入式(8-12)，得

$$x_1(aC_2)=\frac{20}{0.5+0.6}\times0.5=9.1\text{m}$$

同法可得 $x_2(bC_3)$为 4m。

同理，可求出各零点的位置。然后在图上逐点连接出零点位置。

(6)计算填、挖土(石)方量

计算填、挖土(石)方量有三种情况：一种是整个方格为挖方，如图 8-31 所示方格 $B_2C_2C_3B_3$；一种是整个方格全为填方，如图 8-31 所示方格 $D_2E_2E_3D_3$；还有一种是既有挖方，又有填方的方格，如图 8-31 所示方格 $C_2D_2D_3C_3$。

现以方格 $B_2C_2C_3B_3$、$C_2D_2D_3C_3$、$D_2E_2E_3D_3$ 为例，说明计算方法。

①方格 $B_2C_2C_3B_3$ 全为挖方，则

$$v_{挖}=\frac{1}{4}(1.5+1.1+0.5+0.2)A_{挖}=+0.825A_{挖}=+0.825\times20\times20=330\text{m}^3 \tag{8-13}$$

②方格 $C_2D_2D_3C_3$ 既有挖方、又有填方，则

$$V_{填}=\frac{1}{4}(0+0-0.6-0.8)A_{填}=-0.35A_{填}=-0.35A_{填}\ \text{m}^3 \tag{8-14}$$

其中 $A_{填}$ 应按曲边梯形(或近似梯形)的面积计算，即

$$A_{填}=\frac{1}{2}[x_1(aC_2)+x_2(bC_3)]\cdot L=\frac{1}{2}(9.1+4)\times20=131\text{m}^2$$

代入式(8-14),得

$$V_{填}=-0.35A_{填}=-0.35\times 131=-45.85\text{m}^3$$

$$V_{挖}=\frac{1}{4}(0.5+0.2+0+0)A_{挖}=+0.175A_{挖}=+0.175A_{挖}\ \text{m}^3 \tag{8-15}$$

$A_{挖}$ 应仿照 $A_{填}$ 进行计算(或 $A_{挖}=400-A_{挖}$)。有时填挖边界线将方格分为五边形和三角形,则应先将五边形分为矩形和梯形,之后再计算面积。

③方格 $D_2E_2E_3D_3$ 全为填方,则

$$V_{填}=\frac{1}{4}(-0.8-0.6-1.8-1.8)A_{填}=-1.25A_{填}=-1.25\times 400=-500\text{m}^3 \tag{8-16}$$

式中:$A_{挖}$、$A_{填}$——分别为方格网中相应的填、挖面积。

根据各方格的填、挖土(石)方量,可求得整个场地的总填、挖土(石)方量。填、挖土(石)方总量应基本平衡,且

$$V_{挖}=\sum V_{挖} \tag{8-17}$$

$$V_{填}=\sum V_{填} \tag{8-18}$$

2. 设计成一定坡度的倾斜场地

如图 8-33 所示,根据原地形情况,欲将方格网范围内平整为倾斜场地,设计要求:倾斜面的坡度,从北到南的坡度为−2%,自西向东的坡度为−1.5%;倾斜平面的设计高程应使填、挖土(石)方量基本平衡。其设计步骤如下。

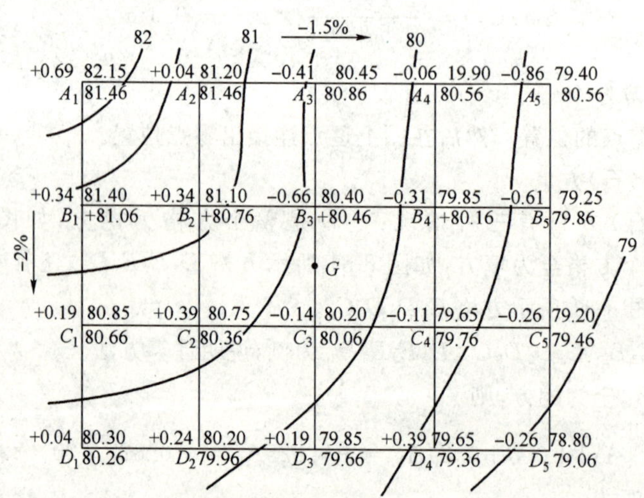

图 8-33

(1)绘制方格网,并求出各方格网点的地面高程

与设计成水平场地一样,同法绘制方格网,并将各方格点的地面高程标注在图上。图 8-33中方格网边长为 20m。

(2)计算各方格网点的设计高程

根据填、挖土(石)方量平衡的原则,按式(8-11)计算该场地的设计高程。此高程为

整个场地几何图形中心(图中 G 点)的设计高程。如用图 8-33 中的数据计算,得 $H_{设}=80.26m$。

重心点及其设计高程确定以后,根据方格网点间距和设计坡度,自重心点沿方格方向,向四周推算各方格点的设计高程。在图 8-33 中标出:

南北两方格点间设计高差=20×2%=0.4m;

东西两方格点间设计高差=20×1.5%=0.3m。

重心点 G 的设计高程为 80.26m,其北 B_3 点设计高程为 80.26+0.2=80.46m;其南 C_3 点设计高程为 80.26−0.2=80.06m,D_3 点设计高程为 80.06−0.4=79.66m。同理,可推得其他各方格点的设计高程。将设计高程注于方格网点的右下角,并进行计算校核:

①从一个角点起沿边界逐点地推算一周后回到起点,设计高程应该闭合。

②对角线各点设计高程的差值应完全一致。

3. 计算方格点填、挖数值

根据图 8-33 中地面高程与设计高程值,按式 $h=H_{地}-H_{设}$ 计算各方格点的填、挖数值,并注于相应点的左上角。

4. 计算填、挖方量

根据方格点的填、挖数值,可仿照整理成水平场地的方法,确定填挖边界线,按式(8-13)~式(8-18)计算各方格点的填、挖土(石)方量及整个场地的总填、挖土(石)方量。

思考题与习题

1. 什么是地形图比例尺?什么是地形图比例尺精度?研究地形图比例尺精度的意义是什么?

2. 什么是地物、地貌?

3. 叙述经纬仪视距法测绘地形图的方法步骤?

4. 什么是等高线、等高线平距、等高距?等高线有哪些特性?

5. 试勾绘如图 8-34 所示地貌的等高线图。

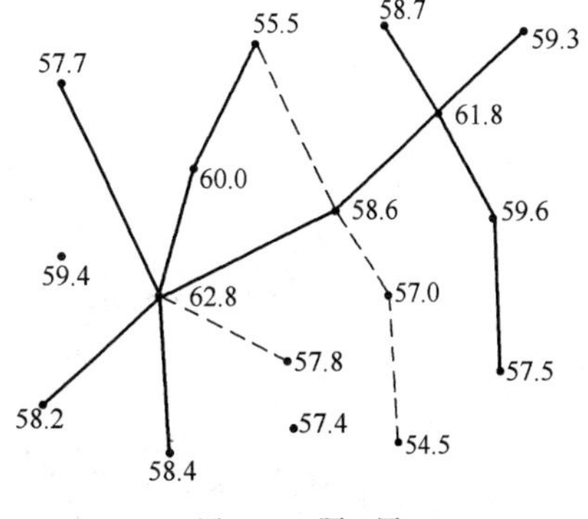

图 8-34 题 5 图

6. 在图 8-35 中完成如下作业:

(1)根据等高线按比例内插法求出 A、C 两点的高程。

(2)用图解法求定 A、B 两点的坐标。

(3)求 A、B 两点间的水平距离。

(4)求定 AB 连线的坐标方位角。

(5)求 A 点至 C 点的平均坡度。

(6)从 A 点至 B 点选定一条坡度为 6.5% 的路线。

7. 试根据地形图(图 8-36)上所画的 AB 方向线，绘制出该方向线的断面图。

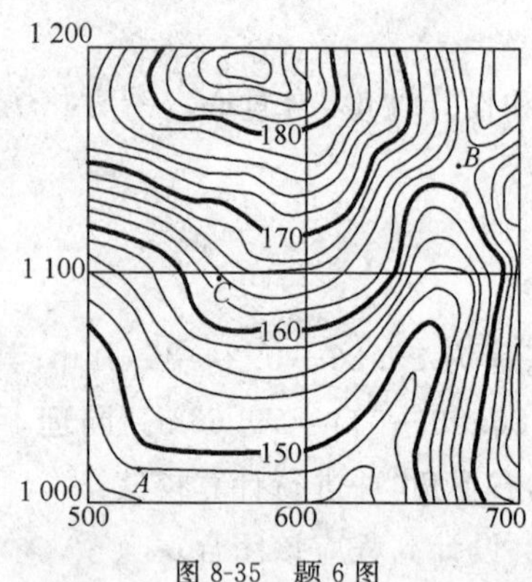

图 8-35　题 6 图

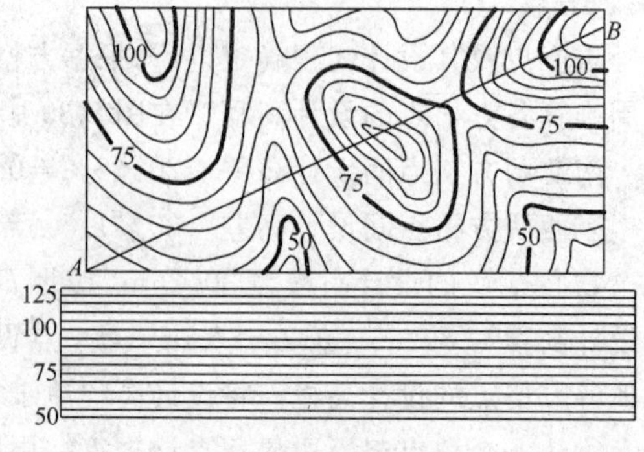

图 8-36　题 7 图

8. 试述用透明方格法和平行线法计算面积的方法。

9. 在地形图上确定汇水范围时，为什么边界线要与山脊线一致且与等高线垂直？边界线为什么又要通过山顶和鞍部？

10. 在地形图上将高低起伏的地面设计为水平面或倾斜面时，如何计算场地设计高程？如何确定填、挖边界线？

11. 图 8-37 为 1∶2000 的地形图，欲作通过设计坡度为 4%(由北向南为下坡)的倾斜面，试绘出其填、挖边界线，计算土石方量。

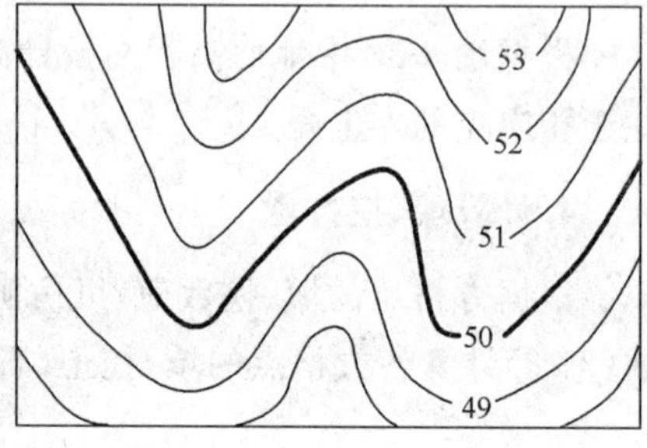

图 8-37　题 11 图

第九章

施工测量的基本知识

本章提要

本章介绍施工测量的基本任务和特点；水平角、水平距离和高程的测设；点的平面位置的测设方法。

第一节 施工测量概述

一、概述

各种工程在施工阶段所进行的测量工作称为施工测量。施工测量的基本任务是用测量仪器，根据测量的基本原理和方法，把设计图纸上设计的建筑物、构筑物的平面位置和高程位置，按照设计要求，以一定的精度测设于地面，并设上标志作为施工的依据。此外，在施工过程中，还需进行一系列的测量工作，以衔接和指导各工序间的施工。

施工阶段的测量工作包括：建立施工控制网；建筑物定位和基础放线；工程施工中各道工序的细部测设，如基础模板、工程砌筑、构件安装等的测设；工程竣工后，为了便于管理维修和扩建，而进行的竣工测量；以及有些高大建筑在施工期间和管理期间所进行的变形观测。总之，施工测量贯穿于施工的全过程。

二、特点

施工测量的精度要高于地形图的测绘精度，而且根据建筑物、构筑物的重要性，结构材料及施工方法等不同，对施工测量精度要求也有所不同。例如，工业建筑的测设精度高于民用建筑的测设精度；钢结构建筑物的测设精度高于钢筋混凝土结构建筑物的测设精度；装配式建筑物的测设精度高于非装配式建筑物的测设精度；高层建筑物的测设精度高于低层建筑物的测设精度等。由于施工测量贯穿于施工的全过程，施工测量精度直接影响工程质量和施工进程，所以测量人员必须了解施工的全过程，密切配合施工进度进行工作。另外，施工现场多为地面与高空各工种交叉作业，并有大量的土方填挖，地面情况变动很大，再加动力机械及车辆频繁，因此，对测量标志的埋设应特别稳固，并要妥善保护，经常检查，及时恢复。在高空或危险地段施测时，应采取安全措施，以防发生事故。

第二节　施工测量的基本工作

我们在绪论中已学习了测量的三项基本工作，即测角、量边、测高差求高程，这些工作都是将地面上未知的水平角、水平距离和未知点的高程利用仪器测量出来，作为计算绘图的依据。而施工测量是将图纸上设计好的建筑物、构筑物的平面位置和高程位置测设于地面，作为施工的依据。所以水平角、水平距离和高程都是已知的。因此，施工测量的三项基本工作是测设已知的水平角、水平距离和已知高程的点。下面分别介绍。

一、测设已知的水平角

此项工作是根据地面上已有的一个已知方向，按设计的水平角值，用经纬仪在地面上定出另一个方向。其测设方法如下。

1. 一般方法

如图 9-1 所示，设 OA 为地面上的已知方向线，要在 O 点以 OA 为起始方向，顺时针测设出给定的水平角 β。其方法如下。

(1)置经纬仪于 O 点，用盘左准确瞄准 A 目标，将度盘调至 $0°00'00''$(或直接读取水平度盘的读数 b)。

(2)松开照准部制动螺旋，顺时针旋转照准部，当水平度盘读数为 β(或 $b+\beta$)时，沿视线方向在地面上定出 B_1 点。

图 9-1　测设已知水平角的一般方法示意图

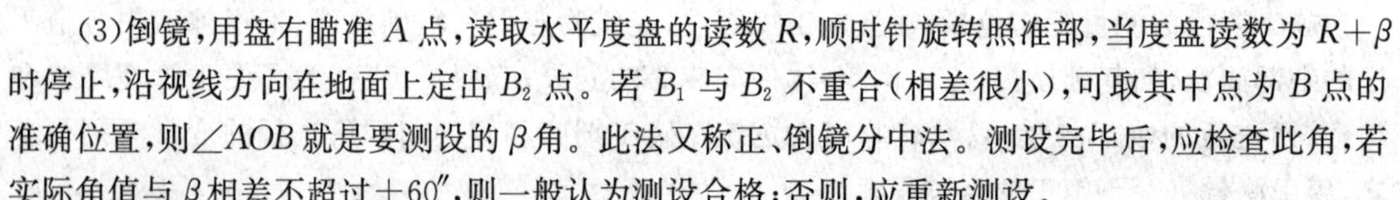

(3)倒镜，用盘右瞄准 A 点，读取水平度盘的读数 R，顺时针旋转照准部，当度盘读数为 $R+\beta$ 时停止，沿视线方向在地面上定出 B_2 点。若 B_1 与 B_2 不重合(相差很小)，可取其中点为 B 点的准确位置，则$\angle AOB$ 就是要测设的 β 角。此法又称正、倒镜分中法。测设完毕后，应检查此角，若实际角值与 β 相差不超过$\pm 60''$，则一般认为测设合格；否则，应重新测设。

2. 精密方法

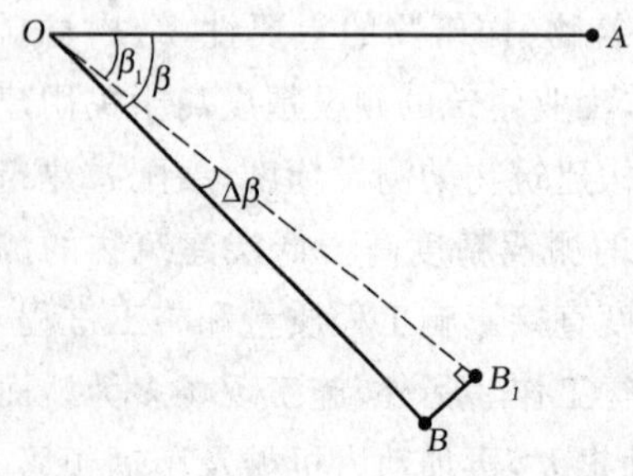

图 9-2　测设已知水平角的精密方法示意图

当施工精度要求较高时，往往采用精密测设水平角的方法。如图 9-2 所示，欲精密测设$\angle AOB=\beta$。其方法是：置仪器于 O 点，先用一般方法将 β 角测设于地面得$\angle AOB_1$，并在地面定出 B_1 点，然后再用测回法观测该角若干测回，得$\angle AOB_1$ 的实际角值为 β_1，并计算 $\Delta\beta=\beta_1-\beta$。当$|\Delta\beta|>10''$时，需调整 B_1 点。调整时，首先丈量 OB_1 的距离，然后按下式计算垂直改正值 BB_1。如图 9-2 所示。

$$BB_1 = OB_1 \cdot \tan|\Delta\beta'| \approx OB_1 \cdot \frac{|\Delta\beta''|}{\rho''} \tag{9-1}$$

算出 BB_1 之后，可调整 B_1 点。方法是：当 $\Delta\beta>0$ 时，将 B_1 向内调，即过 B_1 找出 OB_1 的垂线方向，沿垂线方向从 B_1 向内量取 BB_1，即得 B 点，则 $\angle AOB$ 即为要测设的 β 角值。若 $\Delta\beta<0$，则同法沿垂线方法向外调整，如图 9-2 所示。为了检查测设是否正确，还需进行检查测量，即用测回法测 $\angle AOB$ 若干测回，其平均值与 β 之差应小于 $10''$。

【例 9-1】 设 $OB_1=60.50\text{m}$，$\Delta\beta=-30''$，则

$$BB_1=60.5\times\frac{30''}{206\,265''}=0.009\text{m}$$

调整方法：过 B 作 OB_1 的垂线，再从 B_1 沿垂线方向向外量 9mm 即得 B 点，则 $\angle AOB$ 即为 β 角。

二、测设已知的水平距离

测设已知的水平距离，是根据已知线段的起点和方向，测设出线段的终点。如图 9-3 所示，设 A 为地面上一已知点，D 为设计的水平距离，欲在地面上沿 AC 方向测设 B 点，使 $AB=D$ 定出 B 点，方法如下。

1. 一般方法

(1)置仪器于 A 点，瞄准 C 点，沿 AC 方向边定线边量距精确丈量出 D，在地面上定出 B 点。

(2)往返丈量 AB，若相对误差在 $\frac{1}{3\,000}$ 以内，则 B 点即为所求，并在地面上标出 B 点。

2. 钢尺精密测设方法

(1)先用一般方法将设计距离 D 测设于地面得 B' 点，如图 9-3 所示。

(2)往返丈量 AB'，取其平均值得 D'。

(3)计算 $\Delta D=D'-D$，当 $\Delta D>0$ 时，沿 AC 方向由 B' 点向内量 ΔD 得 B 点，则 AB 即为欲测设的线段，即 $AB=D$；当 $\Delta D<0$ 时，沿 AC 方向由 B' 点向外量 ΔD 得 B 点。

【例 9-2】 欲沿 AC 方向测设 $AB=100\text{m}$，用一般方法测设后得 B' 点，往返丈量取平均值得 $AB'=99.986\text{m}$，试调整 B'，使 $AB=100\text{m}$。

【解】 计算要调整的距离 ΔD，并进行调整

$$\Delta D=D'-D=99.986-100=-0.014\text{m}$$

因为 $\Delta D<0$，所以应向外调整 B'。

调整方法：沿 AC 方向从 B' 点向外量 14mm 即得 B 点，则 $AB=100\text{m}$，即为欲测设的水平距离。在地面上用木桩标出 B 点即可，如图 9-3 所示。

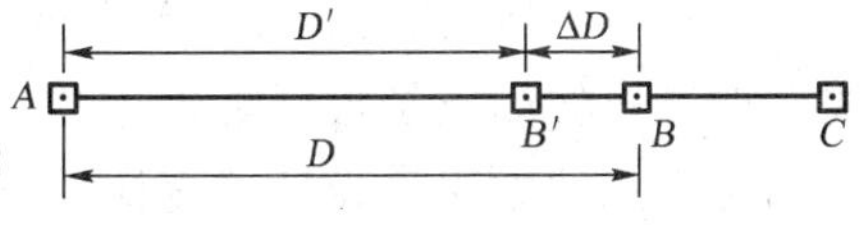

图 9-3　测设已知的水平距离

三、测设已知高程的点

1. 测设已知高程的点

测设给定的高程是根据附近一个已知高程的水准点，用水准测量的方法，将设计高程测设

到指定的位置。

如图 9-4 所示，A 为已知点，其高程为 H_A，欲在 C 位置测设 B 点，使得 B 点的高程为设计标高 H_B，方法如下。

(1)置仪器于 A、C 两点之中央位置，在 C 处钉一大木桩，分别立水准尺于 A、C 位置。

(2)瞄准 A 点尺子，精平后得 A 尺的尺读数为 a。

(3)由于 A、B 点的高程已知，所以需根据 A 尺的读数 a 及 H_A、H_B 的值计算出尺子立在 B 点时的尺读数 $b_{应}$。$b_{应}$ 可由下式计算

$$\because \quad a - b_{应} = h_{AB} = H_B - H_A$$

$$\therefore \quad b_{应} = a - h_{AB} = a - (H_B - H_A) \tag{9-2}$$

(4)测设方法：将 C 点处的尺子靠紧木桩并上、下移动，当望远镜横丝的读数恰好为 $b_{应}$ 时，则尺子底部的位置即为 B 点的位置。此时，将尺子底部用油漆在木桩上标记出来，作为施工的依据。

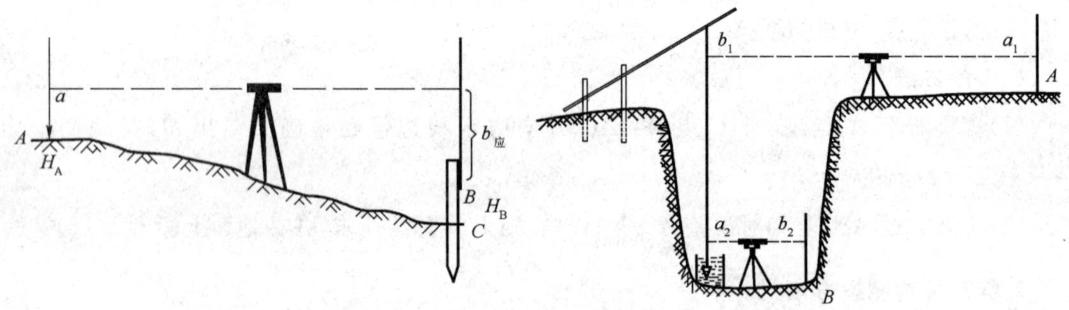

图 9-4　测设已知高程点　　　　图 9-5　基槽水平桩的测设方法

若测设的高程点和水准点之间的高差较大时，可用悬挂钢卷尺来代替水准尺，以测设给定的高程点。如图 9-5 所示，为一基槽水平桩的测设方法。由图可知

$$b_{应}(b_2) = H_A + a_1 - b_1 + a_2 - H_B \tag{9-3}$$

计算出 $b_{应}$ 后，用上述方法测设水平桩。

2. 测设已知的坡度线

在平整场地、铺设管道及修建道路路面等工程中，经常需要在地面上测设给定的坡度线。坡度线的测设是根据附近水准点的高程、设计坡度和坡度线端点的设计高程，用测设已知高程点的方法将设计坡度测设于地面。测设方法有水平视线法和倾斜视线法两种，现介绍如下。

(1)水平视线法

如图 9-6 所示，A、B 为设计坡度线的两端点，其设计高程分别为 H_A、H_B，AB 的设计坡度为 i，为施工方便，要在 AB 方向上，每隔距离 d 钉一木桩，要求在木桩上标定出坡度为 i 的坡度线。施测方法如下。

①沿 AB 方向标定出间距为 d 的中间点 1、2、3 的位置。

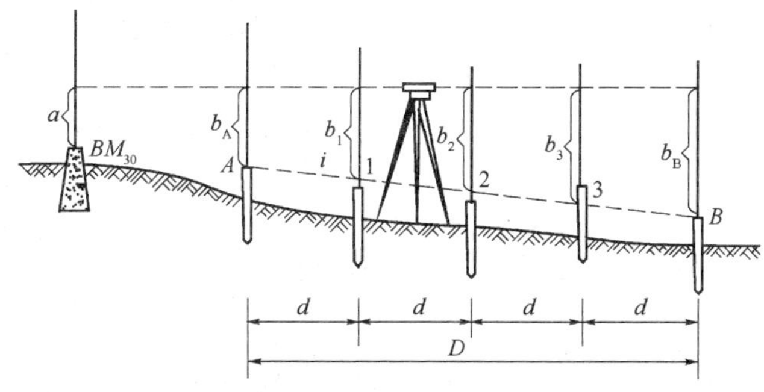

图 9-6 水平视线法

②计算各桩点的设计高程。

$$\left.\begin{aligned} H_1 &= H_A + id \\ H_2 &= H_1 + id \\ H_3 &= H_2 + id \\ H_B &= H_3 + id \end{aligned}\right\} \tag{9-4}$$

或

$$H_B = H_A + id \quad (\text{检核}) \tag{9-5}$$

坡度 i 有正有负，计算设计高程时，坡度应连同其符号一并运算。

③安置仪器于 BM_{30} 与 B 点之间，后视 BM_{30}，得后视读数 a，则仪器视线高程 $H_i = H_{30} + a$，而各测设点(A、1、2、3、B)应该的前视读数分别为 $b_A = H_{30} + a - H_A = H_i - H_A$，$b_1 = H_i - H_1$，$b_2 = H_i - H_2$，$b_3 = H_i - H_3$，$b_B = H_i - H_B$。

④将水准尺分别贴木桩一侧，并上、下移动尺子，待望远镜中横丝的读数分别为 b_A、b_1、b_2、b_3、b_B 时，则水准尺底部在 A、1、2、3、B 各木桩上的位置即为欲测设的 A、1、2、3、B 各点位置，并及时用红油漆在木桩上作一标记，则 A、1、2、3、B 各点位于设计的坡度线上。

(2)倾斜视线法

如图 9-7 所示，A、B 分别为坡度线的端点，其水平距离为 D，设 A 点的高程为 H_A，要沿 AB 方向测设一条坡度为 i 的坡度线，则先根据 A 点的高程、坡度 i 及 A、B 两点间的距离计算出 B 点的设计高程，即 $H_B = H_A + iD$。再按测设已知高程点的方法，将 H_A、H_B 测设于 A、B 两点的木桩上。然后将水准仪安置在 A 点上，使基座上一个脚螺旋在 AB 方向上，其余两个脚螺旋的连线与 AB 方向垂直，量取仪器高 i，再转动 AB 方向上的脚螺旋和微动螺旋，使十字丝横丝对准 B 点水准尺上等于仪器高 i 的位置，此时，仪器的视线与设

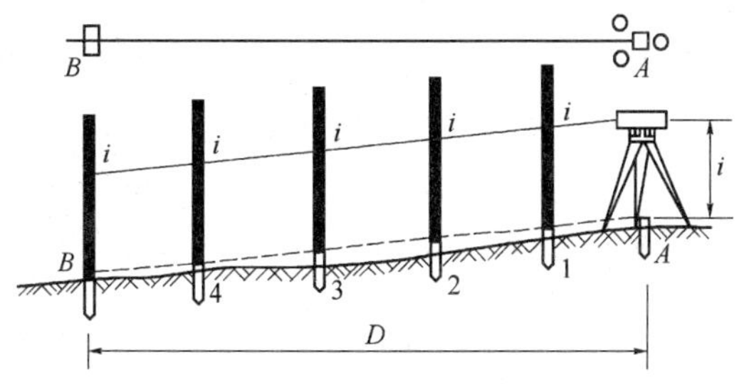

图 9-7 倾斜视线法

计坡度线平行。随后在 AB 方向的中间点 1、2、3 的木桩侧面立尺，并上、下移动水准尺，直至尺上读数等于仪器高 i 时，沿尺子底部在木桩上画一红线，则各桩红线的连线即为设计的坡度线。

如果设计的坡度较大，超出水准仪脚螺旋所能调节的范围，则可用经纬仪测设。

第三节　施工测量中点位测设的方法

在地面上测设点位常用的方法有直角坐标法、极坐标法、角度交会法和距离交会法。测设时，应根据施工控制网的形式、控制点分布情况、现场条件及测设精度要求等，选用适当的测设方法。

一、直角坐标法

直角坐标法是根据直角坐标原理，测设地面点的平面位置。它适用于待测设的点靠近控制网的边线，且量距方便的地方。如图 9-8 所示，I、II、III、IV 为建筑场地的建筑方格网点，A、B、C、D 为欲测设建筑物的四个角点，根据设计图上各点的坐标，可以求建筑物的长、宽尺寸。测设方法如下。

(1)首先根据 I、III、A、C 各点的坐标计算出纵横坐标增量。

$$\begin{cases}\Delta X_{IA}=520-500=20\text{m}\\ \Delta Y_{IA}=630-600=30\text{m}\end{cases}$$

$$\begin{cases}\Delta X_{AD}=550-520=30\text{m}\\ \Delta Y_{AD}=630-630=0\text{m}\end{cases}$$

$$\begin{cases}\Delta X_{AB}=520-520=0\text{m}\\ \Delta Y_{AB}=680-630=50\text{m}\end{cases}$$

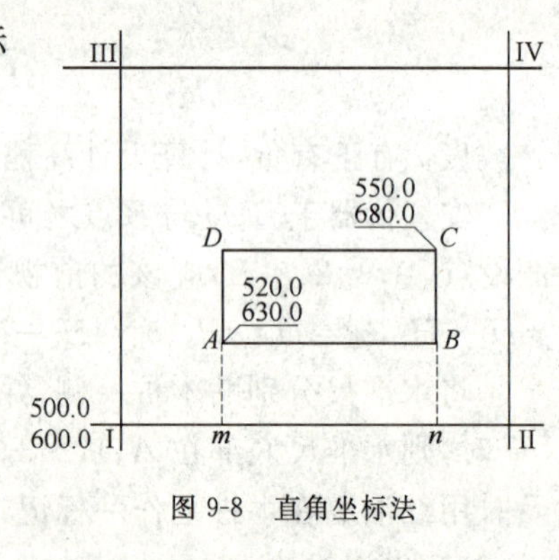

图 9-8　直角坐标法

(2)置仪器于 I 点，后视 II 点，沿视线方向丈量 $\Delta Y_{IA}=30\text{m}$ 得 m 点，再沿视线方向继续丈量 $\Delta Y_{AB}=50\text{m}$ 得 n 点，分别用木桩将 m、n 两点分别标定于地面。

(3)迁仪器于 m，后视 II 点，逆时针测设 90°；在视线方向上量 $mA=\Delta X_{IA}=20\text{m}$ 得 A 点，再沿视线方向继续丈量 $AD=\Delta X_{AD}=30\text{m}$ 得 D 点，用木桩在地面上标定 A、D 两点。

(4)迁仪器于 n，同法测设 B、C 两点。

测设精度的检查：

(1)检查各内角，与 90°相差不得超过 $\pm 1'$。

(2)往返丈量各边长与设计边长之相对误差应小于 1/3 000。

二、极坐标法

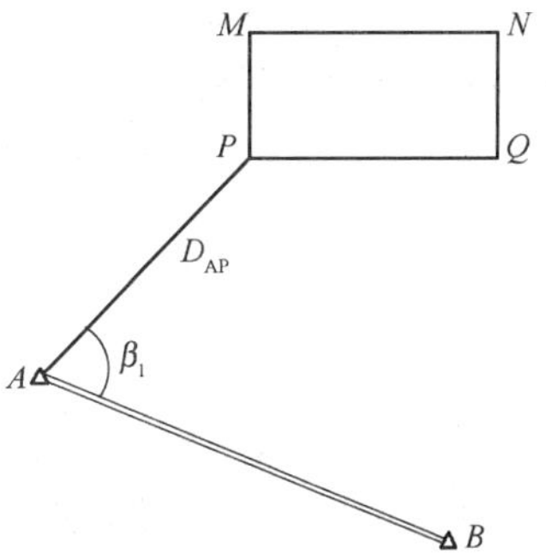

1. 极坐标法是根据已知控制点和待测设点的坐标，来测设点位的一种方法。如图 9-9 所示，设 A、B 为地面上已有控制点，其坐标分别为(X_A,Y_A)和(X_B,Y_B)，欲测设 $P(X_P,Y_P)$点，其测设方法如下。

图 9-9　极坐标法

(1)首先计算出测设 P 点的数据 β_1 及 D_{AP}

由图可知

$$\beta_1 = \alpha_{AB} - \alpha_{AP} \tag{9-6}$$

$$D_{AP} = \sqrt{\Delta X_{AP}^2 + \Delta Y_{AP}^2} \tag{9-7}$$

其中，

$$\alpha_{AP} = \arctan\frac{\Delta Y_{AP}}{\Delta X_{AP}} = \arctan\frac{Y_P - Y_A}{X_P - X_A}$$

$$\alpha_{AB} = \arctan\frac{\Delta Y_{AB}}{\Delta X_{AB}} = \arctan\frac{Y_B - Y_A}{X_B - X_A}$$

式中：α_{AP}、α_{AB}——分别为 AP、AB 边的坐标方位角。

若测设精度要求不高，则 β_1、D_{AP}可直接在图纸上量取。

(2)测设方法

置仪器于 A 点，瞄准 B 点，将水平度盘调至$0°00'00''$(或调至 β_1)，松开照准部制动螺旋，逆时针转动照准部，当度盘读数为 $360° - \beta_1(0°00'00'')$时停止，沿视线方向丈量 D_{AP} 在地面上定出 P 点，用木桩标记。若测设精度要求较高，则用正、倒镜分中法定出 P 点，同法定出 Q、M、N 各点。在将 P、Q、M、N 测设于地面后，用直角坐标法中检查测设精度的方法进行检核。

【例 9-3】 已知 $X_m = 1\,125.605\text{m}$，$Y_A = 1\,743.644\text{m}$；$X_B = 1\,075.364\text{m}$，$Y_B = 1\,839.642\text{m}$；$X_P = 1\,016.823\text{m}$，$Y_P = 1\,778.345\text{m}$。求用极坐标法测设 P 点的$\angle BAP$ 和水平距离 D_{AP}。

【解】

$$\alpha_{AB} = \arctan\frac{Y_B - Y_A}{X_B - X_A} = \arctan\frac{95.998}{-50.241} = 117°37'32''$$

$$\alpha_{AP} = \arctan\frac{Y_P - Y_A}{X_P - X_A} = \arctan\frac{34.701}{-108.782} = 162°18'27''$$

$$\angle BAP = \alpha_{AP} - \alpha_{AB} = 44°40'55''$$

$$D_{AP} = \sqrt{\Delta X_{AP}{}^2 + \Delta Y_{AP}{}^2} = \sqrt{34.701^2 + (-108.782)^2} = 114.183\text{m}$$

2. 全站仪坐标放样法

全站仪坐标放样的本质是极坐标法，它能适合各种地形情况，而且精度高，操作简便，在生产实践中已被广泛使用。因此，极坐标法已成为最广泛的一种测设点位的方法。

放样前，将全站仪置于放样模式，向全站仪输入测站点坐标、后视点坐标(或方位角)，再输入放样点坐标。准备工作完成之后，用望远镜照准棱镜，按坐标放样功能键，则可立即显示当前棱镜位置与放样点位置的坐标差。根据坐标差值，移动棱镜位置，直至全站仪屏幕坐标差显示为零时，棱镜所对应的位置就是欲放样点的位置，在地面上作出标记。

三、角度交会法

角度交会法是利用点位之间的角度关系进行测设点位的方法，此法适用于量距不便的地点。如图 9-10 所示，A、B 为已知控制点，其坐标分别为(X_A,Y_A)和(X_B,Y_B)，P 点为待测设点，坐标为(X_P,Y_P)。测设时，先用式(9-6)算出 β_A 与 β_B，然后同时安置两台经纬线仪于 A、B 两点，分别测设 β_A 与 β_B，用角度交会法定出 P 点，并在地面上用木桩标记。

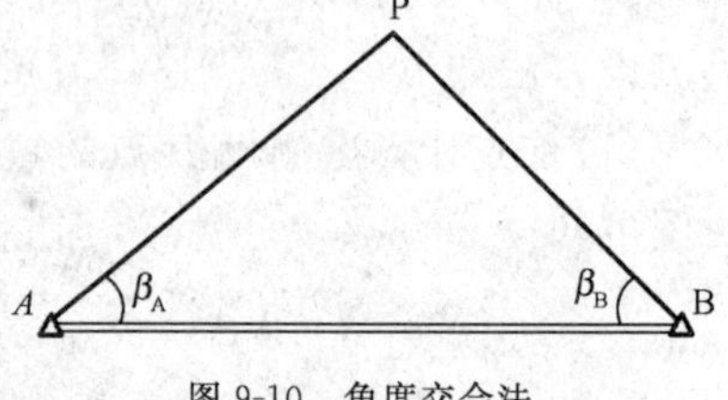

图 9-10　角度交会法

四、距离交会法

距离交会法是根据待测设点到已知点之间的水平距离来测设点位的一种方法。此法适用于待测设点与已知点之间的距离小于一整尺段，且便于量距的地方。施工中，细部测设常用此法。如图 9-11 所示，先根据 A、B、P 各点的坐标用式(9-7)计算出测设数据 D_{AP} 及 D_{BP}。测设时，同时用两把钢尺的零点分别对准 A、B 两点，移动两把钢尺的末端，用 D_{AP}、D_{BP} 交会定出 P 点位置，并用木桩在地面上标记之。

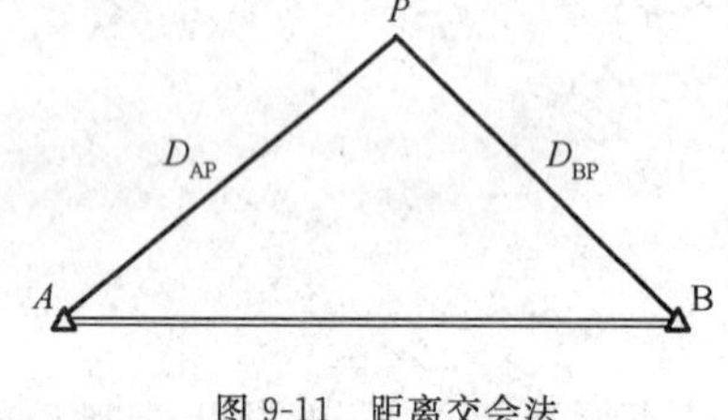

图 9-11　距离交会法

思考题与习题

1. 施工测量包括哪些内容？

2. 测设与测绘(测图)有何不同？

3. 测设的基本工作有哪些项目？试述各个项目的测设方法。

4. 测设点的平面位置有哪几种方法？各适宜于什么场合？

5. 用水准仪测设已知坡度线时，为什么要将其基座上的一只脚螺旋放在坡度线的方向上，另两只脚螺旋放在与坡度线垂直的位置？

6. 如图 9-12 所示，测设出$\angle AOB'$后，又用经纬仪精确测$\angle AOB'=89°59'08''$。已知 OB' 的长度为 50m，问在垂直于 OB'方向上，B'点应移动多少距离才能得到 90°的角度？

7. 利用高程为 8.765m 的水准点 A，欲测设出高程为 9.354m 的 B 点，若水准仪安置在 A、B 两点之间，A 点水准尺读数为 1.736m，问 B 点水准尺读数应是多少？并绘图说明。

8. 如图 9-5 所示，已知 $H_A=98.324$m，$H_B=93.284$m，$a_1=1.732$m，$b_1=5.734$m，$a_2=0.933$m。要在基坑内侧测设出高程为 H_B 的点的位置，叙述其测设方法。

9. 如图 9-13 所示，已知 $\alpha_{AB}=26°37'$；$X_B=287.36\text{m}$，$Y_B=364.25\text{m}$；$X_P=303.62\text{m}$，$Y_P=338.28\text{m}$。试计算仪器安置在 B 点用极坐标法、角度交会法、距离交会法测设 P 点所需的数据，并在图上注明。

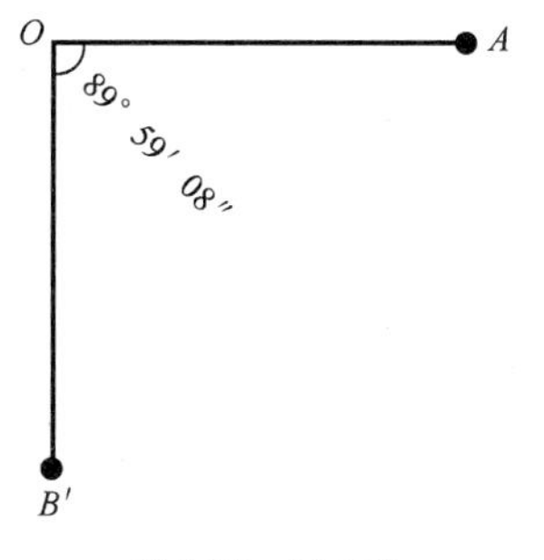

图 9-12　题 6 图

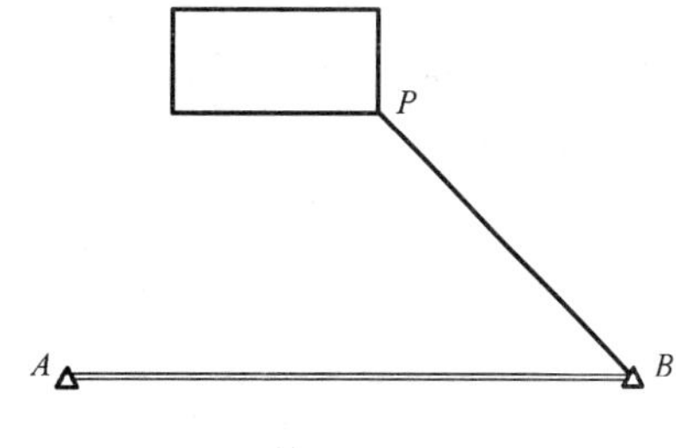

图 9-13　题 9 图

第十章
建筑施工测量

本章提要

本章主要介绍建筑场地的施工控制测量、民用建筑物的施工测量、烟囱施工测量、工业厂房施工测量。本章还介绍了建筑物变形观测的基本方法。

第一节　建筑场地的控制测量

在测图阶段布设的控制(导线控制)一般用于测图,而不用于施工放线,为了保证施工测量的精度和速度,使各个建筑物、构筑物的平面位置和高程都能符合设计要求,因此测设和测绘地形图一样,也要遵循"从整体到局部,先控制后碎部"的原则。即先在施工现场建立统一的平面控制网和高程控制网,然后以此为基础,测设各个建筑物的位置。

施工测量的平面控制,对于一般民用建筑可采用导线网建筑基线或建筑方格网,对于工业建筑区则常采用矩形方格网。高程控制根据施工精度要求,一般情况下可采用四等水准测量。

一、平面控制

1. 建筑基线

(1)布设形式

在面积不大、地势较平坦的建筑场地上,布设一条或几条基准线,作为施工测量的平面控制,称为建筑基线。建筑基线是根据建筑设计总平面图上建筑物的分布、现场地形条件及原有测图控制点的分布情况,布设成三点式(即"一"字形、"L"形),四点式("T"字形)及五点式("十"字形)。如图 10-1 所示。布设时应注意:建筑基线应平行或垂直于主要建筑物的轴线,以便用直角坐标法测设;建筑基线相邻点应互相通视,点位不受施工影响,且能长期保存;基线点应不少于三个,以便检测建筑基线点有无变动。

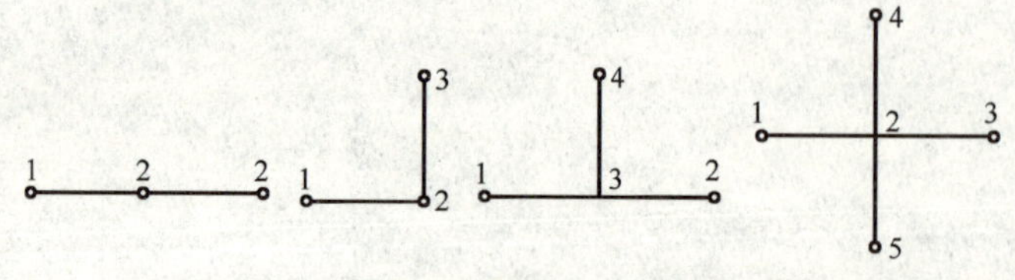

图 10-1　建筑基线布设形式

(2)测设方法

可根据施工场地的原有控制点测设基线点。如图 10-2a)所示，A、O、B 为建筑总平面图上所选定的建筑基线点，1、2、3 为原有的控制点，坐标已知。A、O、B 三点的坐标可由图上查出或用图解法确定。利用极坐标法测设点位的方法，可以测设 A、O、B。即首先计算出 β_1、d_1、β_2、d_2、β_3、d_3；然后依次安置仪器于 1、2、3 各点上，分别测设 β_1、d_1 得 A，测设 β_2、d_2 得 O，测设 β_3、d_3 得 B，并用大木桩将 A、O、B 三点在地面上标记出来。

按上述方法测设的 A、O、B 三点不一定在一条直线上，这时应用经纬仪测出 $\angle AOB$，若 $\angle AOB$ 与 180°相差在 ±15″以上，则需调整三点的位置。调整方法是将各点沿横向移动同一个改正值 δ，注意 A、B 与 O 移动的方向相反。改正值 δ 可由下式计算

$$\delta = \frac{ab}{a+b}\left(90^\circ - \frac{\beta}{2}\right) \times \frac{1}{\rho''} \tag{10-1}$$

式中，a、b 分别为 OA、OB 之距，如图 10-2b)所示。其他形式的基线以同样的方法测设。

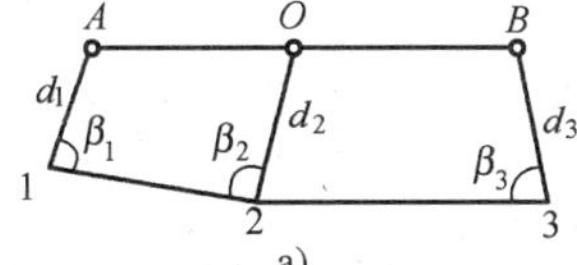

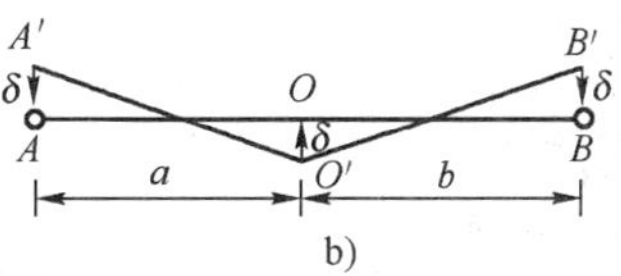

图 10-2 建筑基线的测设方法

2. 建筑方格网

(1)布设方法

由正方形或矩形的格网组成的建筑场地的施工平面控制网，称为“建筑方格网”。对地势平坦的新建或扩建的中大型建筑场地，常采用建筑方格网。布设时应注意以下几点：

①根据建筑总平面图布设，使建筑物的主轴线位于建筑场地的中央，并与主要建筑物的轴线平行或垂直，使控制点接近于测设对象，特别是测设精度要求较高的工程对象。

②根据实际地形布设，使控制点位于测角、量距比较方便的地方，并使埋设标桩的高程与地面的设计标高不要相差很多。

③方格网的边长一般为 100～500m。点的密度根据实际需要而定。方格网的交角应成严格的 90°，如图 10-3 所示。

④当场地面积较大时，应分为两级布网。即首先可采用“十”字形、“口”字形或“田”字形布网，然后再加密方格网。若场地面积不大，则尽量布设成全面方格网。

⑤最好将平面控制点和高程控制点埋设在同一标石上。

(2)测设方法

先将建筑方格网的主轴线测设于地面，如 10-3中的 $MAOBN$ 和 COD(仿照上述测设“十”字形建筑基线的方法测设)。精度要求：$\angle AOB$ 与

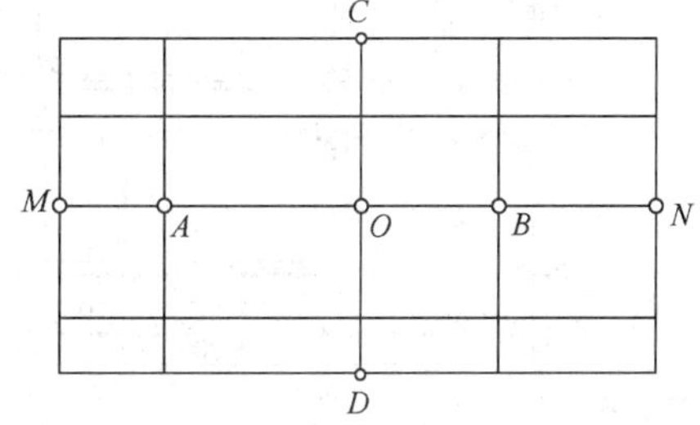

图 10-3 建筑方格网布设方法

180°之差应小于±5″,否则应用图 10-2b)中的方法调整。主轴线测设于地面后,再依据其测设建筑方格网其余各点。各方格网点处的交角应与 90°之差在±5″以内,否则应调整。

二、建筑场地的高程控制

建筑施工场地应有足够的高程控制点。高程控制点布设完毕后,一般情况下应按四等水准测量的精度要求和方法测出所有高程控制点的地面高程。进行水准测量时,可采用闭合水准路线或附合水准路线。此外,为了施工放样的方便,还可以在建筑物附近测设±0.000 的水准点(其高程为该建筑室内地坪的标高)。

第二节　民用建筑的施工测量

民用建筑的施工测量,包括建筑物的定位;钉设龙门板或轴线控制桩;基础施工测量;墙体的施工测量;变形观测。

一、建筑物的定位

建筑物的定位是把建筑物外轮廓轴线的交点(即拐角)测设于地面,以确定建筑物的位置,并以此为依据作基础放样和碎部放样。如图 10-4 所示。建筑物平面外轮廓轴线①、⑥和 A、E 的交点 a、b、c、d 即为该建筑物的定位点。①~⑥、A~E 各轴线为该建筑物的细部轴线。

建筑物的定位方法有以下三种。

1. 依原有建筑物定位

在设计图上,新建建筑物与原有建筑物的位置关系已经给出,如图 10-5 所示,拟建房屋 B 与原有房屋 A 的外墙之间的距离为 14m,它们的南墙面齐平,则可利用建筑物 A 确定 B。首先沿房屋 A 的东西墙面各量出相同的一段距离 l(一般为 1~2m),定出 1、2 两点。置仪器于 1 点,瞄准 2 点,沿视线方向量 $2a=14+0.185$(即二分之一底部墙宽)得 a 点。再继续沿视线方

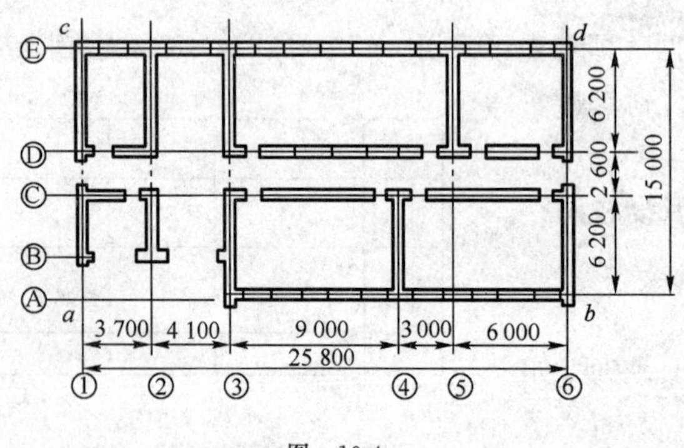

图　10-4

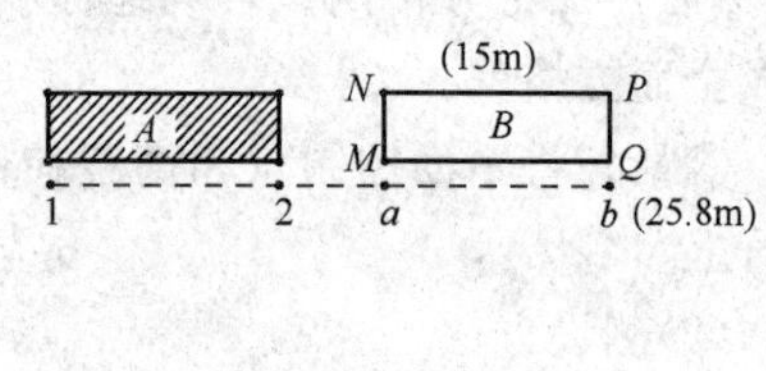

图　10-5

向量 25.8m 得 b 点，分别用木桩标记。移仪器于 a 点，瞄准 b(或 1)，测设 90°，在视线方向上量取 $aM=l+0.185$m 得 M 点，再沿视线方向继续量 $MN=15$m 得 N 点，分别用木桩标记。在 b 点同法测设 Q、P 点。最后检查测设精度，即 M、N、P、Q 各点处的直角的实测值应与 90°相差不超过 ±1′；MN、NP、MQ、PQ 实测长度与设计长度之相对误差应小于 1/3 000。否则，应重新测设。

2. 依建筑基线定位

如图 10-6 所示，其测设方法为置仪器于 2 点，用直角坐标法测设 A、B、C、D 各点位。并按上述方法检测测设精度。测设精度不合格者，需调整或重测。有时建筑红线可代替建筑基线。

3. 依施工现场的控制点定位

当施工现场的控制点较多，且距拟测设的建筑物较近时，用此法测设要简便一些。如图 10-7 所示，1、2、3 为现场的控制点，其坐标已知。欲测设 A、B、C、D 各点，方法如下。

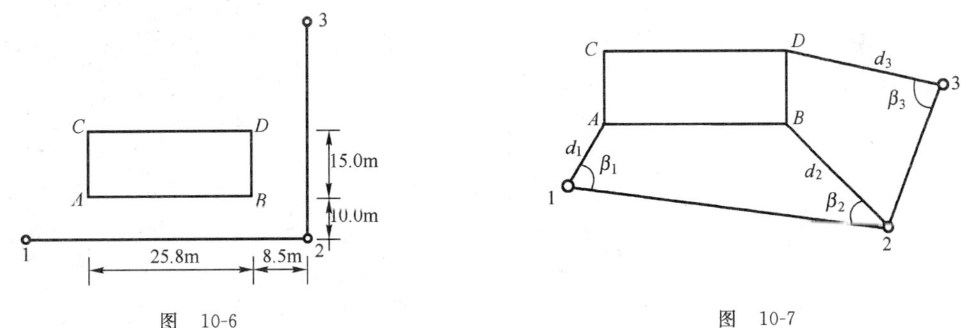

图 10-6　　图 10-7

(1)首先依各点的坐标计算出用极坐标法测设点位时的有关数据：β_1、d_1、β_2、d_2、β_3、d_3。

(2)分别置仪器于 1、2、3 各点，用第九章所述的极坐标法依次测设 A、B、C 各点，并用木桩标记。

(3)A、B、D 测设于地面后，在 A 点(或 D 点)用直角坐标法测设 C 点，并用木桩标记。

(4)检查测设精度(同前述两种方法)。

二、龙门板或轴线控制桩的设置

建筑物定位后，根据外轮廓轴线交点桩即角桩可详细放样建筑物各内墙轴线交点，并用木桩标定位置，称为中心桩。由于角桩和中心桩在开挖基槽时会毁掉，为了在施工中能恢复各轴线的位置，需要把各轴线适当延长到基槽开挖边线以外，并作标志。延长轴线的标志通常有龙门板和轴线控制桩两种。

如图 10-8 所示，龙门板的设置方法：在建筑物四角和中间隔墙的两端基槽之外 1～2m 处，竖直钉设木桩，称为龙门桩，桩的外侧面应与基槽轴线平行。根据附近的水准点，用水准仪采用测设已知高程点的方法(参照第九章的有关内容)，将室内 ±0.000 的标高线测设在龙门桩上，并用红线标记出来(若受地形条件限制，可测设比 ±0.000 高或低某一整数的高程线)。然后把龙门板钉在龙门桩上，要求板的上边缘水平，并与 ±0.000 的标高线相吻合。最后便可用经纬仪将轴线引测到龙门板上，并钉小钉或弹墨线。此外，在龙门板外还往往再钉一轴线控制桩(见图 10-8),以便检查龙门板是否发生变动。

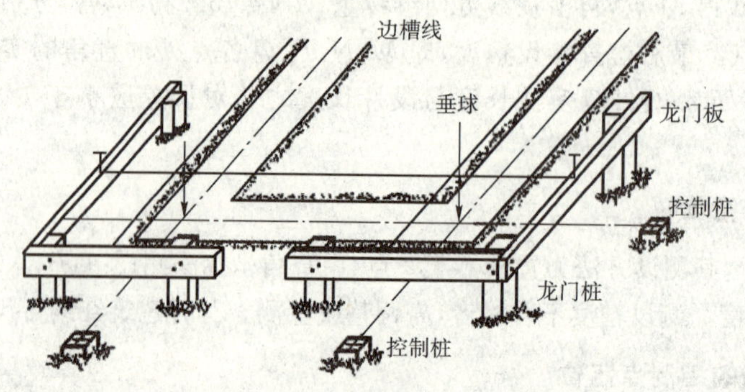

图 10-8　龙门板的设置

轴线控制桩的设置方法:由于龙门板用料较大,且施工过程中容易受振动而变动,所以现场常采用钉设轴线控制桩的方法标记轴线。如图 10-9 所示,将各轴线测设于地面后,需将轴线延长至基槽开挖边线 2～4m 处(甚至远处的建筑物或墙角的低部),并用木桩或红油漆标记出来,以便基础打好后,用这些轴线控制桩恢复轴线于垫层上,以指导基础的施工。具体可见图 10-9 中的 A、B 控制桩(或图 10-8 中的控制桩)。

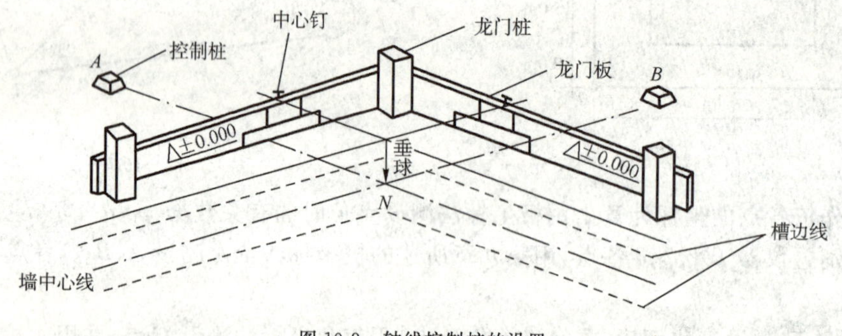

图 10-9　轴线控制桩的设置

三、基础的施工测量

在基础开挖前,要根据基础平面图上的宽度及轴线控制桩的位置,在地面上用白灰撒出开挖边界线。

开挖基槽时,为了控制挖土的深度,在开挖到距基槽底部标高 0.3～0.5m 处时,可用水准仪在基槽壁上每隔 3～5m 及转角处测设一水平桩,如图 10-10 所示。使桩的上表面离槽底为整分米数(如图 10-10 所示的 0.500m),以此作为控制基槽深度、清理槽底及控制垫层标高的依据。

垫层打好后,用龙门板(或轴线控制桩)将轴线投测到垫层上,并用墨线弹出中线和基础边线,俗称"摞底",作为砌筑基础的依据。

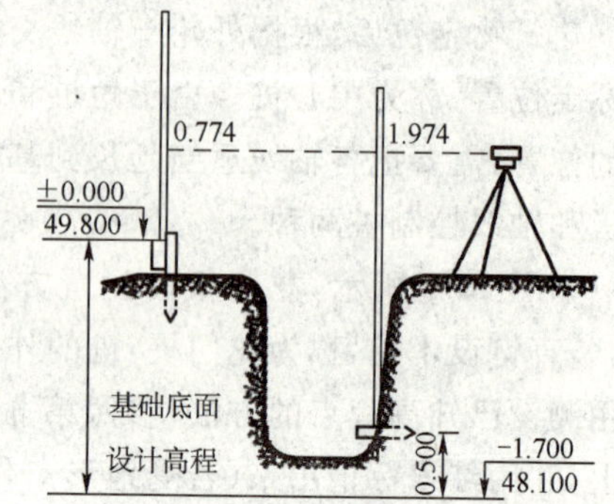

图 10-10　水平桩的测设

在基础施工结束后，用水准仪检查基础是否水平，俗称“找平”，以便立皮数杆砌筑墙体。

四、墙体的施工测量

墙体施工中的测量工作主要是墙体定位和提供墙体各部位的高程标志。

1. 弹线定位

在基础工程结束后，应对龙门板（或轴线控制桩）进行认真复核，以防基础施工时，由于土方及材料的堆放与搬运产生碰动移位。复核无误后，可利用龙门板或控制桩将轴线测设到基础或防潮层等部位的侧面，如图10-11所示。这样就确定了上部砌体的轴线位置，施工人员可依此进行墙体的砌筑，也可作为向上投测轴线的依据。

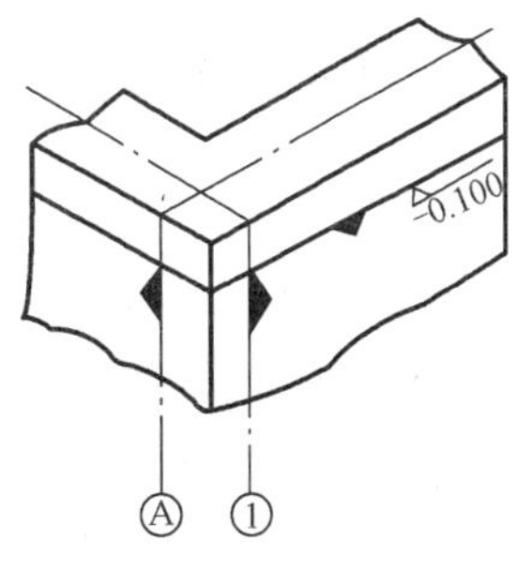

图 10-11　弹线定位

2. 皮数杆的设置

在墙体砌筑施工中，墙身上各部位的标高通常是用皮数杆来控制和传递的。

皮数杆是根据建筑剖面图画有每皮数砖和灰缝的厚度，并注明墙体上窗台、门窗洞口、过梁、雨篷、圈梁、楼板等构件高度位置的专用木杆，如图10-12所示。在墙体施工中，用皮数杆可以控制墙身各部位构件的准确位置，并保证每皮砖灰缝厚度均匀，每皮砖都处在同一水平面上。

皮数杆一般立在建筑物转角和隔墙处，如图10-12所示。立皮数杆时，先在地面上打一木桩，用水准仪测出±0.000标高位置，并画线作标记；然后，把皮数杆上的±0.000线与木桩上±0.000线对齐，钉牢。皮数杆钉好后用水准仪检测确定无误后，再用垂球来校正皮数杆的垂直度。

为施工方便，采用里手脚架砌砖时，皮数杆应立在墙外侧，如采用外手脚架时，皮数杆应立在墙内侧，如系框架或钢筋混凝土柱间墙时，每层皮数可直接画在构件上，而不立皮数杆。

不立皮数杆时，楼层标高传递可采用水准仪配合钢尺，从楼梯间传递高程。即如图10-13

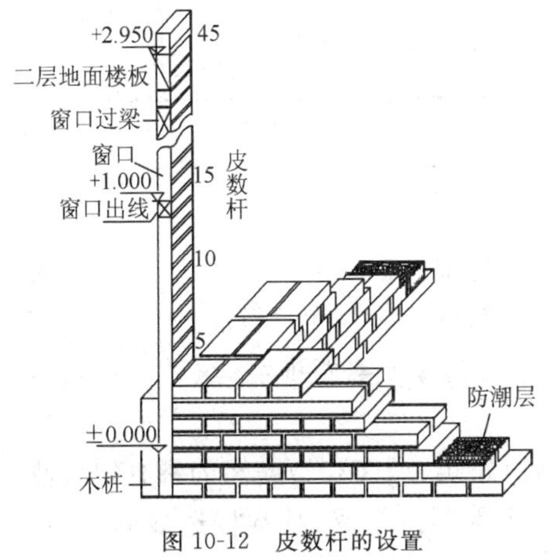

图 10-12　皮数杆的设置

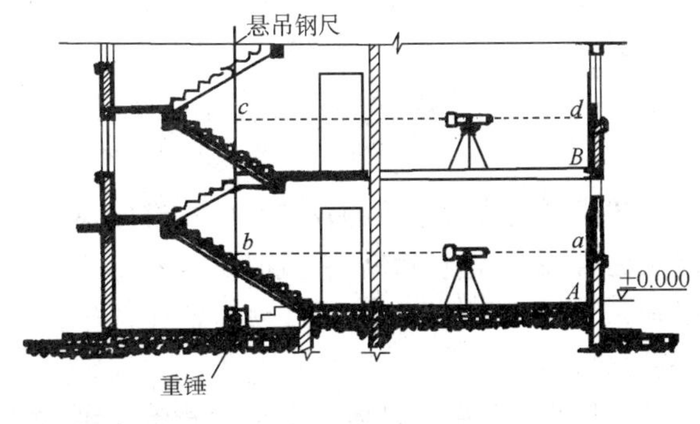

图　10-13

所示，用水准仪及钢尺通过楼梯间将一楼室内地坪以上 0.5m 处的标高，根据层高传递到二楼，并在适当位置作一标记，然后引测至二楼室内墙面，则二楼地坪即从此标记向下 0.5m 处。同法向上逐层传递直至顶层。标高传递的精度要求：同一层面高程误差不得超过 3～5mm；实际标高与设计标高相差不得超过±10 mm；全楼的累计高程误差不得超过 $3H/10000$（H 为楼高）。

五、高层建筑物的轴线投测和标高传递

1. 轴线投测

在低、中层建筑物的墙体施工过程中，我们是用经纬仪依轴线控制桩将基础底部的轴线位置投测到施工工作面，以指导墙体的施工和保证墙体的垂直度。如图 10-14 所示。各层的轴线均可依 A_1、A_1'、B_1、B_1'投测，直至工程结束。但当楼层较高时（大于 10 层以上），而控制桩距离拟建建筑物较近，投测时望远镜的仰角太大，如果还以原轴线控制桩投测轴线，不但操作不便，同时投测的精度也随着仰角增大而降低。为此，需将原轴线控制桩延伸到更远的 A_2'或附近的中高层楼房的屋面上便于测设的 A_2 处。如图 10-15 所示，图中 A_1、A_1'为原有轴线控制桩，A_2、A_2' 为延伸后的轴线控制桩。具体做法是：将经纬仪安置在已经投测上去的较高层（如第十层）楼面轴线 a_{10}、a_{10}'、b_{10}、b_{10}'上，照准地面原有的轴线控制桩 A_1、A_1'，用盘左和盘右两个盘位将轴线延长至远处 A_2、A_2' 处，由于拟建建筑物东侧有一高层建筑物，所以应将 A_1 投测到中高层建筑物的屋顶上 A_2 的位置，并用油漆标记固定其位置，之后继续用 A_2、A_2'投测各层轴线。为了保证轴线投测的正确性，经纬线仪必须经过严格校正才能使用，尤其是照准部水准管轴垂直于竖轴的检验校正；投测时，还应注意照准部水准管气泡要严格居中，同时采用盘左、盘右两个盘位投测取中的方法。

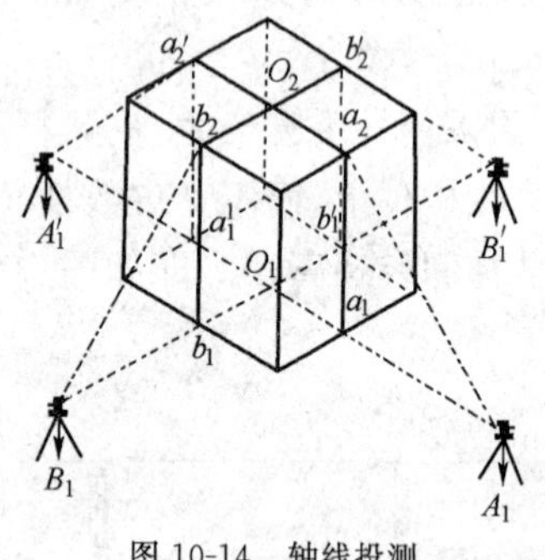

图 10-14　轴线投测

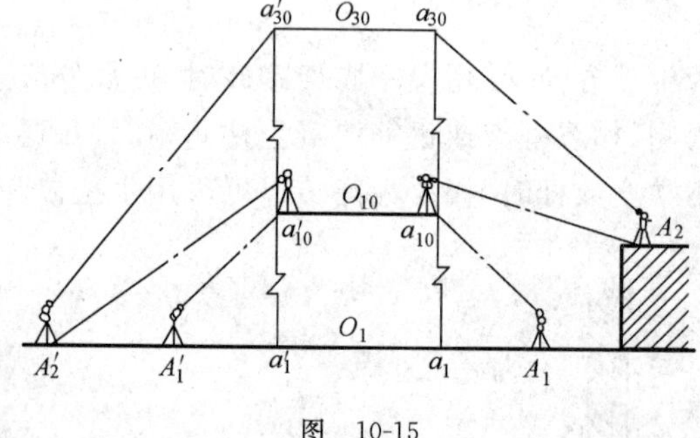

图　10-15

上述投测轴线对建筑物较密集的建筑区很难实现，如用传统的钢丝吊大垂球法，特别是对于高层建筑，由于建筑物高，有风时垂球不易稳定，对投点的精度影响很大。目前，国内外有不少工程采用激光铅垂仪，将建筑物的轴线点位自下而上垂直投测。实践证明，这种方法精度高、速度快。

激光铅垂仪是一种供铅直定位的专用仪器，适用于高层建筑、烟囱和高塔架的铅直定位测量。主要由氦氖激光器、竖轴、发射望远镜、管水准器和基座等部件组成，基本构造如图 10-16 所示。激光器通过两组固定螺钉固定在套筒内。仪器的竖轴是一个空心轴，两端有螺扣，激光

器套筒安装在下端(或上端),发射望远镜装在上端(或下端),即构成向下(或向上)发射的激光铅直仪。仪器上设置有两个互成90°的管水准器,分划值一般为2″/mm,仪器配有专用激光电源。使用时,利用激光器底端(全反射棱镜端)所发射的激光束进行对中,通过调节基座整平螺旋,使管水准器气泡严格居中,从而使发射的激光束铅直。

为了把建筑物轴线投测到各层楼面上,根据梁、柱的结构尺寸,投测点距轴线以500~800mm为宜。每条轴线至少需要两个投测点,其连线应严格平行于原轴线。为了使激光束能从底层直接打到顶层,在各层楼面的投测点处需预留孔洞,或利用通风道、垃圾道及电梯升降道等。其具体做法:如图10-17所示,将激光铅垂仪安置在底层测站点 C_0,进行严格对中、整平,接通激光电源,起动激光器,即可发射出铅直激光基准线。在高层楼板孔上水平放置绘有坐标网的接收靶 P,激光光斑所指示的位置,即为测站点 C_0 的铅直投影位置。为了保证精度,用激光铅垂仪分别在0°、90°、180°、270°四个方向投测 C_0 点,最终取其中点作为 C_0 的投测点。依次向上投测,直至顶层。

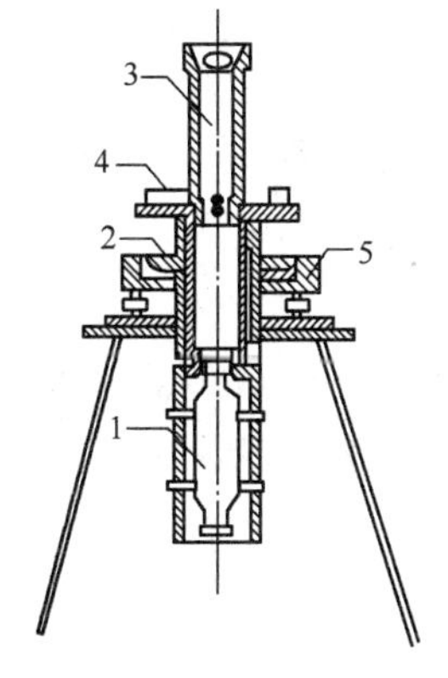

图10-16 激光铅垂仪

1-氦氖激光器;2-竖轴;3-发射望远镜;4-水准管;5-基座

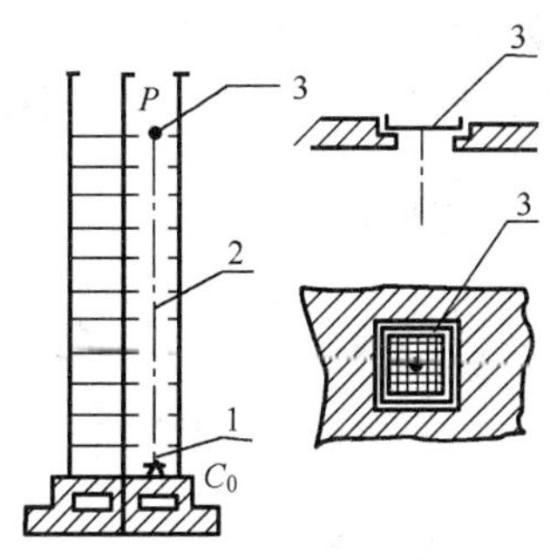

图 10-17

1-激光铅垂仪;2-激光束;3-接收靶

2. 高程传递

在多(高)层建筑施工中,通常用钢尺直接丈量来传递高程。一般是在底层墙身砌筑到1.5m高后,用水准仪在内墙上测设一条高出室内地坪线+0.500m的水平线,作为该层地面施工及室内装修时的标高控制线。对于二层以上各层,同样在墙身砌到1.5m以后,一般从楼梯间用钢尺从下层的+0.500m标高线向上量取该层层高的距离,并在合适位置作出标记。然后再用水准仪测设出该层层面上"0.500m"的标高线。同法逐层向上传递。

第三节 烟囱施工测量

烟囱是圆锥(台)形的高耸构筑物,其特点是基础小、主体高。施工测量工作主要是严格控制其中心位置,以保证烟囱主体竖直。

一、烟囱的定位

首先，按图纸要求，根据已知控制点或与已有建筑物位置的尺寸关系，在地面上测设出烟囱的中心位置 O（如图 10-18 所示），然后安置经纬线仪于 O 点，测设出以 O 为交点的两条互相垂直的定位轴线 AB 和 CD。A、B、C、D 各控制桩离烟囱的距离应不大于烟囱的高度。为了便于在施工过程中检查烟囱的中心位置，可在轴线上多设置几个控制桩，各控制桩应妥善保护。如在轴线方向上，尽量靠近烟囱而又不影响桩位稳定的地方设 a、b、c、d 四个定位小木桩，作为修坑和恢复烟囱中心用的辅助桩。

二、基础施工测量

如图 10-18 所示，定出烟囱中心 O 后，以 O 为圆心，以 $R=r+\Delta r$ 为半径（r 为烟囱底部半径，Δr 为基坑的放坡宽度），在地面上画圆，并撒灰线，标明挖坑范围。

基坑挖好夯实后，要用砂浆混凝土浇灌，在浇灌混凝土基础时，应在烟囱中心位置埋设角钢，根据定位小木桩，用经纬仪准确地在角钢顶面定出烟囱的中心位置，并刻上"十"字线，作为筒身施工时控制烟囱中心垂直度和控制烟囱半径的依据。

三、筒身施工测量

烟囱筒身向上砌筑时，筒身中心线、直径、收坡要严格控制。一般砖烟囱每砌一步架或混凝土每升一次模板，需将中心点引测到施工作业面上，作为架设烟囱模板的依据。引测的方法是在施工作业面上固定同一半径的长木枋（如图 10-19 所示），在其上面用细钢丝悬吊 8～12kg 重的垂球，移动木枋，直至垂球尖对准基础中心为止。此时钢丝在木枋上的位置即为烟囱的中心。烟囱每砌完 10m 左右，必须用经纬仪检查一次基础中心。检查时，分别安置经纬仪于轴线的 A、B、C、D 四个控制桩上（如图 10-18 所示），照准上面的轴线标志，把轴线点投测到施工作业面上，并作标记，然后按标记拉两条细线绳，其交点即为烟囱中心点。用该中心点与垂球引测的中心点相比较，以作校核。烟囱中心偏差一般不应超过所砌高度的 1/1 000。

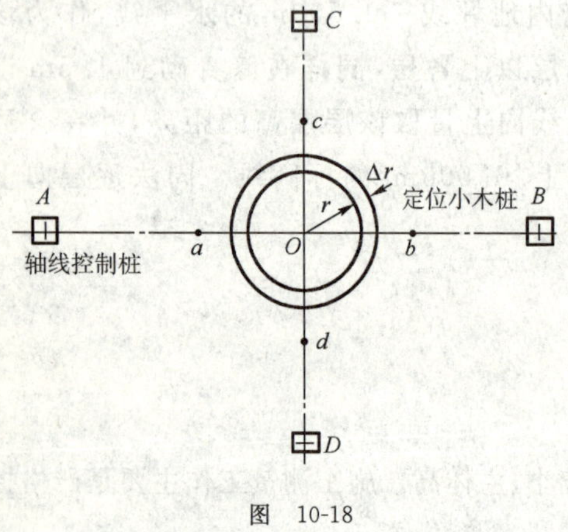

图 10-18

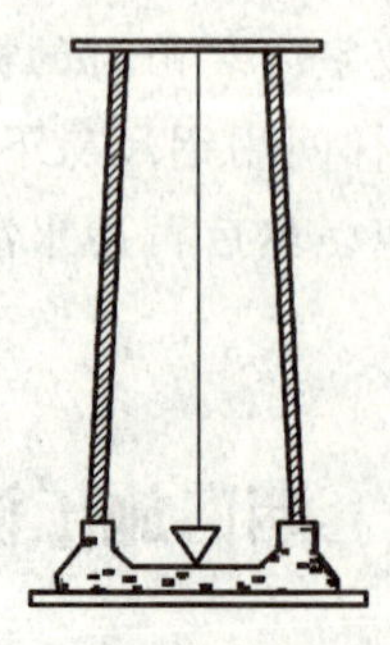

图 10-19

筒身水平截面尺寸，应在检查中心线的同时，以引测的中心线为圆心，以施工作业面上烟囱的设计半径为半径，用刻划尺杆画圆，如图 10-20 所示，以检查烟囱壁的位置。

任何施工高度的设计半径都可根据设计图求出。如图 10-21 所示，高度为 H'时的设计半径 r'_H

$$r'_H = r - H'm$$

式中：r——筒身设计底面半径：

H'——施工工作面高度；

m——收坡系数；

$$m = \frac{r - r'}{H}$$

r'——筒身设计顶面外半径；

H——筒身设计高度。

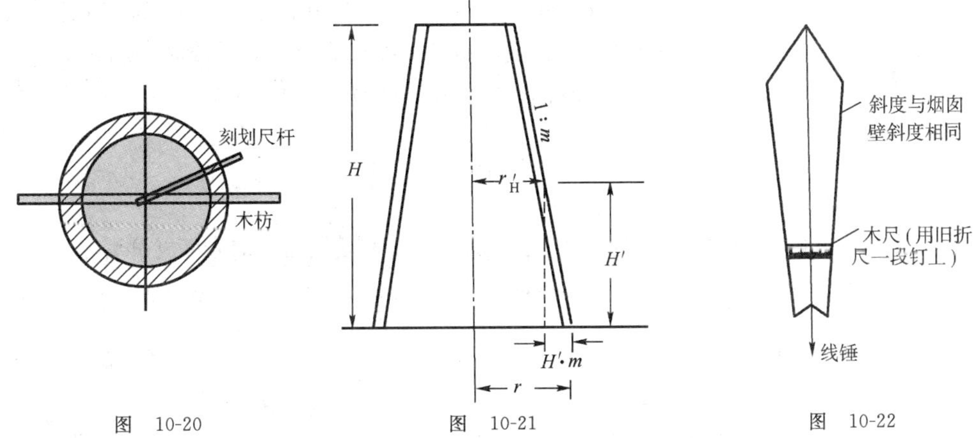

图 10-20　　图 10-21　　图 10-22

筒身坡度及表面平整，应随时用靠尺板挂线检查，以随时控制烟囱坡度。靠尺板斜边是严格按烟囱设计尺寸制作的，如图 10-22 所示。使用时，把斜边贴在筒身外壁上，如垂球线恰好通过其下端缺口处，则说明筒壁的收坡符合设计要求。

烟囱砌筑的设计高度，一般是先用水准仪在烟囱底部的外壁上测设出某一高度（如+0.500m）的标高线，然后以此线为准，用钢尺直接向上量取。筒身四周水平，应经常用水平尺检查上口水平，发现偏差应及时纠正。

第四节　工业厂房施工测量

一、概述

工业建筑中以厂房为主体，分单层和双层。目前，我国较多采用预制钢筋混凝土柱装配式单层厂房。施工中的测量工作，包括厂房矩形控制网测设；厂房柱列轴线放样；杯形基础施工测量；厂房构件与设备的安装测量等。进行放样前，除了做好与民用建筑施工测量相同的准备工作外，还应做好以下两项工作。

1. 制定厂房矩形网放样方案及计算数据

厂区已有控制点的密度和精度往往不能满足厂房放样的需要，因此对于每幢厂房，还应在厂区控制网的基础上建立适应厂房规模和外形轮廓，并能满足该厂房特殊精度要求的独立矩形控制网，以作为厂房施工测量的基本控制。

对于一般中小型工业厂房，在其基础的开挖线以外约 4m 左右，测设一个与厂房轴线平行的矩形控制网，即可满足放样的需要。对于大型厂房和设备基础复杂的工业厂房，为了使厂房各部分精度一致，需先测设主轴线，然后根据主轴线测设矩形控制网。对于小型厂房，也可采用民用建筑定位的方法进行控制。

厂房矩形控制网的放样方案，是根据厂区平面图、厂区控制网和现场地形情况等资料制定的。主要内容包括确定主轴线、矩形控制网、距离指标桩的点位、形式，以及其测设方法和精度要求等。在确定主轴线点及矩形控制网的位置时，必须保证控制点能长期保存，因此要避开地上和地下管线，并与建筑物基础开挖边线保持 1.5～4m 的距离。距离指标桩的间距一般等于柱子间距的整数倍，但不超过所用钢尺的长度。如图 10-23 所示，矩形控制网 R、S、P、Q 四点可根据厂区建筑方格网用直角坐标法进行放样，故其四个角点的坐标是按四个房角点的设计坐标加减 4m 算得的。

2. 绘制放样略图

图 10-23 是根据设计总平面图和施工平面图，按一定比例绘制的放样略图。图上标有厂房矩形控制网两个对角点 S、Q 的坐标，以及 R、Q 点相对于方格网点 F 的平面尺寸数据。

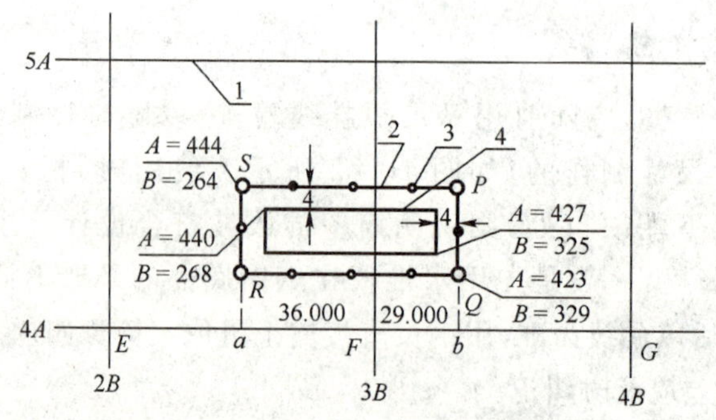

图 10-23 放样略图

1-建筑方格网；2-厂房矩形控制网；3-距离指标桩；4-车间外墙

二、矩形控制网的测设

1. 单一的矩形控制网的测设

测设单一的中小型厂房矩形控制网时，一般是先测出一条长边，然后以这条长边为基线推出其余三边。矩形控制网的测设可以分别采用直角坐标法、极坐标法和角度交会法等。在丈量矩形控制网各边长时，应同时测出距离指标桩。检核时，矩形网直角误差的限值为±10″，矩形边长精度应为 1/10000～1/25000。

2. 根据主轴线测设控制网

大型厂房或系统工程采用的由四个矩形组成的控制网，各矩形均根据主轴线引测，故误差分配均匀，能使建筑物或结构物各部分放线精度一致。

如图 10-24 所示为拟测设的矩形控制网 $EFGH$，AOB 与 COD 为其主轴线。测设时，首先将长轴 AOB 测定于地面，再以长轴为基础测设出短轴，并进行方向改正，使纵、横轴严格正交，主轴线交角限差为±5″。轴线的方向调整好后，应以 O 为起点，精密丈量距离，测定纵、横轴线端点位置。主轴线长度相对精度为 1/5000。

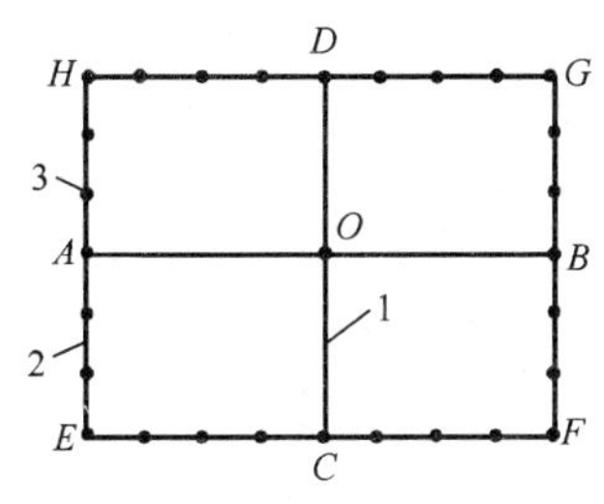

图 10-24

1-主轴线；2-矩形控制网；3-距离指标桩

主轴线测设后，就可以测设矩形控制网。测设矩形控制网时，首先在纵横轴端点 A、B、C、D 分别安置经纬仪，瞄准 O 点作为起始方向测设直角，交会定出 E、F、G、H 四个角点；然后再精密丈量 AH、AE、BG、BF、CE、CF、DH、DG，其精度要求与主轴线相同，若量距所得角点位置与角度交会法定点所得的点位不一致时，则应调整。

为了便于以后进行厂房细部施工放样，在测定矩形控制网各边的同时，应按一定间距测出距离指标桩，如图 10-24 所示。

三、厂房柱列轴线与柱基测设

1. 厂房柱列轴线测设

根据厂房平面图上所注的柱间距和跨度尺寸，用钢尺沿矩形控制网各边量出各柱列轴线控制点位置，如图 10-25 中 1′、2′、…，1、2…，N、M、…，N'、M'、…，并打入大木桩，桩顶用小钉标示出点位，作为柱基测设和施工安装的依据。丈量时，可根据矩形上相邻的两个距离指标桩，采用内分法测设。

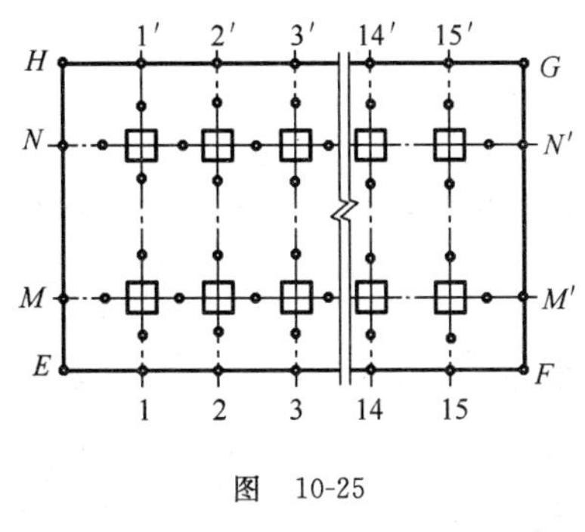

图 10-25

2. 柱基测设

用两架经纬仪安置在两条相互垂直的柱列轴线的轴线控制桩上，沿轴线方向交会出每一个柱基中心的位置，并在距柱基挖土开口 0.5～1m 处，打四个定位小木桩，桩顶用小钉标明位置，作为修坑和立模的依据，并按柱基图上的尺寸用灰线标出挖坑范围。当柱基之间距离不大时，可每隔 1～2个或几个柱基打一个定位桩，但两定位桩的间距以不超过 20m 为宜，以便拉线恢复中间柱基的中线。

在进行柱基测设时，应注意柱列轴线不一定都是柱基中心线，一个厂房的柱基类型很多，尺寸不一，放样时切勿弄错。

3. 柱基施工测量

当基坑挖到一定深度时，要在基坑四壁离坑 0.5m 处测设几个水平桩，作为基坑修坡和检查坑深的依据。此外，还应在基坑内测设垫层的标高，即在坑底设置小木桩，使桩顶高程恰好等于垫层的设计标高。

打好垫层后，根据坑边定位小木桩，用拉线吊垂球的方法把柱基定位线投到垫层上，弹出墨线，用红漆画出标记，作为柱基立模板和布置钢筋的依据。立模板底线对准垫层上的定位线，并用垂球检查模板是否竖直，最后将柱基顶面设计标高设在模板内壁。

四、厂房预制构件安装测量

1. 柱子吊装测量

(1)柱子吊装应满足的要求

①柱子中心线应与相应的柱列轴线一致，其允许偏差为±5mm。

②牛腿顶面及柱顶面的实际标高应与设计标高一致，其允许误差为±(5～8mm)，柱高大于 5m 时为±8mm。

③ 柱身垂直允许误差：当柱高≤5m 时，为±5mm；当柱高 5～10m 时，为±10mm；当柱高超过 10m 时，则为柱高的 1/1000，但不得大于 20mm。

(2)吊装前的准备工作

①投测柱列轴线

在杯形基础拆模以后，由柱列轴线控制桩用经纬仪把柱列轴线投测在杯口顶面上(如图 10-26 所示)，并弹出墨线，用红漆画上"▶"标志，作为吊装柱子时确定轴线方向的依据。当柱列轴线不通过柱子中心线时，应在杯形基础顶面上加弹柱中心线。此外，还要在杯口内壁，用水准仪测设一条一般为－0.600m 的标高线(杯口顶面标高一般为－0.500m)，并用"▼"表示，也可测设一条已知标高线，从该线起向下量取一个整数米数即为标底的设计标高，用以检查杯底标高是否正确。

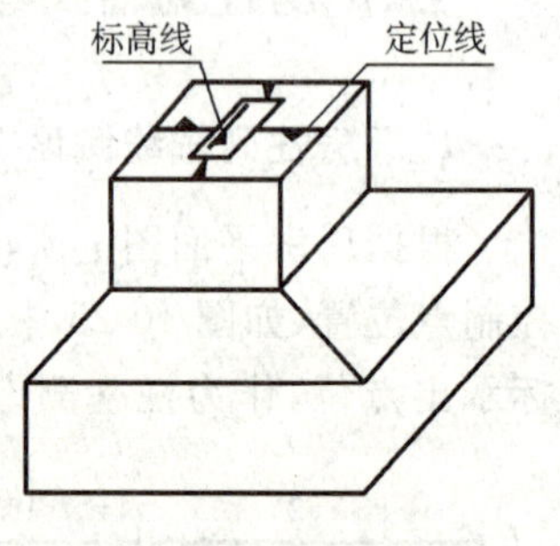

图 10-26

②柱身弹线

柱子吊装前，应将每根柱子按轴线位置进行编号，在柱身的三个面上弹出柱中心线，在每条线上端和近杯口处画上"▼"标志，以供校正时照准。

③柱身检查与杯底找平

如图 10-27 所示，为了保证吊装后的柱子牛腿面符合设计高程 H_2，必须使杯底高程 H_1 加上柱脚到牛腿面的长度 l 等于 H_2。常用的检查方法是，沿柱子中心线根据 H_2 用钢尺量出－0.600m 标高线，以及此线到杯底与柱底相对应的四角的实际高度 h_1～h_4，并与杯口内－0.600m 标高处到杯底与柱底相对应的四角的实际高度 h_1'～h_4' 进行比较，从而确定杯底四角找平厚度。由于浇注杯底时，通常使其低于设计高程 3～5cm，故可用水泥砂浆根据确定的找平厚度进行找平，从而使牛腿面的标高符合设计要求。

(3)柱子安装时的测量工作

安装柱子的要求是保证立柱的平面与高程位置符合设计要求，柱身垂直。当柱子起吊插入杯口后，要使柱底中心线与杯底中心线对齐，用木楔或钢楔初步固定，容许误差为±5mm。柱子立稳后，立即用水准仪检测柱身上的±0.000m标高线，看其是否符合设计要求，其允许误差为±3mm。柱子初步固定后，即可进行竖直校正，校正方法如图10-28所示。在柱基的纵横中心线上离开柱基的距离为1.5倍柱高处安置两台经纬仪，用望远镜照准柱底中线，固定照准部后缓慢抬高望远镜，观测柱身上的中心标志或所弹的中心墨线，若同十字丝竖丝重合，则柱子在此方向是竖直的；若不重合，则应调整使柱子垂直。

在实际工作中常遇到的是成排的柱子，经纬仪不能安置在柱列中心线上，如图10-29所示，此时可在偏离中心线3m以内，尽量靠近轴线的地方安置经纬仪，使$\beta<15°$，以便安置一次仪器实现校正几根柱子的目的。此时，应注意经纬仪不能瞄准杯口中线，而瞄准柱底中线。对于截面变化的柱子，其柱身中心标点不在同一面上，此时必须将仪器安置在纵、横轴线方向上进行校正。

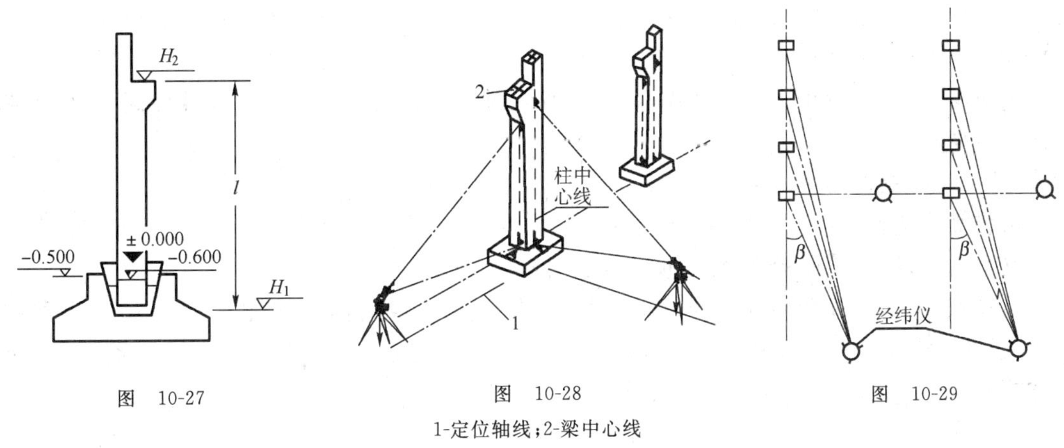

图 10-27　　图 10-28　　图 10-29

1-定位轴线；2-梁中心线

柱子校正以后，应在柱子纵横两个方向检测柱身的垂直偏差值。满足要求后，要立即灌浆，以固定柱子位置。

(4)柱子垂直校正的注意事项

①所用经纬仪必须严格校正，操作时，应使照准部水准管气泡严格居中。

②校正时，除注意柱子垂直外，还应随时检查柱子中线是否对准杯口柱列轴线标志，以防柱子吊装就位后，产生水平位移。

③对于截面变化的柱子，校正时经纬仪必须安置在相应柱子的轴线上。

④在日照下校正，应考虑日照使柱顶向阴面弯曲的影响，为了避免此种影响，宜在早晨或阴天校正。

2. 吊车梁吊装测量

(1)吊装前的测量准备工作

①吊装前在吊车梁两端端面上，弹出梁的中心线，如图10-30所示。同时在地面上，根据

厂房定位时的控制桩点，测设吊车梁中心线（也是吊车轨道中心线）两端的控制桩，如图 10-31 所示的 A'、A''。

②在 A' 点安装经纬仪，严格对中、整平，后视 A'' 点，仰起望远镜，将中心线投测到牛腿面上。吊装时，只需要使梁端中心线与牛腿面上的中心线吻合，吊车梁即就位。

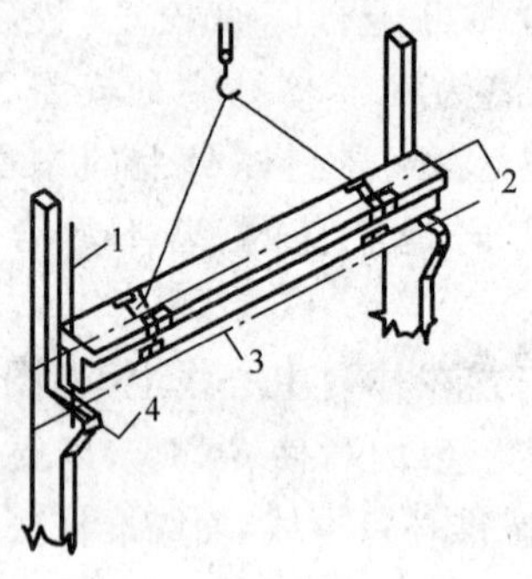

图 10-30

1-吊车梁端面中心线；2-吊车梁顶面中心线；3-吊车梁对位中心线；4-吊车梁端面对位中心线

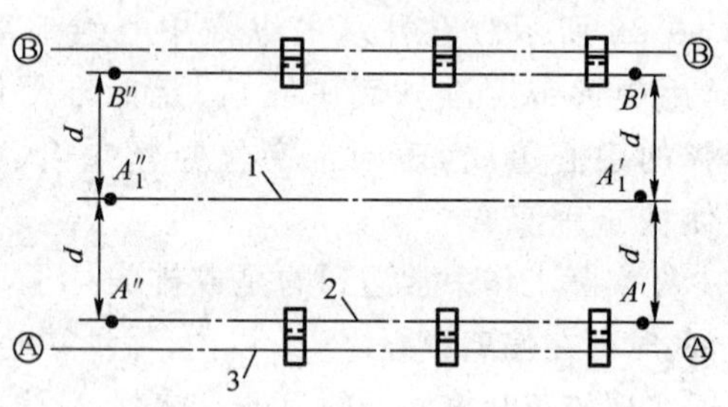

图 10-31

1-厂房中心线；2-吊车梁中心线；3-柱中心线

③根据柱面上±0.000m 标高线，用钢尺沿柱面向上量出吊车梁顶面设计标高线，作为调整梁面标高用。

(2)吊装后校正测量工作

吊装梁安装就位后，根据柱面上控制吊车梁面的标高线对梁面进行调整，然后置水准仪于吊车梁梁面上，检查梁面标高，如不能满足设计要求，应用抹灰调整。

吊车梁平面位置的校正，是用经纬仪从车间两端将地面上定出的吊车梁中心线投测到两端的柱上，先检查校正两端的吊车梁，然后在已校好的两端吊车梁拉钢丝，用撬棍或其他工具拨正中间各根吊车梁，使各吊车梁顶面中心线达到设计位置。顶面中心线对定位中心线的偏差不得大于±5mm。此外，还要检测两列吊车梁间的跨距，看是否符合设计要求。

在校正吊车梁平面位置时，可使用吊垂球的方法，检查吊车梁的垂直度，若有偏差，可在吊车梁的支座面上加垫铁纠正。

(3)屋架安装测量

屋架吊装前，用经纬仪或其他方法在柱顶面上放出屋架定位轴线，并应弹出屋架两端头的中心线，以便进行定位。屋架吊装就位时，应该使屋架的中心线与柱顶上的定位线对准，允许误差为±5mm。

屋架的垂直度可用垂球或经纬仪进行检查。用经纬仪检查时，可在屋架上安装三把卡尺(图 13-32a)，一把卡尺安装在屋架上弦中点附近，另外两把分别安装在屋架的两端。自屋架几何中心沿卡尺向外量出一定距离，一般为 500mm，并作标志。然后在地面上距屋架中线同样距离处安置经纬仪，观测三把卡尺上的标志是否在同一竖直面内，若屋架竖向偏差较大，则用机具校正，最后将屋架固定。垂直度允许偏差：薄腹梁为 5mm；桁架为屋架高的 1/250。安装成型的厂房如图 10-32b)所示。

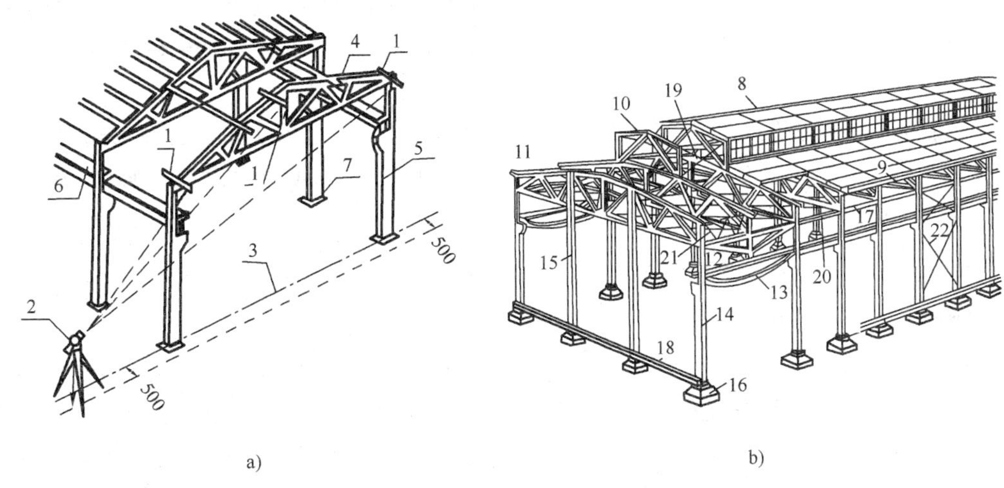

图 10-32

a)卡尺安装图示；b)装配式钢筋混凝土单层厂房的结构组成

1-卡尺；2-经纬仪；3-定位轴线；4-屋架；5-柱；6-吊木架；7-基础；8-屋面板；9-天沟板；10-天窗架；11-屋架；12-托架；13-吊车梁；14-排架柱；15-抗风柱；16-杯口基础；17-连系梁；18-基础梁；-19 天窗架间垂直支撑；20-屋架下弦横向水平支撑；21-屋架端部垂直支撑；22-柱间支撑

第五节 建筑物的变形观测

一、建筑物的沉降观测

由于地基承受上部建筑物的重量，或工业厂房投产以后受机器运转的振动，或地基长期受地下水的浸蚀等，都会使建筑物产生下沉现象。

如果沉降量过大或沉降不均匀，就会使建筑物倾斜、裂缝，甚至破坏，不同条件下，房屋地基沉降的数值、速度、发展趋势等，往往差异很大。例如，在沉降速度上，对于良好的砂土地基，施工期间沉降发展即告基本完成；对于低压缩性的黏土地基，施工期间仅完成最终沉降量的 50%～80%；而对于高压缩性黏土地基，施工期间仅完成最终沉降量的 10%～30%。在沉降的发展趋势上，正常的沉降随时间的推移而逐渐降低，最后趋于稳定，不再发展(如半年内沉降值不超过 1mm，一般认为沉降已稳定)；而不正常的情况下，沉降速度并不逐渐降低，或者延续很长时期，以至几十年仍未稳定。故建筑施工中，需要作沉降观测。特别是对一些重要建筑和高层建筑，此项观测更为必要，直至完工后，还需观测一个时期，直至沉降稳定为止，以便及时发现问题，采取相应措施。同时，也为设计和科研积累有关土力学、地基和基础方面的资料。

对某些既有的房屋建筑进行必要的沉降观测，是房屋管、修单位的保养工作内容之一。系统的沉降观测资料不仅可以验证地基基础设计的正确性，而且在房屋修缮和旧房改造上，也具有十分重要的意义。例如，对上部结构已发生裂缝的建筑物，沉降观测资料是分析裂缝产生的原因、预计发展趋势、研究预防修缮方案、处理措施的重要依据。对旧房改建、加层或改变用途而大幅度增加使用荷载时，沉降观测资料是鉴定其地基承载力能否提高的主要依据之一。

对于因某些特殊原因，如附近深开挖、邻近建造高大建筑、地下水位大幅度升降及地面水大量渗漏等引起既有房屋产生大量附加沉降时，沉降观测资料又是判明其危害程度、制定有效防护措施的依据。

地基沉降观测的内容一般包括：

1. 确定观测对象

一般在房屋修缮上，重点从以下 6 个方面来选择沉降观测对象：

(1)工程验收接管后，应接替施工单位继续进行沉降观测，直至沉降稳定为止。

(2)重要的、新型的、形式特殊或构造上、使用上对不均匀沉降有严格要求的建筑。

(3)上部结构已出现较严重裂缝、变形，而地基的沉降尚未稳定，仍在继续发展的建筑。

(4)上部结构使用荷载或地面堆积荷载，突然大幅度超载的房屋建筑。

(5)地基范围及其附近有深挖、打桩、爆破、抽水，形成流砂或出现其他对地基工作条件产生不利影响的房屋建筑。

(6)遭受地震、水害等自然灾害及湿、陷性黄土地，甚至遭受浸水的房屋建筑。

2. 沉降观测水准点的布设

建筑物沉降观测，要先布设专用水准点，为相互检查核对，至少设置专用水准点三个，埋设地点必须稳定，且要保证不会受到施工机具及车辆的碰压。为便于观测，专用水准点离建筑物不宜过远，一般要求在 100m 范围内。同时，还应在房屋建筑物的压力影响范围之外。

为了防止冰冻，水准点埋设深度，至少应在冰冻线以下 0.5m 处，顶部要加盖保护。

水准点的稳定可靠，是保证沉降观测资料可靠性的前提，应根据当地具体条件加以选定或设置。例如在城市，应尽量找既有水准点；在基岩埋置较浅的地区，可按规定的形式和构造，将专用水准点建在基岩上，或者设置在附近年代较久、使用变化不大、地基沉降已经稳定、结构良好的永久性建筑物的可靠部位。

3. 观测点的布设

(1)选择观测点

建筑物上应布设沉降观测点，点位和数量必须能显示建筑物的沉降，故应在建筑物的基础转角处、沉降缝或伸缩缝的两侧、桩基、新旧建筑物的基础连接处及地质条件变化的地方布设。对排架、框架结构的建筑物，一般设在柱子和承受墙基础上，在直线段每距 10～15m 处都应设置观测点。

(2)观测点的标记

观测点的标记可用角钢埋于墙内，与墙面成 60°角，如图 10-33 所示。钢结构上的观测点，可由角钢焊接在钢柱上制成，基础上的观测点，可用水泥砂浆埋设 $\phi20$ 的铆钉做成。以外，还应加盖保护(如图 10-34 所示)，以防标记损坏。

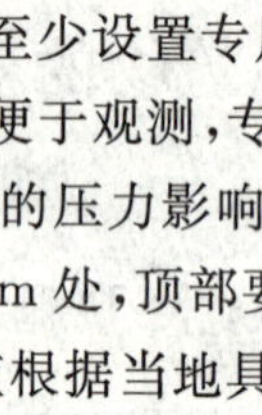

图 10-33

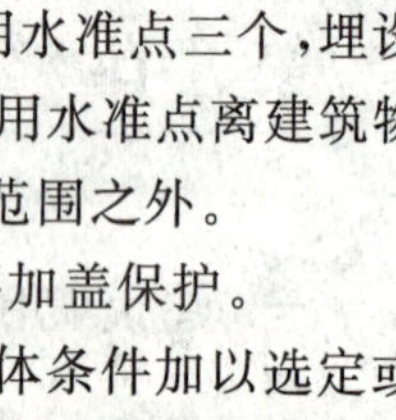

图 10-34

4. 沉降观测

(1)沉降观测

标志埋设稳固后，开始第一次观测，即用水准仪测出观测点与专用水准基点之间的高差，计算出观测点的高程。以后每增加一次较大荷载（如墙壁砌高一层，楼、屋面吊装完毕，安装柱子、屋架或较重设备以后等）都要进行沉降观测，方法同于第一次观测。完工后，第一年应每月观测一次，以后可随沉降速度的减缓，延长到三个月一次；第二年，半年一次；此后，每年观测一次，直至沉降量不超过 1mm 为止，即认为沉降稳定，观测方可停止。

一般工程的沉降观测，可按三等或四等水准要求进行；大型重要建筑物或高层建筑，应尽可能采用二等水准测量方法作沉降观测。二、三、四等水准测量的技术要求，见表 10-1。

二、三、四等水准测量规范 表 10-1

技术项目	等级		
	二等	三等	四等
所用仪器工具	DS 型水准仪、铟瓦尺	DS 型水准仪、双面尺	同三等
测站观测程序	后—前—前—后	后—前—前—后	后—后—前—前
视线最低高度	三丝能读数	三丝能读数	三丝能读数
允许最大视距(m)	50	75	100
每段前后视距差(m)	<±1.0	<±3.0	<±5.0
视距累计差(m)	<±3.0	<±6.0	<±10.0
视距读数法	三丝能读数（上—下）	三丝能读数（下—上）	同三等
K+黑−红	<±1	<±2	<±3
红黑面高差之差	<±2	<± 3	<±5
路线长度(km)	<300	<200	<80
高差闭合差(mm)	$<\pm 4\sqrt{L}$	$<\pm 12\sqrt{L}$	$<\pm 20\sqrt{L}$

注：表中 L 为路线长度，单位：km。

(2)沉降资料的整理。

①依沉降观测资料计算累计沉降量，见表 10-2。

沉降观测资料计算表 表 10-2

观测日期	观测点荷载(t)	38(号点)			39(号点)		
		高程(m)	沉降量(mm)	累计量(mm)	高程(m)	沉降量(mm)	累计量(mm)
1997.10	750	436.725	14.7	14.7	436.718	22.5	22.5
11	750	436.710	9.6	24.3	436.696	9.3	31.8
12	1 000	436.701	5.6	29.9	436.686	6.4	38.2
1998.1	1 000	436.695	3.3	33.2	436.680	5.6	43.8
2	1 000	436.692	2.6	35.4	436.674	3.3	47.1
3	1 000	436.690	1.8	37.2	436.671	2.4	49.5

②根据观测结果可以绘制沉降量与观测日期及荷载的关系曲线，如图 10-35 所示。

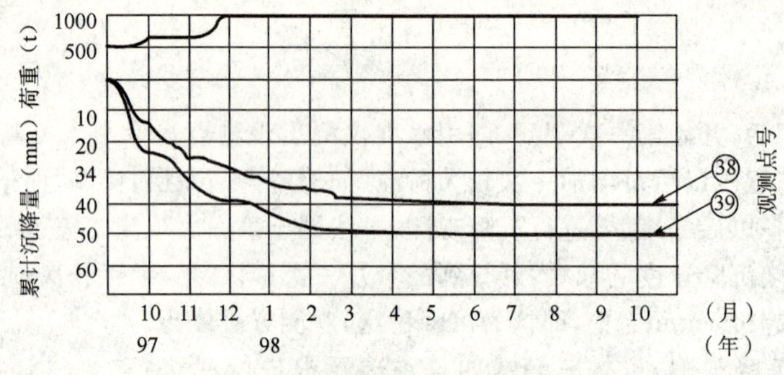

图 10-35 沉降量与观测日期及荷载的关系曲线

观测时应注意：

a. 前、后视距离应相等，可用皮尺量定（也可用视距测定）。

b. 视线长度不得超过二、三、四等水准测量允许的最大视距。

c. 前、后视应使用同一根水准尺。

d. 尽可能做到观测人员固定，使用的水准仪和水准尺固定，水准点固定，观测方法固定，才能保证结果的可靠性。

二、建筑物的倾斜和裂缝观测

由于基础的不均匀沉降，将引起建筑物倾斜或产生裂缝，故应及时观测，这对于高大建筑尤为必要。

1. 建筑物的倾斜观测

建筑完工后，选择几个墙面，在墙顶作一固定标志点 M，如图 10-36 所示，用经纬仪将该点投影到基础上，也作一标记 N。经纬仪距墙面 L 应大于墙高 H。经过一定时间再观测一次，如 M 点的投影移到 N' 点，量得倾斜值 $NN'=a$，则建筑物在这一墙面方向的倾斜度为 $i=\tan\alpha=\dfrac{a}{H}$。同法定出与该面墙垂直的另一面墙的倾斜值 b，则该面墙的倾斜度 $i=\tan\alpha=\dfrac{b}{H}$。

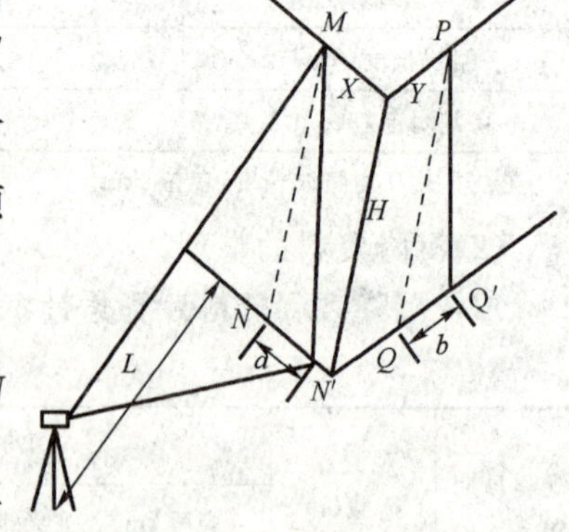

图 10-36 建筑物倾斜观测

每次观测，应取盘左、盘右两个位置的平均位置来定 N 点或 N' 点。

如建筑物已建成多年，欲考核它是否倾斜，可测定它的几个屋角是否垂直。仍用经纬仪将每一墙角顶点投影到基础表面，看其是否与墙角底部角点重合。如有偏离，可比照前法，用公式 $i=\tan\alpha=\dfrac{a}{H}$ 测算其倾斜度。

如欲观测倾斜是否继续发展，可每隔一定时间观测一次，通过比较倾斜度是否加大来确定。

观测烟囱、水塔等圆形建筑物的倾斜度，可如图 10-37 所示，首先找出圆形建筑物底部两条相互垂直的轴线，分别置经纬仪于两条轴线上，且距建筑物的距离应大于建筑物的高度，并在地面上放两块大木枋(应垂直于轴线，见图 10-37a)，用经纬仪将建筑物顶部两点 A、A' 投射到木枋上，再将底部 B、B' 点也投射到木枋上，见图 10-37b)；量出 A、A' 和 B、B' 的投射点的中心 A_0、B_0、$A_0{}'$、$B_0{}'$，再量出它们的间距 a 和 b，用矢量求和法，可求得顶部中心的总 c，见图 10-37c)，则该建筑物的倾斜度为

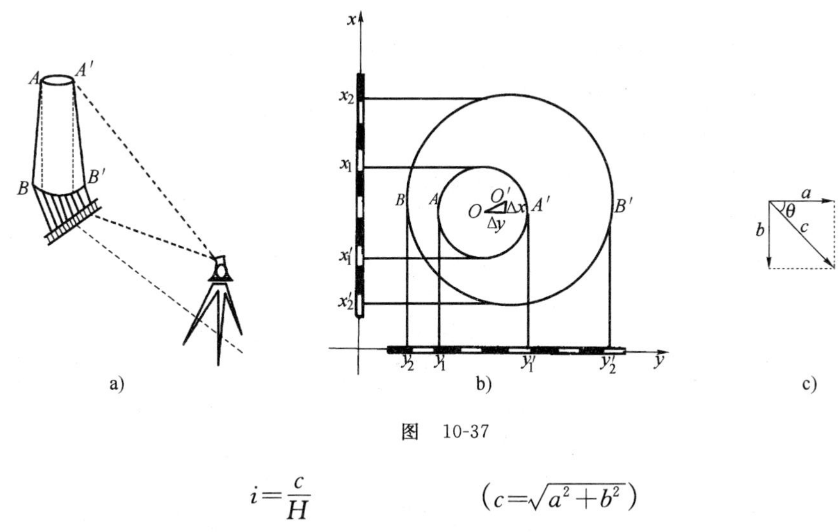

图 10-37

$$i=\frac{c}{H} \qquad (c=\sqrt{a^2+b^2})$$

2. 建筑物的裂缝观测

如发现建筑物有裂缝，应及时测绘裂缝的位置图，注明裂缝长度、宽度及深度。在现场一般用石膏或铁皮在裂缝处作一标记，若裂缝继续发展，石膏标记或铁皮标记必然随之开裂。

为测量裂缝开展的程度，可在裂缝处设置测量标记，如图 10-38 所示。当裂缝继续展开时，则石膏标记必然裂开或铁皮标记移位，如图 10-39 所示，即可量出裂缝发展的尺寸。

裂缝观测作记录时，应详细绘出裂缝部位，记下发现日期、裂缝尺寸，以及设立测量标志的编号、日期和发展情况等。

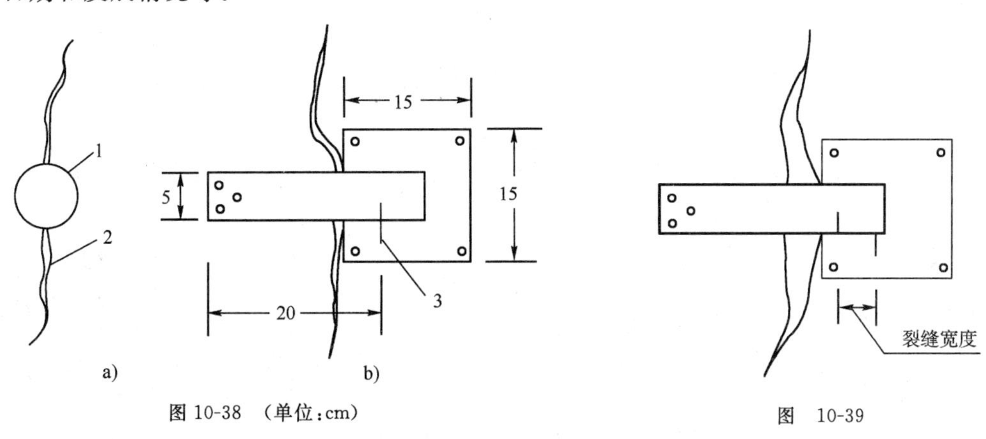

图 10-38 (单位：cm)

图 10-39

思考题与习题

1. 简述建筑基线的作用及测设方法。
2. 民用建筑施工测量包括哪些主要工作？
3. 龙门板和控制桩的作用是什么？如何设置？
4. 如何进行高层建筑物的轴线投测及标高传递？
5. 建筑物为什么要进行沉降观测？它的特点是什么？
6. 叙述柱基的放线方法。
7. 如何进行柱子的垂直校正工作？应注意哪些问题？

第十一章 线路的曲线测设

本章提要

本章系统地介绍了线路曲线测设的基本概念和方法。这部分是铁路及公路线路中线测量必须掌握的基本知识。本章重点介绍了用偏角法、切线支距法测设圆曲线、缓和曲线、圆曲线加缓和曲线及其遇障碍时的测设理论和方法,详细介绍了目前应用广泛的极坐标法。

第一节 线路平面组成和平面位置的标志

一、线路平面组成

铁路与公路线路因为受地形、地质、技术或经济等因素的限制,不能以一条直线延续始终,而需要隔一定距离就要改变方向。在改变方向处,需要将相邻的直线用曲线连接起来,这种曲线称为平面曲线。这样在线路平面上形成直线和曲线两部分,如图 11-1 所示。设置线路中线的位置时,首先测设直线位置,然后再测设曲线。

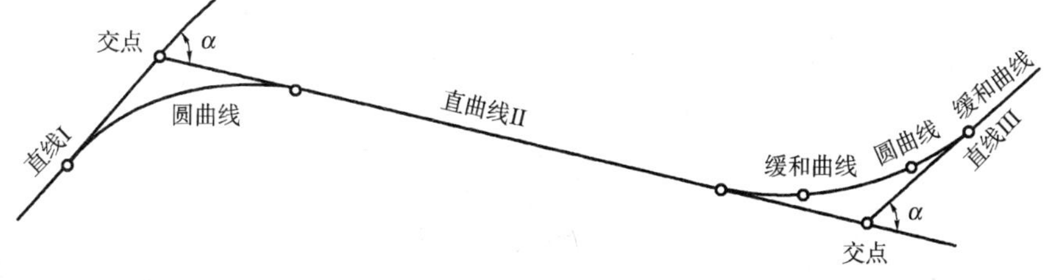

图 11-1 线路平面组成

铁路与公路线路上采用的平面曲线按性质分主要有圆曲线和缓和曲线两种。圆曲线是同一个半径的圆弧;缓和曲线是连接直线和圆曲线的过渡曲线,也是连接不同半径圆弧的过渡曲线,其曲率半径由无穷大(直线的半径)逐渐变化为圆曲线半径。特别在铁路干线线路中都要加设缓和曲线。

二、交点和转向角

1. 交点

交点是指路线改变方向时,两相邻直线段延长线相交的点位,用“JD”表示。交点是确定中线直线段方向和测设曲线的重要控制点。

2. 转向角

转向角是指延线路的一个方向偏转为另一个方向，偏转后的方向与原方向的夹角，习惯用β表示，如图 11-2 所示。转角有左转和右转之分，按线路前进方向，偏转后的方向的左侧称为左转向角，反之称为右转向角。

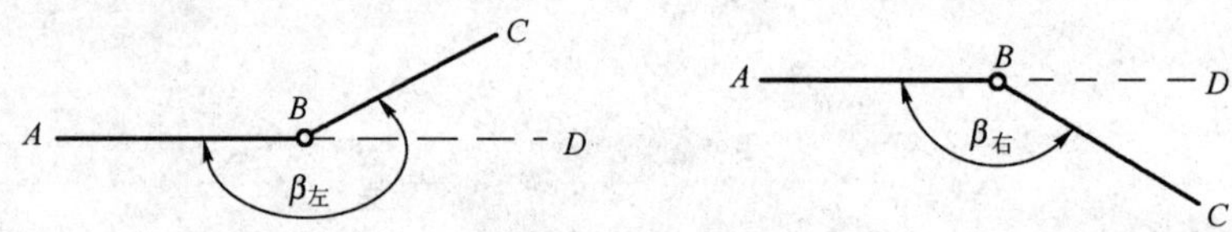

图 11-2　转向角示意图

三、平面位置的标志

在地面上用桩标定线路的平面位置，如：线路的起点、终点、各交点、直线转点等。由它们构成了线路中线的骨干，控制着整个线路的方向，这些桩称为控制桩。控制桩要打方桩，桩顶与地面齐平，方桩上钉一小钉，表示桩的点位。为了便于寻找方桩，在线路前进方向左侧约 0.3m处打一标志桩，写明主桩的名称及里程。所谓里程是指该点离线路起点的距离，通常以线路起点为 K0＋000.00。如图 11-3 所示中的主桩为 ZD_{31}＝K3＋402.31，即表示直线上第 31 个转点距离起点是 3km 零 402.31m，里程桩都用板桩。

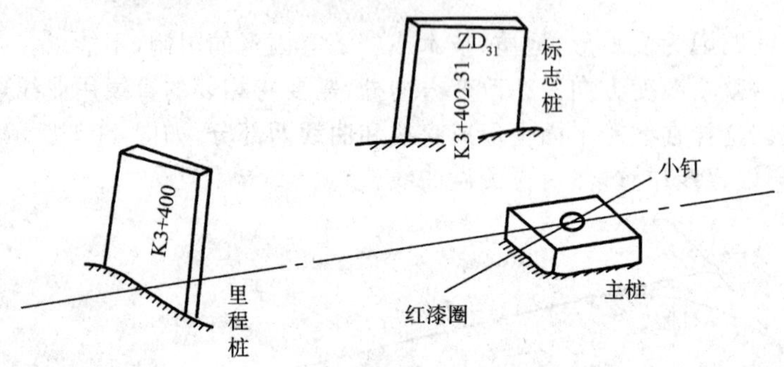

图 11-3　平面位置的标志

第二节　圆曲线的测设

一、圆曲线概述

1. 圆曲线半径

铁路圆曲线半径一般取 50m、100m 的整倍数。Ⅰ、Ⅱ级铁路的最小半径在一般地区分别为 500m 和 450m，在特殊地段为 450m 和 400m；Ⅲ级铁路的最小半径在一般地区为 400m，在特殊困难地区为 350m。

公路圆曲线半径规定，高速公路的最小半径在平原微丘区为 650m，在山岭重丘区为 250m；一级公路在上述两种地区分别为 400m 和 125m；二级公路在上述两种地区分别为 250m 和 60m；三级公路在上述两种地区分别为 125m 和 30m；四级公路在上述两种地区分别为 60m 和 15m。

(1)圆曲线主点

圆曲线的主点如图 11-4 所示，在图中：

ZY——直圆点，即直线与圆曲线的分界点；

QZ——曲中点，即圆曲线的中点；

YZ——圆直点，即圆曲线与直线的分界点；

JD——两直线的交点，但不在线路上。

ZY、QZ、YZ 总称为圆曲线的主点。

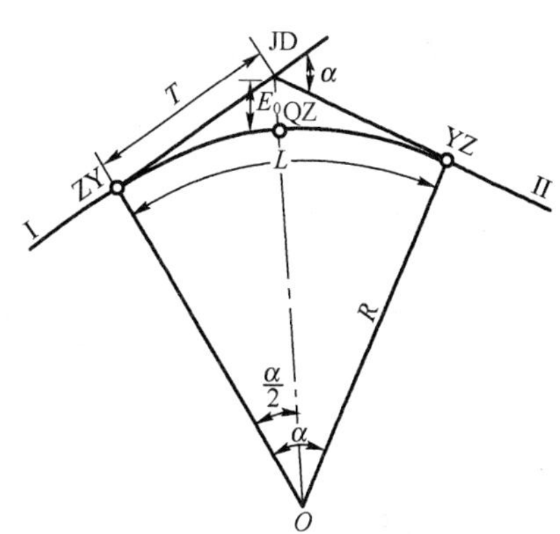

图 11-4　圆曲线主点和要素

(2)圆曲线要素及计算

在图 11-4 中：

T——切线长，即交点至直圆点或圆直点的直线长度；

L——曲线长，即圆曲线的长度(ZY—QZ—YZ 圆弧的长度)；

E_0——外矢距，为 JD 至 QZ 之间距离；

α——转向角；

R——圆曲线的半径；

q——切曲差。

其中 T、L、E_0、α、R 统称为圆曲线要素。

具体计算公式如下

$$\left.\begin{aligned}&\text{切线长} \quad T = R\tan\frac{\alpha}{2}\\&\text{曲线长} \quad L = R\alpha\frac{\pi}{180^\circ}\\&\text{外矢距} \quad E_0 = R\cdot\sec\frac{\alpha}{2} - R = R\left(\frac{\sec\alpha}{2} - 1\right)\\&\text{切曲差} \quad q = 2T - L\end{aligned}\right\} \tag{11-1}$$

式中，α 和 R 分别根据实际测定或在线路设计时选定，然后按式(11-1)可计算圆曲线要素 T、L、E_0。

【例 11-1】 已知 $\alpha=42°34'24''$，$R=500$m，求圆曲线要素 T、L、E_0、q 的值。

【解】 由式(11-1)可得：

$$T = 194.81\text{m} \qquad L = 371.52\text{m} \qquad E_0 = 36.61\text{m} \qquad q = 18.10\text{m}$$

二、圆曲线主点里程计算

在主点测设之前，应先算出各主点的里程，并在标志桩上写明。圆曲线的主点里程增加的方向为 ZY→QZ→YZ。则计算各主点的里程为：

$$ZY=JD-T \qquad QZ=ZY+\frac{L}{2} \qquad YZ=QZ+\frac{L}{2}=ZY+L$$

如例 11-1，若已知 ZY 点的里程为 DK46＋028.25，则 QZ 及 YZ 的里程可计算如下：

ZY	DK46＋028.25
$+L/2$	185.76
QZ	DK46＋214.01
$+L/2$	185.76
YZ	DK46＋399.77

为了保证计算无误，需进行校核，校核方法为：$YZ=JD+T-q$。

ZY	DK46＋028.25	
$+T$	194.81	
JD	DK46＋223.06	
$+T$	194.81	
	DK46＋417.87	
$-q$	18.10	
YZ	DK46＋399.77	（校核结果：计算无误）

三、圆曲线主点的测设

在交点(JD)安置经纬仪，如图 11-4 所示，以望远镜瞄准 I 直线方向上的一个转点，沿该方向量切线长 T 得 ZY 点，再以望远镜瞄准 II 直线上的一个转点，沿该方向量切线长 T 得 YZ 点，平转望远镜至内分角线方向，量 E_0，用盘左、盘右分中法得 QZ 点。在 ZY、QZ、YZ 三个主点均要打方桩，桩顶加钉小钉标志点位。

为了保证主点的测设精度，以利于曲线的详细测设，切线长度应往返丈量，其相对误差不大于 1/2000 时，取其平均位置。

第三节　圆曲线的详细测设

圆曲线的主点 ZY、QZ、YZ 定出后，还不能满足施工的需要，因而还必须对圆曲线进行详细测设，定出曲线上的加密点，这些点称为曲线点。《测规》规定，曲线点的间距宜为 20m，在地形复杂处一般取为 10m，在点上要钉设木桩，以标定曲线的形状。设置曲线点的工作称为曲线测设。常用的圆曲线测设方法有偏角法和切线支距法。

一、偏角法

1. 偏角法测设圆曲线的原理

(1)测设原理

偏角法实际是一种角度、距离交会法。圆曲线切线与弦线之间的夹角称为偏角(几何中的弦切角)。

如图 11-5 所示，偏角法测设圆曲线就是根据这个原理。如：从 ZY 点出发，根据偏角 δ_1 及弦长 c(ZY—1)测设曲线点 1；根据偏角 δ_2 及弦长 c(1—2)测设曲线点 2…；同法可测出曲线上其他点。

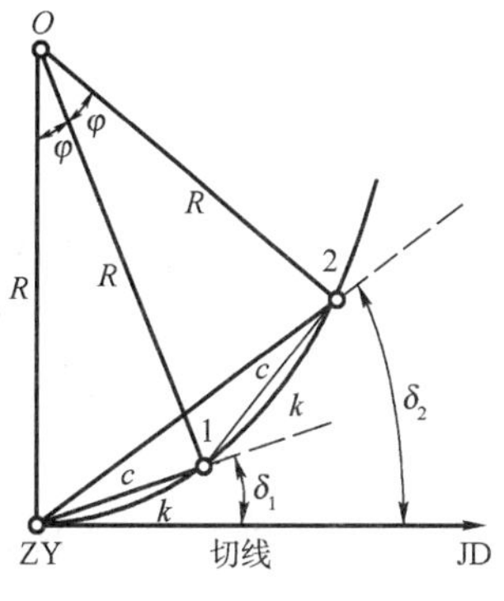

图 11-5　圆曲线偏角计算

(2)弦长计算

铁路和公路曲线半径一般很大，20m 的弦长与其相对应的曲线长之差很小，如 $R=1000$m，曲线长 20m 与弦长之差尚不足 1mm，在测量误差允许范围内，用弦长代替相应的曲线长进行圆曲线测设。若需要根据偏角计算其对应的弦长时，可用公式弦长 $C=2R\sin\delta$ 进行计算。弦弧差为：$\Delta L=C-K=k^3/24R^2$。一般当 $R>400$m 时，不考虑弦弧差的影响。

(3)偏角计算

根据几何关系，曲线偏角等于该弦所对应的圆心角的一半。如图 11-5 所示，已知半径 R 和弧长 k。

则所对圆心角按下式计算：

$$\varphi=\frac{k}{R}\frac{180°}{\pi}$$

则相应的偏角按下式计算：

$$\delta=\frac{\varphi}{2}=\frac{k}{2R}\frac{180°}{\pi}$$

在实际工作中，曲线点要求设置在整数(20m 的倍数)里程上，即里程尾数为 00m、20m、40m、60m、80m 等点上，即整弦。但曲线的起点 ZY、中间点 QZ 及终点 YZ 常不是整数里程。因此，圆曲线上第一点的里程应凑整，曲线两端及中间出现小于 20m 的弦，即零弦。

①整弦的偏角

若曲线上各段弧长相等，则 φ_2、φ_3…为 φ_1 的倍数，而 δ_2、δ_3…为 δ_1 的倍数，即

$$\left.\begin{aligned}\delta_1&=\frac{\varphi}{2}=\frac{K}{2R}\frac{180°}{\pi}\\\delta_2&=2\delta_1\\\delta_3&=3\delta_1\\&\vdots\\\delta_n&=n\,\delta_1\end{aligned}\right\}\tag{11-2}$$

注意：圆曲线上的起点 ZY(或终点 YZ)至曲中点 QZ 的偏角为$\frac{\alpha}{4}$，起点与终点的偏角为$\frac{\alpha}{2}$。

②零弦的偏角

例如 ZY 的里程为 DK37+553.24，QZ 的里程为 DK37+796.38，YZ 的里程为 DK38+039.52，因而曲线两端及中间出现四段零弦。其所对应的曲线长分别为 k_1、k_2、k_3、k_4，如图 11-6所示。

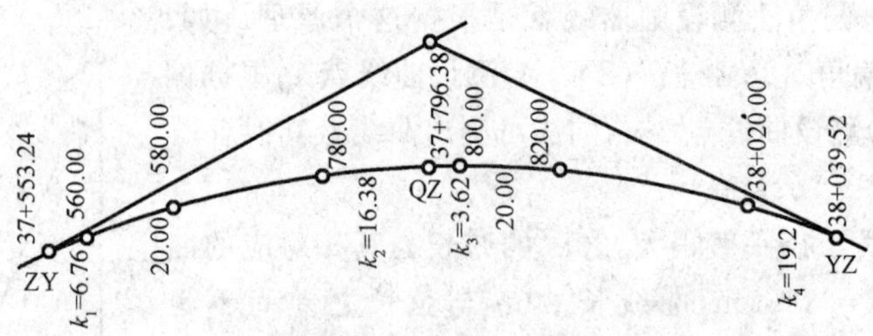

图 11-6　圆曲线的零弦

$k_1=560.00-553.24=6.76$m，相应的偏角值 $\delta_1=\dfrac{\varphi}{2}=\dfrac{k_1}{2R}\dfrac{180^\circ}{\pi}$

$k_2=796.38-780.00=16.38$m，相应的偏角值 $\delta_2=\dfrac{\varphi}{2}=\dfrac{k_2}{2R}\dfrac{180^\circ}{\pi}$

$k_3=800.00-796.38=3.62$m，相应的偏角值 $\delta_3=\dfrac{\varphi}{2}=\dfrac{k_3}{2R}\dfrac{180^\circ}{\pi}$

$k_4=039.52-020.00=19.52$m，相应的偏角值 $\delta_4=\dfrac{\varphi}{2}=\dfrac{k_4}{2R}\dfrac{180^\circ}{\pi}$

2. 举例说明圆曲线的详细测设

圆曲线在详细测设前，曲线主点 ZY、QZ、YZ 已测设好，通常以 ZY 和 YZ 作为测站，分别测设 ZY～QZ 和 YZ～QZ 曲线段，并闭合于 QZ 作检核。

【例 11-2】 已知 $\alpha=55^\circ43'24''$，$R=500$m，ZY 的里程为 37＋553.24；QZ 的里程为 37＋796.38；YZ 的里程为 38＋039.52，要求在圆曲线上每 20m 测设一曲线点。

【解】 (1)测站设在 ZY 点

①偏角计算

如图 11-7 所示，以切线 ZY—JD 为零方向，曲线 ZY—QZ 为顺时针方向旋转，由于偏角值与水平度盘读数增加方向一致，各曲线点的偏角称为“正拨”。已知 ZY 的里程为 K37＋553.24，QZ 里程为 K37＋796.38，$R=500$m。按式(11-2)计算：

曲线长 $k=20$m 的偏角值：

$$\delta=\frac{k_1}{2R}\frac{180^\circ}{\pi}=1^\circ08'45''$$

第一点(K37＋560)的偏角值：

$$\delta_1=\frac{k_1}{2R}\frac{180^\circ}{\pi}=23'15'' \qquad (k_1=6.76\text{m})$$

第二点(K37＋580)的偏角值：

$$\delta_2=\delta_1+\delta=23'15''+1^\circ08'45''=1^\circ32'00''$$

第三点(K37＋600)的偏角值：

$$\delta_3=\delta_1+2\delta=23'15''+2\times1^\circ08'45''=2^\circ40'45''$$

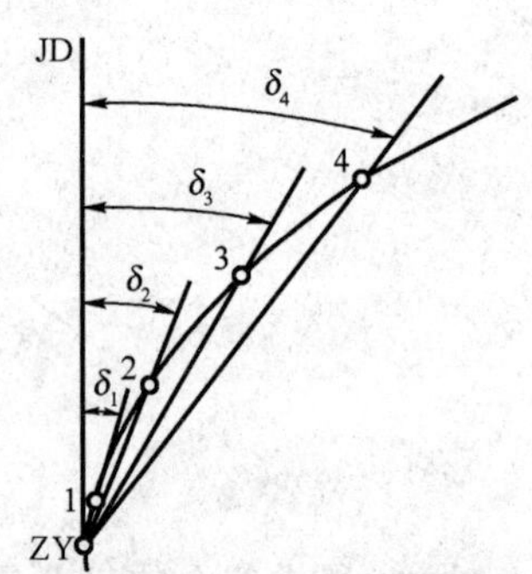

图 11-7　偏角法测设圆曲线(正拨)

同法，可计算出 4、5…各点的偏角值，算至 QZ 偏角为 $13^\circ55'51''$，其值应为 $\delta_{QZ}=\dfrac{\alpha}{4}$，对应的曲线长为 243.14m。计算时应按里程列表计算各点的偏角值(表 11-1)。

偏角计算表(正拨) 表 11-1

里　程	曲线长	偏　角	注　记
ZY 37 +553.24		00′00″	切线方向
+560.00	6.76	23′15″	
+580.00	20.00	1°32′00″	
⋮	⋮	⋮	
+760.00	20.00		
+780.00	20.00	12°59′33″	
QZ 37+796.38	16.38	13°55′51″ $\left(=\frac{\alpha}{4}\right)$	

②测设方法

a. 将经纬仪安置于 ZY 点上，度盘拨 0°，后视 JD 点或后视 ZY 点切线方向上的一个转点(ZD)，此时，视线位于切线(ZY—JD)方向上(度盘仍保持读数为 0°)。

b. 打开照准部，"正拨"使水平度盘上的读数为 δ_1(23′15″)；旋紧照准部。在视线上用钢尺量出弦长 6.76m，插以测钎，定曲线点 1。

c. 打开照准部，拨角 δ_2(1°32′00″)；同时用钢尺自曲线点 1 起量 20m 弦长，使该线段的终点落在准望远镜视线，插测钎，定曲线点 2。

d. 同法，继续前进定出曲线点 3、4…。最后，测设到曲中(QZ)点。

e. 校核曲线是否闭合，应满足精度要求。若超限，应查找原因并重测。

按照《测规》要求，其精度要求为：

①横向误差(顺半径方向)为±0.1m。

②纵向误差(顺切线方向)为 1/2000L(L 为实测曲线长度)。

(2)测站设在 YZ 点

①偏角计算

如图 11-8 所示。测设另一半曲线时，以切线 YZ—JD 为零方向，曲线 YZ—QZ 为逆时针方向旋转，由于偏角值与水平度盘读数增加方向相反，各曲线点的偏角称为"反拨"(反拨值＝360°－正拨值)按上述方法计算，同样按里程列出各点的偏角值(表 11-2)。

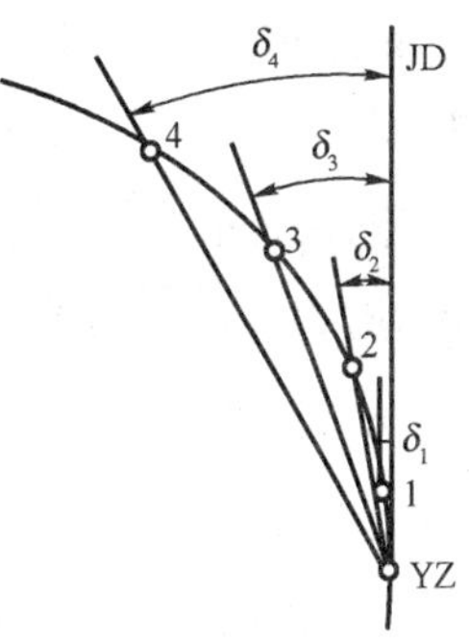

图 11-8　偏角法测设圆曲线(反拨)

偏角计算表(反拨) 表 11-2

里　程	曲线长	偏　角	注　记
YZ 38 +039.52		360°00′00″	切线方向
+020.00	19.52	358°52′54″	
+000.00	20.00	357°44′09″	
⋮	⋮	⋮	
37 +820.00			
+800.00	20.00	346°16′36″	
QZ 37+796.38	3.62	346°04′09″ $\left(=360°-\frac{\alpha}{4}\right)$	

②测设方法

将测站设在 YZ 点，度盘拨 0°，后视 JD 点，用上述方法可测设另一半曲线。

注意：弦长丈量是从点到点，在 QZ 点的总偏角为$\frac{\alpha}{4}$，应检核所测设的 QZ 点点位是否闭合，如超限，须及时检查原因，重新测设。

偏角法设置曲线的特点：操作方便；可自行复核，距离积累误差较大，因此应分段进行，偏角法适用于山地地区。

二、切线支距法（直角坐标法）

1. 计算公式

切线支距法是以曲线起点 ZY 或曲线终点 YZ 为坐标原点，切线为 x 轴，切线的垂线为 y 轴，按曲线点的直角坐标(x,y)测设曲线点。如图 11-9 所示，x、y 由下式计算

$$\left.\begin{aligned} x_i &= R\sin\alpha_i \\ y_i &= R - R\cos\alpha_i = R(1-\cos\alpha_i) \\ \alpha_i &= \frac{L_i}{R}\frac{180^\circ}{\pi} \end{aligned}\right\} \tag{11-3}$$

式中：R——圆曲线半径；

L_i——曲线点 i 至 ZY（或 YZ）的曲线长，一般定为 10m，20m，30m，…，即每 10m 一桩。

根据 R 及 L_i 值，即可计算相应的 x_i、y_i。

2. 测设方法

(1)由曲线起点(ZY)开始，沿切线上每 10m 量一点，然后于 10m 处回量 $L—x_1$，即 $10—x_1$，得一点，如图 11-10 所示。

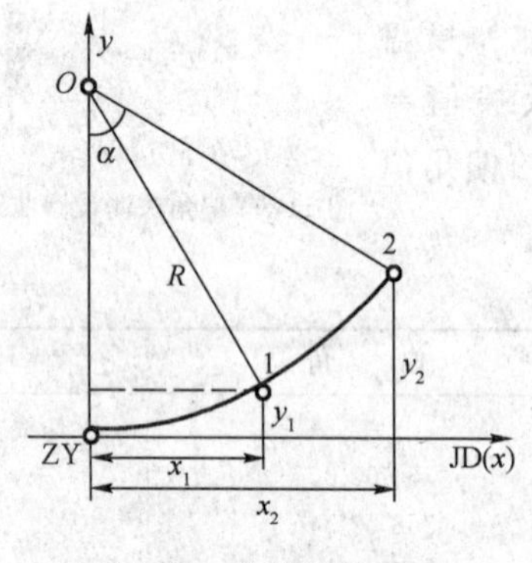

图 11-9　切线支距原理

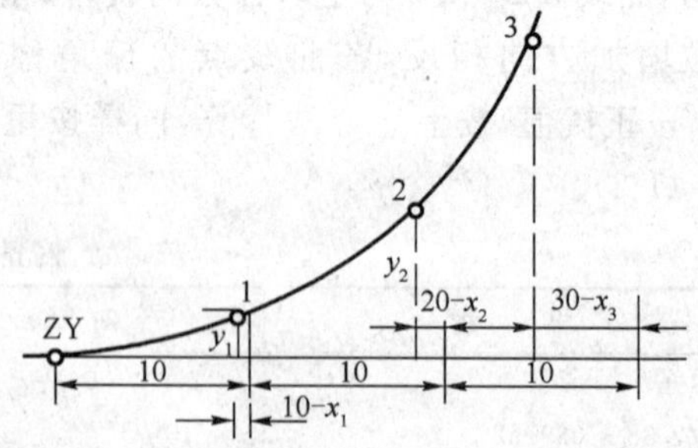

图 11-10　切线支距法测设圆曲线

(2)在此点上向切线垂直方向量 y_1，即定出圆曲线上第 1 点，

(3)于切线 20m 处回量 $L—x_2$，即 $20—x_2$，得另一点，在此点上，向切线垂直方向量 y_2，即定出圆曲线上第 2 点。

(4)同法，可定出圆曲线上其余各点，直到曲中点(QZ)。

切线支距法的优点是积累误差小，当 y 值较小时，y 轴方向可用方向架测设；只有在 y 值较大时，根据需要，才用经纬仪拨直角测设 y 轴方向。

切线支距法适用于地势较平坦的地区。

第四节　圆曲线加缓和曲线及其主点测设

一、缓和曲线的作用及性质

当车辆在曲线上高速行驶时，会产生离心力，对车辆的运行安全和旅客的舒适度有影响。离心力的大小取决于车体重量、运行速度和圆曲线的半径。由于离心力的影响，使曲线外轨的负荷压力骤然增大，内轨负荷压力相应减小，当离心力超过某一限度时，列车就有脱轨和倾覆的危险。为了克服离心力的影响，铁路在曲线部分采用外轨逐渐超高，轨距逐渐加宽的办法，公路采用外侧路面超高的办法来平衡离心力的作用，从而保证列车安全运行。如图 11-11 所示，无论是外轨超高还是内轨加宽都不可能突然进行，而是逐渐完成的，因此在直线与圆曲线之间加设一段曲线，其曲率半径 ρ 从直线的曲率半径 ∞（无穷大）逐渐变化到圆曲线的半径 R，这样的曲线称为缓和曲线或过渡曲线。

在此曲线上任一点的曲率半径 ρ 与曲线的长度 l 成反比，如图 11-12 所示。

$$\rho l = C \tag{11-4}$$

式中：C——常数，称曲线半径变更率。

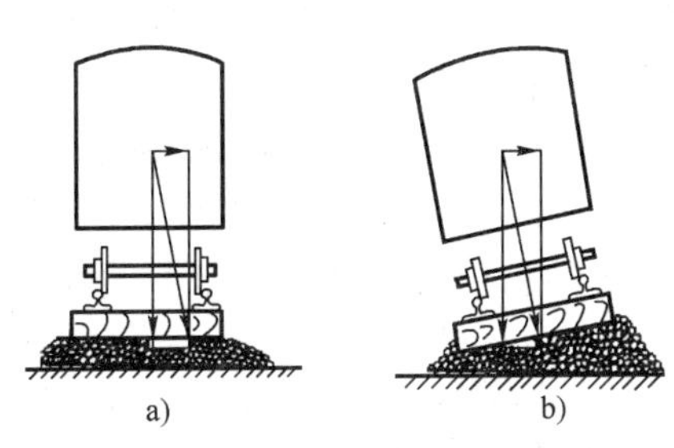

图 11-11　外轨超高

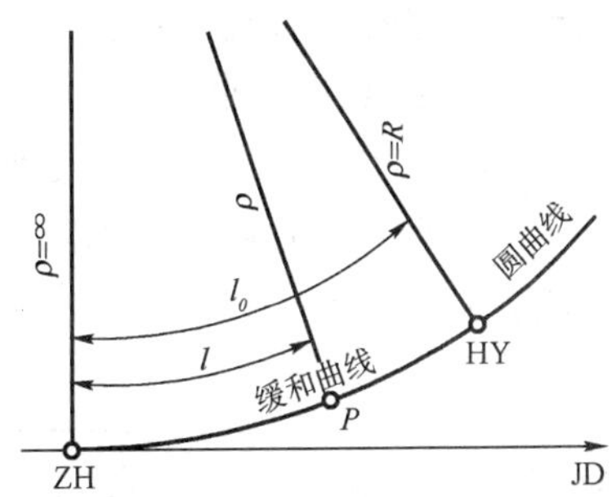

图 11-12　缓和曲线设置

当 $l=l_0$ 时，$\rho=R$，

所以
$$C = \rho l = Rl_0 \tag{11-5}$$

式中：l_0——缓和曲线长度。

式(11-4)或式(11-5)是缓和曲线必要的前提条件。在实际应用中，能满足上面要求的曲线，我国常采用的是辐射螺旋线。

二、缓和曲线方程式

按照 $C=\rho l$ 为条件推出的缓和曲线方程为：

$$x = l - \frac{l^5}{40c^2} + \frac{l^9}{3456c^4} \cdots$$

$$y = \frac{l^3}{6c} - \frac{l^7}{336c^3} + \frac{l^{11}}{42240c^5} \cdots$$

在实际应用时，只取前面的两项或一项即可，舍去高次项，代入 $C=Rl_0$，因此，缓和曲线方程式为

$$\left.\begin{aligned} x &= l - \frac{l^5}{40R^2 l_0^2} \\ y &= \frac{l^3}{6Rl_0} \end{aligned}\right\} \tag{11-6}$$

式(11-6)表示在以直缓(ZH)点或缓直(HZ)点为原点，以相应的切线方向为横轴的直角坐标系中，缓和曲线上任一点的直角坐标，如图 11-13 所示。

当 $l=l_0$ 时，则 $x=x_0$，$y=y_0$，代入式(11-6)得

$$\left.\begin{aligned} x_0 &= l_0 - \frac{l_0^3}{40R^2} \\ y_0 &= \frac{l_0^2}{6R} \end{aligned}\right\} \tag{11-7}$$

式中：x_0、y_0——缓圆(HY)点或圆缓(YH)点的坐标。

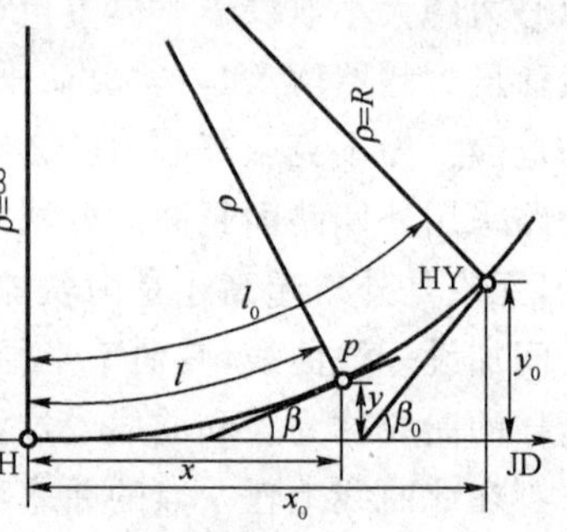

图 11-13

三、缓和曲线的常数

根据《铁路技术管理规程》规定，在铁路干线线路中的曲线，都要加设缓和曲线，缓和曲线是连接直线与圆曲线的过渡曲线。必须研究圆曲线加缓和曲线后几何图形的变化情况，以及曲线上各主点的表示方法。图 11-14b)是没有加设缓和曲线的圆曲线。缓和曲线是在不改变直线段方向和保持圆曲线半径不变的条件下，插入到直线段和圆曲线之间的。为了在圆曲线与直线之间加入一段缓和曲线 l_0，原来的圆曲线需要在垂直于其切线的方向向内移动一段距离 p，因而圆心就由 O 移到 O_1，而原来的半径 R 保持不变，如图 11-14a)所示。由图可看出，加入缓和曲线后，圆曲线的长度变短了。原来圆曲线的两端

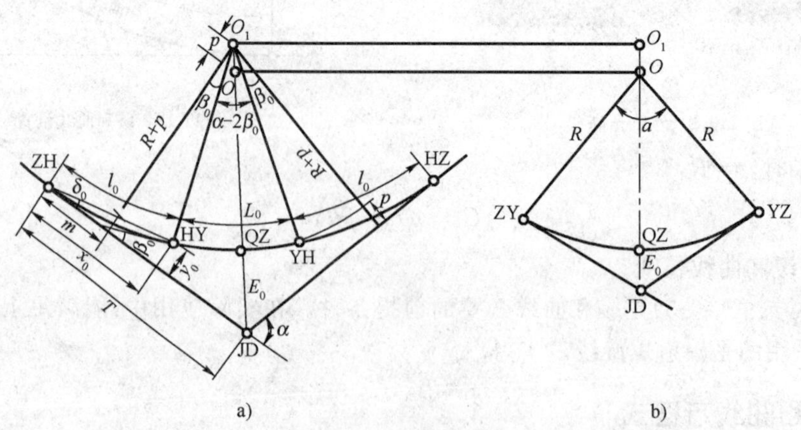

图 11-14　加入缓和曲线后曲线的变化

其圆心角为 β_0 相对应的那部分圆弧，现在由缓和曲线所代替，因而圆曲线只剩下 HY 到 YH 这段长度即 L_0。现在由于在圆曲线两端加设了等长的缓和曲线 l_0 后，曲线的主点变为：直缓点(ZH)、缓圆点(HY)、曲中点(QZ)、圆缓点(YH)、缓直点(HZ)。

β_0、δ_0、m、p、x_0、y_0 统称为缓和曲线常数。按几何关系得知：

β_0——缓和曲线角，即 HY(或 YH)点的切线与 ZH(或 HZ)点切线的交角，亦即圆曲线一端延长部分所对应的圆心角；

δ_0——缓和曲线总偏角，即从 ZH 点测设 HY 点或从 HZ 点测设 YH 点的偏角；

m——切垂距，即 ZH(或 HZ)点至自圆心 O_1 向切线所作垂线垂足的距离；

p——内移距，即垂线长与圆曲线半径 R 之差。

x_0、y_0 的计算由式(11-7)求出，则 β_0、p、m、δ_0 的计算公式为

$$\left.\begin{aligned}\beta_0 &= \frac{180^\circ l_0}{2R\pi}\\ m &= \frac{l_0}{2}-\frac{l_0^3}{240R^2}\\ p &= \frac{l_0^2}{24R}\\ \delta_0 &= \frac{\beta_0}{3}=\frac{180^\circ l_0}{6R\pi}\end{aligned}\right\}\tag{11-8}$$

根据 R 及 l_0，缓和曲线常数可按式(11-8)直接计算。

【例 11-3】 已知 $R=500\text{m}$，$l_0=60\text{m}$，求缓和曲线常数。

【解】 根据式(11-7)和式(11-8)计算得：

$$\beta_0 = 3^\circ26'16'' \qquad \delta_0 = 1^\circ08'45''$$

$$m = 29.996\text{m} \qquad p = 0.300\text{m}$$

$$x_0 = 59.978\text{m} \qquad y_0 = 1.200\text{m}$$

四、圆曲线加缓和曲线的综合要素及主点测设

1. 曲线的综合要素与主点里程计算

从图 11-14 的几何关系可得综合要素 T、L、E_0、q 的计算公式

$$\left.\begin{aligned}&\text{切线长} && T = (R+p)\tan\frac{\alpha}{2}+m\\ &\text{曲线长} && L = L_0+2l_0 = R(\alpha-2\beta_0)\frac{\pi}{180^\circ}+2l_0\\ &\text{外矢距} && E_0 = (R+P)\sec\frac{\alpha}{2}-R\\ &\text{切曲差} && q = 2T-L\end{aligned}\right\}\tag{11-9}$$

当圆曲线半径 R、缓和曲线长 l_0、转向角 α 已知时，曲线要素 T、L、E_0、q 的数值可根据式(11-8)和式(11-9)计算。

【例 11-4】 已知 $R=500\text{m}$，$l_0=60\text{m}$，$\alpha=28°36'20''$，ZH 点里程为 DK33+424.67，求综合要素及主点的里程。

【解】 (1)综合要素计算。根据式(11-8)和式(11-9)，计算得：

$$T=157.56\text{m}$$

$$L=309.64\text{m}$$

$$E_0=16.31\text{m}$$

$$q=5.47\text{m}$$

(2)主点里程计算。已知：ZH 点里程为 DK33+424.67，则有

ZH	DK33+424.67
$+l_0$	60
HY	DK33+484.67
$+(L/2-l_0)$	94.82
QZ	DK33+579.49
$+(L/2-l_0)$	94.82
YH	DK33+674.31
$+l_0$	60
HZ	DK33+734.31

校核：

ZH	DK33+424.67
$+2T$	315.12
	DK33+739.79
$-q$	5.47
HZ	DK33+734.32(核)

2. 主点的测设

ZH 点(或 HZ 点)及 QZ 点的测设方法与圆曲线主点测设方法相同。只是多出两个主点 HY 点和 YH 点，该两点的测设是采用切线支距法，按点的坐标 x_0、y_0 测设。(x_0、y_0 可按式(11-7)计算，也可查《曲线表》求得)。自 ZH 点(或 HZ 点)出发，沿 ZH—JD(或 HZ—JD)切线方向丈量 x_0，打桩、钉小钉，然后在这点垂直于切线方向丈量 y_0，打桩、钉小钉，定出 HY 点(或 YH 点)，如图 11-15、图 11-16 所示。

注意：

(1)测设主点 HY(或 YH)时，须用经纬仪精确测设直角。同时用钢尺精确丈量坐标 x_0、y_0。

(2)测设曲线点前，应先在 ZH 或 HZ 点安置经纬仪，核对 HY 或 YH 点的偏角 δ_0 是否正确。

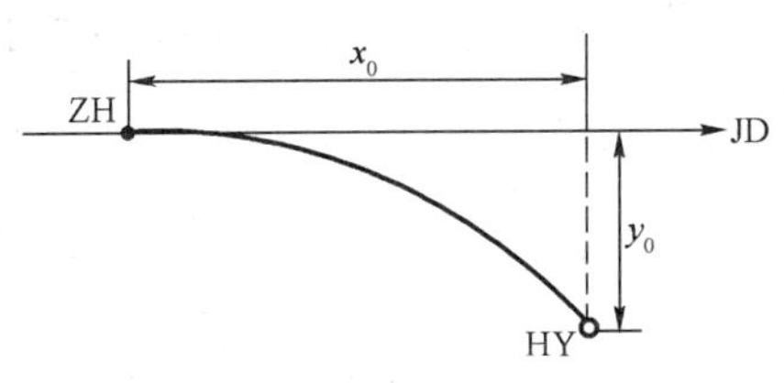

图 11-15 HY(或 YH)点设置

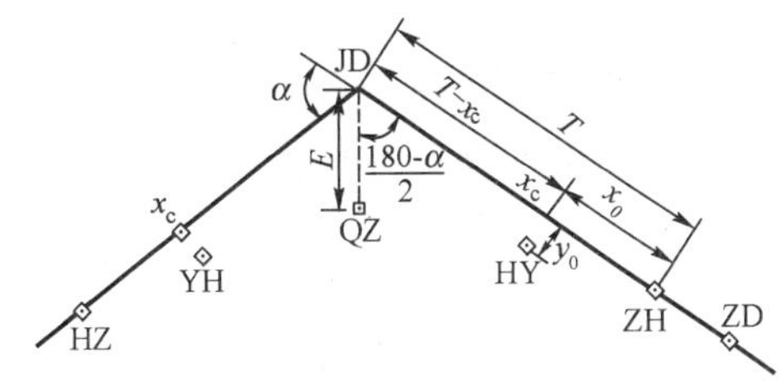

图 11-16 综合曲线主点测设

第五节 加缓和曲线后曲线的详细测设

当曲线主点测设完毕后,即可进行曲线的详细设置。设置方法有偏角法和切线支距法。

一、偏角法

用偏角法测设曲线时,缓和曲线与圆曲线偏角是分别计算和测设的。

1. 缓和曲线的详细测设

用偏角法测设缓和曲线时,将缓和曲线分为 N 等份,如图 11-17 所示,每段曲线长 $k=\frac{l_0}{N}$。铁路线路设计中,缓和曲线长度为 10m 的整倍数,为测设方便,一般取 $k=10\text{m}$,即每 10m 测设一点。计算出各曲线点的偏角,然后在测站上安置经纬仪,依次拨角;同时用钢尺测设点间距离,定出缓和曲线上各分段点。图中 δ_1、δ_2、δ_3、$\cdots\delta_N(=\delta_0)$,表示自 ZH 点出发的相应各点的偏角。

(1)计算偏角的基本公式

如图 11-18 所示,设 δ 为从 ZH(或 HZ)点测设缓和曲线上任一点 A 的偏角;b 为从 A 点观测 ZH(或 HZ)点的反偏角;δ_0 为缓和曲线总偏角,即从 ZH(或 HZ)点观测 HY(或 YH)点的偏角;b_0 为从 HY(或 YH)点观测 ZH(或 HZ)点的反偏角。

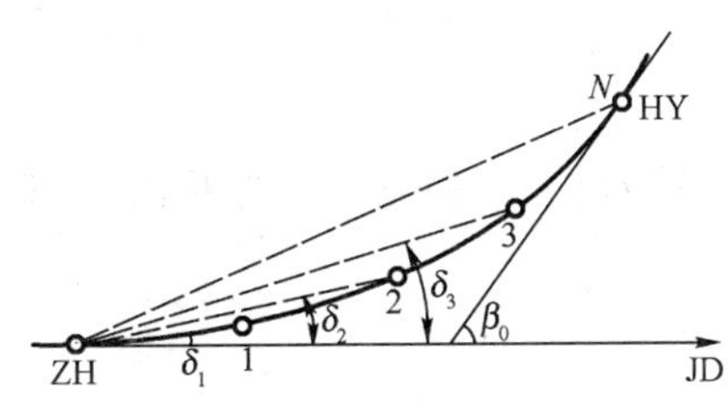

图 11-17 偏角法测设缓和曲线

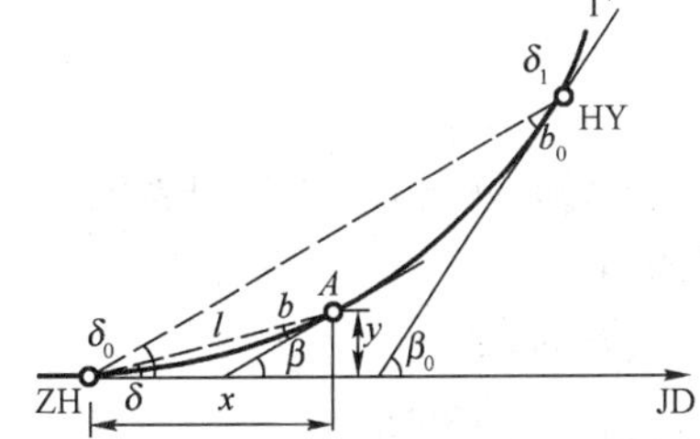

图 11-18 缓和曲线偏角计算

由图 11-18 可知

$\sin\delta=\frac{y}{l}$ 因 δ 很小,则 $\delta\approx\sin\delta$

$$\because y=\frac{l^3}{6Rl_0}$$

$$\therefore \delta = \frac{l^2}{6Rl_0} \text{ 或 } \delta = \frac{l^2}{6Rl_0}\frac{180^\circ}{\pi} \tag{11-10}$$

已知任一点 A 的切线角

$$\beta = \frac{l^2}{2Rl_0}\frac{180^\circ}{\pi}$$

故

$$\delta = \frac{\beta}{3}$$

从图中几何关系知

$$b = \beta - \delta = \frac{2}{3}\beta = 2\delta \tag{11-11}$$

当 $l=l_0$ 时，$\beta=\beta_0$，$\delta=\delta_0$，即

$$\delta_0 = \frac{\beta_0}{3}$$

$$b_0 = \frac{2}{3}\beta_0 = 2\delta_0 \tag{11-12}$$

因此，$\delta : b : \beta = \delta_0 : b_0 : \beta_0 = 1:2:3$。

(2)计算各分段点的偏角

由式(11-10)知

$$\delta_2 : \delta_1 = \frac{l_2^2}{6Rl_0}\frac{180^\circ}{\pi} : \frac{l_1^2}{6Rl_0}\frac{180^\circ}{\pi} = l_2^2 : l_1^2$$

即

$$\delta_2 : \delta_1 = l_2^2 : l_1^2$$

由此可知：偏角与测点到缓和曲线起点曲线长的平方成正比。

在等分段的条件下，$l_2=2l_1$，$l_3=3l_1$，$\cdots l_0=Nl_1$。

$$\delta_2 = 2^2\delta_1$$

$$\delta_3 = 3^2\delta_1$$

$$\vdots$$

$$\delta_N = N^2\delta_1 = \delta_0$$

所以，

$$\delta_1 = \frac{\delta_0}{N^2} \tag{11-13}$$

式中：N——分段数。

若 N 已知，再算出 δ_0，即可按式(11-13)算出 δ_1，然后用任一点的点号平方乘以 δ_1 就可算出该点的偏角。

(3)计算步骤

①根据 $\beta_0 = \frac{180^\circ l_0}{2R\pi}$(或查表)求出 β_0。

②$\delta_0 = \frac{\beta_0}{3}$。

③$\delta_1 = \frac{\delta_0}{N^2}$。

④$\delta_2 = 2^2\delta_1$，$\delta_3 = 3^2\delta_1$，$\cdots\delta_N = N^2\delta_1 = \delta_0$。

【例 11-5】 设 $R=500m$，$l_0=60m$，$N=6$，即每分段曲线长 $l_1=10m$，ZH 点里程 DK33+424.67。求缓和曲线各点的偏角。

【解】 按上面步骤计算

$$\beta_0=\frac{180°l_0}{2R\pi}=\frac{180°\times 60}{2\times 500\times 3.1416}=3°26'16''$$

$$\delta_0=\beta_0/3=3°26'16''/3=1°08'45''$$

$$\delta_1=\frac{\delta_0}{N^2}=1°08'45''/6^2=1'54.59''\approx 1'55''$$

计算结果汇总如下表 11-3。

各点的偏角值计算 表 11-3

里　程	曲线长(m)	偏　角　值
置镜 ZHK33+424.67		$0°00'00''$
+434.67	10	$\delta_1=01'55''$
+444.67	10	$\delta_2=2^2\delta_1=4\times 1'54.59''=07'38''$
+454.67	10	$\delta_3=3^2\delta_1=9\times 1'54.59''=17'11''$
+464.67	10	$\delta_4=4^2\delta_1=16\times 1'54.59''=30'33''$
+474.67	10	$\delta_5=5^2\delta_1=25\times 1'54.59''=47'45''$
+484.67	10	$\delta_6=6^2\delta_1=36\times 1'54.59''=1°08'45''=\delta_0$

(4)测设方法

如图 11-18 所示，将经纬仪安置在 ZH 点上，水平度盘置 0°，后视 JD 或直线转点 ZD，即切线方向，先拨角 δ_0，核对 HY 点点位，如在视线上，即可开始工作。仍以切线为 0°方向，依次拨角 δ_1、δ_2、δ_3、…$\delta_N(=\delta_0)$；同时从点到点量 10m 弦长与相应视线对准，定出曲线点 1、2、3、…。测设至 HY 点，检核是否落在主点上。

2. 圆曲线详细测设

加设缓和曲线后圆曲线测设，关键是正确确定后视方向及度盘安置值，找到测站点的切线方向，并使该方向为度盘零方向。如图 11-18 所示，经纬仪安置在 HY(或 YH)点上，将度盘上安置反偏角 b_0(正拨值)，后视 ZH，则 HY 点的切线方向即 0°方向。倒镜后，即可按圆曲线上曲线点的偏角(反拨值)测设相应的曲线点，直到 QZ。另一半曲线在 YH 点设站，以相同的方法进行测设(注意:此时是先反拨后正拨)。

为了避免仪器视准误差的影响，也可于度盘安置($180°+b_0$)后视 ZH，使 HY 点切线方向为零方向(图 11-18)。

为了省去测设圆曲线上曲线点由于分弦与整弦累计的麻烦，实测常将圆曲线上第 1 点的偏角方向，即 HY—1′方向作为零方向。如图 11-18 所示，以 $b_0+\delta_1$(δ_1 为圆曲线上第 1 点的偏角)后视 ZH 点即可。

偏角法是我国常用的方法。优点是有校核，适用于山区；缺点是误差积累，所以测设时要注意经常校核。

二、切线支距法

切线支距法就是直角坐标法测设点位。

1. 加设缓和曲线后的坐标计算公式

(1)缓和曲线部分

缓和曲线上各测设点坐标用式(11-6)计算

$$x = l - \frac{l^5}{40R^2 l_0^2} \qquad y = \frac{l^3}{6Rl_0}$$

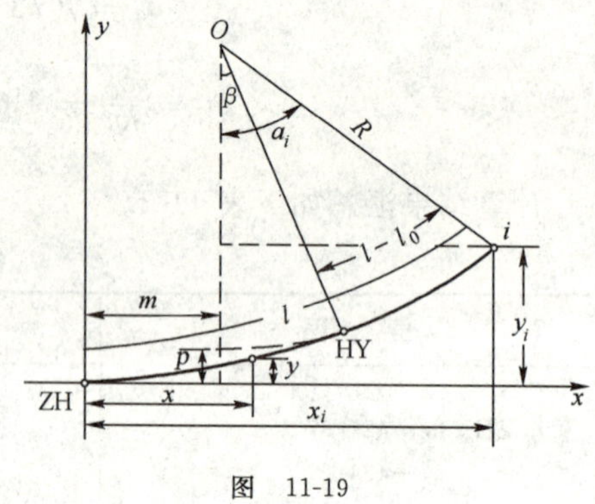

图 11-19

(2)圆曲线部分,由图 11-19 知

$$\left.\begin{aligned} x_i &= R\sin\alpha_i + m \\ y_i &= R(1-\cos\alpha_i) + p \\ \alpha_i &= \frac{180(L_i - l_0)}{\pi R} + \beta_0 \end{aligned}\right\} \qquad (11\text{-}14)$$

式中:L_i——曲线点 i 的曲线长。

2. 测设方法

与切线支距法测设圆曲线的方法相同。

支距法的优点是方法简单,误差不积累;缺点是不能发现中间点的测量错误。故此种测设方法适用于平坦地区,而不适用于山区。

第六节　遇障碍时曲线的测设方法

一、交点不能到达或切线方向被阻的测设

当交点 JD 位于陡壁、深沟、建筑物及河流中,使交点与曲线起点或终点不能通视,以及转向角过大不易得出交点,或切线过长而丈量切线的工作量很大时,可以不设置交点,可用以下方法设副交点代替交点。

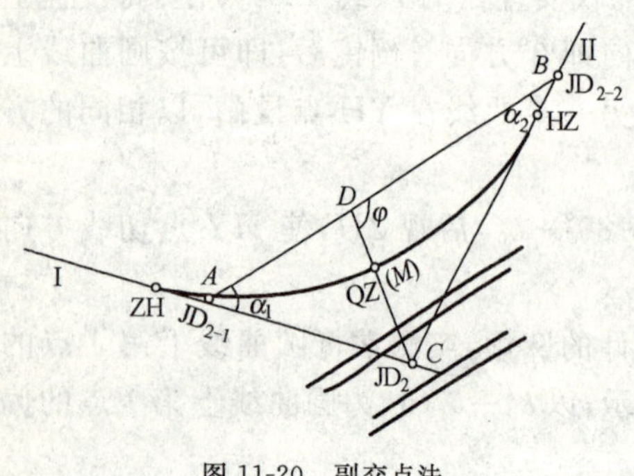

图 11-20　副交点法

1. 设副交点法

如图 11-20 所示,交点 JD_2 落于河流中。此时,在两切线 I、II 方向上,估计在 ZH 和 HZ 附近,设置两个副交点 $A(JD_{2-1})$、$B(JD_{2-2})$,打桩钉钉,在副交点 A、B 两点安置仪器测出角 α_1、α_2,丈量 AB 边长。

(1)曲线资料的计算

①转向角 $\alpha = \alpha_1 + \alpha_2$。

②根据设计资料 R、l_0 和 α,算出综合要素 T、L、E_0、q。

③解三角形，计算 AC、BC、BD、CD、φ。

$$AC = AB \frac{\sin\alpha_2}{\sin(180^\circ - \alpha)}$$

$$BC = AB \frac{\sin\alpha_1}{\sin(180^\circ - \alpha)}$$

$$\varphi = \alpha_1 + \frac{180^\circ - \alpha}{2} = 180^\circ - \alpha_2 - \frac{180^\circ - \alpha}{2}$$

$$BD = BC \frac{\sin\left(\frac{180^\circ - \alpha}{2}\right)}{\sin\varphi} \qquad CD = BC \frac{\sin\alpha_2}{\sin\varphi}$$

(2)主点测设

①ZH、HZ 点的测设。仪器先后置于 A、B 点上，在切线 I 上量取(T—AC)得 ZH，再在切线 II 上量取(T—BC)得 HZ。

②QZ(M)点的测设。从 B 点，沿 AB 方向量取 BD 定出 D 点，再将仪器置于 D 点，拨角 φ 找出 DC 方向线，在此方向线上量取(DC—E_0)得 QZ。

注意：为了准确地测设 QZ 点，在丈量 AB 边长的同时，可在 D 点附近临时设置一转点 D'(打桩钉钉)。待设置 D 点时，可从 D'点量至 D，再从 D 点放 QZ 点。其拨角、量距、定点等精度要求与前述测设主点时相同。

2. 导线法

当地形复杂，两切线上的 A、B 两点太远，或两切线上的两个副交点互不通视时，可用导线法将两个副交点用导线联系起来。如图 11-21a)中的导线 $D_1D_2D_3D_4$。

(1)设以 A 为坐标原点，GA 为直角坐标纵轴 x，则 GA 的方位角为 0°，直线 BF 的方位角即为曲线的转向角 α。

(2)根据导线坐标计算求出 x_B、y_B。从图 11-21b)中可以看出

$$AC = x_B - \frac{y_B}{\tan\alpha}$$

$$BC = \frac{y_B}{\sin\alpha}$$

由此计算曲线要素。主点的测设与设副交点法相同。

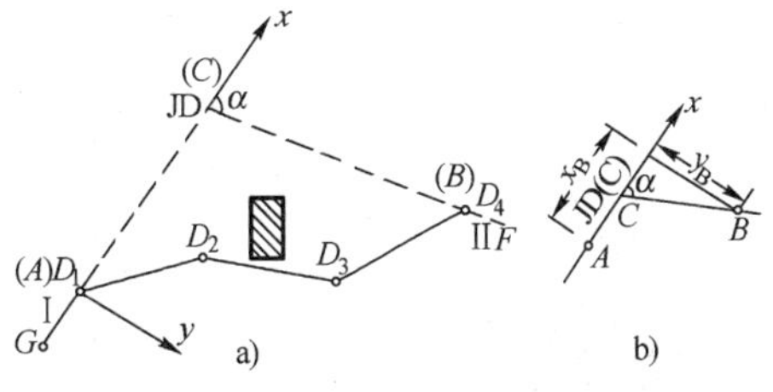

图 11-21 导线法

二、主点不能到达的测设

如果曲线的起点(或终点)因受地形条件的限制不能安置仪器时，采用下面方法测量。

1. 利用直角坐标法设置几个曲线上的点作为控制点

如图 11-22 所示，ZH 点位于水塘里，不能安置仪器，可以改用 HY 点和圆曲线上的 A 点

作为控制点。已知 A 点的里程，按切线支距法可计算出 x_A 和 y_A；从交点 JD 量 $(T-x_0)$ 和 $(T-x_A)$，即得垂足 H' 和 A'，在垂足处作直角并量出 y_0 和 y_A，即得 HY 点和 A 点。根据这两个点间的圆弧长 l_A，即可算出偏角 δ_A，由 δ_A 值可在测站(HY)点建立切线并测设圆曲线和缓和曲线。

2. 利用极坐标法设置曲线上几个点作为控制点

如图 11-23 所示，在缓和曲线上有障碍(房屋)时，可由切线上的 A 点按极坐标法测设曲线点 B。已知 x_B、y_B、x_A，由 $\tan\delta_A = \dfrac{y_B}{x_B - x_A}$，算出 δ_A；$AB = \dfrac{y_B}{\sin\delta_A}$，算出 AB，即可在 A 点安置仪器，后视 ZH(或 JD)，拨角 δ_A，用钢尺量 AB 测设 B 点。

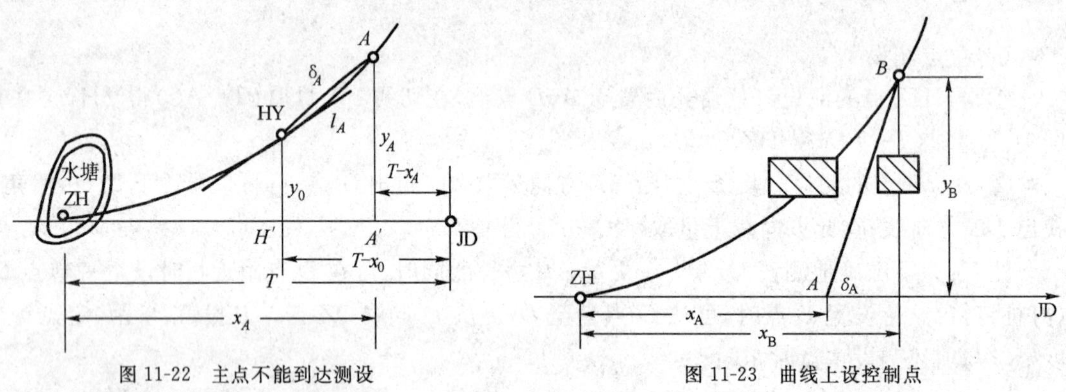

图 11-22　主点不能到达测设　　图 11-23　曲线上设控制点

三、偏角法遇障碍时圆曲线的测设

如图 11-24 所示，当仪器置于 A 点，测完 1、2、3 点后，测点 4 不通视时，可按下列步骤进行测设。

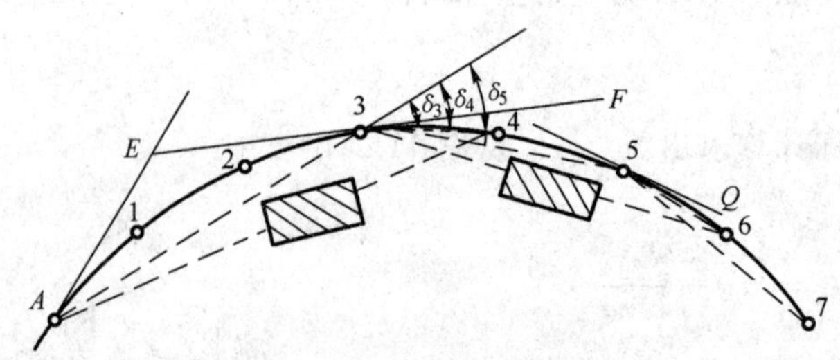

图 11-24　图曲线遇障碍时测设

(1)事先于 A 点准确测设点 3，在点 3 打桩钉钉，然后将仪器安置在点 3 上，度盘安置 0°，后视 A 点，倒镜，松开照准部，拨点 4 的偏角 δ_4(注意：如拨角 δ_3 时，则望远镜视线在点 3 的切线方向)；沿视线方向用钢尺测设点 3 至点 4 的弦长，即定出曲线点 4；拨点 5 的偏角 δ_5，同法定出曲线点 5。

(2)事先于点 3 准确测设点 5，在点 5 打桩钉钉，然后将仪器安置在点 5 上，度盘安置第 3 点的偏角 δ_3，后视点 3，倒镜，打开照准部拨第 6 点的偏角 δ_6，沿视线方向用钢尺测设点 5 至点 6 的弦长，即定出点 6；再拨第 7 点的偏角 δ_7，同法定出曲线点 7。如此，继续测设(度盘拨 δ_3 角，望远镜后视点 3，倒镜，再转 $(\delta_5-\delta_3)=\delta_2$ 角时，视线方向即为测点 5 的切线方向，

此时度盘读数为 δ_5)。

结论:当仪器置于圆曲线上任一点,继续向前测设时,后视已测设曲线上的任一点,将度盘安置该点的偏角值,并照准该后视点,倒镜后打开照准部,拨测站至所测点的偏角值,即可得到测设点的方向。

四、偏角法遇障碍时缓和曲线的测设

如果测站设在 ZH 点(或 HZ 点)上遇障碍不能将所有分段点测完时,可将经纬仪安置在缓和曲线上已测定的一个点上。

如图 11-25 所示,设 B、T 为缓和曲线上已定点(已打桩、钉钉),将经纬仪安置在 T 点上,度盘安置后视偏角 δ_B,瞄准后视点 B,倒镜,此时度盘 0°方向即 T 点的切线方向,然后打开照准部,拨前视点 F 的偏角 δ_F(反拨),即可测设 F 点。

设 B、F 代表分段点的点号,T 代表分段点或任一已定点的点号。先设 T 为分段点点号。

例如 $B=3$,$T=4$,$F=5$,则

$$\left.\begin{array}{ll}\text{后视偏角} & \delta_B=\delta_1(T-B)(B+2T)\\ \text{前视偏角} & \delta_B=\delta_1(F-T)(F+2T)\end{array}\right\}\quad(11\text{-}15)$$

式中:δ_1——第一分段点的偏角,

$$\delta_1=\frac{\beta_0}{3N^2}=\frac{l_1^2}{6Rl_0}\,\frac{180^\circ}{\pi}$$

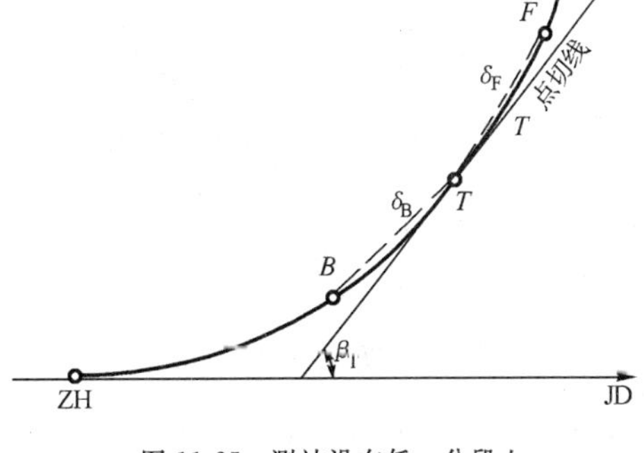

图 11-25 测站设在任一分段上

同样,也可查《曲线表》中相应的内容得到所求的偏角值,如表 11-4。

【例 11-6】 已知 $R=500\text{m}$,$l_0=60\text{m}$,$N=6$,即每段曲线长 $l_1=10\text{m}$,经纬设在第 2 点上,试计算前、后视各点的偏角值。

【解】 根据上述公式得

$$\beta_0=\frac{l^2}{2Rl_0}\,\frac{180^\circ}{\pi}=3^\circ26'16''$$

$$\delta_0=\frac{\beta_0}{3}=1^\circ08'45''$$

$$\delta_1=\frac{\delta_0}{N^2}=1'54.6''$$

按式(11-15)计算前后视各偏值,见表 11-4。若测站设在缓和曲线上任一距离的已定点上,如图 11-26 所示,则仍可用以上两个公式算出各点的偏角值。

前后视各偏角值 表 11-4

曲线点号	里　程	偏角计算
0	ZH　DK33+424.67	$\delta_{ZH}=(2-0)(0+2\times2)\delta_1=8\delta_1=15'17''$
1	+434.67	$\delta_{10}=(2-1)(1+2\times2)\delta_1=5\delta_1=9'33''$
2	置镜　+444.67	

续上表

曲线点号	里程	偏角计算
3	+454.67	$\delta_{30}=(3-2)(3+2\times2)\delta_1=7\delta_1=13'22''$
4	+464.67	$\delta_{40}=(4-2)(4+2\times2)\delta_1=16\delta_1=30'34''$
5	+474.67	$\delta_{50}=(5-2)(5+2\times2)\delta_1=27\delta_1=51'34''$
6	+484.67	$\delta_{60}=(6-2)(6+2\times2)\delta_1=40\delta_1=1°16'24''$

【例 11-7】 已知 $R=2000$m,$l_0=50$m,$N=5$,即每段曲线长 $l_1=10$m,测站设在缓和曲线的 T 点上,如图 11-27 所示,T 点距 ZH 点的曲线长为 $l_T=35$m,点号 $T=l_T/\ l_1=3.5$,要求后视第二分段点($B=20/l_1=2$),测设第 4、5 分段点。

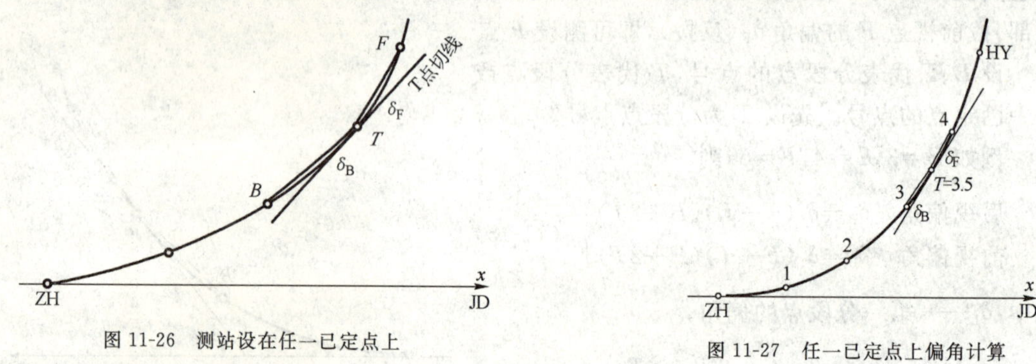

图 11-26 测站设在任一已定点上

图 11-27 任一已定点上偏角计算

【解】 已知 $l_1=10$m,$T=3.5$,$B=2$,$F=4.5$。按公式或查缓和曲线常数表得

$$\delta_0 = 14'19'' \qquad \delta_1 = \frac{\delta_0}{N^2} = 34.4''$$

将上述数值代入式(11-15)得

后视偏角: $\delta_2 = \delta_1(3.5-2)\times(2+2\times3.5) = 7'44''$

前视偏角: $\delta_4 = \delta_1(4-3.5)\times(4+2\times3.5) = 3'09''$

$$\delta_5 = \delta_1(5-3.5)\times(5+2\times3.5) = 10'19''$$

测设步骤:将仪器安置在 T 点后,以 δ_2 即 7′44″后视 2 点,倒镜,此时度盘的 0°方向线即 T 点的切线方向。然后拨前视度盘读数 $360°-\delta_4$、$360°-\delta_5$,相应地测设弦长 f_4、f_5,即定出 4、5 点。

当测设缓和曲线遇障碍,测站不能设在整分段点上时,可先求出测站的点号 $T=l_T/l_1$(非整数),同样可用分段点式(11-15)计算后视及前视分段点的偏角,从测站测设分段点,与测站为整数分段点方法相同。

第七节 任意点极坐标法测设曲线

前面讲述的几种曲线测设方法通常需要多次搬动仪器和设置转镜点,工作量较大。若用光电测距仪或全站仪,则可在任意点设站,采用极坐标法测设曲线。这种方法灵活,效率高,宜广泛推广使用。

一、基本原理

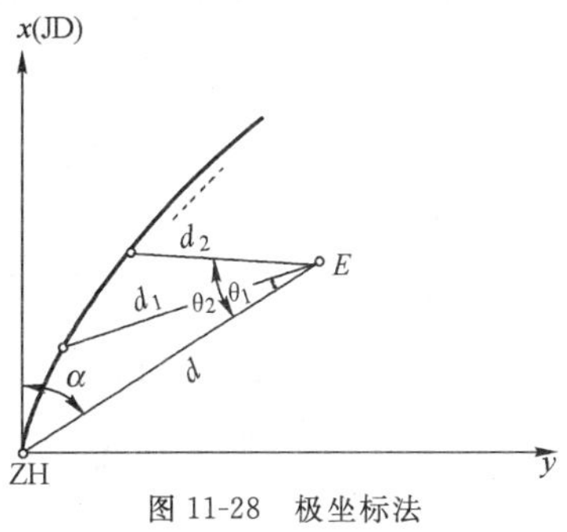

图 11-28 极坐标法

根据坐标反算求得角度和距离，再利用极坐标法进行测设。

首先设定直角坐标系：以已知主点（如 ZH 点）为坐标原点，以切线为 x 轴，全站仪可以置于曲线任一侧（内侧或外侧），选择比较适当的位置安置仪器，如图 11-28 所示的曲线内侧任一点 E，打桩、钉钉，从 E 点至 ZH 点及拟测点均要通视。测出以 x 轴为竖轴的方位角 α 及 ZH—E 的水平距离 d，根据 ZH 点的坐标计算测站 E 点的坐标 x_E、y_E，然后根据 x_E、y_E 及曲线上各点坐标 x_i、y_i，反算出所需的测设角度 θ_i 及边长 d_i，按照各点的测设数据，在 E 点安置仪器用极坐标法逐一测设。

二、测设具体步骤及方法

【例 11-8】 某曲线半径 $R=500$m，缓和曲线长 $l_0=60$m，转向角 $\alpha=28°36'20''$，ZH 点里程 DK33+424.67，仪器置于 E 点。设直角坐标系：ZH 点为原点，ZH—JD 为纵轴 x，测得 ZH—E 边的长 $d=100$m，坐标方位角 $\alpha_{ZH-E}=60°$，如图 11-29 所示，计算测设数据并说明测设方法。

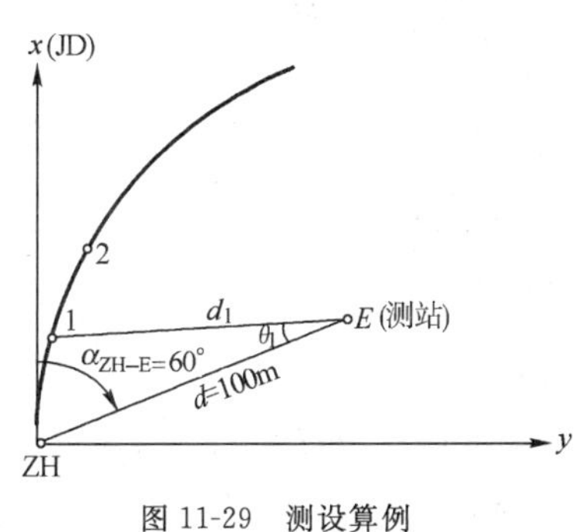

图 11-29 测设算例

【解】 (1)计算测站点 E 的坐标

$$x_E = d\cos\alpha_{ZH-E} = 100 \times 0.5000000\text{m} = 50.000\text{m}$$

$$y_E = d\sin\alpha_{ZH-E} = 100 \times 0.8660254\text{m} = 86.603\text{m}$$

(2)计算测点 1 的坐标

在缓和曲线上，按 10m 测设一个点，则 $l=10$m。由式(11-6)计算（也可查《曲线表》）得

$$x_1 = 10.00\text{m} \quad y_1 = 0.01\text{m}$$

(3)根据测站 E 及测点 i 的坐标，后视 ZH 点，反算测设角度 θ_i 及边长 d_i，如求 θ_i、d_i。

已知 $\alpha_{ZH-E}=60$，$\alpha_{E-ZH}=240°$，有

$$\tan\alpha_{E-1} = \frac{y_1 - y_E}{x_1 - x_E} = \frac{0.01-86.603}{10.00-50.00}$$

$$= 2.164825 \text{（以 } E \text{ 为原点，} \alpha_{E-1} \text{ 属第 III 象限）}$$

$$\alpha_{E-1} = 245°12'23''$$

$$\theta_1 = \alpha_{E-1} - \alpha_{E-ZH} = 245°12'23'' - 240°00'00'' = 5°12'23''$$

$$d_1 = \sqrt{(x_1-x_E)^2+(y_1-y_E)^2}$$

$$= \sqrt{(40.000)^2+(86.593)^2}\text{m} = 95.385\text{m}$$

同法，计算 2、3、4…各点及 QZ 点的极坐标 θ、d，其结果列于表 11-5 中。

极坐标计算结果　　表 11-5

测　点	测点坐标(m)		θ(° ′ ″)	d(m)	备　注
ZH	$x_{ZH}=0.00$	$y_{ZH}=0.00$	0 00 00	100.000	
1	$x_1=10.00$	$y_1=0.01$	5 12 23	95.385	
2	$x_2=20.00$	$y_2=0.04$	10 53 07	91.614	
3	$x_3=30.00$	$y_3=0.15$	16 58 28	88.736	
4	$x_4=40.00$	$y_4=0.36$	23 23 10	86.821	
5	$x_5=49.99$	$y_5=0.69$	29 59 37	85.913	
6(HY)	$x_6=59.98$	$y_6=1.20$	36 39 56	85.984	
7	$x_7=69.95$	$y_7=1.90$	43 15 13	87.021	
8	$x_8=79.91$	$y_8=2.80$	49 38 32	88.981	
9	$x_9=89.85$	$y_9=3.90$	55 43 37	91.803	
10	$x_{10}=99.77$	$y_{10}=5.19$	61 26 20	95.421	
11	$x_{11}=109.66$	$y_{11}=6.69$	66 44 38	99.727	
12	$x_{12}=119.51$	$y_{12}=8.38$	71 37 30	104.645	
13	$x_{13}=129.33$	$y_{13}=10.27$	76 06 12	110.091	
14	$x_{14}=139.11$	$y_{14}=12.35$	80 11 48	115.992	
15	$x_{15}=148.85$	$y_{15}=14.63$	83 56 30	122.276	
QZ	$x_{QZ}=153.52$	$y_{QZ}=15.80$	85 37 50	125.417	

设仪器置于 E 点，$x_E=50.000$m，$y_E=86.603$m，测设半个曲线，每 10m 一个点，如图11-30所示。

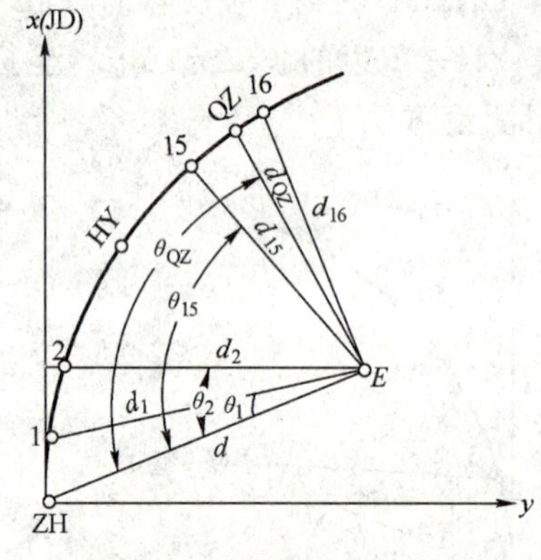

图 11-30　极坐标法测设曲线

当按 θ_{QZ} 及 d_{QZ} 测设曲中点时，应与主点测设时的曲中点位置进行校核。

以上是测设半个曲线的测设情况，即以 ZH 点为坐标原点测设至 QZ。

另半个曲线以 HZ 点为原点按照上述同样方法进行测设。

另半个曲线的第二种测设方法为：直接按以 ZH 为原点的支距法坐标系坐标测设，一次将整个曲线测设完成，如图 11-31 所示。

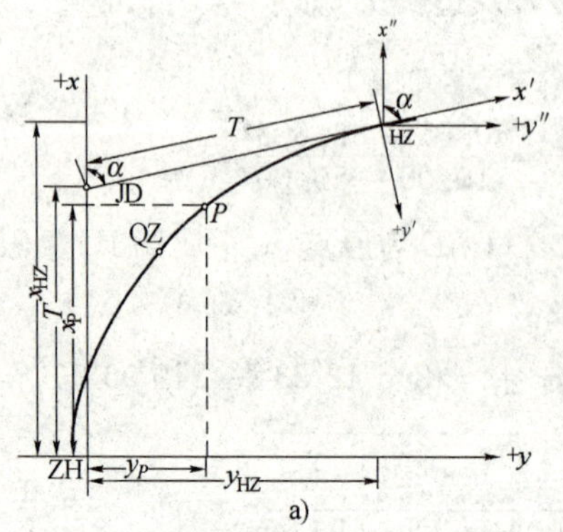

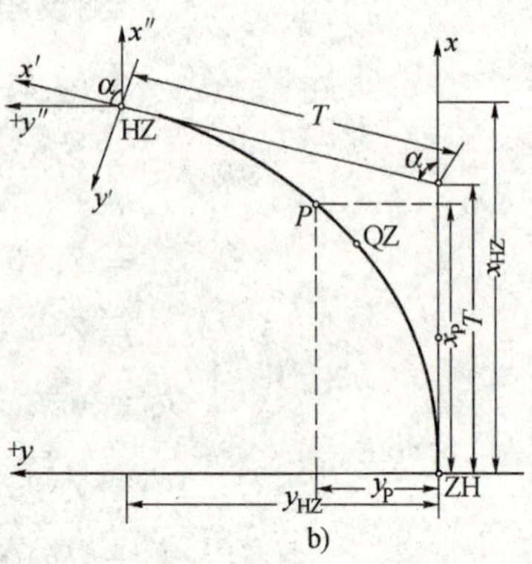

图 11-31　测设原理

首先将另半个曲线在支距法坐标系 HZ—x'、y'的坐标转换为在支距法坐标系 ZH—x、y 的坐标 x、y，然后再算出相应的测设点的极坐标(θ、d)，即以 ZH 点为后视点进行测设。

支距法坐标系转换的通用公式为

$$\begin{pmatrix} x \\ y \end{pmatrix} = \begin{pmatrix} T(1+\cos\alpha) \\ T\sin\alpha \end{pmatrix} + \begin{pmatrix} \cos\alpha & -\sin\alpha \\ \sin\alpha & \cos\alpha \end{pmatrix} \begin{pmatrix} x' \\ y' \end{pmatrix} \tag{11-16}$$

式中：T——切线长；

α——转向角；

x、y——以 ZH 为原点，切线为 x 轴的测量坐标系；

x'、y'——以 HZ 为原点，切线为 x'轴的测量坐标系。

导证：如图 11-32 及图 11-33。设辅助坐标系 HZ-x''、y''与坐标系 ZH-x、y 平行。可知，另半个曲线互在 ZH-x、y 系中的坐标：

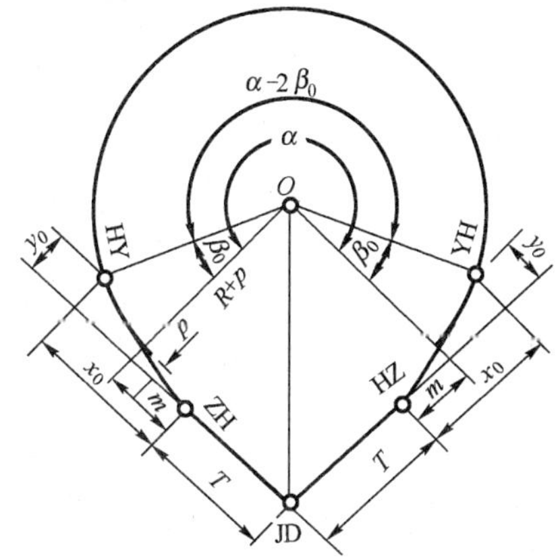

图 11-32 回头曲线的测设

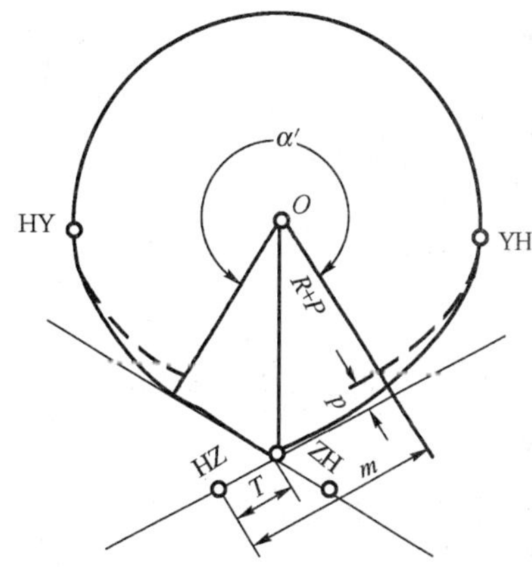

图 11-33 T 为负值时的测设

$$\begin{aligned} D &= x_{Hz} + x'' \\ y &= y_{HZ} + y'' \end{aligned} \tag{1}$$

式中坐标系平移量：

$$\begin{aligned} x_{HZ} &= T \cdot (1+\cos\alpha) \\ y_{HZ} &= T \cdot \sin\alpha \end{aligned} \tag{2}$$

坐标系平移量

$$\begin{pmatrix} x'' \\ y'' \end{pmatrix} = \begin{pmatrix} \cos\alpha & -\sin\alpha \\ \sin\alpha & \cos\alpha \end{pmatrix} \cdot \begin{pmatrix} x' \\ y' \end{pmatrix} \tag{3}$$

将式(2)、(3)代入式(1)即得式(11-16)。

以上两种方法比较：第一种测设方法将曲线分为两部分分别独立测设，各自选择一测站进行测设，因而工作量较大；第二种测设方法可在一个测站测完全部曲线，比较便捷，但横向误差影响曲线的圆顺，须注意不能超限。

【例 11-9】 按式(11-16)，仍以 ZH 点为原点，根据前例所给曲线测设数据。测站在 E 点($x_E=50.000\text{m}$，$y_E=86.603\text{m}$)，后视 ZH 点，计算另半个曲线之坐标及测设数据 θ 及 d。

【解】 计算结果见表 11-6。

另半个曲线的坐标及测设数据 表 11-6

测　点	测点坐标(m)		θ(° ′ ″)	d (m)	备　注
QZ	$x_{QZ}=153.52$	$y_{QZ}=15.80$	85 37 50	125.417	
16	$x_{16}=158.20$	$y_{16}=17.01$	87 15 14	128.648	
17	$x_{17}=167.85$	$y_{17}=19.68$	90 24 33	135.526	
18	$x_{18}=177.43$	$y_{18}=22.53$	93 18 23	142.632	
19	$x_{19}=186.95$	$y_{19}=25.57$	95 58 46	149.934	
20	$x_{20}=196.41$	$y_{20}=28.80$	98 27 21	157.407	
21	$x_{21}=205.81$	$y_{21}=32.23$	100 45 45	165.025	
22	$x_{22}=215.14$	$y_{22}=35.84$	102 54 46	172.766	
23	$x_{23}=224.39$	$y_{23}=39.64$	104 55 40	180.603	
24	$x_{24}=233.57$	$y_{24}=43.61$	106 49 07	188.537	
25(YH)	$x_{25}=242.65$	$y_{25}=47.77$	108 36 12	196.525	
26	$x_{26}=251.67$	$y_{26}=52.10$	110 17 29	204.600	
27	$x_{27}=260.60$	$y_{27}=56.60$	111 53 31	212.726	
28	$x_{28}=269.48$	$y_{28}=61.20$	113 23 52	220.945	
29	$x_{29}=278.31$	$y_{29}=65.90$	114 49 07	229.247	
30	$x_{30}=287.10$	$y_{30}=70.66$	116 09 11	237.635	
HZ	$x_{HZ}=295.89$	$y_{HZ}=75.44$	117 24 23	246.143	

第八节　回头曲线的测设和曲线测设误差

一、回头曲线的测设

在曲线测设中，曲线转向角 α 大于 180°时，称为回头曲线。由图 11-32 知，综合要素中，切线长 T、曲线长 L 的计算公式如下

$$T=(R+p)\tan(180°-\alpha/2)-m \qquad (11\text{-}17)$$

$$L=\pi R(\alpha-2\beta_0)/180°+2L_0$$

由 JD 点沿切线方向量切线长 T 得 ZH 和 HZ 点。当 T 为负值时，由 JD 点向外丈量 T 定出 ZH 和 HZ 点(图 11-33)。

得出曲线起点后，按分段的方法把回头曲线分成许多段进行测设，测设的方法如前面长大曲线的测设。

二、曲线测设的误差

在曲线测设中，由于拨角及量距误差的影响，由一个主点测设至另一个主点时，往往产生不闭合的现象。如图 11-34所示，由 ZH 点测设至 QZ(M)点时，测定的点 M' 与原来主点测设时所定的 QZ(M)点不在同一位置，产生闭合差 f。f 可在 M 处分解为外矢距方向及其垂线(即 QZ 点切线方向)的两个分量。切线方向的分量为 $f_{纵}$(纵向闭合差)，外矢距方向分量为 $f_{横}$(横向闭合差)。

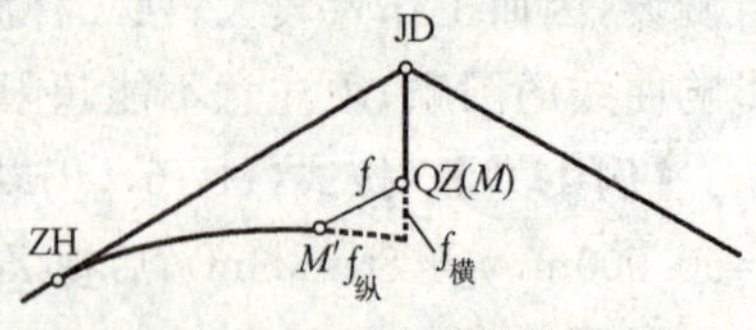

图 11-34　曲线测设误差

1. 曲线测设闭合差的允许值

(1)偏角法

$f_{纵} \leqslant l/2000$(l 为测设两主点之间的曲线长)。

$f_{横} \leqslant 0.1\text{m}$。

当曲线半径较大时,纵向闭合差可以认为主要是由于量距引起的,所以纵向允许闭合差是相对值;横向闭合差可以认为主要是由于拨角引起的,因而横向允许闭合差是一个绝对值。

(2)极坐标法

点位误差:±10cm。

2. 曲线测设误差分析

用偏角法测设曲线时,闭合差将受主点测设的精度、详细测设时的误差影响。主点测设的精度主要受转向角测量误差、切线丈量精度,确定 ZH 及 HZ 时的定向误差,确定 HY 及 YH 时 x_0 及 y_0 的丈量精度及其定向误差,确定 QZ 时 E_0 的丈量精度及分角线方向的测角误差等因素的影响。详细测设曲线时的误差主要来自:主点测设的精度、偏角测设的精度(包括经纬仪对中、目标偏心、照准和读数误差、投点误差等)、照准后视点的方向误差、以弦长代替弧长的误差及弦长丈量误差等因素的影响。

用极坐标法测设曲线时,由于光电测距仪测距精度高,故测距误差对点位精度的影响不显著。对点位精度影响较大的主要是:主点测设精度、设置测站时的测角精度、详细测设时的角度安置精度、测站数的个数等因素。

以上因素中,以切线丈量精度、弦长丈量精度及偏角测设误差和转镜次数对曲线测设闭合差的影响最大。而且,曲线愈长闭合差愈大,曲线半径愈小对横向闭合差的影响愈大。

因此,测设曲线时,应提高切线的测量精度以确保主点测设精度,减少详细测设曲线时偏角的测量误差及弦长丈量误差。对于长大曲线应增设控制点,分段测设,分段闭合,以保证曲线的测设精度。

思考题与习题

1. 在铁路曲线上为什么要加缓和曲线?它有何特点?
2. 测设曲线的主要方法有哪些?各适用于什么情况?
3. 什么是正拨与反拨?它们与曲线测设的方法有何关系?
4. 试叙述用偏角法测设曲线(圆曲线、缓和曲线)遇到障碍时,应如何找出切线方向?
5. 曲线半径 $R=500\text{m}$,转向角 $\alpha_{右}=30°10'20''$,若 ZY 点的里程为 K3+315.60,试计算:

(1)圆曲线要素及各主点的里程。

(2)仪器设置在 ZY 用切线支距法测设前半个曲线资料(每 10m 一桩)。

(3)仪器设置在 YZ 用偏角法测设后半个曲线资料(要求里程为 20m 的整倍数)。

6. 某曲线之转向角(左偏)$\alpha=26°43'00''$,半径 $R=1000$m,缓和曲线长 $l_0=100$m,ZH 点的里程为 K42+404.24,$\beta_0=2°51'54''$。

(1)当仪器设置在 ZH 点时,试计算里程为 K42+424.24 点的偏角。

(2)当经纬仪置于 HY 点时,试计算并说明检核 QZ 点点位的方法。

7. 已知某曲线 $R=500$m,$\alpha=13°12'30''$(右偏),$l_0=40$m,ZH 点里程为 K75+384.25。

(1)计算曲线综合要素。

(2)计算各主点里程。

(3)计算当仪器设置在 ZH 点时,ZH—HY 点间各点偏角;当仪器设置在 HY 点时,HY—YH 点间各点偏角;当仪器设置在 HZ 点时,HZ—YH 点间各点偏角。

8. 已知某曲线 $R=1000$m,$\alpha=26°38'00''$,$l_0=120$m,直缓点(ZH)的里程为 K28+529.47。

(1)试计算曲线主点的里程,并说明主点测设的方法。

(2)仪器设置在缓圆点(HY)上,求算里程为 K28+680.00 的曲线点的偏角值,并说明测设该点的方法。

9. 已知某曲线转向角 $\alpha=28°40'00''$,半径 $R=500$m,缓和曲线长 $l_0=100$m,曲线长 $l=350.16$m,直缓点(ZH)的里程为 K42+414.34。

(1)当仪器设直在 HZ 点时,试计算里程为 K42+714.50,K42+734.50 两点的偏角。

(2)试叙述用偏角法测设 K42+520.00 点的方法及计算数据。

10. 曲线半径 $R=500$m,缓和曲线长 $l_0=60$m,转向角 $\alpha=28°36'20''$,HZ 点的里程为 K3+246.25,在里程为 K3+196.25 的曲线点(已测定)上安置仪器,用偏角法测设缓和曲线(每隔 10m 测设一点)。试计算有关数据,并说明里程为 K3+216.25 点的测设过程。

11. 欲测设一曲线(图 11-35),其交点 JD 不能到达,测得 $\alpha_1=14°04'00''$,$\alpha_2=15°32'00''$,$AB=84.84$m,算得 $AC=46.00$m,$BC=41.75$ m。已知曲线半径 $R=1000$m,缓和曲线长 $L_0=100$m,ZH 点里程为 K19+348.30。

(1)计算曲线综合要素及主点里程。

(2)叙述主点(ZH、HY、YH 及 HZ)的测设方法。

(3)求 K19+378.30 点的偏角(测站设在 ZH 点)。

(4)仪器置于 HY 点,试叙述 K19+360.00 点的测设方法。

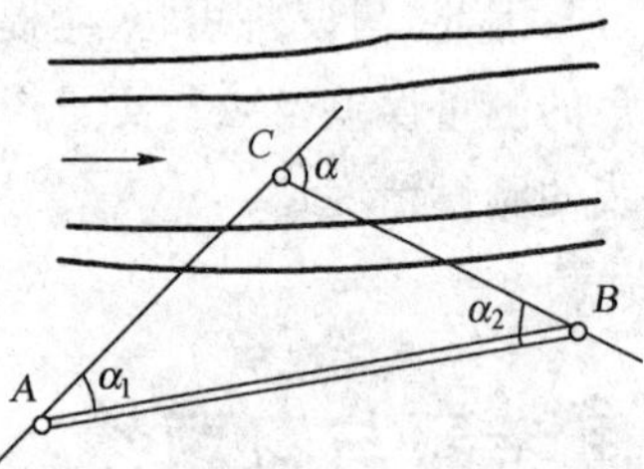

图 11-35 题 11 图

第十二章
铁路及公路线路测量

本章提要

本章介绍了铁路及公路线路测量的内容和方法。这部分详细介绍了在铁路新线初测中如何进行导线测量、高程测量和带状地形图的测绘以及在定测中怎样进行线路中线测量、线路高程及纵横断面测量；阐述了铁路既有线路中线平面测量、高程测量和横断面测量等基本内容和方法；最后介绍了公路线路的测量工作。

第一节　铁路线路测量概述

一、铁路线路勘测概述

铁路线路勘测的目的就是为铁路的设计搜集所需的地形、地质、水文、气象、地震等方面的资料，经过室内研究、分析和对比，在线路的起、终点之间找出在平面上直而短，在立面上坡度小的线路位置，以保证所选线路和工程在经济上合理、技术上可行，使其在国民经济和国防建设中充分发挥效益。

1. 方案研究

在小比例尺地形图上找出线路可行的方案和初步选定一些重要技术标准，如线路等级、限制坡度、牵引种类、运输能力等，并提出初步方案。

2. 初测和初步设计

初测是为初步设计提供资料而进行的勘测工作，其主要任务是提供沿线大比例尺带状地形图以及地质和水文资料。

初步设计的主要任务是在提供的带状地形图上选定线路中心线的位置，亦称纸上定线，经过经济、技术比较后提出一个推荐方案。同时要确定线路的主要技术标准，如线路等级、限制坡度、最小半径等。

3. 定测和施工设计

定测是为施工技术设计而做的勘测工作，其主要任务是把初步设计中所选定的线路中线测设到地面上去，并进行线路的纵断面和横断面测量。

施工技术设计是根据定测所取得的资料，对线路全线和所有个体工程做出详细设计，并提供工程数量和工程预算。该阶段的主要工作是线路纵断面设计和路基设计，并对桥涵、隧道、车站、挡土墙等做出单独设计。

二、线路测量

线路测量是指铁路线路在勘测、设计和施工等阶段中所进行的各种测量工作。它主要包括:为选择和设计铁路线路中心线的位置所进行的各种测绘工作;为把所设计的铁路线路中心线标定在地面上的测设工作;为进行路基、轨道、站场的设计和施工的测绘和测设及既有线测量等工作。

为满足铁路线路勘测设计、施工的需要,我国铁路新线测量通常也相应分两阶段进行,即新线初测和新线定测。

第二节　新线初测

线路初测工作主要包括:选点插旗、导线测量、高程测量、带状地形图测绘等。初测在一条线路的全部勘测工作中占有重要地位,它决定着线路的基本方向。

一、选点插旗

初测的首要工作是根据线路方案研究阶段在已有地形图上规划的线路位置,结合实际情况,选择线路转折点的位置,并打桩插旗,标定点位,为导线测量及各专业调查指出前进方向。选点插旗是初测工作的关键,能否选出优良的线路位置,将直接影响线路工程的质量。

插旗时一般应在铁路纸上定线的平面图上标出大旗点的位置和标高,并记录线路沿线的特征。大旗插完以后需要绘制线路的平、纵断面图,以研究确定地形图测绘的范围。当发现个别大旗位置不当或某段线路还可改善时,应及时改插或补插。大旗间的距离以能表示线路走向及清晰地观察目标为原则。

大旗点的选定,一方面要考虑线路的基本方向,另一方面要考虑到导线测量、地形测量的要求,因为一般情况下,大旗点亦为导线点,故要顾及便于测角、量距及地形测绘。

二、导线测量

1. 导线点的布设

初测导线是测绘线路带状地形图和定线放线的基础,导线的选点工作是在插大旗的基础上进行的。导线点的位置应满足以下几项要求。

(1)尽量接近线路通过的位置。大桥及复杂中桥和隧道口附近、严重地质不良地段以及越岭垭口地段,均应设点。

(2)地层稳固、便于保存。

(3)视野开阔、测绘方便。

(4)点间的距离以不短于 50m、不大于 400m 为宜。采用电磁波测距仪测距时,导线点之间的距离不受限制。为测图应用方便,应在导线边上加设转点,转点间的距离应不大于 400m。

导线点转点应钉设控制桩和标志桩。导线点的编号自起点顺序编写，点号之前冠以“C”字。如“C_5”则表示5号初测导线点。假定该点离开线路起点的距离为2570.55m，则应写为CK2+570.55。“CK”表示初测里程，C是“初”字汉语拼音的声母。

2. 导线的施测

（1）水平角测量及其精度。水平角观测按《测规》规定进行，使用J_2或J_6经纬仪，用测回法测角，两半测回之间要变动度盘位置，角度较差在±15″(J_2)或±30″(J_6)以内时，取平均数作为观测结果。

（2）导线边长的量测与精度。量测时，初测导线边长的精度按《测规》（表12-1）要求进行。

导线测量边长限差　　表12-1

检测较差		相对闭合差		
光电测距(mm)	其他测距方法	光电测距		其他测距方法
		水平角平差	水平角不平差	
$2\sqrt{2}M_D$	1/2000	1/4000	1/2000	1/2000

3. 导线的联测

为了确定初测导线的方位，检验导线水平角及边长的量测精度，《测规》规定：导线的起、终点及每隔30km的点，应与国家大地点（三角点、导线点、I级军控点）或其他不低于四等的大地点、GPS点进行联测。

当与国家平面控制点联测困难时，应在导线的起点、终点和不远于30km的导线点上用天文测量方法或用陀螺经纬仪，测定导线边的真北方位角，以控制角度误差的积累。

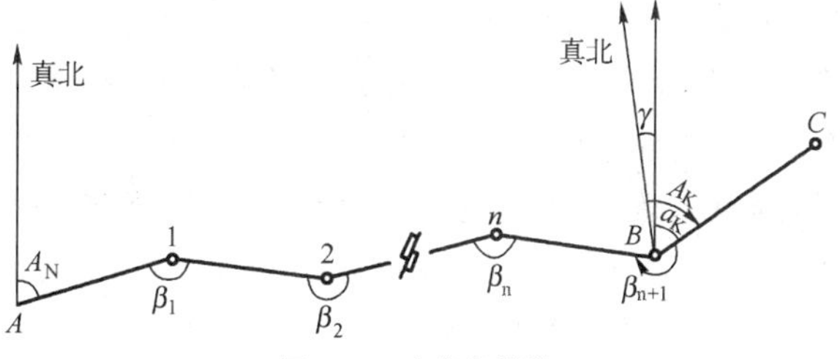

图12-1　方位角检测

如图12-1所示，在导线点A上测得的Al边的真北方位角为A_N，在导线点B上测得的BC边的真北方位角为A_K，它们分别是根据A点和B点上的真北方向测定的。

三、高程测量

初测阶段高程测量的目的有两个，一是沿线路设置水准基点，建立线路高程控制系统；二是测量中桩（导线桩、加桩——地形和地质显著变化处所钉设的桩橛）高程，为地形测绘建立较低一级的高程控制系统。

水准点高程测量应与国家水准点或相当于国家等级水准点联测，路线长度应不远于30km联测一次，形成附合水准路线，以检验测量成果并进行闭合差调整。

水准点应沿线路布设，做到既方便又实用，又利于保存。《测规》要求，一般地段每隔约2km设置一个水准点，工程复杂地段每隔约1km应设置一个水准点。水准点最好设在距线路100m范围内。水准点宜设在不易风化的基岩上，坚固稳定的建筑物上亦可埋设混凝土水准点。水准点设置后，以“BM”字头按顺序编号。

1. 水准点高程测量

(1)水准测量

水准点水准测量精度按五等水准测量要求,其限差列于表12-2。表中R为测段长度,L为附合路线长度,F为环线长度,单位为km。

五等水准测量精度　　表12-2

每公里高差中数的中误差(m)	限差(mm)			
	检验已测段高差之差	往返测不符值	附合路线闭合差	环闭合差
≤7.5	$\pm 30\sqrt{R}$	$\pm 30\sqrt{R}$	$\pm 30\sqrt{L}$	$\pm 30\sqrt{F}$

测量所使用的水准仪精度不低于DS_3级;所用的水准尺宜为直尺,其分划线应经过检定,每米平均分划线真长与名义长度之差,不得超过0.5mm。

水准测量通常可采用一组往返或两台水准仪并测的方法。尺读数估至毫米,高差较差不符值在允许范围(表12-2)内时,取其平均值。

为了保证水准点测量精度,应注意以下各点。

①测量应在成象清晰、稳定的时间内进行。

②前、后视距离应尽量相等,如一个测站因条件限制,造成前后视距离相差较大,则应在以后的测站中予以补偿。

③一般情况下,视线长度不应大于150m。但在跨越河流、深谷时,视线长度可增长至200m,宜采用跨河水准测量方法:如图12-2所示,在河(谷)两侧大致等高处设置转点A、B及置镜点C、D,并使$AC \approx BD = 15 \sim 20$m。往测顺序如图12-2所示:首先在$C$点置镜,观测完$B$点后,应尽快渡河(越谷)至$D$点置镜,在观测$A$点时不允许再调焦。返测顺序与往测相反。往返测得的两转点高程不符值在限差范围以内时,取用平均值。

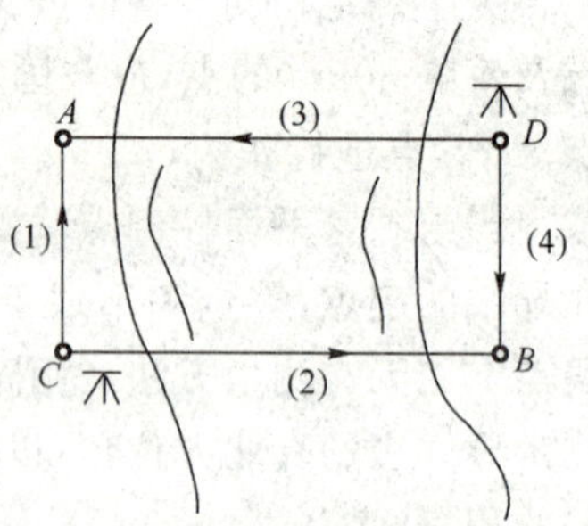

图12-2　跨河水准测量

(2)光电测距三角高程测量

用光电测距三角高程测量方法测量水准点,宜与平面导线测量合并进行,即导线边长测量、水准点高程测量和中桩高程测量一次完成。

初测导线的导线点应作为高程转点,高程转点间或转点与水准点间的距离和竖直角必须往返观测,斜距应加气象改正,最后采用往返观测的平均值。

水准点光电测距三角高程应满足表12-3的要求。水准点的设置要求、闭合限差及检测极限,应符合水准测量要求(表12-2)。

水准点光电测距三角高程测量技术要求　　表12-3

距离测回数	竖直角				边长范围(m)
	测回数	最大角值(°)	测回间较差(″)	指标差互差(″)	
往返各一测回	往返各两测回	20	10	10	200～500

当竖直角大于20°或边长小于200m时,应增加测回数以提高观测精度。

2. 中桩高程测量

(1)水准测量

中桩水准测量在水准点水准测量完成后进行。所用水准仪应不低于 DS_{10} 级。从已设置的水准基点开始，沿导线进行中桩水准测量，最后附合于相邻的另一个水准点上，形成附合水准路线，限差要求见表 12-4。中桩水准测量应把导线点做为高程转点，高程取位至毫米；中桩高程取位至厘米。

中桩高程测量限差 表 12-4

项目		附合路线闭合差	检测	附注
水准测量		$\pm 50\sqrt{L}$	±100	L 为附合路线长度(km)
光电测距三角高程测量		$\pm 50\sqrt{L}$	±100	
视距三角高程测量	困难地段	±300	±150	
	隧道顶	±800	±100	

(2)光电测距三角高程测量

光电测距三角高程测量是与导线边长测量、水准点高程测量同时完成的。但为了满足往返测“宜在同一气象条件下完成”的要求，要尽可能地缩短往返测的间隔时间；又由于中桩高程精度要求较低，用光电测距三角高程测量时，只须单向测量即可。中桩高程测量是建立在水准点高程测量的基础上进行的。

中桩光电测距三角高程测量应满足表 12-5 的要求。其中距离和竖直角可单向正镜观测两次(两次之间应改变反射镜高度)，也可单向观测一测回:两次或半测回之差在限差以内时取平均值。

中桩光电测距三角高程测量观测 表 12-5

类别	距离测回数	竖直角			半测回或两次高差较差(mm)
		最大竖直角	测回数	半测回间较差(″)	
高程转点	往返各一测回	30	中丝法往返各一测回	12	
中桩	单向一测回	40	单向两次 单向一测回	30	100

四、地形测量

在导线测量、高程测量完成的基础上，按勘测设计的要求，须沿初测导线测绘比例尺为 1∶10000～1∶500的带状地形图。

地形测量是以导线作为平面控制，以已知高程的导线点及水准点作为高程控制进行的。有关地形图测绘，详见第八章。

第三节 新线定测

定测阶段的主要测量工作是：线路中线测量、线路纵断面测量及线路横断面测量。

一、线路中线测量

初测完成后，在初测的带状地形图上定出线路中线。这一工作称为纸上定线。

中线测量是定测阶段的主要工作，它的任务是把在带状地形图上设计好的线路中线，结合现场具体条件，测设于实地，并用木桩标定。

中线测量工作分放线和中桩测设两步进行。放线是把纸上定线所确定的交点间的直线测设于地面上；中桩测设是实地进行丈量距离、量测转向角、测设曲线，并按规定钉设中桩（公里桩、加桩）。

1. 放线

放线常用的方法有拨角法放线、支距法放线及极坐标法放线等。具体采用什么方法，可根据线路经过地区的地形条件、纸上定线与初测导线的相互位置、初测图纸的精度以及测量所用的仪器设备精度而定。

1）拨角法放线

根据平面图纸上定线交点的坐标（经纬距），预先在室内计算出每条直线线段的长度及其坐标方位角（进而计算出转向角），然后到现场置仪器于交点，拨角、量距放出中线。拨角法放线分为三个步骤：计算放线资料、实地放线及调整误差。

（1）计算放线资料

①计算转点的极坐标

如图 12-3 所示为一平面图的局部，图中 $C_0C_1\cdots$ 为初测导线；$JD_0JD_1\cdots$ 为纸上定线。初测导线各边的坐标方位角及导线点的坐标均为已知。纸上定线各交点（JD）的坐标，可直接从平面图上量出。由坐标反算公式，可求出纸上定线各边长度及其坐标方位角，从而可求出各交点偏角，见表 12-6。所有室内计算结果，应使用比例尺和量角器在平面图上核对。

由图 12-3 及表 12-6 可得，由导线点 C_0 测设中线起点 JD_0 的极坐标测设数据为

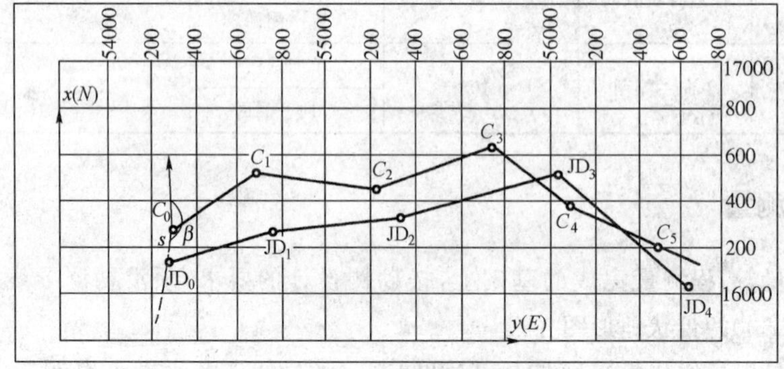

图 12-3　拨角放线

拨角法放线距离及偏角计算表 表 12-6

桩号	坐标(m)		坐标增量		坐标方位角 α (° ′ ″)	直线长度 s(m)	交点转向角 (° ′ ″)
	x	y	Δx	Δy			
C_1							
					235 18 30		
C_0	16293	54311					(β=143°07′36″)
			−138	−46	198 26 06	145.47	
JD_0	16125	54265					124 20 17(左)
			153	537	74 05 49	558.37	
JD_1	16278	54802					7 12 40(右)
			85	556	81 18 29	562.46	
JD_2	16363	55358					9 25 19(左)
			228	697	71 53 10	733.34	
JD_3	16591	56055					55 42 04(右)
			−458	595	127 35 14	750.86	
JD_4	16133	56650					

$$\beta=\alpha_{C_0-JD_0}-\alpha_{C_0-C_1}=143°07'36''$$

$$s=145.47\text{m}$$

JD_0 的转向角： $\alpha_0=\alpha_{C_0-JD_0}-\alpha_{JD_0-JD_1}=124°20'17''$(左)

②计算曲线要素及主要点里程

根据直线转向角 α_{JD}、曲线半径 R 及缓和曲线长度 l，计算曲线各要素及曲线主要点里程。资料经核对无误后，应填在拨角定线资料表中，供外业中线测量时使用。

(2)现场放线

根据室内计算资料，在 C_0 点置镜，后视 C_1 点，拨角 143°07′36″定出 C_0—JD_0 方向，量距 145.47m 定出 JD_0 点。然后在 JD_0、JD_1…依次置镜，根据相应的直线长度 s 及转向角 α_{JD}，用极坐标法顺序定出 JD_1、JD_2…等直线交点。

水平角观测应使用 DJ_2 或 DJ_6 级经纬仪，采用正倒镜分中法测设，在限差范围内时取平均值。边长可用光电测距仪、钢卷尺测量，其方法与精度要求与对初测导线的测量精度要求相同。所不同的是，初测时是量测角度和边长，定测时是测设转向角度和中线。在量测中线的同时，按规定应钉设百米桩、公里桩、加桩、曲线主点桩和测设曲线等。

(3)调整闭合差

拨角法定线的弱点是误差积累。为了保证放线的精度，每隔 3～5km，特殊情况下不大于 10km，应与初测导线(或航测控制点、GPS 点)联测一次，联测闭合差不应超过以下规定：

长度相对闭合差 1/2000

水平角闭合差 $\pm30''\sqrt{n}$

其中，n 为测站总数。计算长度相对闭合差时，长度采用初、定测导线闭合环的长度。当闭合差超限时，应查找原因予以改正。当闭合差符合精度要求时，则应按具体情况进行调整。

如图 12-4 所示为图 12-3 某一处的情况，为了叙述方便，将纸上定线转点 JD_2、JD_3、JD_4 分别用 B、C 及 D 表示；初测导线转点 C_3、C_4 则用 M、N 表示。bc 是拨角放线后线路中线在现场的实际位置。

闭合差调整分为以下几个具体步骤：

①计算闭合差

如图 12-4 所示，C 点是线路中线转点的理论位置，c 点是实测位置，则 cC 是长度闭合差 f_e；线路中线理论位置 BC 的坐标方位角 α_{BC} 与放线后实际位置 bc 坐标方位角 α_{bc} 之差，即是角度闭合差 f_α。

为计算闭合差，在 c 点与初测导线点 N 联测，测量角值 β_1、β_2，丈量距离 cN。初测导线点 M、N 及其边长 MN 的坐标方位角 α_{MN} 为已知，纸上定线转点 $B(JD_2)$、$C(JD_3)$、$D(JD_4)$ 及其各边方位角由表 12-6 得知，有关已知值均填入表 12-7 中。

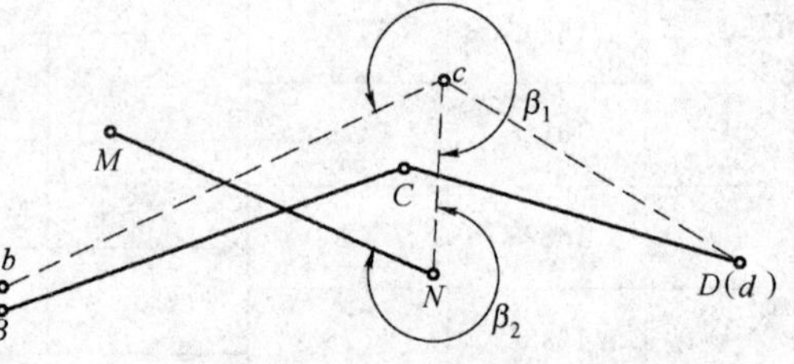

图 12-4　拨角放线闭合差

拨角定线闭合差计算表

表 12-7

桩号	右角 β (° ′ ″)	坐标方位角 α (° ′ ″)	距离(m)	坐标增量(m)		坐标 (m)	
				Δx	Δy	x	y
M							
		121 38 30					
N	323 40 36					16457	56110
		337 57 54	144.89	134.31	−54.36		
c	266 05 12					16 591.3	56055.6
		251 52 42					
b							

a. 计算长度闭合差 f_e

由 MN 边坐标方位角(121°38′30″)推算 N_c 边坐标方位角(337°57′54″)；根据 Nc 边长(144.89m)及其坐标方位角，计算坐标增量 Δx(134.31m)及 Δy(−54.36m)；计算点 c 坐标 x_c(16591.3m)，y_c(56055.6m)；$C(JD_3)$坐标已知(表 12-6)：$x_c=16591$m，$y_c=56055$m。

坐标闭合差：

$$\delta_x = x_c - x_C = 0.3\text{m}$$
$$\delta_y = y_c - y_C = 0.6\text{m}$$

长度闭合差：

$$f_e = \pm\sqrt{\delta_x^2 + \delta_y^2} = \pm 0.67\text{m}$$

b. 计算角度闭合差 f_α

按表 12-7 由 Nc 边坐标方位角(337°57′54″)推算 bc 边坐标方位角(71°52′42″)；按表 12-6 已知 BC 边坐标方位角(71°53′10″)。

角度闭合差：

$$f_\alpha = \alpha_{bc} - \alpha_{BC} = 28''$$

c. 精度检核

《测规》规定：长度相对容许闭合差 $f_{e容}=1/2000$，角度容许闭合差 $f_\alpha=\pm 30''\sqrt{n}$，$n$ 为测站数，本例 $n=9$，$f_{\alpha容}=\pm 90''$。

长度相对闭合差：　$K=f_e/\sum e=0.67/4132.8=1/6168<1/2000$

角度闭合差：$f_\alpha=28''<f_{\alpha容}=90''$

②闭合差调整

如果闭合差在容许范围以内，因其值很小，可不必调整继续放线；若误差超限，则应视具体情况予以调整，如图12-5所示，可将中线调整为$bc'd$(D)，也可以将中线调程为bcd(D)。现以后一种情况为例简单叙述其调整方法。

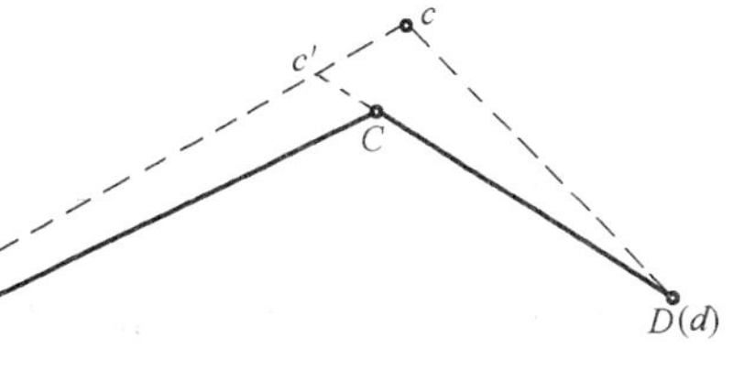

图12-5 闭合差调整

调整闭合差的目的是为了使前一段放线所积累的误差到检查点(c)截止，要求放出的下一转点d，应恢复到纸上定线$D(JD_4)$位置上，即d、D两点应重合。具体步骤是：

根据c、D点坐标值反算cD边的边长(cD=750.57m)及其坐标方位角($\alpha_{CD}=127°38'00''$)；已知bc边坐标方位角($\alpha_{bc}=71°52'42''$)，则c点转向角$\alpha_{JC}=\alpha_{cD}-\alpha_{bc}=55°45'18''$(右)。在$c$点置镜，后视$b$点倒镜，顺时针拨角$\alpha_{Jc}$，量距$cD$，即可定出点$D$。

2)支距法放线

当地面平坦、初测导线与纸上定线间相距较近时，宜用支距法放线。支距法以导线点为基础，独立放出中线的各条直线，然后将两相邻直线延伸相交得交点，不存在拨角法放线所产生的误差传递、积累问题。在实际工作时，常用拨角法放线，每隔一定距离用支距法校正一次，两种方法交替使用。

支距法放线分以下步骤：纸上选点、量距，现场放线，交点。

(1)纸上选点、量距

一般以初测导线的导线点或转点做初测导线的垂线，把垂线与纸上定线的交点做为定测中线的转点，如图12-6所示中ZD_{4-4}、ZD_{5-1}等点。根据需要，也可以在纸上定线时选出便于放线的明显地物点，做为定测中线的转点，如ZD_{4-3}地势较高，视野开阔，是理想的转点，它与初测导线点C_{22}的距离为l，与C_{22}—C_{21}边有一夹角β。

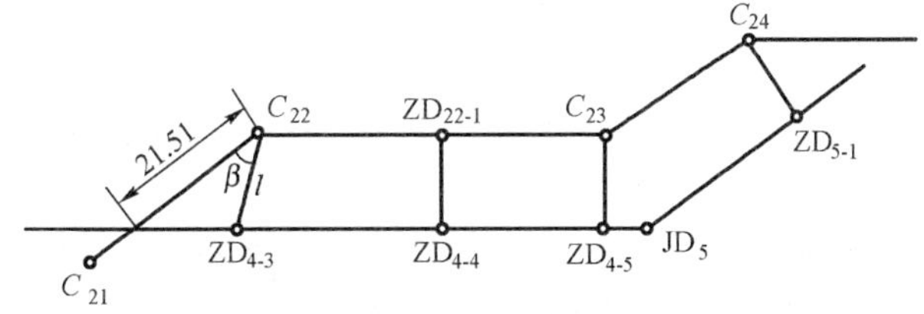

图12-6 支距法选点

转点(如ZD_{4-3})选好后，分别量出初测导线点(或转点)到纸上定线转点的支距长度(l=14.25m)和支距与初测导线的夹角(β=52.5°)，记在平面图上，作为放线时的依据。在每段纸上定线的直线上，最少要有三个转点，且转点间尽可能通视。

(2)现场放线

根据放线示意图，到现场找出相应的初测导线点，按照已量得的支距距离和角值，以初测导线为基础，用极坐标方法实地放线。一般距离用皮尺设置，角度用经纬仪测设；当角度为直角时，可使用简易仪器方向架、直角镜等测设。放出的各点应打桩、插旗标示其位置。

①穿线

由于放线资料和实际测设都存在误差，因此位于纸上定线中一条直线上的各转点，在现场设置后通常不在一条直线上，须用经纬仪将各转点调整到同一直线方向上，这一工作叫做“穿线”。

穿线方法：将经纬仪安置在一个放线点上，照准最远的一个转点（ZD），由远而近逐一检查，如各转点偏差不大，说明各点位的设置没有错误。此时，可将中间各点都移到直线（视线）上；或者移动仪器至某一点，使得位于仪器前后的大多数转点，都极接近仪器正倒镜视线所指示的直线方向，则仪器视线方向便是所放直线方向。

②延长直线

在直线地段，常常需要根据两已知点延长直线。延长直线一般采用经纬仪盘左、盘右分中法。如图 12-7 所示，设 AB 线段需延长，在 B 点置经纬仪，盘左后视 A 点，倒转望远镜定出 C_1 点；平转望远镜盘右照准 A 点，再倒镜在地面上定出 C_2。当延长直线每 100m 点 C_1 与 C_2 间横向距离小于 5mm 时，可将 C_1 与 C_2 点连线分中定出 C 点，BC 段便是 AB 的延长线。《测规》规定，当 B、C 点间距大于 400m 时，正倒镜的点位横向差不大于 20mm。

为了保证精度，延长直线时应使前后视距离大致相等，距离最长不宜大于 400m，最短不宜小于 50m。对点时，应尽可能用测钎或垂球；当距离较远时可改用花杆对点，但须分中照准花杆的最下端。

③直线中间加点

如图 12-8 所示，当点 A、B 相距过远或两点虽相距不远但不通视时，需在中间加设一点 P'。设 P' 为一近似点，求出它与 P 点的偏距 e 值，即可定出点 P。置镜 P' 点测角，量出两边长度 a、b。设 $\triangle AP'B$ 的面积为 Ω，则

$$2\Omega = ab\sin\beta \tag{12-1}$$

当 e 值很小时，$\overline{AB} \approx a+b$，则

$$2\Omega = (a+b)e \tag{12-2}$$

由式(12-1)和式(12-2)，得

$$ab\sin\beta = (a+b)e$$

$$e = \sin\beta \frac{ab}{a+b} \tag{12-3}$$

根据 e 值移动仪器，按以上步骤重复，直到 $\beta=0$ 时为止。

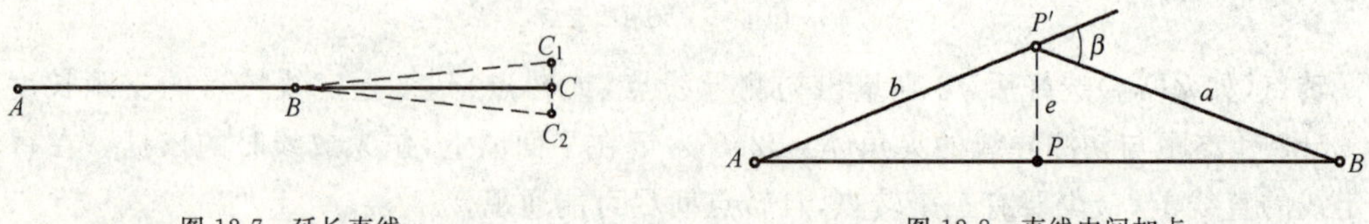

图 12-7　延长直线　　　　图 12-8　直线中间加点

一条直线放出后，应马上与纸上定线核对，若满足了设计要求，则该直线即被确定，现场埋桩、钉钉，在地面上标出位置。

④交点

不同方向的相邻两直线在地面上放出后，要测设两直线的交点(JD)，这一工作称为“交点”。交点是确定中线的直线段方向和测设曲线的重要控制点。

如图 12-9 所示，A、B、C、D 为地面上不同方向的两直线转点。先在 A 点置镜，后视 B 点，延长直线 BA，在估计与 CD 直线相交处的前后，打两个木桩 a、b(俗称“骑马桩”)，在 a、b 桩上钉钉、拉上小线，则 ab 弦线就是 BA 直线在交点左右的延长线。

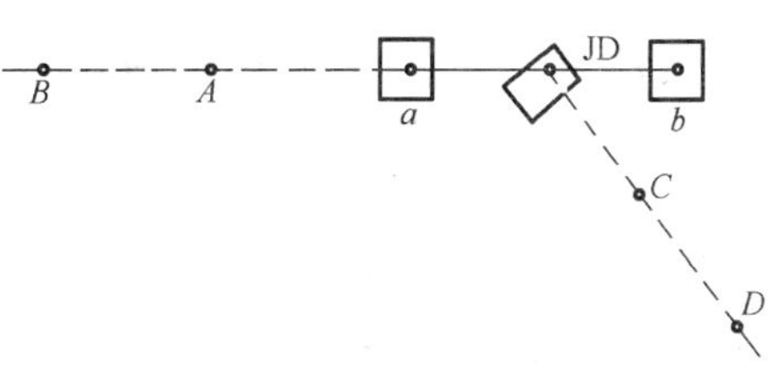

图 12-9　交点测设

搬动仪器置于 C 点，后视 D 点，延伸直线 DC 与 ab 线相交定出 JD。具体钉测时，一个人持花杆沿 ab 线左右移动，在仪器观测者的指挥下，找到交点位置打下木桩，然后用铅笔把 ab 线方向准确的划在桩顶上，再用测钎(铅笔尖)或垂球在桩顶 ab 方向上重新对点，点位确定后打下小钉，标示 JD 的位置。由于具体情况需要，有时在 CD 直线延长线上，也设置两个骑马桩 c、d，拉上小线，在 ab、cd 两细线交点的位置上，打桩钉钉，最后定出交点。

为保证交点的精度，交点到转点(或转点之间)的距离，宜介于 50～400m 之间。当地面平坦，目标清晰时，也不要长于 500m；若点与点间距短于 50m，则各项操作(经纬仪对中，望远镜照准，对点、钉点等)都应格外严格、仔细。当地面有障碍无法测设交点桩时，可钉设副交点。

3)极坐标法放线

此法是将光电测距仪安置于导线点上，利用极坐标法测设点位的原理，同时测设数条直线上的若干个点。其测设数据如距离、角度等通过坐标反算求得。最后也要经过穿线等来确定直线的位置。极坐标法充分利用了光电测距仪速度快、精度高和测程长的优点，提高了放线效率。

2. 中桩测设

放线工作完成后，地面上已有了控制中线位置的转点桩 ZD 和交点桩 JD。依据 ZD 和 JD 桩，即可将中线桩详细测设在地面上，这种工作又称中桩测设。它包括直线和曲线两部分，此处介绍直线测设，曲线测设按第十一章所述进行。

中线上应钉设公里桩、百米桩和加桩。直线上中桩间距不宜大于 50m；在地形变化处或按设计需要时应另设加桩，如沿线路纵横向地形变化处，地质不良地段变化处，线路与其他道路、通信线路或输电线路交叉处等。在铁路大型工程地段(如桥梁、隧道两端)也应设置加桩。加桩一般宜设在整米处。

中线距离应用光电测距仪或钢尺往返测量，在限差以内时取平均值。百米桩、加桩的钉设以第一次量距为准。中桩桩位误差按《测规》要求不超过下列限差：

横向为± 10cm；

纵向为$(\frac{s}{2000}+0.1)$m。

其中，s 为转点至桩位的距离，以米计。

定测控制桩如直线转点、交点、曲线主点桩，一般都应用固桩。固桩可埋设预制混凝土桩或就地灌注混凝土桩，桩顶埋设铁钉表示点位。

二、线路高程测量及纵断面绘制

定测阶段的水准测量分为基平测量和中平测量。基平测量的任务与初测阶段一样，是沿线路建立水准基点，以便为定测线路及日后的施工和养护提供高程控制。中平测量是沿着定测线路中心线的标桩进行中线水准测量，亦称中桩抄平。利用中线水准测量的结果绘制纵断面，为施工设计提供可靠的资料依据。

1. 线路水准点高程测量

(1)水准点的布设

定测阶段水准点的布设应在初测水准点布设的基础上进行。首先对初测水准点逐一检核，其不符值在$\pm 30\sqrt{K}$mm(K为水准路线长度，以 km 为单位)以内时，采用初测成果；若确认超限，方能更改。其次，若初测水准点远离线路，则重新移设至距线路 100m 的范围内。水准点的布设密度一般 2km 一个，但长度在 300m 以上的桥梁和 500m 以上的隧道两端和大型车站范围内，均应设置水准点。

水准点应设置在坚固的基础上或埋设混凝土标桩，以 BM 表示并统一编号。

(2)水准点高程测量

测量方法与要求同初测水准点高程测量。

(3)跨河水准测量

在铁路水准点测量中，当跨越河流或深谷时，由于前、后视线长度相差悬殊及水面折光的影响，不能按通常的方法进行水准测量。

当跨越大河、深沟视线长度超过 200m 时，应按跨河水准测量进行。

2. 中桩高程测量

初测时中桩高程测量是测定导线点及加桩桩顶的高程，为地形测量建立图根高程控制。定测时，则是测定中线上各控制桩、百米桩、加桩处的地面高程，为绘制线路纵断面提供资料。

(1)中桩水准测量

中桩水准采用一台水准仪单程测量，水准路线应起闭合于水准点，限差为$\pm 50\sqrt{L}$mm(L为水准路线长度，以 km 计)。中桩高程宜观测两次，其不符值不应超过 10cm，取位至厘米。中桩高程闭合差在限差以内时可不作平差。

中桩高程测量方法如图 12-10 所示。

将水准仪安置于 I，读取水准点 BM_{13} 上的尺读数作为后视读数。然后依次读取各中线桩的尺读数，由于这些尺读数是独立的，不传递高程，故称为中视读数。最后读取转点 Z_1 的读数作为前视读数。再将仪器搬至 II，后视转点 Z_1，重复上述方法，直至闭合于 BM_{14}。中视读数读至厘米，转点读数读至毫米。记录、计算见表 12-8。

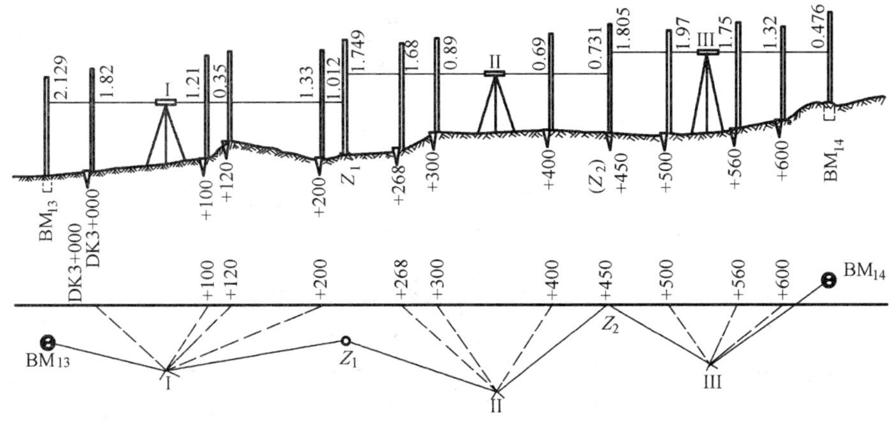

图 12-10　中桩高程测量

中桩水准测量记录　　　　表 12-8

测点	水准尺读数			仪器高程(m)	高程(m)	备注
	后视	中视	前视			
BM_{13}	2.129			217.591	215.462	水准点高程： BM_{13}=215.462m BM_{14}=218.917m 实测闭合差： f_h=(218.926−218.917)mm =+9mm 容许闭合差： $F_h=\pm 50\sqrt{0.6}$ mm = ±39mm>f_h 精度合格
DK3+000		1.82			215.77	
+100		1.21			216.38	
+120		0.35			217.24	
+200		1.33			216.26	
Z_1	1.749		1.012	218.328	216.579	
+268		1.68			216.65	
+300		0.89			217.44	
+400		0.69			217.64	
(Z_2)+450	1.805		0.731	219.402	217.597	
+500		1.97			217.43	
+560		1.75			217.65	
+600		1.32			218.08	
BM_{14}			0.476		218.926	
Σ	+5.683				218.926	
	−2.219				−215.462	
	+3.464				+3.464	

中桩高程计算采用仪器视线高法，先计算出仪器视线高 H_i，即：

H_i=后视点高程+后视读数

中桩高程=H_i−中视读数：

在表 12-8 中，并参考图 12-10，测站 I 的视线高为：

$$H_i=(215.462+2.129)\text{m}=217.591\text{m}$$

中线桩 DK_3+000 的高程为

$$H_i-1.82=215.771\text{m}(采用\ 215.77\text{m})$$

转点 Z_1 的高程为

$$H_i-1.012=216.579\text{m}$$

隧道顶部和个别深沟的中桩高程，可以采用三角高程测量法测定。

(2)跨深谷的中桩水准测量

线路在穿越沟谷时，会有较多加桩，而且地形陡峭，将给测量带来不便。如图 12-11 所示。为了避免因仪器通过沟底的多次安置而产生误差，可在测站 1 先读取沟对岸的转点 2＋200 的前视读数，然后以支水准路线形式测定沟底中桩高程，支水准路线宜另行记录。沟底中桩水准测量结束后，将仪器搬至测站 4 读取转点 2＋200 的后视读数，再继续往前测量。为了削减由于测站 1 前视距离长而产生的测量误差，可将测站 4(或以后其他测站)的后视距离适当加长，以使后视距离之和与前视距离之和大致相等。

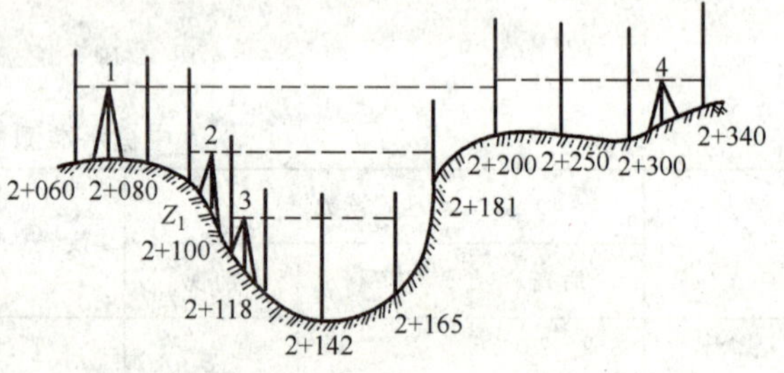

图 12-11 跨深谷的中桩水准测量

当跨越的深谷较宽时，也可采用跨河水准测量方法传递高程。

3. 绘制线路纵断面图

根据已测出的线路中线里程和中桩高程，绘制出沿线路中线地面起伏变化的图，称纵断面图。

线路纵断面图通常绘在厘米方格纸上。水平方向表示线路里程，竖直方向表示高程。为了明显地反映出线路方向地面沿线起伏的变化的情况，高程比例尺是距离比例尺的 10 倍。通常距离比例尺采用 1∶10000，而高程比例尺采用 1∶1000。线路纵断面图包括线路中线经过的地形、地质等自然状况以及设计的线路平面位置、设计坡度等资料，是施工设计的重要技术文件之一，如图 12-12 所示。

现将图中各项内容说明如下：

(1)连续里程。表示线路自起点计算的公里数，短竖线表示公里标的位置，下面注字为公里数，短线左侧的注字为公里标至相邻百米标的距离。

(2)线路平面。表示线路平面形状示意图。中央的实线表示直线段，曲线段用向上凸出表示线路向右转；向下凸出表示线路向左转；斜线表示缓和曲线；斜线间的直线表示圆曲线。在曲线处注明曲线要素。曲线起终点的注字表示起终点至百米标的距离。

(3)里程。表示勘测里程，在百米桩和公里桩处注字。

(4)加桩。竖线表示加桩位置，注字表示加桩到相邻百米桩的距离。

(5)地面标高。是各中线桩高程。

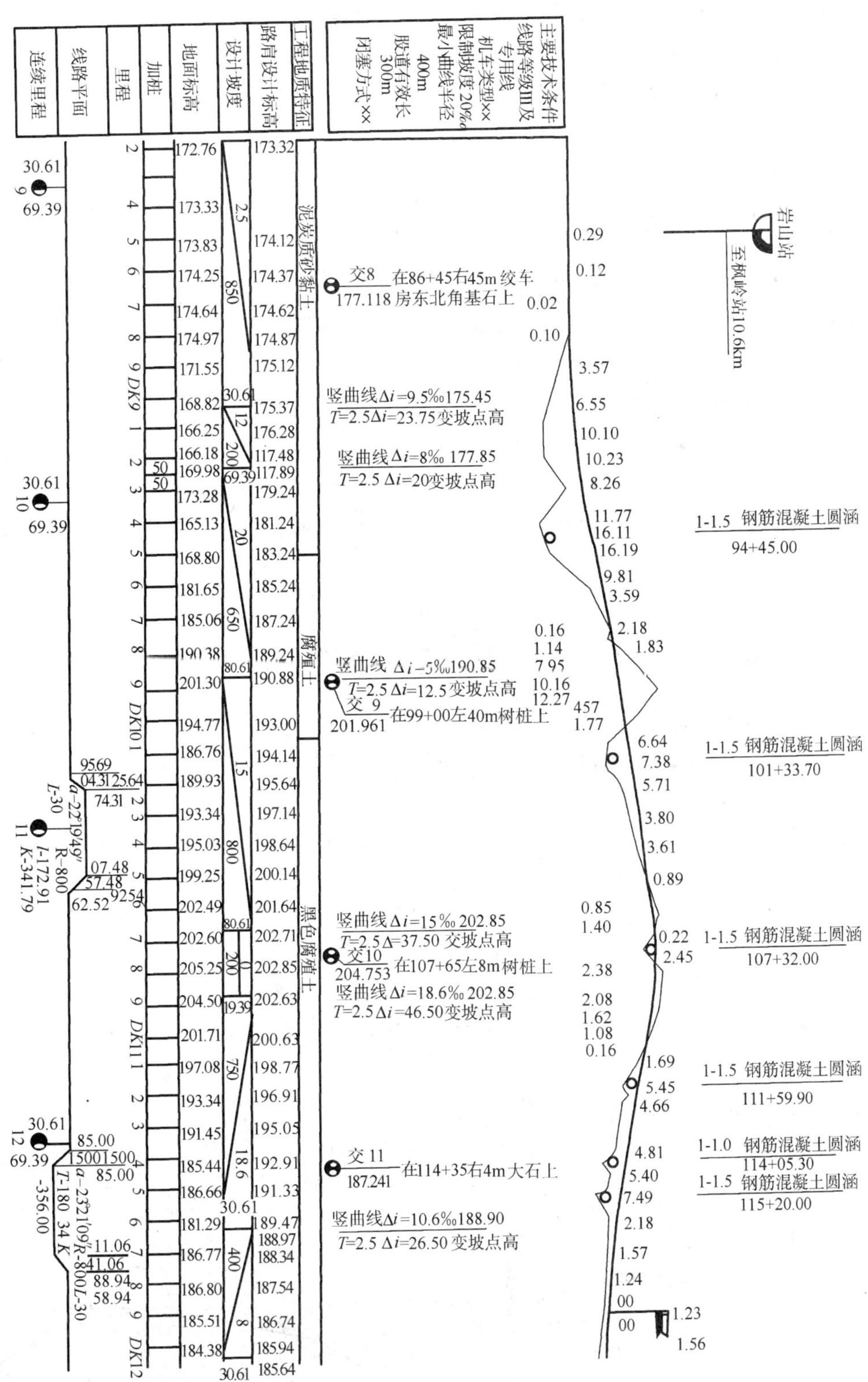

图 12-12 线路纵断面测量

(6)设计坡度。用中线纵向的设计坡度,斜线方向表示上坡或下坡。斜线上面的注字是设计坡度的千分率(‰),下面注字为该坡段的长度。

(7)路肩设计标高。路基肩部的设计标高,由线路起点路肩标高、线路设计坡度及里程计算得出。

(8)工程地质特征。表示沿线地质情况。

三、线路横断面测量

横断面是指垂直于线路中线方向的地面断面线。线路横断面测量的任务,是测量垂直于线路方向的地面起伏的情况,并按一定比例尺绘制线路横断面图。横断面图主要用于路基断面设计、土石方数量计算、路基施工放样等。

1. 横断面施测密度及宽度

横断面施测的密度和宽度,应根据地形、地质情况以及设计需要而定。一般设在曲线控制点、公里桩、百米桩和线路纵、横向地形变化处。在大中桥桥头、隧道洞口、挡土墙等重点不良地质地段及需要进行路基防护地段,均应适当增加施测密度。横断面测绘宽度根据设计需要来决定,应满足路基、取土坑、弃土堆及排水系统等设计和施工的要求。

2. 横断面方向的测定

线路横断面应垂直于线路中线,在曲线地段的横断面方向,应与曲线上测点的切线相垂直。

确定直线地段的横断面方向比较简单,通常用方向架测设,如图 12-13 所示。将方向架立于中线测点上,用一个方向瞄准中线远方花杆定向,则方向架瞄准的另一个方向,就是横断面的方向。

曲线上的横断面方向,一般采用以下方法确定。如图 12-14 所示,欲定出曲线上 B 点的横断面方向。将仪器(方向架、经纬仪等)置于点 B,先瞄准分弦点 A,测定弦线 AB 的垂直方向 BD',并标出点位 D';再瞄准另一侧分弦点 C(要求 $BC=AB$),测设弦线 BC 的垂直方向 D'',标出点位 D'',应使 $BD''=BD'$。最后分中 $D'D''$ 得 D 点,则 BD 方向,就是横断面方向。

也可用经纬仪直接拨角定向。如图 12-14 所示,根据曲线资料可计算(或查表)得出弦切角 α,置于 B 点的经纬仪,照准 A 点后,顺时针转$(90+\alpha)$角,即定出横断面的方向。

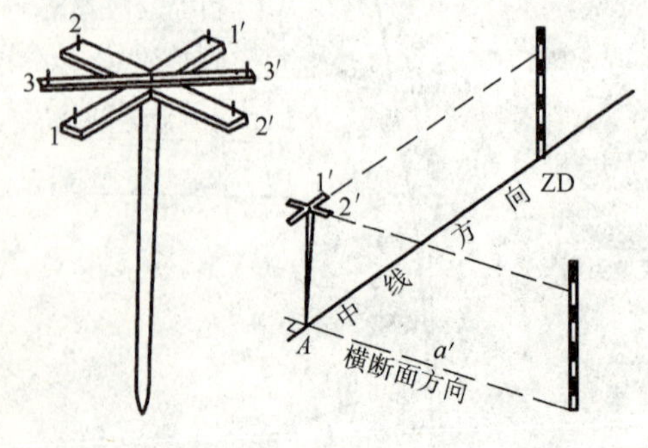

图 12-13　方向架确定横断面方向

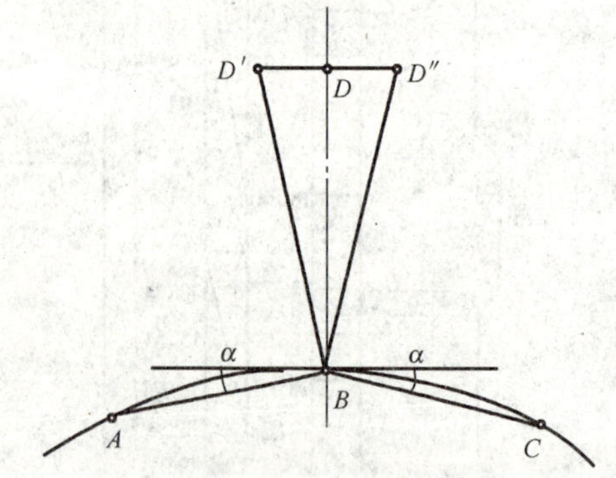

图 12-14　曲线上确定横断面方向

3. 横断面的测量方法

根据铁路横断面数量多、工作量大，但测量精度要求不高的特点，在实际工作中，可根据仪器装备情况及地形条件，在保证测量精度的前提下，选择适当的测量方法，以提高工作效率。

(1)手水准测横断面

测量时，以方向架定向，皮尺量距，手水准测高差。表 12-9 为手水准测量记录格式，按线路里程增加方向的左、右侧分别记录测量成果：分母是测点间的平距，分子是两点间高差。在绘制横断面图时，再统一换算成各测点到中桩的距离和与中桩的高程差。

横断面测量记录格式 表 12-9

左　　侧	桩　　号	右　　侧
$\frac{+2.1}{12.0}$ $\frac{-1.9}{8.7}$ $\frac{+2.6}{18.5}$	DK4+111	$\frac{-1.4}{14.5}$ $\frac{+1.8}{10.5}$ $\frac{-1.4}{16.0}$

手水准轻巧，测量简便、迅速，亦可满足工程对精度的要求。

(2)水准仪测横断面

当地势平坦、通视良好，或横断面精度要求较高时，可用水准仪测量横断面上各测点的高程。横断面用方向架定向，皮尺(或钢尺)量距。测量方法与中桩水准测量相同，即后视转点取得仪器高程后，将断面上的坡度变化点(测点)作为中间点观测。若仪器安置适当，置一次镜可观测一个或几个横断面，如图 12-15 所示。

如果地面横向坡度较大，为了减少置镜数，可以采取以两台水准仪分别沿线路左右侧测量的方法。

(3)经纬仪测横断面

将经纬仪安置在中线桩上，定出横断面方向后，即可较快地测出各测点的距离和高差：如施测其他断面时，横断面方向可用方向架测定，测点距离可用皮尺丈量，高差由视距测量，如图 12-16 所示。这种方法既能保证精度，效率又高，可适用于各种地形。

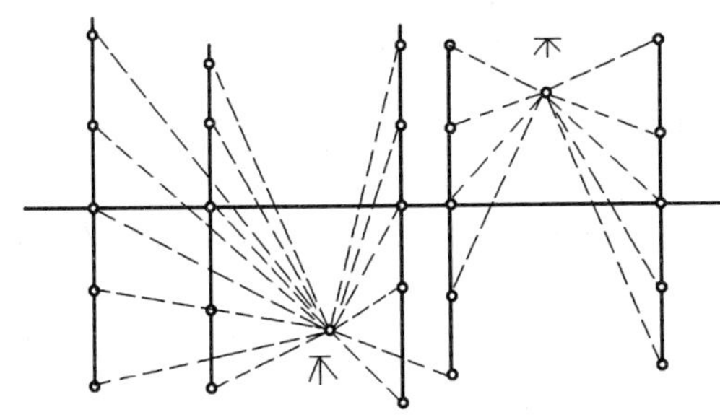

图 12-15　水准仪测横断面

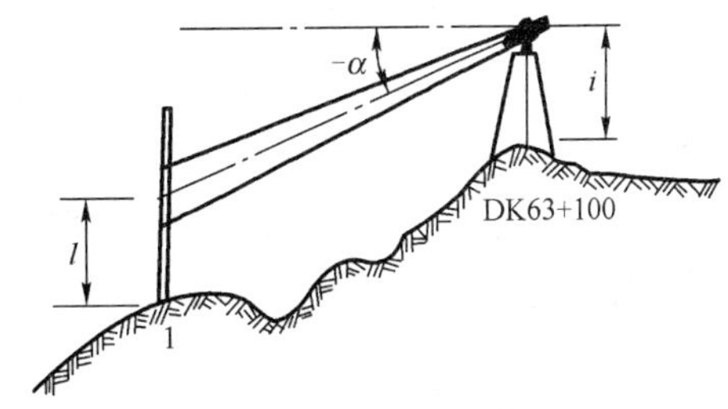

图 12-16　经纬仪测横断面

(4)光电测距仪测横断面

用光电测距仪测横断面速度快、精度高，一个测站可测多个断面。但由于测距仪视线长，测距仪与其他断面的测站距离较远，故应有妥善的联系方法，以便协调工作，充分发挥仪器的作用。为防止差错，出现混乱，应做好记录，绘制好草图。

4. 横断面测量检测精度要求

《测规》对线路横断面测量检测限差规定如下

高程： $\pm(\frac{h}{100}+\frac{L}{200}+0.1)\text{m}$

明显地物点的距离： $\pm(\frac{L}{100}+0.1)\text{m}$

式中：h——检查点至线路中桩的高差，m；

L——检查点至线路中桩的水平距离，m。

5. 横断面图采用的绘制

横断面图是根据各测点至中桩的距离和测点的高程来绘制的。它绘在厘米方格纸上。

为了设计方便，纵坐标表示高程、横坐标表示距离，绘制比例尺一般采用 1∶200，如图 12-17 所示。

绘制的线路横断面图按桩号先后顺序，在图幅内自下而上，自左而右的均匀布置，且每行的横断面中线应排在一条线上。

横断面图最好在现场绘制，以便及时复核测量结果，检查绘图质量，也省去了室内绘图时所需要的一系列复核工作。

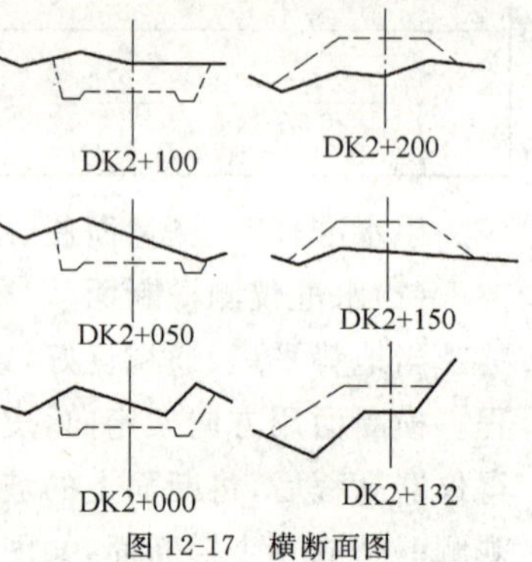

图 12-17　横断面图

第四节　线路施工测量

线路施工测量的任务是在地面上测设线路施工桩点的平面位置和高程，线路施工桩点主要是指标志线路中心位置的中线桩和标志路基施工界线的边桩。线路中线是线路施工的平面控制系统，也是路基的主轴线，在施工中必须保持定测时的位置。由于定测以后往往要经过一段时间才进行施工，定测时所钉设的某些桩点难免丢失或被移动。因此，在线路施工开始之前，必须进行一次中线复测，把定测时的中线桩恢复起来；同时还应检查定测资料的可靠性，这项工作称为线路复测。

修筑路基以前，需要在地面上把标志路基的施工界线桩钉出来，作为线路施工的依据，这些标桩称为边桩。测设边桩的工作，称为路基边坡放样。

一、线路复测

线路复测包括线路中线和线路水准复测，它与定测的工作内容和方法基本相同，首先按照定测资料在实地寻找交点桩、中线桩及水准点位置。倘若直线上的转点丢失或移位，可在交点上用经纬仪按定测资料拨角放样，补钉转点桩。倘若交点桩丢失或移位，可根据两直线上两个以上的转点放线，重新钉出交点桩，重测转向角。复测结果与定测资料比较相差不大时，可按复测的转向角和定测时设计的曲线半径及缓和曲线长计算曲线要素，定出曲线控制桩。直线转点及曲线控制桩补齐以后，须在全线补钉里程桩。同样在施工之前还须进行线路水准测量。首先复测水准点的高程，然后在中线桩恢复以后复测中桩高程。如果地面标高与原来定测资料相差过大，则应按复测结果计算填挖高差。此外，所有交点桩、曲线控制桩、直线转点桩都要求在土石方工程范围之外设置护桩，连结护桩的直线宜正交，困难时交角不宜小于60°。

复测与定测成果不符值的限差如下：

(1)水平角：±30″。

(2)距离：钢尺1/2000，光电测距1/4000。

(3)转点的横向差：每100m不应大于5mm，当距离超过400m时，亦不应大于20mm。

(4)曲线横向闭合差：10cm。

(5)水准点高程闭合差：$\pm 30\sqrt{L}$(mm)。

(6)中桩高程：±10cm。

当复测与定测成果不符值超出容许范围时，应多方寻找原因。如确属定测资料错误或桩点发生移动时，则应改动定测结果。

此外，由于在施工阶段对土石方的计算要求比设计阶段准确，所以横断面要求测得密些，一般在平坦地区为每50m一个，在复杂地区，应不远于每20m一个。因而在施工中线上的里程桩也要相应地加密为每50m或20m一个桩。

二、路基放样

路基横断面是根据线路中线桩的填挖高度在横断面图上设计的。在横断面中填方的称为路堤；挖方的称为路堑。当$h=0$时，为不填不挖，线路纵断面图上设计中线与地面线的交点，称为路基施工的零点。

路基放样的内容主要是钉设路基纵断面上的施工零点和测设路基横断面的边坡桩。

1. 路基施工零点的测设

首先求算零点距邻近里程桩的距离。如图12-18所示，A、B为中线上的里程桩。

设x为零点距邻近里程桩A的水平距离；d为相邻里程桩A、B之间的水平距离；a为A点挖深；b为B点填高。

则
$$\frac{a}{x}=\frac{b}{d-x}$$

故
$$x=\frac{ad}{a+b}$$

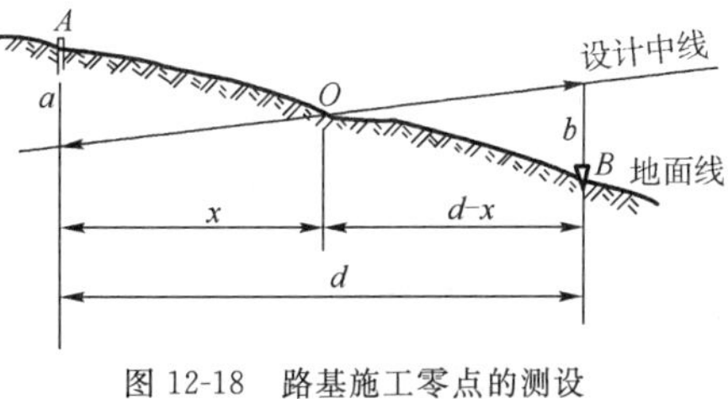

图12-18 路基施工零点的测设

然后沿中线方向，自A量水平距离x，即可测出零点桩O。

2. 路基边坡桩的测设

路基施工前，要在线路中桩两侧用桩标志出路堤边坡坡脚或路堑边坡坡顶的位置，作为填土或挖土的边界。在边桩放样前，必须熟悉路基设计资料，才能正确测设边桩。边桩放样的方法很多，常用的有图解法和逐点接近法两种。

(1)图解法

当地形变化不大时，在横断面测量和绘图比较准确的条件下才适用图解法。在已有横断面图的地段，可以采用在图上量取边坡线与地面线交点至中桩的水平距离，进行边桩放样。在没有横断面图的地段，可以在现场进行补绘横断面图。

(2)逐点接近法

这是通过计算逐点逼近测设边桩的方法。

当地面平坦时，只需要经过一次计算，算出边桩到中线桩的水平距离 D，即中线一侧路基面宽 b 与填(挖)高 H 乘以设计边坡的坡度之和(路堑还应加边沟顶宽及平台宽)，如图 12-19 所示(设已知坡度 $1:m=1:1.5$)。

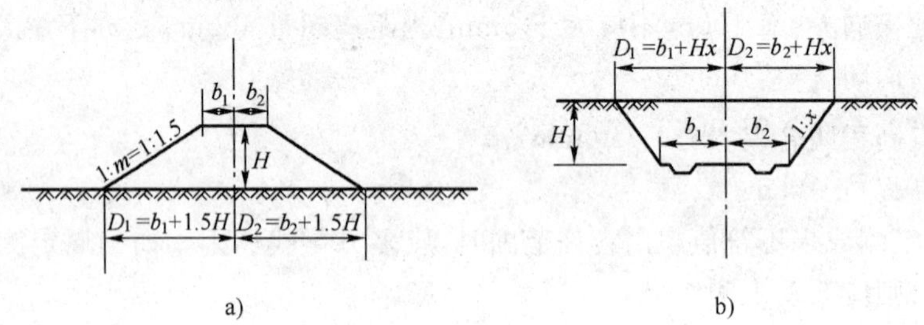

图 12-19　平坦地面路堤、路堑测设

在起伏不平的地面上，边桩到中线桩的距离随着地面的高低而发生变化，不能简单地如上所述的计算，而需用逐点接近法进行测设，其法如图 12-20 所示。先在断面方向上根据在横断面图上量得的边桩大致位置点 1 处竖立水准尺，再用水准仪测出 1 点与中桩的高差 h_1，用尺量出 1 点至中桩的距离 D'。根据高差 h_1，按式(12-12)计算边坡桩至中桩的距离 D。

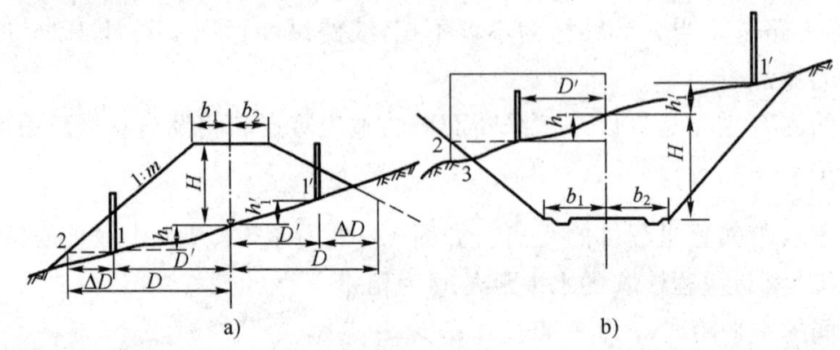

图 12-20　斜坡地面路堤、路堑测设

$$D=b+m\times(H\pm h_1) \tag{12-4}$$

式中：b——侧路基面宽；

m——设计边坡的坡度；

H——路基中桩填挖高；

h_1——1 点与中桩的高差(实测)，h_1 的“±”号规定为：当测设路堤下坡一侧时，h_1 取“+”；测设路堤上坡一侧时，h_1 取“−”。当测设路堑下坡一侧时，h_1 取“−”；测设路堑上坡一侧时，h_1 取“+”。

如 $D>D'$，说明桩的位置应在 1 点的外边；$D<D'$ 时，则边桩应在 1 点里边。如图 12-20a)所示，$D>D'$，需要移动水准尺向外 $\Delta D(=D-D')$，再次进行试测，直至 $\Delta D<0.1$m 时，即可认为立尺点即为边桩的位置。用接近法测设边桩，需要在现场边测边算。使用逐点接近法有

了实际经验后，一般试测一两次后即可达到要求。

三、竣工测量

在路基土石方工程完工之后，铺轨之前应当进行线路竣工测量。它是最后确定线路中心位置，作为铺轨的依据。同时检查路基施工质量是否符合设计要求。它的内容主要包括中线测量、高程测量和横断面测量。

1. 中线测量

首先根据护桩将主要控制点恢复到路基上，进行线路中线贯通测量；在桥、隧的地段，应从桥梁、隧道的线路中心向两端引侧贯通。贯通测量后的线路位置，应符合路基宽度和建筑物接近限界的要求；同时中线控制桩和交点桩应固桩。

对于曲线地段，应交出交点，重新测量转向角值；当新测角值与原来转向角之差在允许范围内时，仍采用原来的资料；测角精度与复测时相同。曲线的控制点应进行检查，曲线的切线长、外矢距等检查误差在 1/2000 以内时，仍用原桩点；曲线横向闭合差不应大于 5cm。

中线上，直线地段每 50m、曲线地段每 20m 测设一桩；道岔中心、变坡点、桥涵中心等处均需钉设加桩；全线里程自起点连续计算。

2. 高程测量

竣工测量时，应将水准点移设到稳固的建筑物上，或埋设永久混凝土水准点；其间距不应大于 2km；其精度与定测时要求相同；全线高程必须统一。

中桩高程按复测方法进行，路基高程与设计高程之差不应超过 5cm。

3. 横断面测量

主要检查路基宽度，侧沟、天沟的深度，宽度与设计值之差不应超过 5cm；路基护道宽度误差不应大于 10cm。若不符合要求且误差超限者应进行修整。

四、铺设铁路上部建筑物时的测量

路基竣工之后，即可着手进行路基上部建筑物的施工。路基上部建筑物包括道渣、轨枕和铁轨。为了保证路基上部建筑物按设计的平面位置和高程位置的要求建造起来，在铺设道渣之前还必须进行如下的测量工作。

(1)在路基上放样线路中心线：这项工作是根据路基范围以外的控制桩进行的。放样时应将中心线上的里程桩全部钉出，并对曲线的放样细致地进行检核。

(2)沿中线标桩进行纵断面水准测量：即应沿中线标桩进行水准测量，并根据水准测量的结果计算出每个标桩处路基面的高程，与设计高程进行比较，以此对路基进行修整，使之符合设计要求。

(3)铁路上部建筑物平面位置和高程位置的放样：铁路上部建筑物的平面位置是由中心线的标桩向两侧量距放样出来的。上部建筑物在高程方面的设计位置一般放样在中线标桩的侧面上，或以划线或以切口表示。第一个标记为路基顶面的标高，第二个记号为轨枕底面的标高，而第三个记号则是钢轨顶面的标高。在直线地段内两轨的标高是一致的，曲线地段则应考虑到外轨超高。铺设轨道时高程放样的容许误差为±4mm，因此操作时应认真细致。

第五节　既有铁路线路和站场测量

既有铁路线路测量，就是对既有线路状况作详细地测绘与调查研究，为铁路改建及增建二线的技术设计提供翔实的资料。此外，由于列车运行和自然条件的影响，既有线的平、纵断面以及铁路限界内的地物、地貌都不同程度地发生了变化，须定期地进行铁路既有线测量，其测绘资料是日常运营管理，线路的正常维修、养护和特殊情况下线路修复的重要依据。

既有线改建及增建二线的勘测设计工作分阶段进行。阶段的划分，要根据既有铁路的具体情况和改建方案的确定程度等来决定。如对于长大干线，一般经过初测，编制初步设计，定测，编制施工设计等勘测设计阶段。

既有线路测量的内容有线路纵向丈量、横向测绘，水准、地形、横断面测量，线路平面测绘及站场测绘等。各勘测阶段由于其目的不同，因而对某些测量资料的深广度要求也不同。

一、线路纵向丈量及横向测绘

线路纵向丈量又称百米标纵向丈量或里程丈量。线路纵向丈量的目的，是沿既有线定出其百米标、公里标及加标。

1. 量距

线路里程丈量起点应由“计划任务书”规定，一般从指定的车站中心或桥梁建筑物中心的既有里程引出；支线、专用线与联络线等，以钢轨道岔中心为里程起点，按其原有里程连续推算。所有起点里程均应与既有线文件里程核对并取得一致。

量距按原里程增加的方向(一般为下行方向)连续进行。双线区段里程沿下行方向丈量，并行直线地段的上行线里程，是采用下行线里程向上行线投影的方法来确定，使两线里程一致；曲线地段，宜从曲线测量起点(简称曲起点)开始分别丈量，并在曲线测量终点(简称曲终点)外的直线上取得投影断链。当两曲线间的夹直线较短时，可把两条曲线看做是一条曲线连续丈量。当上行线为绕行线时，应单独丈量。断链应设在百米标处，困难时可设在以 10m 为单位的加标处；断链不应设在车站、桥隧建筑物和曲线范围内。

车站内的里程丈量沿正线进行。当车站股道为鸳鸯股布设时，由车站中心转换到另一股道连续丈量并推算里程(如图 12-21 中箭头所示)。

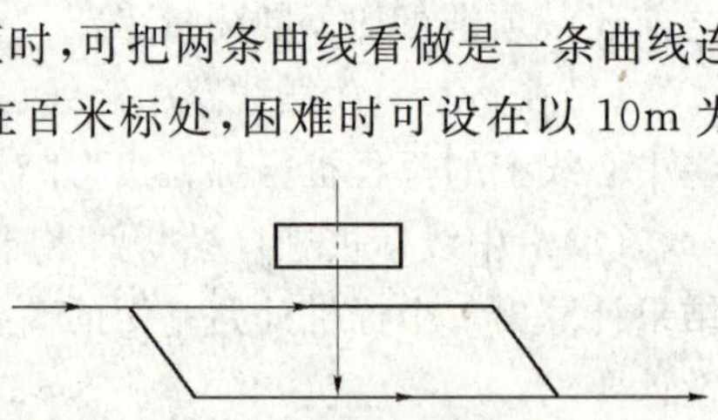

图 12-21　站内里程丈量

里程丈量原则上在线路中心上进行。实际工作时，除曲线范围内在线路中心线上丈量外，直线地段可沿左轨轨顶丈量或将线路中心线平行移到路肩上，沿路肩丈量。设有轨道电路的线路，里程丈量时应采用绝缘措施，以保证列车正常运行。

丈量里程应使用全站仪进行。

2. 加标

线路纵向丈量应设置的标志有：百米标、半公里标、公里标和加标。直线地段一般设 50m 倍数的加标；在曲线起终点外 40～80m 处设置曲线测量起点及曲线测量终点，在曲起点至曲终点的曲线范围内，应设置 20m 整倍数的加标。此外，下列地点应增设加标，并分别规定其里程取位：

(1)桥梁中心，中桥以上的桥台挡碴墙前缘和桥台尾，隧道进、出口，车站中心，进站信号机及远方信号机等处，取位至厘米。

(2)涵渠、渡槽、平交道口、跨线桥、坡度标、曲线控制桩，跨越线路的电力线、通讯线和地下管线等中心，新型轨下基础、站台、路基防护，支挡工程的起始点和中间变化点等，取位至厘米。

(3)路堤、路堑边坡的最高和最低处，路堤路堑的交界处，路基宽度变化处，路基病害地段等，取位至米。

加设的加标具体位置，最好在里程丈量前用粉笔划在钢轨腹部，并在轨枕头部注明名称，以便记录。

线路上的所有公里标、百米标及加标位置，均应用白色油漆标记在钢轨的外侧腹部。直线地段标划在左轨上；在曲线范围内，则内外轨均应标记。如图 12-22 所示，在钢轨腹部，从上到下垂直画一条竖线做为标记。公里标和半公里标应写全里程，百米标及加标可不写公里数。

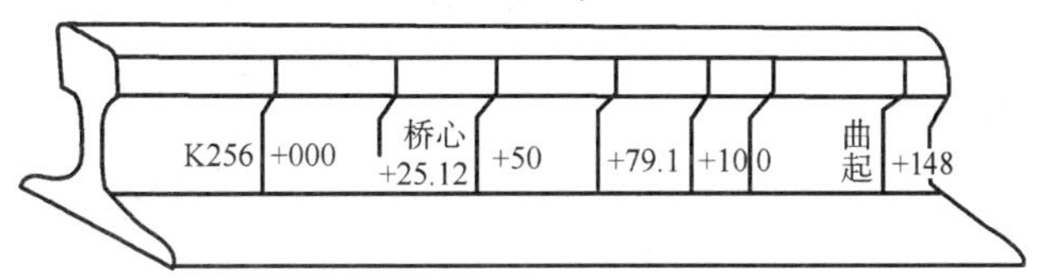

图 12-22　钢轨上的线路标志

3. 线路横向测绘

线路横向测绘又称百米标横向测绘，是对既有线沿线地物、地貌做详细的调绘，以充实或修正既有线平面图。调绘重点是影响线路方案和第二线位置的控制地段。如果线路有新测绘的大比例尺地形图，则此项测绘内容可简化或省略。在地形图上精度达不到要求和显示有困难的有关地物亦应进行必要的调绘工作。为此，测绘工作开始前应尽可能搜集到该线路的各种平面图，并携带至现场。

既有线横向测绘成果应记录和反映在百米标详细记录簿上。

(1)百米标记录簿

如图 12-23 所示是百米标详细记录簿格式。记录簿中间一条上下直线代表线路中线，在其左右各 1cm 处划两条平行线用以代表路肩。记录簿比例尺应根据地物、地貌的复杂程度确定，一般采用 1∶2000 或 1∶1000。横向测绘开始前，先在室内根据纵向百米标丈量记录，将所测地段的百米标及加标，自下而上地抄在簿内中线右侧的 1cm 宽度内；路肩上的各种标志则根据实际情况，画在中线两侧的路肩线内。测绘时，以中线里程为纵坐标，与中线相垂直的横向距离为横坐标来确定点位。每边的调绘宽度一般以 20m 为原则，重点工程及用地较宽处，再酌量加宽。横向测绘精度根据调绘内容的重要性，用钢尺、皮尺或目估测定。路基以内量至厘米，路基以外量至分米，地貌分类（含土地类别）或行政区的分界可估至米即可。

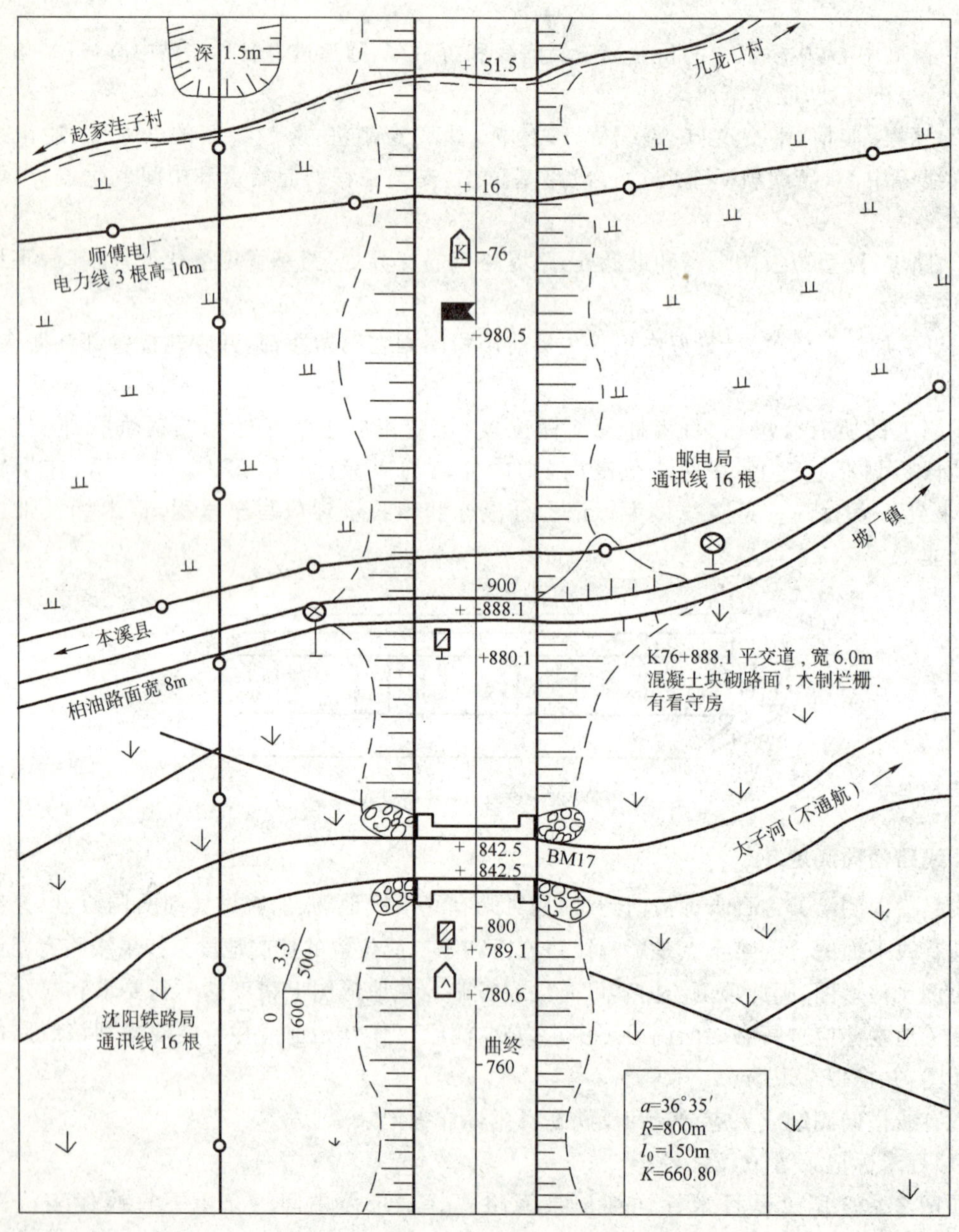

图 12-23　百米标记录格式

测绘时，应在现场将图基本画好。当地物、地貌比较复杂，记录簿记录不清时，可将这部分地物、地貌用略图表示，而将其详细情况绘于补充百米标记录簿内，并注明两种记录之间的关系，以便查阅。

(2)测绘内容

①地貌、地物的调绘

包括山丘、河流、公路、小路、水塘、房屋、电杆、路堤路堑分界点、取土坑、弃土堆等位置的调绘，并应注明情况。如河流应注明名称、流向及能否通航；公路应注明宽度、路面材料及去向；水塘、取土坑应注明深度；房屋如有拆迁的可能则应详细调查户主姓名、建筑材料类别、新旧程度等；通讯及电力线路应注明业主、电线对(根)数、电杆材料等；防护林则应调查植物名称、树龄，并丈量距线路中心的距离等。省、市、县、乡的分界线，水田、旱地、荒地等土地种类分界线，亦应调绘、核对。

②线路标志与设备的调绘

包括路基上的各种标志、桥涵、平(立)交道口、排水设备以及挡土墙、护坡等的调绘。如坡度标应注明坡度、坡长；曲线标应注明曲线要素；桥梁应按比例尺绘出平面示意图，并注明中心里程及孔数；平交道口应注明宽度、与线路交角、防护栏栅类别、有无看守、每昼夜通车对数及行人情况等。沿线排水系统应按要求进行调查，特别是排水不良地段，须测绘 1∶500 或 1∶1000 大比例尺地形图，或测绘排水沟中线及其纵、横断面图。

二、线路中线平面测量

既有线中线，特别是曲线地段的中线，由于受到列车强大的横向推力作用，常常会离开原设计的正确位置而发生移位。线路中线平面测量，就是通过外业的线路平面测量和内业的曲线半径选择与拨正量计算，以获取线路中线平面现状的资料。

1. 线路中线测量方法

在运营线上进行线路中线测量，尽量考虑到测量工作不干扰正常的运输生产，并确保双方的生产安全以及以后的施工方便等诸因素而确定的。一般不在中线上进行，而是将中线平行外移到路肩上，即设置既有线平行的中线外移桩作为控制线路的依据，使测量在路肩上进行。在列车对数很少的线路上，也可以沿线路外轨进行测量，由于日常的维修养护和列车的日夜运行，使得测绘时的线路难以保持原状，设置在线路轨道上的各种控制点，将不同程度地发生位移，因此测量时所提供的各种数据、资料精度也难以保证。

(1)线路中线外移桩的设置

中线外移桩一般设置在画有里程标记的钢轨同侧的路肩上。外移桩距线路中心的距离一般为 2.0～3.0m(图12-24)，应注明里程。同一条线路上的外移桩的外移距离应力求相等。如有困难，则在一个曲线范围内最好相等，以简化计算。为保证行人安全，并利于保护桩橛，设置的外移桩应打入地下，桩顶与地面平齐或位于地面以下 2cm 左右为宜。

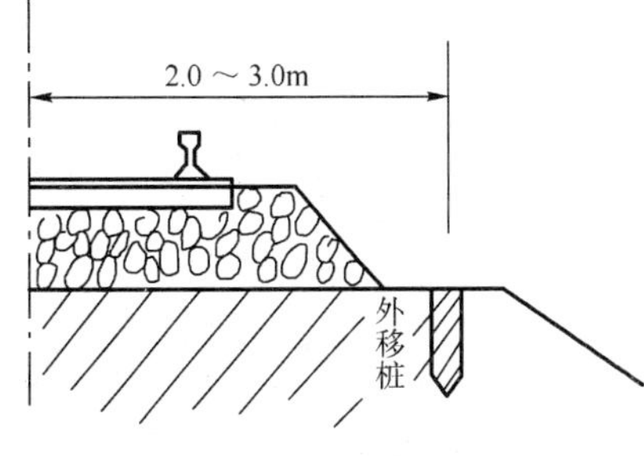

图 12-24　中线外移桩

直线地段外移桩间距不应长于 500m 或短于 50m，桩与桩之间应通视，并尽量设置在公里标及半公里标处。每设置一个标桩，都应及时记入手簿，并注明左右侧位置及外移距离等。

在遇到特大桥、隧道时，外移桩须移回线路中心；当外移桩与曲线外侧非同侧，或当增建二线变侧时，外移桩应在曲线前的直线上换侧。换侧可采用等距离平行线法进行(图 12-25)，图中直角用经纬仪设置，将外移桩移到线路对侧，前后换侧点的边长应不短于 200m。

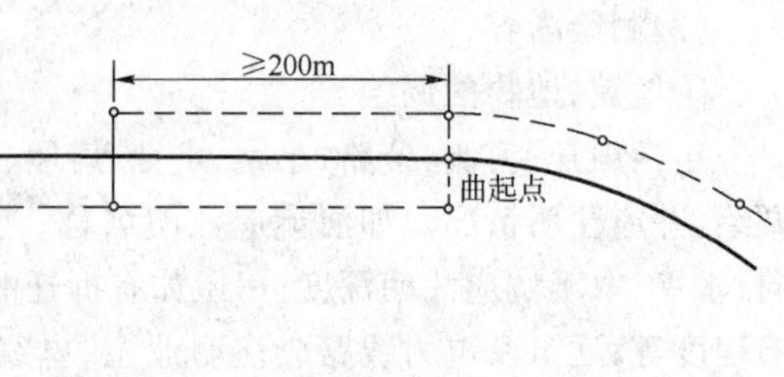

图 12-25　外移桩换侧

曲线地段为了便于瞭望，最好将外移桩设在曲线外侧，特别是半径小、通视不良区段更须如此。但在连续反向曲线的情况下，为了减少外移桩的换边次数，亦可将外移桩设在曲线内侧的路肩上。

(2)直线的测量方法

既有线直线测量时，是在直线各中线外移桩上安置经纬仪，作外移导线的水平角测量。同新线导线测量一样，在起点应测定起始边的方位角，然后按百米标的前进方向，用 DJ_6 或 DJ_2 经纬仪测出各外移桩的水平角，一般测一个测回即可。

2. 曲线的测量方法

既有线曲线测量是为了选择合理的设计曲线半径与缓和曲线长度，为计算既有线曲线的拨正量提供平面测量资料。

既有线曲线测量方法有矢距法、偏角法和正矢法。下面重点介绍前两种。

(1)矢距法

矢距法测量曲线是利用曲线外移导线进行的。两相邻外移桩的连线称为照准线，如图 12-26a)中的 I—II、II—III、…，在曲线外侧，从曲线测量起点的外移桩 I 开始，依次在外移桩 I、II、III…置镜，测出曲线各分段的转向角 φ_1、φ_2…，同时测出线路中心或相应的钢轨中心每 20m 点到照准线的各段距离值 C_i，则矢距 $f_i=C_0-C_i$。

曲线上各转向角的测量要求，见表 12-10。

测角要求及角值限差　　表 12-10

仪器等级	测回数	两半测回间较差(″)	两测回间较差(″)
J_2	1	20	
J_6	2	30	20

曲线测量的一般步骤是：

①置经纬仪于曲起点 I，后视直线上一点 A，前视 II 点，用全测回法测量转向角 φ_1，见表 12-11 中的 1、2、3、6、7、9 栏。

②重新照准 II 点，读出照准线上矢距尺在 I — II 点间对应的曲线上各 20m 之 C 值(尺的零点位于轨头中心，如图 12-26b)所示，记入测绘记录手簿的前视栏中(表 12-11 中的第 11 栏)，表中 C 值系矢距尺零位置于钢轨中心至照准线的距离。

既有线曲线测绘记录手簿

表 12-11

区间＿＿＿＿　　里程＿＿＿＿　　上承　　第　册　第　页

日期＿＿＿＿　　气候＿＿＿＿　　下接

点的名称		读数			角度转向角				照准线到钢轨中心距离 C(m)				矢矩 f (m)	A-f 照准线到线路中心间距 (m)	备注
置镜点	观测点	游标 I (° ′ ″)	II (′ ″)	平均	右角 (° ′ ″)	平均 (° ′ ″)	右左	(° ′ ″)	百米标和加标	前视	后视	平均			
1	2	3	4	5	6	7	8	9	10	11	12	13	14	15	16
51+800	51+600	279 48 05			178 55 15				51+800	1.750	1.750	1.750	0	2.500	外移距 A=2.500m(置镜点)
	51+900	100 52 50							20	1.374	1.375	1.375	0.375	2.125	
						178 55 07	右	1 04 53	40	1.042	1.040	1.041	0.709	1.791	
	51+600	346 58 22			178 55 07				60	0.880	0.880	0.880	0.870	1.630	
	51+900	168 03 24							80	1.105	1.105	1.105	0.645	1.855	
51+900	51+800	173 57 11			173 57 11				51+900	1.750	1.750	1.750	0	2.500	
	52+000	0 00 00							20	0.780	0.781	0.782	0.968	1.532	
						173 57 16	右	6 02 44	40	0.305	0.309	0.307	1.443	1.057	
	51+900	53 52 10			173 57 20				60	0.308	0.311	0.310	1.440	1.066	
	52+000	244 54 50							80	0.790	0.792	0.791	0.959	1.541	
52+000	51+900	60 25 39			173 10 00				52+000	1.750	1.750	1.750	0	2.500	
	52+100	247 25 29							20	0.790	0.790	0.790	0.960	1.540	
						173 10 05	右	6 49 55	40	0.298	0.298	0.298	1.452	1.048	
	51+900	114 51 54			173 10 10				60	0.317	0.317	0.317	1.433	1.067	
	52+100	301 11 44							80	0.813	0.817	0.815	0.935	1.565	

续上表

点的名称		读数			角度转向角				照准线到钢轨中心距离 C(m)				矢矩 f (m)	A-f 照准线到线路中心间距 (m)	备注
置镜点	观测点	游标 I (° ′ ″)	游标 II (′ ″)	平均	右角 (° ′ ″)	平均 (° ′ ″)	右左	(° ′ ″)	百米标和加标	前视	后视	平均			
1	2	3	4	5	6	7	8	9	10	11	12	13	14	15	16
52+100	52+000	105 43 43							52+100	1.750	1.750	1.750	0	2.500	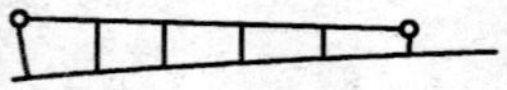
	52+200	289 53 05			175 50 38				20	1.595	1.595	1.595	0.155	2.345	
						175 50 38	右	4 09 22	40	1.622	1.621	1.622	0.128	2.372	
	52+000	162 18 54			175 50 38				60	1.650	1.649	1.650	0.100	2.400	
	52+200	346 28 16							80	1.705	1.647	1.701	0.049	2.451	
52+200	52+100	219 37 46							52+200	1.750	1.750	1.750	0	2.500	
	52+400	39 43 38			179 53 58										
						179 54 06	右	0 05 54							
	52+100	263 04 20			179 54 14										
	52+400	83 10 06													

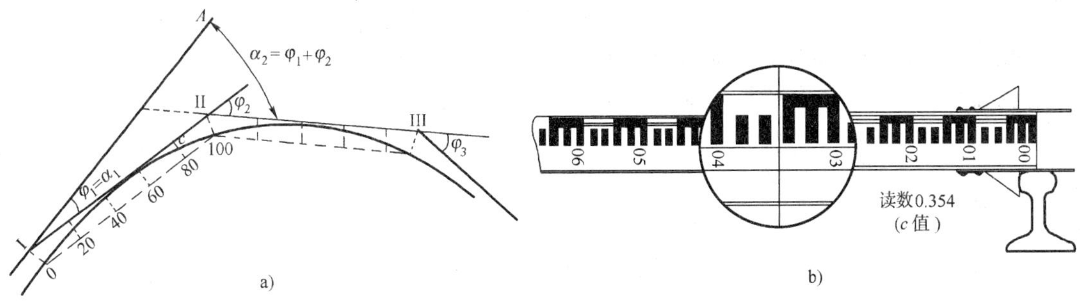

图 12-26　矢距法测量曲线

③在 II 点置镜，后视 I 点，读出 II—I 点间之各 C 值，记入后视栏（第 12 栏）中。前后所测之 C 值不超过 5mm 时取平均值。量测转向角 φ_2。照准 III 点，读取 II—III 点间各 20m 点的前视 C 值。

④重复以上工作，直至终点。

⑤为了校核转向角 φ，应同时量测大转向角 Φ，如图 12-27 所示。各分转向角总和与大转向角总和之差，即是角度闭合差 $\Delta\beta$。

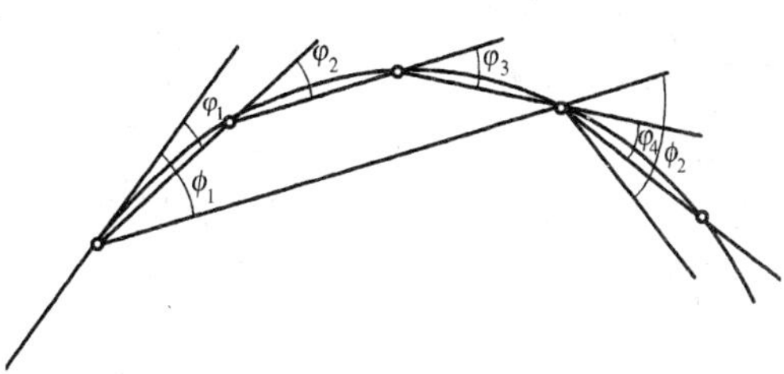

图 12-27　角度闭合差

$$\Delta\beta = \sum\varphi - \sum\Phi$$

《测规》规定角度闭合差的容许值 $\Delta\beta_{容}$ 为

$$\Delta\beta_{容} = \pm 30'' \sqrt{n}$$

式中：n——置镜点数。

角度闭合差在限差以内时，以各分转向角之和做为曲线的转向角。

(2)偏角法

如图 12-28 所示，既有线曲线的偏角 i 是根据已知曲线间的长度(20m)和测点的实际位置测量出来的。图中的 I 点是曲起点的外移桩，II 点是位于 HY 点附近的外移桩。

现分别在 I、II 等点置镜，测出其前方每 20m 曲线点的偏角（如 i_{II-1}、i_{II-2}等）。在圆曲线范围内，置镜点间距视具体情况参照表 12-12 规定。

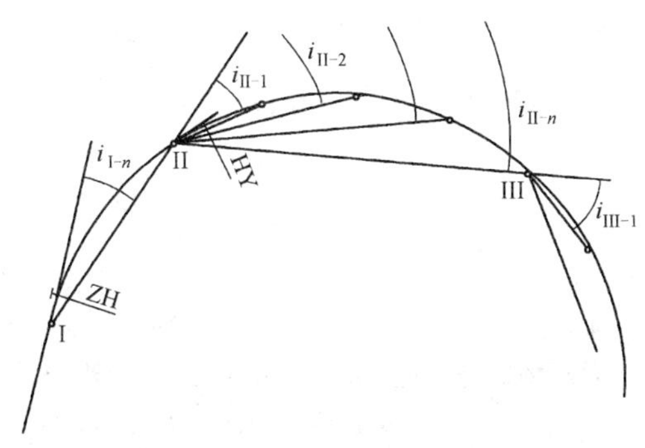

图 12-28　偏角法测量曲线

偏角法测量曲线相邻置镜点间距离(m)

表 12-12

曲线半径(m)	相邻两置镜点间距离	
	有缓和曲线地段	圆曲线地段
250～350	140	300
350～500	180	
500～800	240	
800 以上		

在外移桩上测量偏角使用放线尺。放线尺与矢距尺不同之处，是其外端固定一根测钎供照准测角用。置镜点间每 20m 加标的偏角，用全测回法测量 1 个测回；当上、下两半测回较差在 30″以内时，取平均值。置镜点间各偏角的测角要求及各偏角之和与总偏角之和的角度闭合差的限差，同矢距法测量。

三、线路高程测量

既有线高程测量的任务是核对或补设沿线水准基点以及测量既有线所有中桩（百米标及加标）的高程。中桩高程对于线路直线地段测左轨（标有桩号一侧）的轨顶高程；曲线地段测内轨轨顶高程。

水准点高程测量和中桩高程测量宜分开进行，不宜同时兼做。先做水准点高程测量工作，后做中桩高程测量。

既有线高程应采用国家高程系统。如个别地段有困难，可引用其他独立高程系统，但在全线高程测量连通后，应消除断高，换算成国家高程系统。

1. 核对和补设水准点

原水准点的编号和高程，一般应以既有线的资料为准，现场核对、确认，不但要求里程、位置相符，而且水准点的注记也要清晰易于辨认，否则按水准点遗失或损坏处理，应重新设点并另外编号、注记以资区别。

当原水准点间距大于 2km 时，应补设水准点；在大、中桥头及隧道口、车站等处应有水准点，否则应予增设。为方便桥涵丈量与施工，最好在一般小桥涵处设置临时水准点。增补的水准点，均应设置在拟修建第二线的另一侧，以防施工时受到破坏，而绕行地段则设置在绕行线同侧为宜。

2. 测量方法与精度

水准点高程测量采取一组往返测量自行闭合或两组单程测量相互闭合的方法进行，其较差与原有水准点的高程允许闭合差为 $\pm 30\sqrt{L}$mm（L 为单向水准路线长度，以 km 计），任何一组（次）测量闭合差超限，均须返工重测。只有在确认原水准点高程有误后，方可更改原有高程。新补设的（包括新更改的）水准点标高，不但要求施测的两组（次）闭合，而且要与其前后水准点高程闭合。

中桩高程测量也应测量两次。测量路线应起闭合于水准点，其高程闭合差不应超过 $\pm 30\sqrt{L}$mm。当精度满足要求后，按与转点个数成正比的原则，将差值分配给各转点和中桩。调整后的中桩高程较差在 20mm 以内时，以第一次测量平差后的高程为准，取位毫米。

四、线路横断面测量

既有线横断面图是线路维修、技术改造时设计和施工的重要资料，许多问题（诸如线路轨道拨正、道床抬高或降低、施工间距及施工措施等）都需要在横断面图上考虑决定；由于线路维修或改建的需要，对既有工程建筑与设备的位置、标高等，也应在测量横断面时详细测绘、记录。因此，既有线横断面测量不但工作量大，精度要求也比新线横断面测量高。

1. 横断面位置与测绘宽度

(1)横断面的位置

既有线的所有百米标及下述各点加标,均应测绘横断面图:线路填挖分界处、路堤和路堑的最高和最低处、路基宽度变化处、纵向变坡处、取土坑、弃土堆、排水沟、涵管中心、桥隧两端、平(立)交道口以及挡墙、护坡等防护建筑物及设备、路基病害与地质不良地段等。线路横断面的密度应满足设计需要,一般规定:直线地段每隔 20～50m、曲线地段每隔 20m(不宜大于 40m)应设置一个横断面。

(2)横断面测绘宽度

横断面测绘宽度除满足设计要求外,一般还应满足以下要求:从既有线正线中心向两侧测绘,应测到最后一个路基设备(如取土坑、排水沟、防雪、防沙设备等)以外 5m,如拟修建第二线,则应为第二线一侧 20m;但离开路基坡脚或路堑边线不应小于 20m。曲线半径需要改大的曲线横断面,应向内侧适当加宽。复线地段,若两线间距在 20m 以内时,两线合并测一个横断面,否则应分别单独测绘。

2. 测绘内容

由既有线中心起,顺序测出两侧的道床渣肩、渣脚、路基的路肩、侧沟或排水沟槽的沟底、路堤或路堑边坡变化点、路堤坡脚或路堑坡顶、取土坑及弃土堆的边缘、路基及其他设备边沿、电线跨越横断面时两者的交叉点、电线高度以及所有的地面转折点、地物点等。对桥涵、挡土墙及护坡等工程基础,应根据开挖丈量资料,用实线画出。如图 12-29 所示为区间线路横断面示意图。

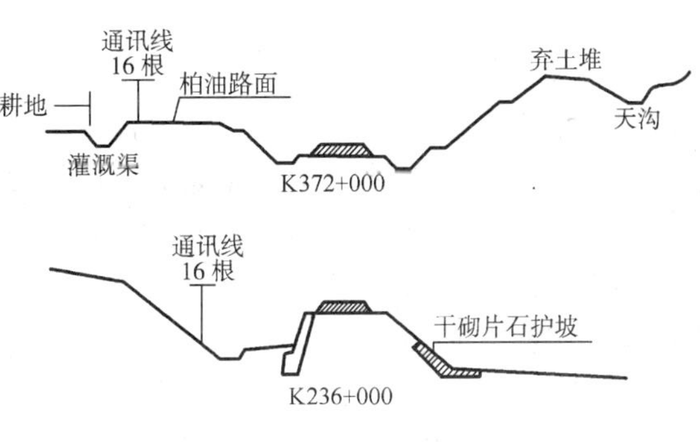

图 12-29 既有线横断面测量

横断面比例尺,一般采用 1∶200,如需要可增大为 1∶100,或缩小为 1∶500。

测量精度:距离、高程均取位厘米;检查时的限差,高程为±5cm,距离为±10cm。

既有线横断面测绘的方法与新线同。

五、既有线站场测绘

由于站场的测绘工作比较复杂,应细致地做好测绘前的准备工作。要广泛、详尽地向有关各方面搜集站场资料(如线路或站场总平面图、曲线要素、坐标系统、高程系统以及测量标志点的记录等),了解车站作业状况、车流密度等,并与有关方面取得联系,求得配合与支持。

站场的测绘范围一般包括:纵向从车站两端进站信号机以外 50m 开始,横向到站场两侧最外股道以外 100m。如果这个范围仍不能包括站场全部所属股道及设备,或不能满足站场改建、扩建的要求,则应根据实际情况和设计要求来确定。

站场测绘内容视车站类型及要求而有所不同,主要包括纵向丈量、基线测设、横向测绘、道岔测量、站内线路平面测量、站场导线测量、高程测量及横断面测量等各项。根据站场的测绘特点，本节主要介绍基线测设、道岔测量和站场线路平面测量。

1. 基线测设

基线是站场平面控制的基础、细部测量的依据。基线的设置必须满足测绘、车站改建或扩建时设计与施工的需要。基线是否与车站附近的城市、厂矿的平面控制点联测，可根据需要确定。

(1)基线布设原则

①基线控制点点位的选择，应考虑测绘工作的安全与方便，并尽量减少与站内作业的干扰，控制点间距以100～300m为宜。

②基线宜布设在正线与到发线之间，尽可能与正线平行。中、小车站也可以正线的中心线为基线。

③基线以直线为最佳，如果必须布设成折线时，应力求减少转点个数。

④基线长度根据实际需要确定，但最短其端点也应位于车站两端进站信号机的外方。

⑤站场测绘宽度大于30m时，一般应加设辅助基线。基线(亦称主要基线)与辅助基线或辅助基线之间的间距以30m为宜，但最大不要超过50m(光电测距不受此限)。基线间应构成闭合网。

(2)基线类型

①直线形基线。如图12-30所示为直线车站所布设的直线形基线。在站内机务段、货场以及到发线、编组场等处，沿直线股道布设的辅助基线，都是直线形基线。

②折线形基线。设在曲线上的车站，基线可布设成折线形，如图12-31和图12-32所示。

③综合型基线。大型车站站场面积大，建筑物及设备多，一般采用基线与站场导线配合布设的综合型基线，如图12-33所示。

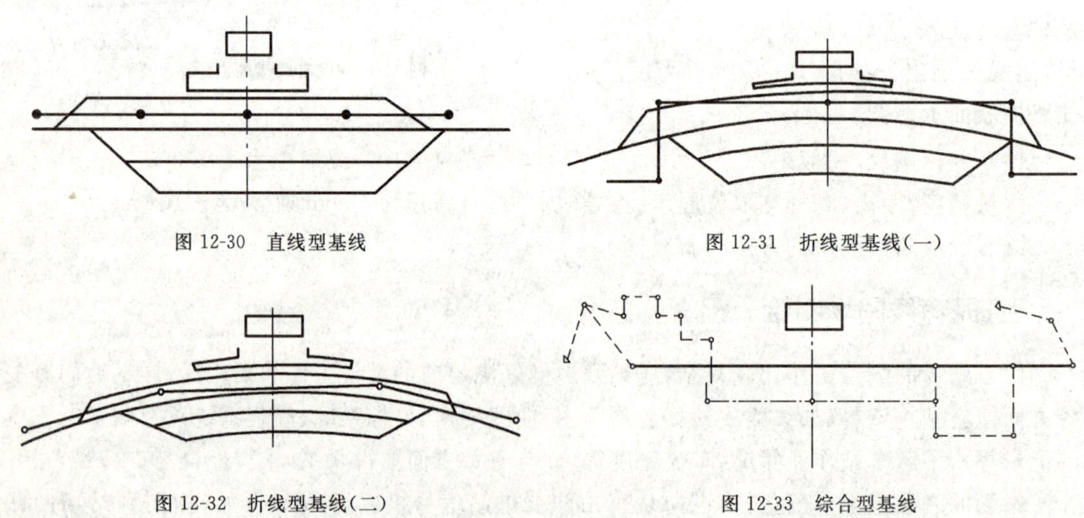

图12-30 直线型基线

图12-31 折线型基线(一)

图12-32 折线型基线(二)

图12-33 综合型基线

(3)基线坐标系与基线测设方法

①站场平面测绘一般采用直角坐标系，即通常采用以平行于正线股道的某线为 x 轴(坐标横轴)，以通过车站中心并且垂直于 x 轴的轴线为 y 轴，两轴正交之点为原点。在同一个车站里，可能有不同类型的基线或辅助基线，为了测绘方便，可以采用几种坐标系。但各个坐标

系均应与主坐标系取得联系，至于是否要换算成统一的坐标系，则视工作需要而定。

②设置基线时，通常是先找出（交会出）坐标原点，然后再用交直线的方法向两个方向延伸，丈量基线长度、测量转折角等。

a. 测定车站中心。车站中心一般为站房中心或运转室中心，测定前应与工务部门和车站联系，找出车站原有中心和有关资料，并实地核对；若无法取得这项资料，则应重新测定。车站中心确定后，引伸到正线计算其里程，定出坐标原点位置。

b. 按已拟定的基线类型布设基线，测量转折角、丈量基线长度等。站内布设的辅助基线，均应与主要基线取得联系，组成基线控制网。

坐标原点应设置基线桩，永久保存。基线要牢固，一般在站场测绘工作完成后，将木桩换成 20cm×20cm×50cm 的混凝土桩，或相应长度的短钢轨，委托车站和养路工区妥为保存。在基线上也要钉设百米标，并在相应的轨道上用白色油漆标记。

(4)基线设置精度

基线（包括辅助基线）测量精度与新线初测阶段导线的测量精度相同。基线网的水平角容许闭合差为$\pm 30''\sqrt{n}$，在允许差以内时，其误差按置镜点个数平均分配；长度相对闭合差在±1/4000以内时，其误差按坐标增量或边长比例分配。

2. 道岔测量

道岔测量是根据已搜集到的站内道岔资料，在实地逐一核对道岔号数及测定道岔中心（岔心）。

(1)测定道岔号数

道岔号数就是辙叉角 α 的余切（$\cot\alpha$）值，测定道岔号数一般采用以下方法之一。

①步量法。如图 12-34 所示，在辙叉尾端找出与量测者脚的长度相等处，然后由此处用脚量至辙叉的实际尖端，大约是几只脚的长度，道岔就是几号，如图中所量测的道岔是 6 号道岔。此法简易明了，为现场所常用。

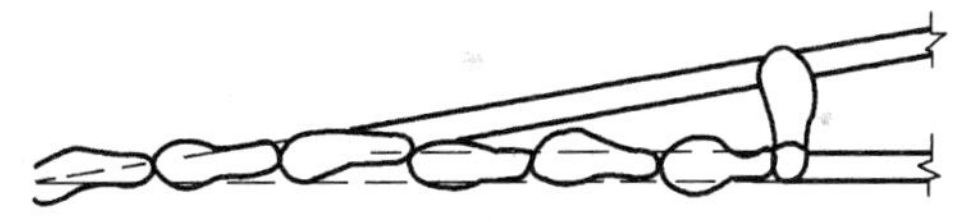

图 12-34　步量法测定道岔号

②尺量法。道理同上法。在辙叉尾端分别找出横向宽为 1dm 和 2dm 处的两点，然后纵向量该两点的间距，其分米数即为道岔号数。

(2)测定道岔中心

在设计和施工中，是以岔心的坐标来表示整个道岔在平面上的位置。在站场平面测绘之前，一般应把站场内所有道岔中心在线路平面上的位置钉出。

所谓岔心，就是道岔所联系的两条线路中心线的交点。测定岔心最基本的方法是交线法，即分别定出两条线路的中心线，然后用经纬仪延长两条中心线，其交点即为岔心。

如图 12-35 所示为曲线道岔，图中“。”代表直线部分的线路中心点，“·”为道岔中心。如图 12-36 所示是对称道岔，如图 12-37 所示为复式交分道岔，其岔心如图所示。

如果是单开道岔，也可以用尺直接量出岔心的位置。如图 12-38 所示，在单开道岔尺寸表中，已经注明了道岔理论辙叉尖端到岔心的距离 b_0；如果没有现成资料，也可采用轨距（1435mm）乘以道岔号数，近似地确定 b_0'。如 12 号道岔，$b_0=17250$mm，$b_0'=17220$mm。

岔心测定后，均应打桩标志，并分别在两钢轨上划线显示其位置。如果是正线岔心，应量测出岔心里程，警冲标距岔心的距离也应同时测出。有关道岔的细部尺寸，应根据已掌握的资料逐项核对，必要时重新丈量，核定或重测的细部数据，填写在“道岔调查表”中。

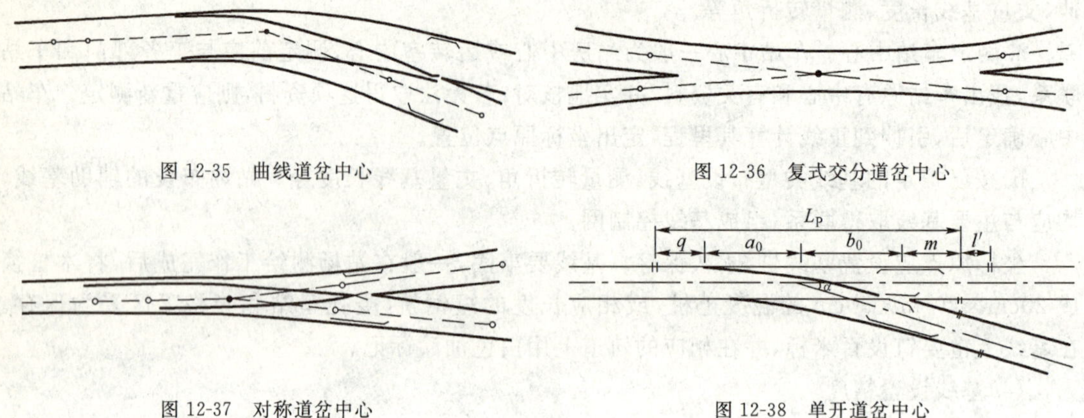

图 12-35　曲线道岔中心

图 12-36　复式交分道岔中心

图 12-37　对称道岔中心

图 12-38　单开道岔中心

3. 站场线路平面测量

1)既有线股道测量

站场的股道全长及股道有效长度的测量，是在站内横向测绘后进行的，应充分利用已经掌握的资料(经核实了的或新量测的资料)，根据具体情况灵活运用，尽量避免重复丈量，现场丈量的只是补充其长度推算的不足部分。如直线车站，股道全长可根据横向测绘资料及道岔尺寸进行计算，然后去现场补量其缺少部分即可。股道有效长可根据警冲标或信号机的坐标计算求得。

2)站内曲线平面测绘

站场内带缓和曲线的曲线，其测绘方法与曲线要素等计算，与前面有关章节介绍的方法相同，在此从略。站内仅有圆曲线的平面测量，一般可采取以下简略施测方法。

(1)用导线控制平面位置。导线的形式可根据具体条件布设成：

①股道导线。沿线路中心(或沿外轨)敷设导线以控制曲线平面。曲线的直线部分至少应有两个导线点以固定切线方向(如图12-39中的 a、b 两点)，如有可能，定出交点，测出转向角 α，量出外矢距 E。

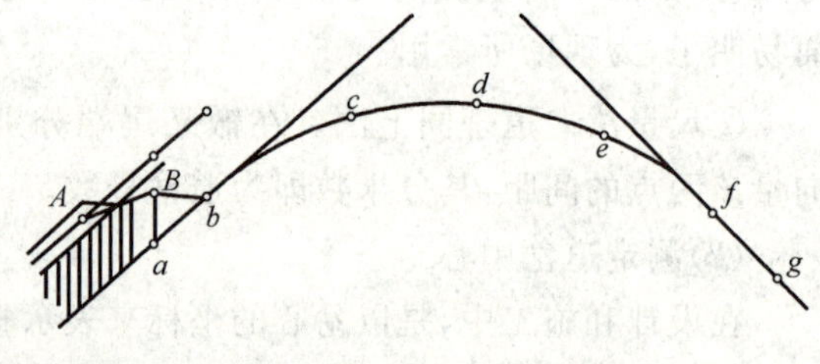

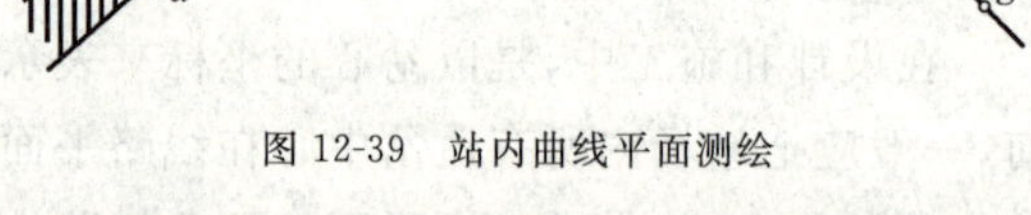

图 12-39　站内曲线平面测绘

②辅助导线。沿线间距敷设导线，然后用极坐标法测设点位，以控制曲线平面位置。如图 12-39 所示，置仪器于点 B，后视点 A，分别测出点 a、b 的极坐标等。

导线应与站内基线取得联系，可作为站场基线控制网的组成部分，起着辅助基线的作用。

(2)计算曲线偏角(转向角)。偏角如不能直接测出时，可间接量测与计算。

①如图 12-28 所示，用偏角法量测，可获取(计算)曲线的转向角(总偏角)。

②利用辅助导线资料，可计算曲线两端直线地段上的测点坐标以及两直线的坐标方位角，最后可计算出两直线(圆曲线切线)的夹角——圆曲线转向角。

③计算曲线半径

a.正矢法。从曲线测量起点开始，逐一量测 ΔL（一般为 20m 或 10m）线段的正矢 f_i，根据几何公式计算曲线半径 R

$$R=\frac{n\Delta L^2}{8\sum f_i} \tag{12-5}$$

式中：n——正矢数。

b.偏角法。如图 12-39 所示，c、d、e 为线路中心（或轨道边缘）上三点，间距为 ΔL，测得 $\angle dce=\delta$，则

$$R=\frac{\Delta L}{2\sin\delta} \tag{12-6}$$

c.外矢法。利用外矢距 E 及转向角 α 求算 R

$$R=\frac{E}{\sec\frac{\alpha}{2}-1} \tag{12-7}$$

3）站内三角线测量

站内三角线是机车转向的重要设施。三角线曲线要素，是利用站内三角线测量的部分外业资料来求算的。现仅以三个道岔均为对称式道岔的三角线（图 12-40）为例，简单介绍其测量方法。三角线的中线位置，可用股道导线控制。

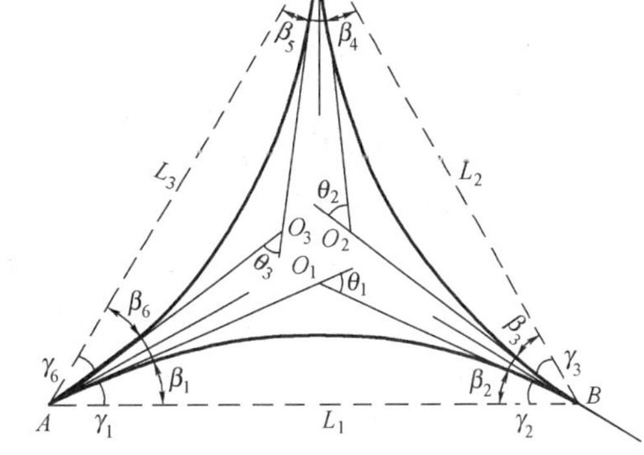

图 12-40　三角线测量

（1）外业测量

①定出岔心 A、B、C 的位置并置镜，测出三点连线与辙叉中线的夹角 β_i。

②量出 A、B、C 三点的间距 L_1、L_2 及 L_3。

③量出各曲线短弦 ΔL（20m 或 10m）的正矢 f_i。

（2）内业计算

①计算 L 边与其相应曲线切线之夹角 γ_i

$$\gamma_i=\beta_i-\frac{\alpha}{2}$$

式中：α——道岔辙叉角。

②求算各曲线的转向角 θ

$$\theta_1=\gamma_1+\gamma_2,\theta_2=\gamma_3+\gamma_4,\theta_3=\gamma_5+\gamma_6$$

③利用正弦定律，求出 ΔABO_1、ΔBCO_2、ΔCAO_3 的边长 AO_1、BO_1…。

④根据式（12-15）求算曲线半径 R。

⑤计算曲线要素，推算曲线起始点到相邻岔心的距离。

站场平面测绘内容除道岔测量及站场线路平面测量外，尚有站场客货运输设备及建筑物、站场排水系统以及其他与站场设计有关的建筑物及设备等测绘内容。站内主要建筑物及设备（如站房、站台、天桥、地道、信号机、水鹤、驼峰以及各种为运输生产服务的设备等）的平面位置

也需要测绘。测量距离应用钢尺丈量，取位厘米。

4. 横断面测量与地形测量

既有车站的站场横断面测量和站场地形测量，除按线路勘测细则有关规定进行外，尚有一些特殊要求。

(1)横断面测量

①横断面位置：车站范围内，在下述地点一般应测绘横断面。

②直线地段，横断面间距应不大于 100m，曲线地段应不大于 40m。

③车站中心，客、货站台坡顶坡脚处，平交道口及跨线桥中心，路基病害工点及不良地质地段等。

④横断面宽度：站内横断面宽度应根据实际需要确定。一般应在取土坑或堑顶天沟外缘 5～10m；在站场改、扩建一侧时，则应测至路基设计坡脚或堑顶以外 30m。

⑤测绘内容：除区间横断面测绘内容外，各股道的轨顶、碴肩、碴脚、路肩、排水沟等均应有测点，各股道间隔、断面方向上所遇到的设备及其相互位置均应测量，如图 12-41 所示。

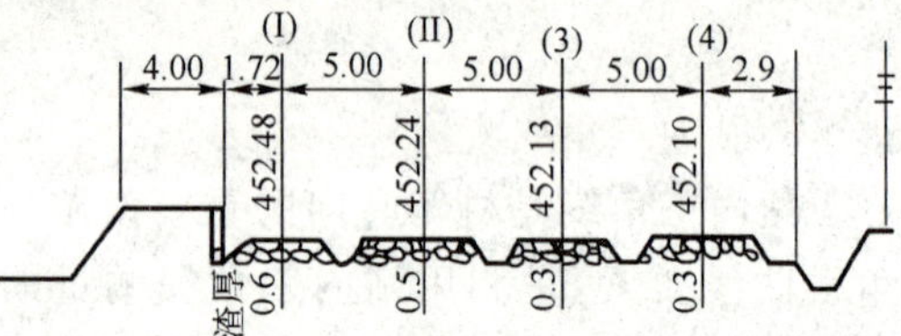

图 12-41　站场横断面测量

站内横断面测量，距离用钢尺丈量，高程用水准仪测量，距离、高程均取位厘米。

(2)地形测量

站场地形图比例尺一般为 1∶2000。中间站及中间站以上大型站场，根据改建情况和要求，可酌情局部或全部测成比例尺为 1∶1000 的地形图。

地形图的测绘范围，应根据站场技术设备情况、改(扩)建设计要求及方案研究比选等实际需要而定。对于中间站测绘范围，一般横向为正线每侧 150～200m，纵向为改建设计进站信号机以外 300～500m。

第六节　公路线路测量

根据现行的《公路工程技术标准》(JTG B01—2003)、《公路勘测规程》(JTJ 061—99)以及有关技术文件的规定，我国公路的勘测设计工作分为两阶段设计和一阶段设计。公路和独立大桥勘测设计工作一般应采用两阶段设计；修建任务紧急的建设项目以及方案明确、工程简易的小型建设项目则采用一阶段设计。

不论线路采用哪一种阶段设计，都需要进行相应的勘测工作，公路线路勘测中的测量工作通常也分为初测和定测两阶段进行。

一、初测

根据已批准的计划任务书和勘察报告中已确定的路线走向、控制点、路线等级及主要技术指标，对有比较价值的方案进一步勘测落实，进行导线测量、水准测量和地形测量。

1. 导线测量

导线布设要求全线贯通，导线的位置应尽可能符合或接近线路将来通过的位置。导线点间的距离应不大于500m，不小于50m。超过500m时，中间应设置转点。在地形简单的地段，应做到导线即为选定的线路，并在现场拟定半径；在线路平、纵断面受限制的地区，导线可按规定的平均坡度布设，并通过反复放线比选，同时结合地形条件，初步拟定半径。地形复杂、设置线路有困难的地段，导线可在线路附近通过，利用控制性断面，在图上进行局部调整，确定线路；或以导线为控制，实测地形图，进行纸上定线。

导线边上应设置控制地形的加桩，并在通过河沟、重要地物、构筑物、占地分界点处加桩。导线测量中，角度以经纬仪施测右角，边长以钢尺量距或电磁波测距测定。

2. 水准测量

水准测量的任务是沿线路设置水准基点，并进行基平测量。导线点及导线边上的加桩的抄平可以用水准仪测量，也可以用经纬仪作三角高程测量。

3. 地形测量

以导线为控制测绘全线带状地形图，以便在图上进行定线和布置工程。路线带状地形图的比例尺一般为1：2000，在人烟烯少的平原微丘区可用1：500～1：1000。路线带状地形图的宽度一般为100～200m。

二、定测

定测的基本任务是将初测后的线路测设于实地，然后根据定测后的线路进行纵、横断面测量，为公路的技术施工设计提供资料。

定测阶段的工作主要分以下几个方面进行。

1. 放线

两阶段定测的放线工作主要是根据初步设计时纸上所定线路与导线的相对几何关系，应用支距法、拨角放线法或极坐标法，将纸上选定的线路放样到实地上去。当两交点的距离大于500m或地形起伏较大不便于中桩穿线的地段，应增设转点桩或方向桩。放线过程中应每隔一定距离与原测导线进行联测，取得统一的坐标和方位角，并减少误差的累积。当纸上定线与实际地形有明显出入时，应根据实际情况进行改善。一阶段设计的定测放线工作，应根据任务书及视察报告所拟定线路的基本走向和方案，进行实地落实。对于需要实测比较的路线方案，应进行比选，提出采用方案。

2. 测角

采用测回法以一个测回观测右角，并推算偏角。前后半测回的角值较差在1′以内时取其平均值作为最后结果。水平角检测的允许误差或闭合差不得超过$\pm 1'\sqrt{n}$。

角度测量后应根据设计的半径，计算出曲线元素，并放出曲线的起点、中点及终点。

3. 中线测量

以经纬仪定向，用钢卷尺或竹尺丈量距离。中线的标桩除必须钉出起、终点桩、百米桩、公里桩、平曲线主点桩、断链桩及转点桩外，还应在线路的纵横向坡度明显变化处、与既有线路交叉处、拆迁建筑物处、小桥涵、大中桥隧位置、土质明显变化处、不良地质地段的起终点以及行政区划分界处设置加桩。

4. 水准测量

沿线每隔 1km 及大桥附近、隧道两端设置水准基点。此外,还要测定线路中桩的高程,绘制线路的纵断面图。

5. 横断面测量

应在线路所有中桩上进行横断面测量,每侧各 15～20m,并按 1∶200 的比例尺绘制横断面图。

6. 地形测量

测绘构筑物处的大比例尺地形图。此外还应对踏勘阶段所测绘的地形图核对和修测,并将详测的线路标绘在图上。

总之,公路的测量工作和程序与铁路的测量工作和程序大体相同,因此,公路线路测量中的许多内容和方法可以参考前述铁路线路测量的相关部分进行,只是铁路测量的精度相对高些。

第七节　公路施工测量

公路工程与铁路工程除路基上部建筑不同以外,其他方面基本相同。本节着重介绍其不同的方面。

公路线路的施工测量首要任务也是恢复线路中心线。这项工作包括恢复线路的交点、转点和中线标桩(百米标和加标)。如果在恢复后的交点上量得的转角与原设计表上所列的值相差不大,则可根据勘测设计时给定的半径和曲线元素用直角坐标法或偏角法放样曲线桩。假如量得的转角与原来的转角相差较大,应根据地形情况和原来的切线长,改动曲线半径,重新计算曲线元素,并放样曲线。

路基边坡桩的放样方法与第十二章第四节中介绍的方法完全相同,此处不再重复。在公路施工测量中,除将路基边坡桩放样出来之外,为保证路基的正确施工,还常常对路基的边坡进行放样。一种方法是当路堤填土不高时,常用竹竿和麻绳一次挂线,给出断面形状,如图 12-42a)所示。在路基填土高度较大的断面上,常采用分层挂线的方法,如图 12-42b)所示。在每层挂线之前均应标定中线并抄平。

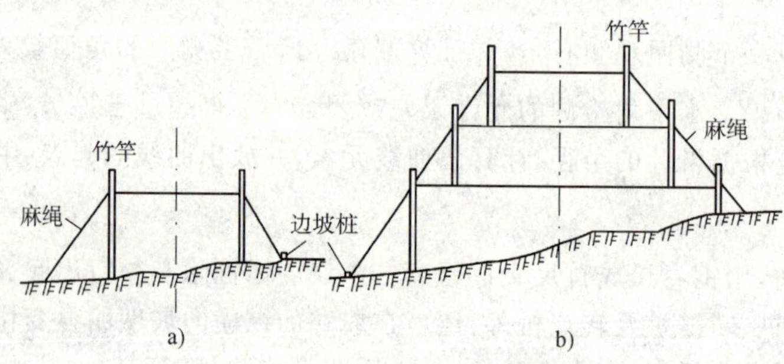

图 12-42　公路路堤边坡断面放样

另一种方法是使用边坡放样板。边坡放样板有活动边坡尺和固定边坡样板两种，如图12-43所示。前者用于路堤的边坡放样，后者用于路堑的边坡放样。开挖路堑时，在坡顶外侧立固定样板，施工时可以随时瞄准。

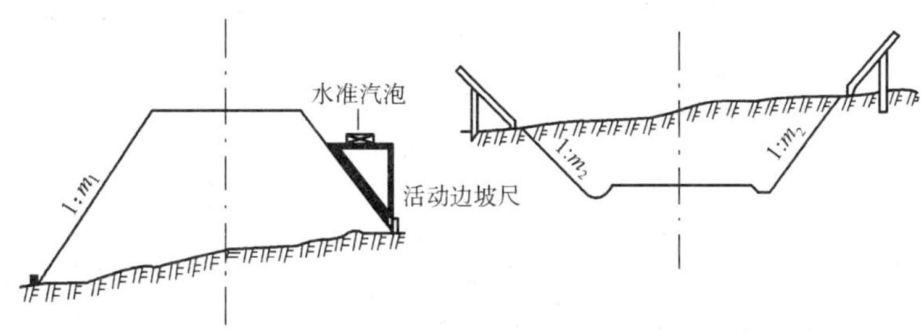

图 12-43　边坡板放样

路基施工之后，要进行路面的施工。在铺筑公路路面时，首先应进行路槽的放样。根据线路附近的水准点，在已恢复的路线中线的百米标及加标上，用水准测量的方法求出各桩的路基设计高。然后在线路中线上每隔10m设立高程桩，并在每个桩上放样出铺筑路面的标高(图12-44)。由高程桩起沿横断面方向各量出路槽宽度一半的长度，钉出路槽边桩，使桩顶高程等于路槽底部的高程(考虑横坡)，以指导路槽的开挖。

为了有利丁排水，路面均铺装成中间高两侧低的拱形，称为路拱。路拱分为抛物线形和圆曲线形。

如图12-45所示为抛物线型的路拱。如将坐标系的原点 O 选在路拱中心，且过 O 点的水平线为 x 轴，铅垂线为 y 轴，根据抛物线的一般方程式 $x^2=2py$，可以求出由路拱中心向外侧不同距离上的 y 坐标值。

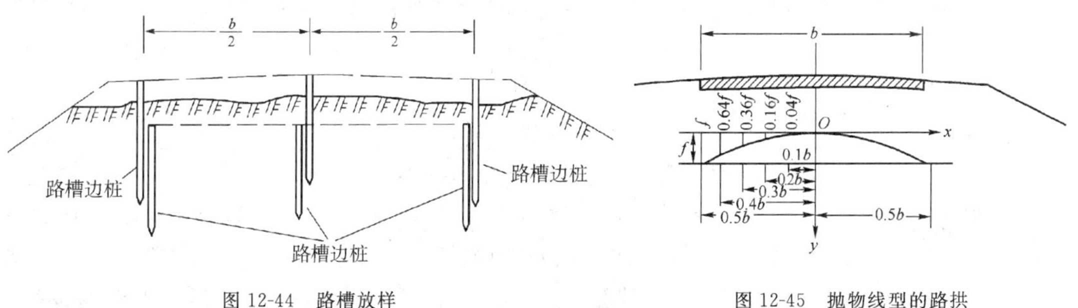

图 12-44　路槽放样　　　　图 12-45　抛物线型的路拱

当 $x=\frac{b}{2}$ 时，y 坐标值等于路拱高度 f，代入抛物线方程后有

$$\frac{b^2}{4}=2pf$$

于是

$$2p=\frac{b^2}{4f}$$

将 $2p$ 值代入抛物线方程式中，并解出 y 值，有

$$y=\frac{x^2}{2p}=\frac{4fx^2}{b^2} \tag{12-8}$$

如图 12-46 所示，当路拱为两个斜面中间插入的圆曲线时，路拱的高度 f 由下式计算

$$f=\left(\frac{b}{2}-\frac{l_1}{4}\right)i_1 \tag{12-9}$$

式中：b——铺装路面的宽度；

l_1——曲线段的水平投影距离。

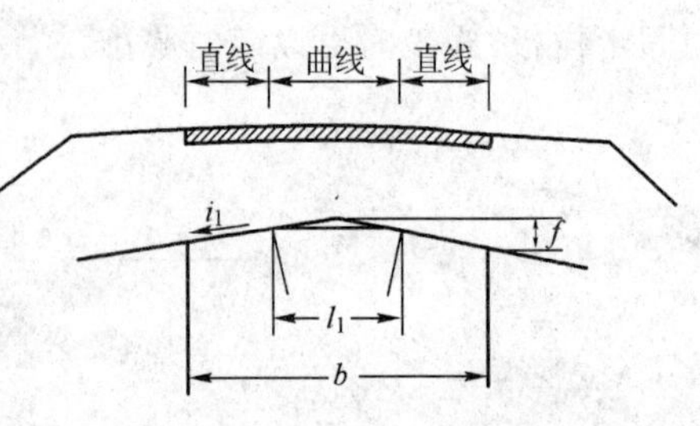

图 12-46　斜面中间插入圆曲线路拱

公路路面的放样，一般根据设计数据预先制成路拱样板，在放样过程中随时检查。对于碎石路面，放样误差不得超过 1 cm，对于混凝土和沥青路面则不应超过 2～3mm，测量时应认真仔细操作。

思考题与习题

1. 线路初测的目的是什么？

2. 试简述初测阶段的主要工作程序。

3. 试述初测导线的布设原则。

4. 线路定测的目的是什么？

5. 定测阶段的测量工作包括哪些内容？

6. 水准点高程测量的任务是什么？《测规》对线路水准点的设置、测量方法及精度有哪些具体要求？

7. 试述拨角放线的步骤与方法。

8. 定测放线常用的方法有哪些？各有哪些优缺点？

9. 定测时的高程测量任务与初测时相比，有哪些相同与不同？

10. 如图 12-47 所示中，初测导线点 c_1 的坐标为 $x_0=10117\text{m}$，$y_0=10259\text{m}$；c_1c_2 边的坐标方位角为 120°14′07″。从图上量得中线交点 JD_1 的坐标为 $x_1=10045\text{m}$，$y_1=10248\text{m}$；JD_2 的坐标为 $x_2=10086\text{m}$，$y_2=12094\text{m}$。试计算用拨角放线法测设 JD_1 和 JD_2 所需要的资料。

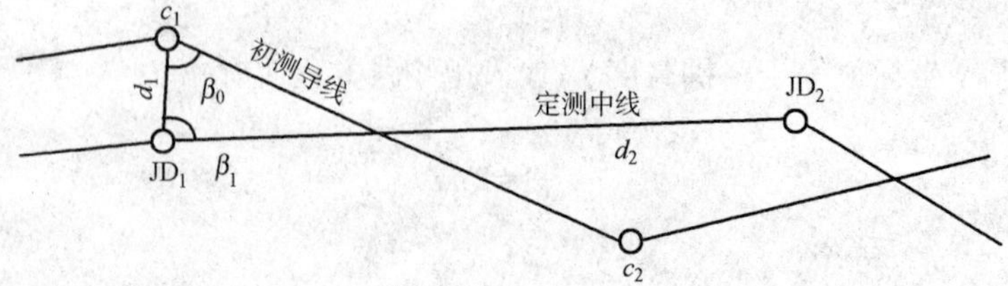

图 12-47　题 10 图

11. 在拨角放线中，与初测导线联测的资料如图 12-48 所示。已知 c_5c_6 边的坐标方位角为 75°18′20″，c_6 的坐标 $x_c=9312.40\text{m}$，$y_c=15328.80\text{m}$。JD_4 的坐标为 $x_D=9262.42\text{m}$，$y_D=$

15362.75m，原内业计算得 JD_3—JD_4 的坐标方位角为 82°57′40″，此闭合导线(包括中线)共有置镜点 32 个，总长为 9200m，问中线测设精度是否符合要求？说明联测以后的放线资料如何计算？

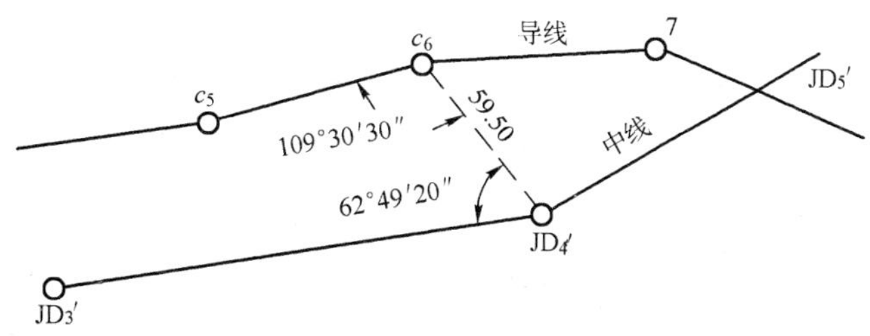

图 12-48　题 11 图

12. 在定测线路上进行中桩水准测量，观测结果如图 12-49 所示，已知 BM_5 的高程 501.276m，BM_6 的高程为 503.795m，试列表计算各点的高程，并检验其闭合差。

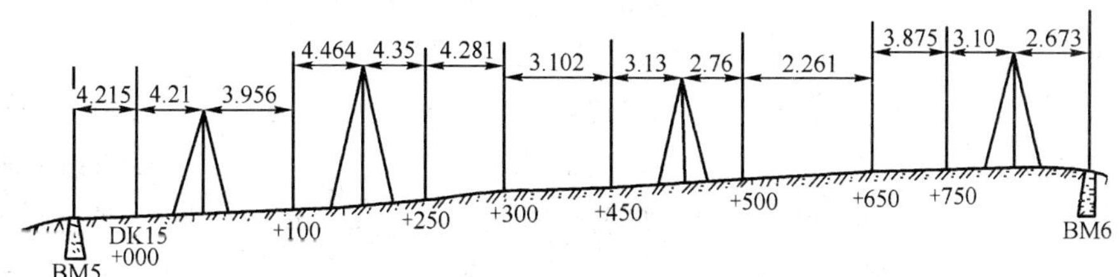

图 12-49　题 12 图

13. 试述用试探法测设路基边桩的方法和步骤。

14. 既有线测量的目的是什么？与新线测量有何不同之处？

15. 既有线站场在测绘时，为什么要布设基线？基线布设的原则是什么？

16. 用矢距法进行曲线测量时，对外移桩有何要求？外移桩是否就是置镜点？

17. 既有线高程测量的目的是什么？如何进行测量？

18. 用矢距法进行曲线测量时，对外移桩有何要求？外移桩是否就是置镜点？

19. 如图 12-50 所示，要在圆曲线 DK13＋140 处测设横断面，已知 $R=600$m，置仪器于 DK13＋140 处后视 DK13＋100 时，其水平角度盘读数为 45°10′00″，问横断面方向的度盘读数应为多少？

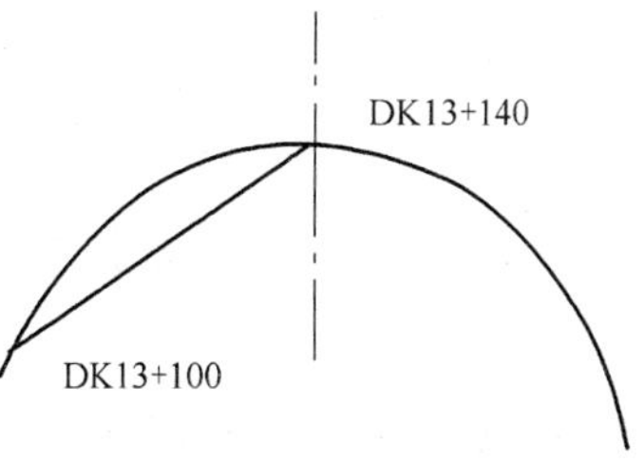

图 12-50　题 19 图

20. 试述公路路基边坡断面、路槽和路面放样的方法和步骤。

第十三章 桥梁测量

本章提要

本章介绍桥梁测量的基本概念及分类，主要包括平面和高程控制测量，桥梁墩、台中心的定位，墩台细部放样及梁部放样。

桥梁是交通工程的重要组成部分之一，在整个工程建设中，无论是投资比重、施工期限、技术要求等，桥梁都居于重要位置。特别是技术较复杂的桥梁建设，对一条路线能否按期、高质量地建成通车，具有重要影响，有时甚至起着控制工程的关键作用。

建设一座桥梁，需要进行各种测量工作，其中包括：勘测选址、地形测量、施工测量、竣工测量；在施工过程中及竣工通车后，还要进行变形观测。本章主要讨论桥梁施工阶段的测量工作。概括起来主要有：桥轴线长度测量、桥梁控制测量、墩台定位及轴线测设、墩台细部放样及梁部放样等。

近代的桥梁施工方法日益趋向工厂化和拼装化，尤其对于铁路桥梁，梁部构件一般都在工厂制造，在现场进行拼接和安装，这就对测量工作提出了十分严格的要求。

第一节 桥轴线长度所需精度估算

在选定的桥梁中线上，于桥头两端埋设两个控制点，两控制点间的连线称为桥轴线。由于墩、台定位时主要以这两点为依据，所以桥轴线长度的精度直接影响墩、台定位的精度。为了保证墩、台定位的精度要求，首先需要估算出桥轴线长度需要的精度，以便合理地拟定测量方案。

在现行的《测规》中，根据梁的结构形式、施工过程中可能产生的误差，推导出了以下的估算公式：

1. 钢筋混凝土简支梁

$$m_L = \pm \frac{\Delta_D}{\sqrt{2}} \sqrt{N} \tag{13-1}$$

2. 钢板梁及短跨（$l \leqslant 64$m）简支钢桁梁

单跨：

$$m_l = \pm \frac{1}{2} \sqrt{\left(\frac{l}{5000}\right)^2 + \delta^2} \tag{13-2}$$

多跨等跨：

$$m_L = m_l \sqrt{N} \tag{13-3}$$

多跨不等跨：

$$m_L=\pm\sqrt{m_{l_1}^2+m_{l_2}^2+\cdots} \tag{13-4}$$

3. 连续梁及长跨（$l>64$m）简支钢桁梁

单联（跨）：

$$m_l=\pm\frac{1}{2}\sqrt{n\Delta_l^2+\delta^2} \tag{13-5}$$

多联（跨）等联（跨）：

$$m_L=m_l\sqrt{N} \tag{13-6}$$

多联（跨）不等联（跨）：

$$m_L=\pm\sqrt{m_{l_1}^2+m_{l_2}^2+\cdots} \tag{13-7}$$

式中：m_L——桥轴线（两桥台间）长度中误差，mm；

m_{l_i}——单跨长度中误差，mm，$i=1,2,\cdots$；

l——梁长；

N——联（跨）数；

n——每联（跨）节间数；

Δ_D——墩中心的点位放样限差（±10 mm）；

Δ_l——节间拼装限差（±2 mm）；

δ——固定支座安装限差（±7 mm）；

1/5 000——梁长制造限差。

一般地，直线桥或曲线桥的桥轴线长度可用光电测距仪或全站仪直接测定。但如果精度需要时或对于复杂特大桥，则应布置三角网或小三角网进行平面控制测量，这时桥轴线长度的精度估算还应考虑利用三角点交会墩位的误差影响。

第二节　桥梁的控制测量

一、桥梁平面控制测量

桥梁平面控制测量的目的是测定桥轴线长度并进行墩、台位置的放样。同时，也可用于施工过程中的变形监测。

根据桥梁跨越的河宽及地形条件，平面控制网多布设成如图 13-1 所示的形式。

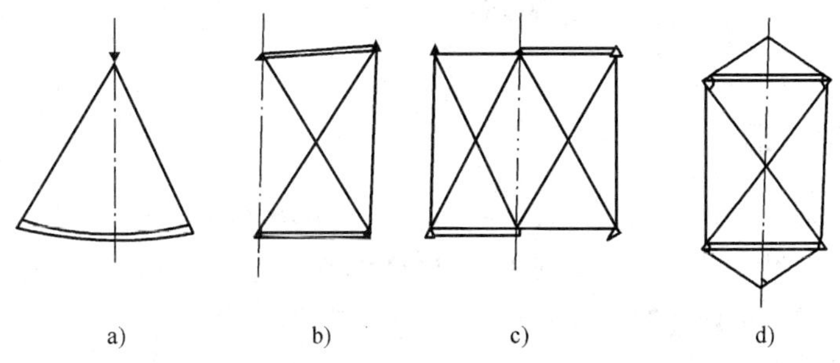

图 13-1　桥梁平面控制网

选择控制点时，应尽可能使桥的轴线作为三角网的一个边，以利于提高桥轴线的精度。如不可能，也应将桥轴线的两个端点纳入网内，以间接求算桥轴线长度，如图 13-1d)所示。

对于控制点的要求，除了图形简单、图形强度良好外，还要求地质条件稳定，视野开阔，便于交会墩位，其交会角不致太大或太小。基线应与桥梁中线近似垂直，其长度宜为桥轴线的0.7倍，困难时也不应小于0.5倍。在控制点上要埋设标石及刻有"+"字的金属中心标志。如果兼作高程控制点用，则中心标志的顶部宜做成半球状。

控制网可采用测角网、测边网或边角网。采用测角网时宜测定两条基线，如图13-1中的双线所示；测边网是测量所有的边长而不测角度；边角网则边长和角度均测。一般说来，在边、角精度互相匹配的条件下，边角网的精度较高。

在《铁路测量技术规则》(TBJ 105—88)里，按桥梁轴线的精度要求，将桥梁控制网分为五个等级，它们分别对测边和测角的精度有所规定，见表13-1所示。

测边和测角的精度规定 表13-1

三角网等级	桥轴线相对中误差	测角中误差	最弱边相对中误差	基线相对中误差
一	1/175000	±0.7	1/150000	1/400000
二	1/125000	±1.0	1/100000	1/300000
三	1/75000	±1.8	1/60000	1/200000
四	1/50000	±2.5	1/40000	1/100000
五	1/30000	±4.0	1/25000	1/75000

上述规定是对测角网而言的，由于桥轴线长度及各个边长都是根据基线及角度推算的，为保证轴线有可靠的精度，基线精度要高于桥轴线精度2～3倍。如果采用测边网或边角网，由于边长是直接测定的，所以不受或少受测角误差的影响，测边的精度与桥轴线要求的精度相当即可。

由于桥梁三角网一般都是独立的，没有坐标及方向的约束条件，所以平差时都按自由网处理。它所采用的坐标系一般是以桥轴线作为x轴，以桥轴线始端控制点的里程作为该点的x值。这样，桥梁墩台的设计里程即为该点的x坐标值，便于以后施工放样的数据计算。

在施工时如因机具、材料等遮挡视线，无法利用主网的点进行施工放样时，可以根据主网两个以上的点将控制点加密。这些加密点称为插点。插点的观测方法与主网相同，但在平差计算时，主网上点的坐标不得变更。

二、高程控制测量

在桥梁的施工阶段，为了作为放样的高程依据，应建立高程控制网，即在河流两岸建立若干个水准基点。这些水准基点除用于施工外，也可作为以后变形观测的高程基准点。

水准基点布设的数量视河宽及桥的大小而异。一般小桥可只布设一个；在200m以内的大、中桥，宜在两岸各设一个；当桥长超过200m时，由于两岸连测不便，为了在高程变化时易于检查，则每岸至少设置两个。水准基点是永久性的，必须十分稳固。除了它的位置要求便于保护外，根据地质条件，水准基点可采用混凝土标石、钢管标石、管柱标石或钻孔标石，在标石上方嵌以凸出半球状的铜质或不锈钢标志。

为了方便施工，也可在附近设立施工水准点，由于其使用时间较短，在结构上可以简化，但要求相对稳定，使用方便，且在施工时不致破坏。

桥梁水准点与线路水准点应采用同一高程系统。与线路水准点连测的精度不需要很高，当包括引桥在内的桥长小于 500m 时，可用四等水准连测，大于 500m 时可用三等水准进行测量。但桥梁本身的施工水准网则宜用较高精度，因为它直接影响桥梁各部放样精度。

当跨河距离大于 200m 时，宜采用过河水准法连测两岸的水准点。跨河点间的距离小于 800m 时，可采用三等水准测量，大于 800 m 时则采用二等水准进行测量。

第三节　桥梁墩、台中心的测设

在桥梁墩、台的施工过程中，最主要的工作是测设出墩、台的中心位置。其测设数据是根据控制点坐标和墩、台中心的设计位置计算确定。测设方法可采用直接测距或角度交会的方法。墩、台中心位置定出以后，还要测设出墩、台的纵横轴线，以固定墩台方向，同时它也是墩台施工中细部放样的依据。

一、直线桥的墩、台中心测设

直线桥的墩、台中心都位于桥轴线的方向上。墩、台中心的设计里程及桥轴线起点的里程是已知的，如图 13-2 所示，相邻两点的里程相减即可求得它们之间的距离。根据地形条件，可采用直接测距法或交会法测设出墩、台中心的位置。

1. 直接测距法

这种方法适用于无水或浅水河道。

根据计算出的距离，从桥轴线的一个端点开始，用检定过的钢尺测设出墩、台中心，并附合于桥轴线的另一个端点上。若在限差范围之内，则依各段距离的长短按比例调整已测设出的距离。在调整好的位置上钉一小钉，即为测设的点位。

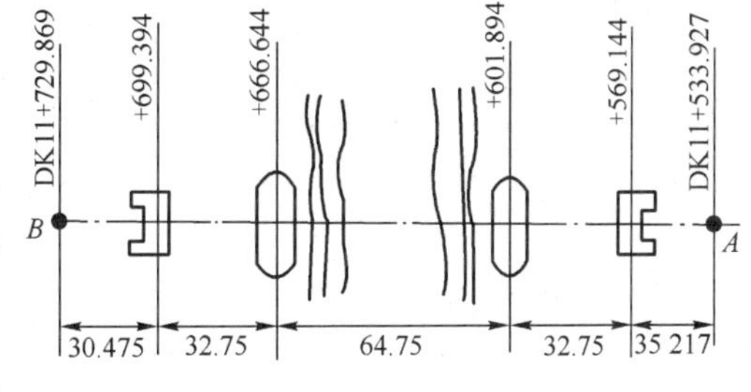

图 13-2　直线桥的墩台位置(单位:m)

如用光电测距仪测设，则在桥轴线起点或终点架设仪器，并照准另一个端点。在桥轴线方向上设置反光镜，并前后移动，直至测出的距离与设计距离相符，则该点即为要测设的墩、台中心位置。为了减少移动反光镜的次数，在测出的距离与设计距离相差不多时，可用小钢尺测出其差数，以定出墩、台中心的位置。

2. 角度交会法

当桥墩位于水中，无法直接丈量距离及安置反光镜时，则采用角度交会法。

如图 13-3 所示，C、A、D 为控制网的三角点，且 A 为桥轴线的端点，E 为墩中心设计位置。在控制测量中 C、A、D 各控制点坐标已知，利用坐标反算公式即可推导出交会角 α、β。当然也可以根据正弦定理或其他方法求算。

在 C、D 点上安置经纬仪，分别自 CA 及 DA 测设出交会角 α、β，则两方向的交点即为墩心 E 点的位置。为了检核精度及避免错误，通常还利用桥轴线 AB 方向，用三个方向交会

出 E 点。

由于测量误差的影响，三个方向一般不交于一点，而形成如图 13-3 所示的三角形，该三角形称为示误三角形。示误三角形的最大边长，在建筑墩台下部时不应大于 25 mm，上部时不应大于 15mm。如果在限差范围内，则将交会点 E' 投影至桥轴轴线上，作为墩中心 E 的点位。

随着工程的进展，需要经常进行交会定位。为了工作方便，提高效率，通常都是在交会方向的延长线上设置标志，以后交会时可不再测设角度，而直接瞄准该标志即可。

当桥墩筑出水面以后，即可在墩上架设反光镜，利用光电测距仪，以直接测距法定出墩中心的位置。

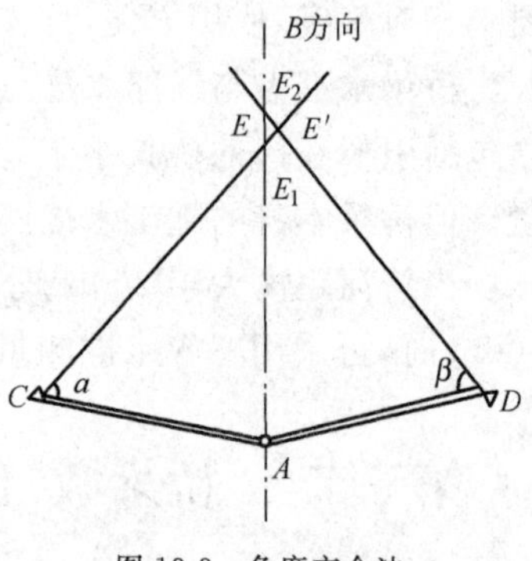

图 13-3 角度交会法

二、曲线桥的墩、台中心定位

位于直线桥上的桥梁，由于线路中线是直的，梁的中心线与线路中线完全重合，只要沿线路中线测出墩距，即可定出墩、台中心位置。但在曲线桥上则不然，曲线桥的线路中线是曲线，而每跨梁本身却是直的，两者不能完全吻合，如图 13-4 所示。

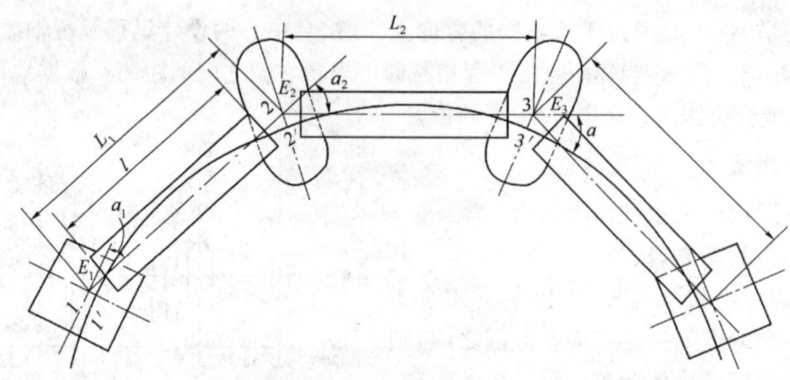

图 13-4 曲线桥的墩台位置

梁在曲线上的布置，是使各梁的中线联结起来，成为与线路中线基本吻合的折线，这条折线称为桥梁工作线。墩、台中心一般位于桥梁工作线转折角的顶点上，所谓墩台定位，就是测设这些转折角顶点的位置。

在桥梁设计时，为使列车运行时梁的两侧受力均匀，桥梁工作线应尽量接近线路中线，所以梁的布置应使工作线的转折点向线路中线外移动一段距离 E，这段距离称为桥墩偏距。偏距 E 一般是以梁长为弦线的中矢值的一半，这是铁路桥梁的常用布置方法，称为平分中矢布置。相邻梁跨工作线构成的偏角 α 称为桥梁偏角。每段折线的长度 L 称为桥墩中心距。E、α、L 在设计图中都已经给出结合这些资料即可测设墩位。

从上面的说明可以看出，直线桥的墩、台定位，主要是测设距离，其所产生的误差，也主要是距离误差的影响；而对于曲线桥，距离和角度的误差都会影响到墩、台点位的测设精度，所以它对测量工作的要求比直线桥要高，工作也比较复杂，在测设过程中一定要多方检核。

在曲线上的桥梁是线路组成的一部分，故要使桥梁与曲线正确地联结在一起，必须以高于线路测量的精度进行测设。曲线要素要重新以较高精度取得。为此需要对线路进行复测，重新测定曲线转向角，重新计算曲线要素，而不能利用原来线路测量的数据。

曲线桥上测设墩位的方法与直线桥类似，也要在桥轴线的两端测设出两个控制点，以作为墩、台测设和检核的依据。两个控制点测设精度同样要满足估算出的精度要求。在测设之前，首先要从线路平面图上弄清桥梁在曲线上的位置及墩台的里程。位于曲线上的桥轴线控制桩，要根据切线方向用直角坐标法进行测设，这就要求切线的测设精度要高于桥轴线的精度。至于哪些距离需要高精度复测，则要看桥梁在曲线上的位置而定。

将桥轴线上的控制桩测设出来后，就可根据控制桩及给出的设计资料进行墩、台的定位。根据条件，也是采用直接测距法或角度交会法。

1. 直接测距法

在墩、台中心处可以架设仪器时，宜采用这种方法。由于墩中心距 L 及桥梁偏角 α 是已知的，可以从控制点开始，逐个测设出角度及距离，即直接定出各墩、台中心的位置，最后再附合到另外一个控制点上，以检核测设精度，这种方法称为导线法。

利用光电测距仪测设时，为了避免误差的积累，可采用长弦偏角法（也称极坐标法）。因为控制点及各墩、台中心点在切线坐标系内的坐标是可以求得的，故可据以算出控制点至墩、台中心的距离及其与切线方向间的夹角 δ_i，架仪器于控制点，自切线方向开始拨出 δ_i，再在此方向上测设出 D_i，如图 13-5 所示，即得墩、台中心的位置。该方法的特点是独立测设，各点不受前一点测设误差的影响；但在某一点上发生错误或有粗差也难于发现。所以一定要对各个墩台中心距进行检核测量，以检核相邻墩台中心间距，若误差在 2cm 以内时，则认为成果是可靠的。

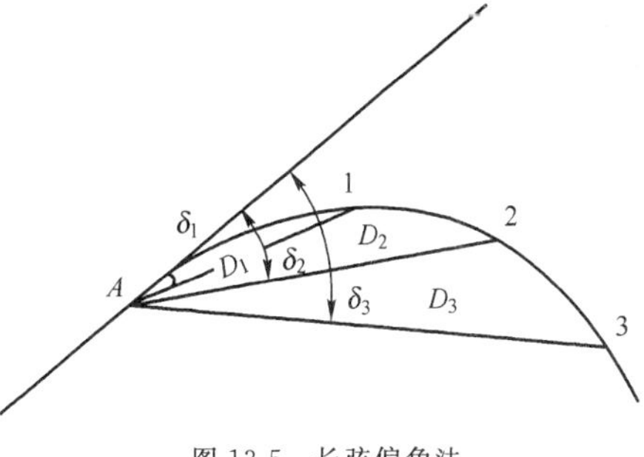

图 13-5 长弦偏角法

2. 角度交会法

当桥墩位于水中无法架设仪器及反光镜时，宜采用角度交会法。

与直线桥上采用角度交会法定位所不同的是，由于曲线桥的墩、台中心未在线路中线上，故无法利用桥轴线方向作为交会方向之一；此外，在三方向交会时，当示误三角形的边长在容许范围内时，取其重心作为墩中心位置。

由于这种方法是利用控制网点交会墩位，所以墩位坐标系与控制网的坐标系必须一致才能进行交会数据的计算。如果两者不一致时，则须先进行坐标转换。交会数据的计算与直线桥类似，根据控制点及墩位的坐标，通过坐标反算出相关方向的坐标方位角，再依此求出相应的交会角度。

三、墩台纵、横轴线的测设

为了进行墩、台施工的细部放样，需要测设其纵、横轴线。

纵轴线是指过墩、台中心平行于线路方向的轴线；横轴线是指过墩、台中心垂直于线路方向的轴线；桥台的横轴线是指桥台的胸墙线。

直线桥墩、台的纵轴线与线路的中线方向重合，在墩、台中心架设仪器，自线路中线方向测设90°角，即为横轴线的方向（图13-6）。

曲线桥的墩、台纵轴线位于桥梁偏角的分角线上，在墩、台中心架设仪器，照准相邻的墩、台中心，测设$\alpha/2$角，即为纵轴线的方向。自纵轴线方向测设90°角，即为横轴线方向（图13-7）。

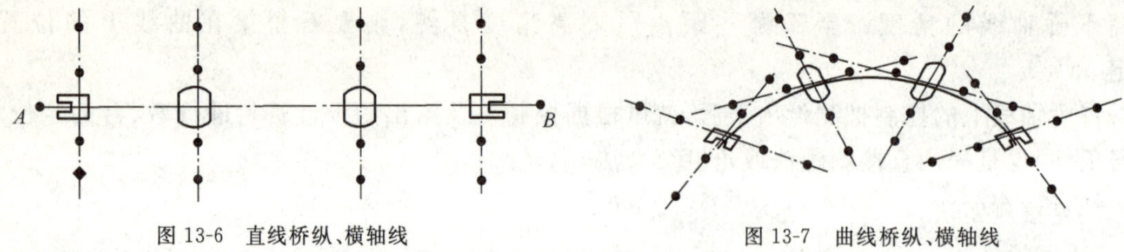

图13-6　直线桥纵、横线　　　　图13-7　曲线桥纵、横轴线

墩、台中心的定位桩在基础施工过程中要被挖掉，实际上，随着工程的进行，原定位桩常被覆盖或破坏，但又经常需要恢复以便于指导施工。因而需在施工范围以外钉设护桩，以方便恢复墩台中心的位置。

所谓护桩，即指在墩、台的纵、横轴线上，于两侧各钉设至少两个木桩，因为有两个桩点才可恢复轴线的方向。为防止破坏，可以多设几个。在曲线桥上相近墩台的护桩纵横交错，使用时极易弄错，所以在桩上一定注意要注明墩台的编号。

第四节　桥梁放样测量

在桥梁的施工过程中，随着工程的进展，随时都要进行放样工作。细部放样的项目繁多，桥梁的结构及施工方法千差万别，所以放样的内容及方法也各不相同。所有的放样工作都遵循这样一个共同原则，即先放样轴线，再依轴线放样细部。就一座桥梁而言，应先放样桥轴线，再依桥轴线放样墩、台位置；就每一个墩台而言，则应先放样墩台本身的轴线，再根据墩台轴线放样各个细部。其他各个细部也是如此。这就是所谓“先整体，后局部”的测量基本原则。总的来说，主要包括基础放样、墩台细部放样及架梁时的测设工作。

对于中小型桥梁的基础，最常用的是明挖基础和桩基础。明挖基础的构造如图13-8a)所示。它是在墩、台位置处挖出一个基坑，将坑底平整后，再灌筑基础及墩身。根据已经测设出的墩中心位置及纵、横轴线及基坑的长度和宽度，测设出基坑的边界线。在开挖基坑时，根据基础周围地质条件，坑壁需放有一定的坡度，可根据基坑深度及坑壁坡度测设出开挖边界线。边坡桩至墩、台轴线的距离D依下式计算

$$D=\frac{b}{2}+hm+l \tag{13-8}$$

式中：b——基础底边的长度或宽度；

h——坑底与地面的高差；

m——坑壁坡度系数的分母；

l——基底每侧加宽度。

桩基础的构造如图 13-8b)所示，它是在基础的下部打入基桩，在桩群的上部灌筑承台，使桩和承台连成一体，再在承台以上灌筑墩身。基桩位置的放样如图 13-9 所示，它以墩、台纵横轴线为坐标轴，按设计位置用直角坐标法测设，或根据基桩的坐标依极坐标的方法置仪器于任一控制点进行测设。后者更适合于斜交桥的情况。在基桩施工完成以后，承台修筑以前，应再次测定其位置，以作为竣工资料。

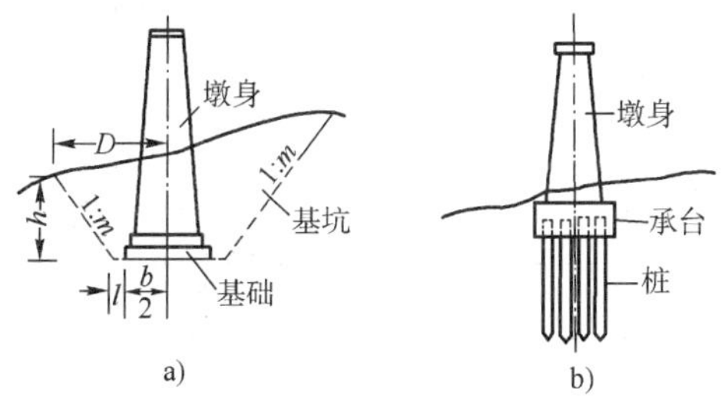

图 13-8　明挖基础和桩基础

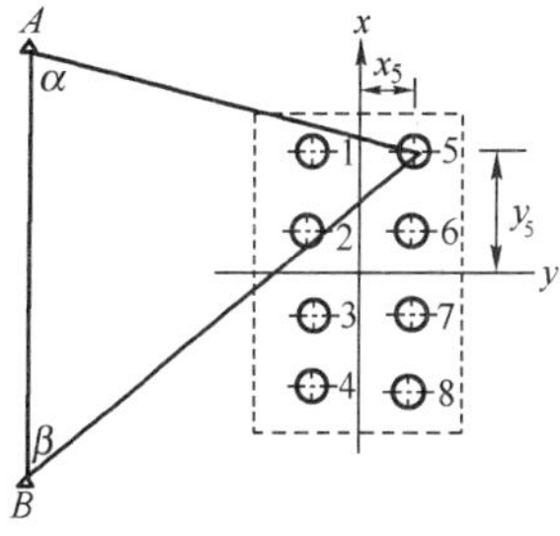

图 13-9　基桩放样

明挖基础的基础部分、桩基的承台以及墩身的施工放样，都是先根据护桩测设出墩、台的纵、横轴线，再根据轴线设立模板。即在模板上标出中线位置，使模板中线与桥墩的纵横轴线对齐，即为其应有的位置。

架梁是建造桥梁的最后一道工序。无论是钢梁还是混凝土梁，无论是预制梁还是现浇梁，同样需要相应的梁部放样工作。

梁的两端是用位于墩顶的支座支撑，支座放在底板上，而底板则用螺栓固定在墩台的支撑垫石上。架梁的测量工作，主要是测设支座底板的位置，测设时也是先设计出它的纵、横中心线的位置。支座底板的纵、横中心线与墩、台纵横轴线的位置关系是在设计图上给出的。因而在墩、台顶部的纵横轴线测设出以后，即可根据它们的相互关系，用钢尺将支座底板的纵、横中心线放样出来。对于现浇梁则其测设工作相对更多些，需要放样模板的位置并根据设计测设检查模板不同部位的高程等。

此外，在桥梁施工放样过程中，除平面位置的放样外，还有高程放样。墩台施工中的高程放样，通常都是在墩台附近设立一个施工水准点，根据这个水准点以水准测量方法测设各细部的设计高程。但在基础底部及墩、台的上部，由于高差过大，难于用水准尺直接传递高程时，可用悬挂钢尺的办法传递高程。

思考题与习题

1. 桥梁施工放样的主要内容有哪些？

2. 何谓桥轴线长度？其所需精度与哪些因素有关？

3. 桥梁控制网主要采取哪些形式？

4. 何谓桥梁工作线、桥梁偏角、桥墩偏距？绘图示意。

5. 某桥梁施工三角网如图 13-10 所示，各控制点及墩台中心的坐标值见表 13-2。

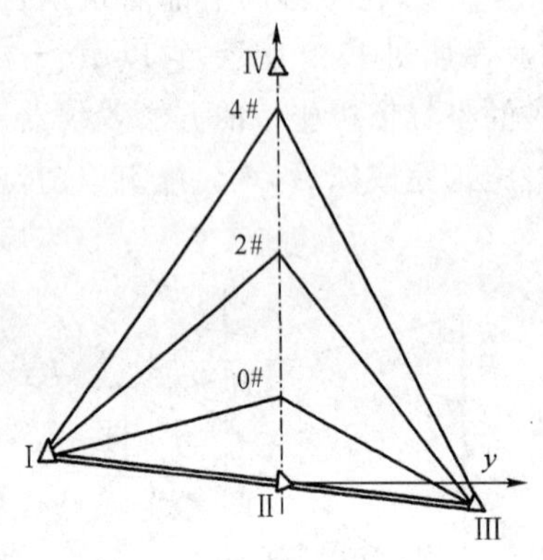

图 13-10　题 5 图

各控制点及墩台中心坐标值　表 13-2

编　　号	x 坐标(m)	y 坐标(m)
Ⅰ点	21.563	－316.854
Ⅱ点	0.000	0.000
Ⅲ点	－7.686	＋347.123
Ⅳ点	＋473.435	0.000
0＃台	＋11.120	0.000
2＃墩	＋75.120	0.000
4＃墩	139.120	0.000

现拟在控制点Ⅰ、Ⅱ、Ⅲ处安置经纬仪，用交会法测设墩台中心位置，试计算放样时的交会数据。

第十四章
隧道测量

本章提要

本章介绍隧道测量的基本工作：进洞测量、洞内控制测量、隧道施工测量和竣工测量等。

第一节　概述

一、隧道测量的内容和作用

随着经济建设的发展，地下隧道工程日益增多。隧道工程施工需要进行的主要测量工作主要包括以下几个方面。

(1)洞外控制测量。在洞外建立平面和高程控制网，测定各洞口控制点的位置。

(2)进洞测量。将洞外的坐标、方向和高程传递到隧道内，建立洞内、洞外统一坐标系统。

(3)洞内控制测量。包括隧道内的平面和高程控制。

(4)隧道施工测量。根据隧道设计要求进行施工放样、指导开挖。

(5)竣工测量。测定隧道竣工后的实际中线位置和断面净空及各建、构筑物的位置尺寸。

隧道测量的主要目的是保证隧道相向开挖时，能按规定的精度正确贯通，并使建筑物的位置和尺寸符合设计规定，不得侵入建筑限界，以确保运营安全。

二、隧道贯通测量的含义

在长大隧道施工中，为加快进度，常采取多种措施增加施工工作面，如图 14-1 所示。

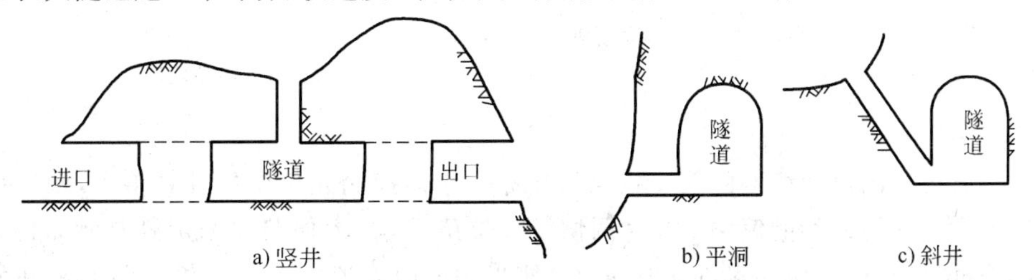

图 14-1　增加施工工作面方法

两个相邻的掘进面按设计要求在预定地点彼此接通，称为隧道贯通，为此而进行的相关测量工作称为贯通测量。贯通测量涉及大部分的隧道测量内容。由于各项测量工作中都存在误差，导致相向开挖中具有相同贯通里程的中线点在空间不相重合，此两点在空间的连接误差（即闭合差）称为贯通误差。该线段在线路中线方向的分量称为纵向贯通误差（简称纵向误差），在水平面内垂直于中线方向的分量称为横向贯通误差（简称横向误差），在高程方向的分量称为高程贯通误差（简称高程误差）。

纵向误差只对贯通在距离上有影响；高程误差对坡度有影响；而横向误差对隧道质量有影响。不同的隧道工程对贯通误差的容许值有各自具体的规定。如何保证隧道在贯通时，两相向开挖的施工中线的闭合差（包括横向、纵向及高程方向）不超过规定的限值，现已成为隧道测量的关键问题。

第二节　隧道进洞测量

在隧道开挖之前，必须根据洞外控制测量的结果，测算洞口控制点的坐标和高程，同时按设计要求计算洞内特定点的设计坐标和高程，通过坐标反算，求出洞内待定点与洞口控制点（或洞口投点）之间的距离和夹角关系。也可按极坐标方法或其他方法测设出进洞的开挖方向，并放样出洞门内的待定点点位，这就是隧道洞外和洞内的联系测量（即进洞测量）。

一、正常进洞关系的计算和进洞测量

洞外控制测量完成后，应把各洞口的线路中线控制桩和洞外控制网联系起来。若控制网和线路中线两者的坐标系不一致，应首先把洞外控制点和中线控制桩的坐标纳入同一坐标系统内，即必须先进行坐标转换。一般在直线隧道上以线路中线作为 x 轴；曲线隧道上以一条切线方向作为 x 轴，建立施工坐标系。用控制点和隧道内待测设的线路中线点的坐标，反算两点的距离和方位角，从而确定进洞测量的数据，把中线引进洞内。

1. 直线隧道进洞

直线隧道进洞计算比较简单，常采用拨角法。

如图 14-2 所示，A、D 为隧道的洞口投点，位于线路中线上，当以 AD 为坐标纵轴方向时，可根据洞外控制测量确定的 A、B 和 C、D 点坐标进行坐标反算，分别计算放样角 β_1 和 β_2 测设放样时，仪器分别安置在 A 点，后视 B 点；安置在 D 点，后视 C 点，相应地拨角 β_1 和 β_2，就得到隧道口的进洞方向。

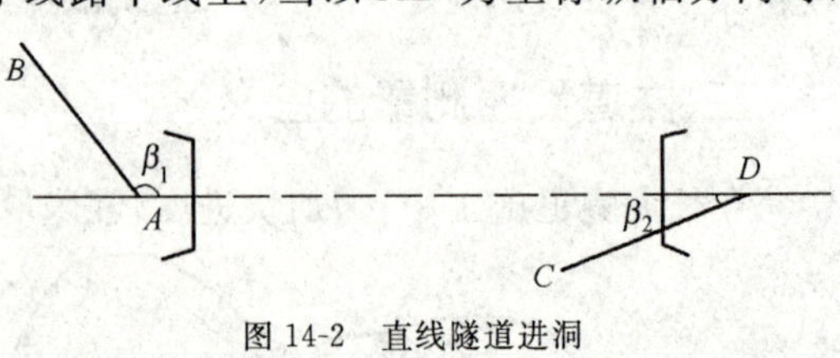

图 14-2　直线隧道进洞

2. 曲线隧道进洞

曲线隧道每端洞口切线上的两个投点的坐标在平面控制测量中已计算得到，根据 4 个投点的坐标可算出两切线间的偏角 α（α 为两切线方位角之差），α 值与原来定测时所测得的偏角值可能不相符，应按此时所测得的 α 值和设计所采用的曲线半径 R 和缓和曲线长 l_0，重新计算曲线要素和各主点的坐标。

曲线进洞测量一般有两种方法，即洞口投点移桩法及洞口控制点与曲线上任一点关系计算法。

(1)洞口投点移桩法

计算定测时原投点偏离中线(理论中线)的偏移量和移桩夹角，并将它移到正确的中线上，再计算出移桩后该点的隧道施工里程和切线方向，于该点安置仪器，就可按第 11 章的曲线测设方法，测设洞门位置或洞门内的其他中线点。

(2)洞口控制点与曲线上任一点关系计算法

将洞口控制点坐标和整个曲线转换为同一施工坐标系。无论待测设点位于切线、缓和曲线还是圆曲线上，都可根据其里程计算出施工坐标，在洞口控制点上安置仪器用极坐标法测设洞口待定点。

二、辅助坑道的进洞测量

1. 由洞外向洞内传递方向和坐标

如图 14-3 所示，当用斜井、横洞或竖井来增加隧道开挖工作面时，都要布设导线. 把洞内外控制测量联系起来，从而把洞外控制的方向和坐标传递给洞内导线，构成一个洞内和洞外统一的控制坐标系，保证各施工段正确贯通，这种导线称为联系导线。联系导线是一种支导线，其测角误差和边长误差将直接影响洞内控制测量并进而影响隧道的贯通精度，故必须进行多次重复精密测定。

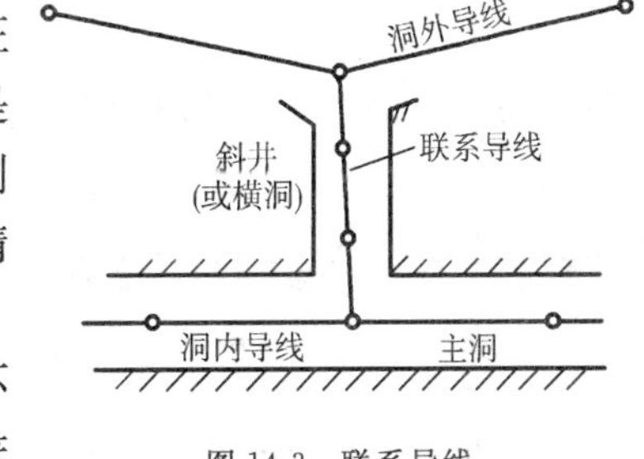

图 14-3 联系导线

当经由竖井传递方向和坐标进行联系测量时，由于不能直接布置联系导线，可采用联系三角形法。此法设备笨重、劳动强度大、效率低、精度差，已逐步被淘汰。现多采用垂准仪光学投点、陀螺经纬仪定向的方法向地下传递坐标和方位。若相邻的竖井投点能够通过干洞相互通视，则可大大提高定向精度。此方法已在地铁隧道和其他管线的盾构施工中广泛采用。

2. 由洞外向洞内传递高程

经由斜井或横洞传递高程时，以往均采用水准测量方法进行。但由于斜井坡度较陡，使观测视线很短，测站数增多，加之观测环境差，故误差累积较大。应每隔 10 站在斜井边脚设一临时水准点，以便往返测量时校核，用以减少返工的工作量。近年来采用光电测距三角高程测量的方法在斜井内传递高程，大大提高了工作效率，使工作既简便快捷，又能满足精度要求，因而具有很大的优越性。

经由竖井传递高程时，可采用悬挂钢尺的方法，即在井上悬挂一根带标准重锤的经过检定的长钢尺或者钢丝(井上需有比长器)至井下，并在井上、井下各安置一台水准仪，同时读取钢尺读数 l_1 和 l_2，然后再读取井上、井下水准点的标尺读数，由此求得井下水准点的高程。井下水准点 B 的高程 H_B 可用下式计算

$$H_B = H_A + a - [(L_1 - L_2) + \Delta k + \Delta t] - b \qquad (14\text{-}1)$$

式中：H_A——井上水准点 A 的高程；

a、b——井上、井下水准尺读数；

L_1、L_2——井上、井下钢尺读数，$L=L_1-L_2$；

Δk——钢尺尺长改正数；

Δt——钢尺温度改正数，其值为：

$$\Delta t = \alpha L(t_{均} - t_0)$$

式中：α——钢尺的线膨胀系数，取 $1.25\times10^{-5}/℃$；

$t_{均}$——井上、井下的平均温度；

t_0——钢尺检定时的温度。

如果在井上安装光电测距仪，装配一托架，使照准头向下直接瞄准井底的反光镜，测出井深 D_h，然后在井上、井下分别同时用两台水准仪，测定井上水准点 A 与测距仪照准头转动中心的高差$(a_上-b_上)$、井下水准点 B 与反射镜转动中心的高差$(b_下-a_下)$，即可将井上水准点 A 的高程 H_A 传递至井下，求得井下水准点 B 的高程 H_B，如图 14-4 所示

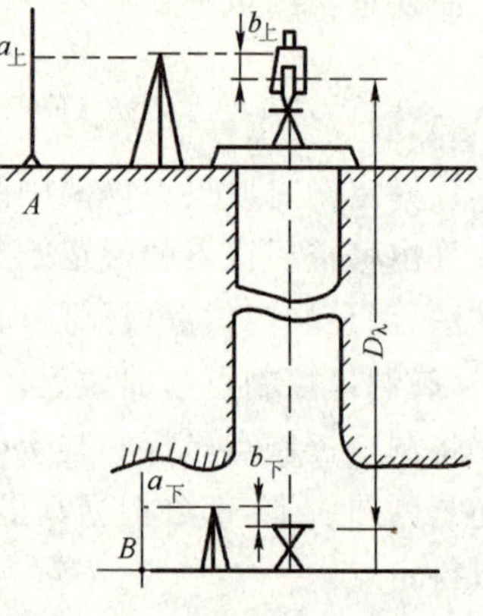

图 14-4　光电测距仪传递高程

$$H_B = H_A + (a_上 - b_上) - D_h + (b_下 - a_下) \tag{14-2}$$

用光电测距仪测井深的方法比悬挂钢尺的传统方法快捷、精确，大大减轻了劳动强度，提高了工效。尤其是对于 50m 以上的深井测量，更显示出它的优越性。

第三节　隧道洞内控制测量

在隧道施工中，随着开挖的延伸进展，需要不断给出隧道的掘进方向。为了正确完成施工放样，防止误差积累，保证最后的准确贯通，应进行洞内控制测量。此项工作是在洞外控制测量和洞内、外联系测量的基础上展开的，包括洞内平面控制测量和洞内高程控制测量。

一、洞内平面控制测量

隧道洞内平面控制测量应结合洞内施工特点进行。由于场地狭窄，施工干扰大，故洞内平面控制常采用中线或导线两种形式。

1. 中线形式

中线形式是指采用直接定线法，即以洞外控制测量定测的洞口投点为依据，向洞内直接测设隧道中线点，并不断延伸作为洞内平面控制。这是一种特殊的支导线形式，即把中线控制点作为导线点，直接进行施工放样。一般以定测精度测设出待定中线点，其距离和角度等放样数据由理论坐标值反算。这种方法一般适用于小于 500m 的曲线隧道和小于 1000m 的直线隧道。若将上述测设的中线点辅以高精度的测角、量距，可以计算出新点实际的精确点位，并和理论坐标相比较，根据其误差，再将新点移到正确的中线位置上，这种方法也可以用于较长的隧道。

其缺点是：受施工运输的干扰大，不方便观测，点位易被破坏。

2. 导线形式

导线形式是指隧道洞内平面控制采用布设精密导线进行。导线控制的方法较中线形式灵活，点位易于选择，测量工作也较简单，而且可有多种检核方法。当组成导线闭合环时，角度经过平差，还可提高点位的横向精度。施工放样时的隧道中线点依据临近导线点进行测设，中线点的测设精度能满足局部地段施工要求即可。洞内导线平面控制方法适用于长大隧道。

洞内导线与洞外导线相比，具有以下几个特点：洞内导线是随着隧道的开挖而向前延伸的，因此只能敷设支导线或狭长形导线环，而不可能将贯穿洞内的全部导线一次测完；测量工作间歇时间取决于开挖面的进展速度；导线的形状（直伸或曲折）完全取决于坑道的形状和施工方法；支导线或狭长形导线环只能用重复观测的方法进行检核，定期进行精确复测，以保证控制测量的精度；洞内导线点标石顶面最好比洞内地面低 20～30cm，上面加设坚固护盖，然后填平地面，注意护盖不要和标石顶点接触，以免在洞内运输或施工中遭受破坏。

洞内导线可以采用下列几种形式。

(1)单导线。导线布设灵活，但缺乏检测条件。测量转折角时最好半数测回测左角，半数测回测右角，以加强检核。施工中应定期检查各导线点的稳定情况。

(2)导线环。如图 14-5 所示，导线环是长大隧道洞内控制测量的首选形式，有较好的检核条件，而且每增设一对新点，如 5 和 5′点，可按两点坐标反算 5—5′的距离，然后与实地丈量的 5—5′距离比较，这样每前进一步均有检核。

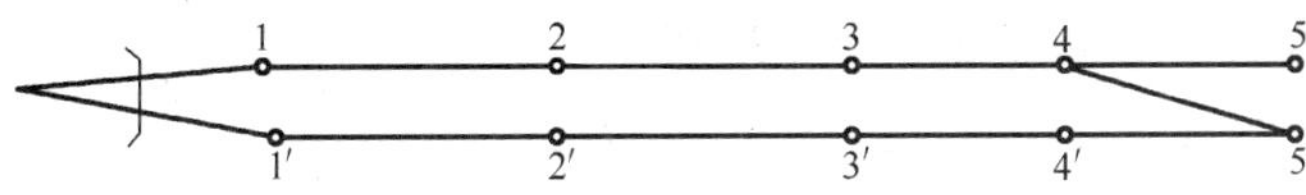

图 14-5　导线环

(3)主、副导线环。如图 14-6 所示，图中双线为主导线，单线为副导线。主导线既测角又测边长，副导线只测角不测边，以增加角度的检核条件。可按虚线形式形成第二闭合环，以便主导线在 2 点处能以平差角传算 2—3 边的方位角。主副导线环可对测量角度进行平差，提高了测角精度，对提高导线端点的横向点位精度非常有利。

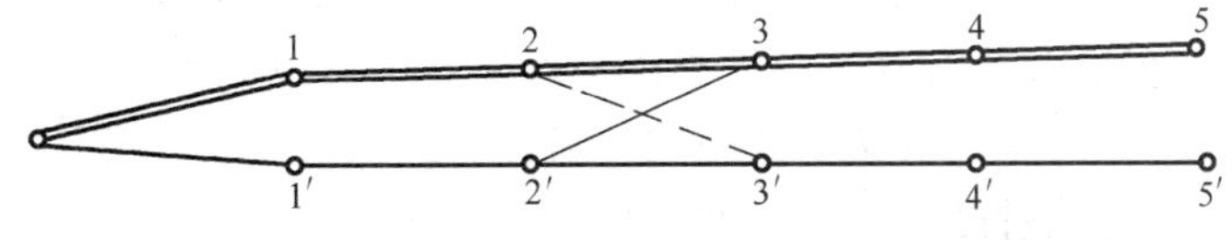

图 14-6　主、副导线环

此外，还有交叉导线、旁点闭合环等布线方式。

当有平行导坑时，还可利用横通道形成正洞和导坑联系起来的导线闭合环，重新进行平差计算，可进一步提高导线的精度。

在洞内进行平面控制时应注意以下几点：

(1)每次建立新点，都必须检测前一个旧点的稳定性，确认旧点没有发生位移，才能用来发展新点。

(2)导线点应布设在避免施工干扰、稳固可靠的地段,尽量形成闭合环。导线边以接近等长为宜,一般直线地段不短于200m,曲线地段不宜短于70m。

(3)测角时,必须经过通风排烟,在空气"澄清"以后,能见度恢复时进行。根据测量的精度要求确定使用仪器的类型和测回数。

(4)洞内边长用钢尺丈量时,钢尺需经过检定;当使用光电测距仪测边时,应注意洞内排烟和漏水地段测距的状况,准确进行各项改正。

二、洞内高程控制测量

洞内高程控制测量是将洞外高程控制点的高程通过联系测量引测到洞内,作为洞内高程控制和隧道构筑物施工放样的基础,以保证隧道在竖直方向正确贯通。

洞内水准测量与洞外水准测量的方法基本相同,但有以下几个特点。

(1)隧道贯通之前,洞内水准路线属于水准支线,故需往返多次观测进行检核。

(2)洞内三等及以上的高程测量应采用水准测量,并进行往返观测;四、五等测量也可采用光电测距三角高程测量的方法,并应进行对向观测。

(3)洞内应每隔200～500m设立一对高程控制点以便检核。为了施工便利,应在导坑内拱部边墙至少每100m处设立一个临时水准点。

(4)洞内高程点必须定期复测。在测设新的水准点前,注意检查前一个水准点的稳定性,以免产生错误。

(5)因洞内施工干扰大,常使用挂尺传递高程。如图14-7所示,高差的计算公式仍用 $h_{AB}=a-b$,但对于零端在顶上的挂尺(如图中 B 点挂尺),读数应作为负值计算,记录时必须在挂尺读数前冠以负号。

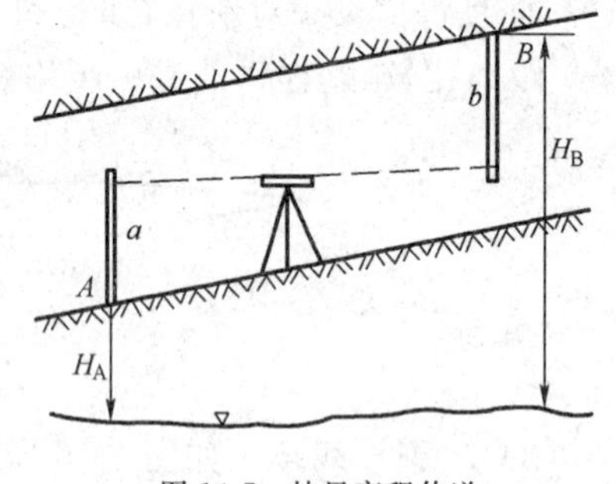

图14-7　挂尺高程传递

B 点的高程:

$$H_B=H_A+a-(-b)=H_a+a+b \tag{14-3}$$

洞内高程控制测量的作业要求、观测限差和精度评定方法应符合洞外高程测量的有关规定。洞内测量结果的精度必须符合洞内高程测量设计要求或规定等级的精度。

当隧道贯通之后,求出相向两支水准路线的高程贯通误差,在允许误差以内时可在未衬砌地段进行调整。所有开挖、衬砌工程应以调整后的高程指导施工。

第四节　隧道贯通精度的预计

一、贯通精度预计的意义

为了加快隧道的施工进度,一般均需增加开挖面,这就必须严格保证各开挖面的贯通质量。由于隧道施工是在洞内、外控制测量的基础上进行的,因此必须根据控制测量的设计精度或实测精度，在隧道施工前或施工中对其未来的贯通质量进行预计，以确保准确贯通，避免重大事故的发生，对于长大隧道尤其如此。

二、贯通误差预计概述

接到隧道测量任务之后，应先了解隧道设计的意图和要求，收集有关资料，进行实地踏勘，然后提出若干测量方案，经比较、筛选后，确定出一种方案（即确定布网形式、观测方法、仪器设备类型、控制网的等级、误差参数等）。根据确定的方案进行贯通误差预计，若预计误差在工程设计要求范围之内，即可按此方案实施；否则，需对原方案进行修改调整，重新预计，直到符合要求为止。

对于一些重要的或精度要求较高的隧道，还可在施工过程中，根据洞内、外控制测量的实际精度，进行贯通误差预计。根据我国铁路隧道工程建设的要求及多年来贯通测量的实践，各项贯通误差的允许数值可参考《测规》，见表 14-1。

贯通误差的限差（mm） 表 14-1

两开挖洞口间长度(km)	<4	4～8	8～10	10～13	13～17	17～20
横向贯通误差(mm)	100	150	200	300	400	500
高程贯通误差(mm)	50					

表 14-1 中未对纵向误差作出具体规定，但通常应小于隧道长度的 1/2000。由于测距精度的提高，在纵向方面所产生的贯通误差，远远小于这一要求，且纵向误差对隧道施工和隧道质量不产生影响，因此规定这项限差没有实际意义。高程所要求的精度，使用一般等级水准测量方法即可满足。横向贯通误差的大小，直接影响隧道的施工质量，严重者甚至会导致隧道报废。所以一般意义上的贯通误差，主要是指隧道的横向贯通误差。

三、贯通误差预计

影响横向贯通误差的因素有：洞外平面控制测量误差、洞外与洞内之间的联系测量误差、洞内平面控制测量误差，而洞内、外的联系测量可以作为洞内控制的一部分来处理。

《测规》规定，洞内、洞外控制测量误差对每个贯通面上的贯通误差影响值应符合表 14-2 的规定。

洞内、洞外控制测量的贯通精度要求（mm） 表 14-2

测量外部	横向中误差						高程中误差
	相邻两开挖洞口间长度(km)						
	<4	4～8	8～10	10～13	13～17	17～20	
洞外	30	45	60	90	120	150	18
洞内	40	60	80	120	160	200	17
洞内外总影响	50	75	100	150	200	250	25

注：本表不适用于利用竖井贯通的隧道。

受洞内、洞外平面控制测量影响所产生的在贯通面上的横向中误差，按下列公式计算：

1. 导线测量

$$m=\pm\sqrt{m_{y\beta}^2+m_{yl}^2} \tag{14-4}$$

式中：$m_{y\beta}$——由于测角误差影响所产生的在贯通面上的横向中误差(mm)，即

$$m_{y\beta}=\frac{m_\beta}{\rho}\sqrt{\sum R_x^2} \tag{14-5}$$

m_{yl}——由于测边误差影响所产生的在贯通面上的横向中误差(mm)，即

$$m_{yl}=\frac{m_l}{l}\sqrt{\sum d_y^2} \tag{14-6}$$

式中：m_β——由导线环的闭合差计算的测角中误差，″；

R_x——导线环在邻近隧道两洞口连线的一条导线上的各导线点至贯通面的垂直距离，m；

$\frac{m_1}{l}$——导线边边长相对中误差；

d_y——导线环在邻近隧道两洞口连线的一条导线上的各导线边在贯通面上的投影长度，m。

2. 三角测量

三角测量的计算公式可参考《测规》中给出的有关公式，也可以按导线测量的误差影响公式计算。其方法是选取三角锁中沿中线附近的连续传算边作为一条导线进行计算。但式(14-5)和式(14-6)中的符号含义如下：

m_β——由三角锁闭合差求算的测角中误差，″；

R_x——所选三角锁中连续传算边形成的导线上各转折点至贯通面的垂直距离；

$\frac{m_1}{l}$——三角锁最弱边的相对中误差；

d_y——所选三角锁中连续传算边形成的导线各边在贯通面上的投影长度。

四、例题

计算洞外、洞内导线控制测量误差对横向贯通的影响值。

首先按导线布点，以 1∶1000 比例尺绘制导线洞外平面图，如图 14-8 所示。隧道相邻两洞口间连线的一条导线为 $A—B—C—D—E—F$。坐标轴 y 平行于贯通面，由各导线点向贯通面方向作垂线，各点垂足为 A'、B'、C'、D'、E'、F'，除导线起终点 A、F 之外，量出其余各点垂距 R_{XB}、R_{XC}、R_{XD}、R_{XE}（用比例尺量，凑整至 10m 即可）。然后以同样精度量出各导线边在贯通面方向上的投影长度 d_{y1}、d_{y2}、d_{y3}、d_{y4}、d_{y5}（即 $A'B'$、$B'C'$、$D'E'$、$E'F'$的长度），将各值填入表 14-3。

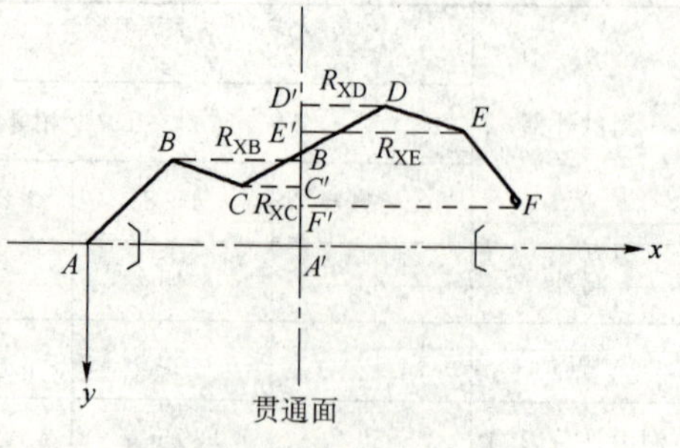

图 14-8 隧道贯通误差解算

贯 通 误 差 解 算 表 14-3

各导线点至贯通面的垂距 R_x			各导线边的投影长度 d_y		
点名	R_x(m)	R_x^2(m^2)	导线边	d_y(m)	d_y^2(m^2)
B	400	160000	*A-B*	140	19600
C	150	22500	*B-C*	40	1600
D	250	62500	*C-D*	160	25600
E	480	230400	*D-E*	70	4900
			E-F	130	16900
$\sum R_x^2=475400m^2$			$\sum d_y^2=68600m^2$		

设导线环的测角中误差为

$$m_\beta=\pm\sqrt{\frac{[f_\beta^2/n]}{N}}=\pm 4''$$

导线边长相对中误差为

$$\frac{m_l}{l}=\frac{1}{10000}$$

则
$$m_{y\beta}=\frac{m_\beta}{\rho}\sqrt{\sum R_x^2}=\pm\frac{4}{206265}\sqrt{475400}\text{mm}=\pm 13.4\text{mm}$$

$$m_{yl}=\frac{m_l}{l}\sqrt{\sum d_x^2}=\pm\frac{1}{1000}\sqrt{68600}\text{mm}=\pm 26.2\text{mm}$$

$$m_{y外}=\pm\sqrt{m_{y\beta}^2+m_{yl}^2}=\pm 29.4\text{mm}$$

洞内平面控制测量误差对横向贯通精度影响的估算方法与洞外导线测量完全相同,但需注意两点:

①两洞口处的控制点,在引入洞内导线时需要测角,因此这个测角误差算入洞内测量误差,即计算洞外导线测角误差时,不包括始终点的 R_x 值,而洞内估算时,则需加 R_{xA}、R_{xF};

②两洞口引入导线时不必单独计算,可以将贯通点当作一个导线点。如图 14-9 所示,把从一端洞口控制点到另一端洞口控制点的连线(*A*—*a*—*b*—*c*…—*F*)当成一条导线来估算。把贯通点 *d* 作为导线上的一点来进行估算:计算列于表 14-4 中。

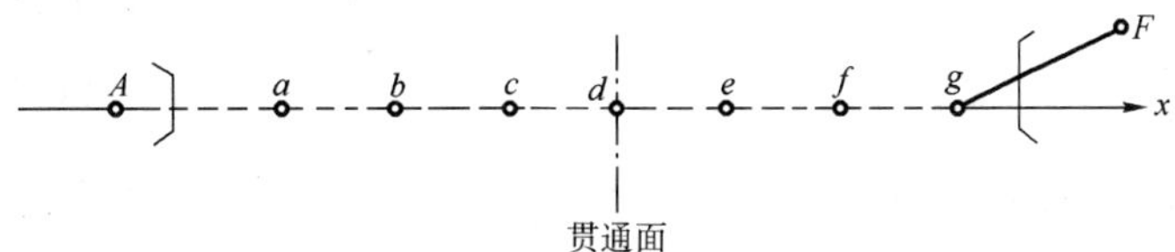

图 14-9 洞内导线误差对贯通精度的影响

贯 通 误 差 解 算 表 14-4

洞内导线点至贯通面的垂距 R_x			洞内导线边的投影长度 dy		
点名	R_x(m)	R_x^2(m^2)	导线边	dy(m)	d_y^2(m^2)
A	690	476100	*A-a*	0	0
a	510	260100	*a-b*	0	0
b	330	108900	*b-c*	0	0

续上表

洞内导线点至贯通面的垂距 R_x			洞内导线边的投影长度 dy		
点名	R_x(m)	R_x^2(m^2)	导线边	dy(m)	d_y^2(m^2)
c	110	12100	c-d	0	0
d	0	0	d-e	0	0
e	170	28900	e-f	0	0
f	350	122500	f-g	0	0
g	510	260100	g-F	60	3600
F	630	396900			
$\sum R_x^2=1665600\text{m}^2$			$\sum d_y^2=3600\text{m}^2$		

设洞内导线的测角中误差为 $m_\beta=\pm4''$，导线边长相对中误差为

$$\frac{ml}{l}=\frac{1}{5000}$$

则

$$m_{y\beta}=\pm\frac{4}{206265}\sqrt{1665600}\text{mm}=\pm25\text{mm}$$

$$m_{yl}=\pm\frac{1}{5000}\sqrt{3600}\text{mm}=\pm12\text{mm}$$

$$m_{y内}=\pm\sqrt{m_{y\beta}^2+m_{yl}^2}=\pm27.7\text{mm}$$

$$m_y=\pm\sqrt{m_{y外}^2+m_{y内}^2}=\pm40.4\text{mm}$$

按规定，两开挖洞口间长度小于 4km 的隧道，横向贯通中误差应小于±50mm，现估算洞内外总的影响值为±40.4mm，故认为实测（或设计）的控制测量精度可以满足横向贯通精度的要求。

式(14-4)为我国隧道测量中一直采用的横向贯通误差的计算公式，它是根据支导线观测误差传播情况导出的。实际操作时都是将导线布置成导线环，按闭合条件进行平差计算，因此比支导线精度高，故可认为采用式(14-4)来估算横向贯通误差偏于安全。

第五节　隧道施工测量

一、洞门的施工测量

进洞数据通过坐标反算得到后，应在洞口投点安置经纬仪，测设出进洞方向，并将此掘进方向标定在地面上，即测设洞口投点的护桩。如图 14-10 所示，在投点 A 的进洞方向及其垂直方向上的地面上测设护桩，量出各护桩到 A 的距离。在施工中若投点 A 被破坏，可以及时用护桩进行恢复。

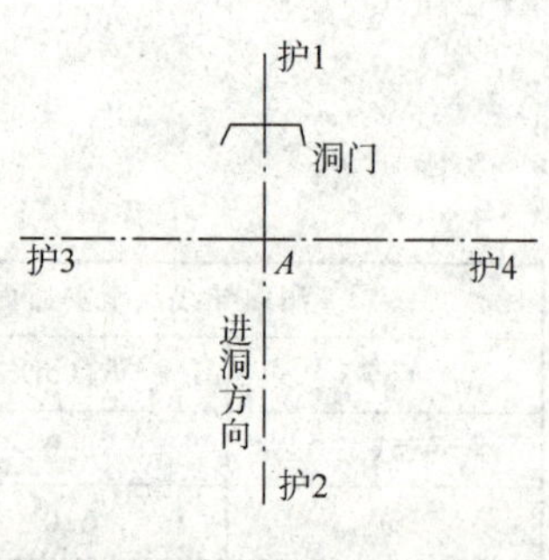

图 14-10　洞门施工测量

在洞口的山坡面上标出中垂线位置，按设计坡度指导劈坡工作。劈坡完成后，在洞帘上测设出隧道断面轮廓线，就可以进行洞

门的开挖施工了。

二、洞内中线测量

隧道洞内掘进施工是以中线为依据来进行的。当洞内敷设导线之后，导线点不一定恰好在线路中线上，也不可能恰好在隧道的轴线上。(隧道衬砌后两个边墙间隔的中心即为隧道中心轴线，其在直线部分与线路中线重合；而曲线部分由于隧道断面的内、外侧加宽值不同，所以线路中心线与隧道中心线并不重合。)施工中线分为永久中线和临时中线，永久中线应根据洞内导线测设，中线点间距应符合表 14-5 的规定。

永久中线点间距(m)　　表 14-5

中线测量	直线地段	曲线地段	中线测量	直线地段	曲线地段
由导线测设中线	150～250	60～100	独立的中线法	不小于 100	不小于 50

1. 由导线测设中线

用精密导线进行洞内控制测量时，应根据导线点位的实际坐标和中线点的理论坐标，反算出距离和角度，用极坐标法测设出中线点。为方便使用，中线桩可同时埋设在隧道的底部和腰板，底部宜采用混凝土包木桩，桩顶钉一小钉以示点位；顶板上的中线桩点可灌入拱部混凝土中或打入坚固岩石的钎眼内，且应能悬挂垂球线以标示中线。测设完成后应进行检核，确保无误。

2. 独立的中线法

对于较短隧道，若用中线法进行洞内控制测量，则在直线隧道内应用正倒镜分中法延伸中线。在曲线隧道内一般采用弦线偏角法，也可采用其他曲线测设方法延伸中线。

3. 洞内临时中线的测设

隧道的掘进延伸和衬砌施工应测设临时中线。随着隧道掘进的深入，平面测量的控制工作和中线测量也需紧随其后。当掘进的延伸长度不足一个永久中线点的间距时，应先测设临时中线点，如图 14-11 所示中的 1、2…，点间距离一般在直线上不大于 30m，曲线上不大于 20m。为方便掌子面的施工放样，当点间距小于此长度时，可采用串线法延伸标定简易中线，超过此长度时，应该用仪器测设临时中线。当延伸长度大于永久中线点的间距时，就可以建立一个新的永久中线点，如图中的 e。永久中线点应根据导线或用独立中线法测设，然后根据新设的永久中线点继续向前测设临时中线点。当采用全断面法开挖时，导线点和永久中线点都应紧跟临时中线点，这时临时中线点要求的精度也较高。供衬砌用的临时中线点，在直线上应采用正倒镜压点或延伸，曲线上可用偏角法、长弦支距法等方法测定，宜每 10m 加密一点。

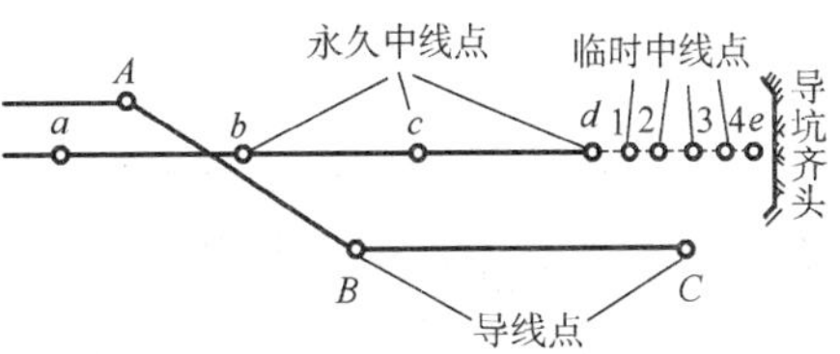

图 14-11　洞内临时中线的测设

三、腰线的测设

在隧道施工中，为了随时控制洞底的高程，以及进行断面放样，通常在隧道侧面岩壁上沿中线前进方向每隔一定距离(5～10m)，标出比洞底设计地坪高出 1m 的抄平线，称为腰线。

由于隧道有一定的设计坡度，因此腰线也按此坡度变化。它和隧道底设计地坪高程线是平行的。腰线标定后，对于隧道断面的放样和指导开挖都十分方便。

洞内测设腰线的临时水准点应设在不受施工干扰、点位稳定的边墙处，每次引测时都要和相邻点校核，确保无误。

四、掘进方向指示

应用激光定向经纬仪或激光指向仪来指示掘进方向。利用它发射的一束可见光，指示出中线及腰线方向或它们的平行方向。它具有直观性强、作用距离长，测设时对掘进工序影响小，便于实现自动化控制的优点。如采用机械化掘进设备，则配以装在掘进机上的光电跟踪靶，当掘进方向偏离了指向仪的激光束，光电接收装置将会通过指向仪表给出掘进机的偏移方向和偏移量，并能为掘进机的自动控制提供信息，从而实现掘进定向的自动化。激光指向仪可以被安置在隧道顶部或侧壁的锚杆支架上，如图 14-12 所示，以不影响施工和运输为宜。

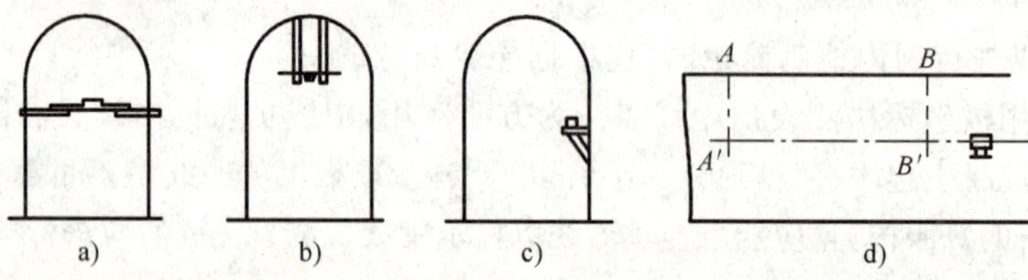

图 14-12 激光指向仪的位置

a)安装在横梁上；b)安装在锚杆上；c)安装在侧面刚架上；d)指向仪

还可应用经纬仪，根据导线点和待定点的坐标反算数据，用极坐标的方法测设出掘进方向。

五、开挖断面的放样

开挖断面的放样是在中垂线和腰线基础上进行的，包括两侧边墙、拱顶、底版(仰拱)三部分。根据设计图纸给出的断面宽度、拱脚和拱顶的标高、拱曲线半径等依据放样，常采用断面支距法测设断面轮廓。

全断面开挖的隧道，当衬砌与掘进工序紧跟时，两端掘进间距预计贯通点各 100m 时，开挖断面可适当加宽，以便于调整贯通误差，但加宽值不应超过该隧道横向预计贯通误差的一半。

六、结构物的施工放样

在结构物施工放样之前，应对洞内的中线点和高程点加密。中线点加密的间隔视施工需要而定，一般为 5～10m 一点，加密中线点应以铁路定测的精度测设。加密中线点的高程，均以五等水准精度测定。

在衬砌之前，还应进行衬砌放样，包括立拱架测量、边墙及避车洞和仰拱的衬砌放样、洞门砌筑施工放样等一系列的测量工作。由于本书篇幅所限，不能一一详述，请参阅相关书籍。

第六节 隧道竣工测量

隧道竣工后，为了检查主要结构物及线路位置是否符合设计要求并提供竣工资料，为将来运营中的检修工作和设备安装等提供测量控制点，应进行竣工测量。

隧道竣工测量时，首先从一端洞口至另一端洞口检测中线点，检测闭合后，应在直线上每200～250m 和各曲线主点上埋设永久中线桩；洞内高程点应在复测的基础上每千米埋设一个永久水准点。永久中线点、水准点经检测后，除了在边墙上加以标示之外，需列出实测成果表，注明里程，必要时还需绘出示意图，作为竣工资料之一。

竣工测量的另一主要内容是测绘隧道的实际净空断面，应在直线地段每 50m、曲线地段每 20m 或需要加测断面处施测。如图 14-13 所示，净空断面测量应以线路中线为准，测量拱顶高程、起拱线宽度、轨顶面以上 1.1m、3.0m、5.8m 处的宽度。

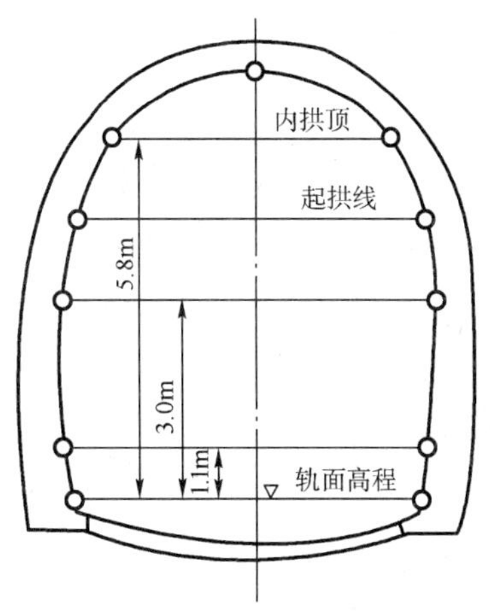

图 14-13 净空断面测量

竣工测量后一般要求提供下列图表：隧道长度表、净空表、隧道回填断面图、水准点表、中桩表、断链表和坡度表。

思考题与习题

1. 如图 14-14 所示，A、C 投点在线路中线上，导线坐标计算如下：$A(0,0)$，$B(238.820,-42.376)$，$C(1730.018,0)$，$D(1876.596,0.007)$，问仪器安置在 A、C 点时怎样进行洞测设。

图 14-14 题 1 图

2. 求洞外导线的测量误差对横向贯通误差影响的估算值。

设 $m_\beta=\pm1.4$，$\frac{m_l}{l}=\frac{1}{10000}$ 贯通长度 4.6km，其导线点垂距及边的投影值见表 14-6。

导线点垂距及边的投影值　　表 14-6

点　号	各导线点至贯通面的垂距 R_x(m)	导　线　边	各导线边的投影长度 dy(m)
B	3160	A-B	120
C	2010	B-C	430
D	510	C-D	70
E	1540	D-E	420
F	240	E-F	210
G	450	F-G	170
H	320	G-H	360
		H-k	150

3. 贯通测量误差包括哪些误差？什么误差是主要的？

4. 为什么要进行隧道洞内、外的联系测量？

5. 隧道洞内平面控制测量有何特点？常采用何种形式？

参 考 文 献

[1] 王兆祥.铁道工程测量.北京:中国铁道出版社,1998.
[2] 过静珺.土木工程测量.武汉:武汉工业大学出版社,2000.
[3] 李仕东.工程测量.北京:人民交通出版社,2002.
[4] 宋文.公路施工测量.北京:人民交通出版社,2001.
[5] 罗斌.道路工程测量.北京:机械工业出版社,2005.
[6] 孙立功,刘杰.隧道工程.成都:西南交通大学出版社,2006.
[7] 陈丽华.土木工程测量.杭州:浙江大学出版社,2002.
[8] 合肥工业大学等.测量学(第四版).北京:中国建筑工业出版社,1995.
[9] 邹永廉.测量学(公路与城市道路、桥梁工程专业用).北京:人民交通出版社,1986.
[10] 顾孝烈,鲍峰,程效军.测量学(第二版).上海:同济大学出版社,1999.
[11] 现代路桥工程测量.哈尔滨:东北林业出版社,1994.
[12] 王文锐,秦建平.公路工程实用测设技术.北京:人民交通出版社,1998.
[13] 南方全站仪 NTS-300 系列操作手册.
[14] 拓普康电子全站仪 GPT-7000 系列使用手册.
[15] 刘基余等.全球定位系统原理及应用.北京:测绘出版社,1993.
[16] 杨松林等.测量学.北京:中国铁通出版社,2002.